大学生毕业设计指南丛书

电气工程专业毕业设计指南

继电保护分册

（第二版）

韩 笑
宋丽群 主 编

中国水利水电出版社
www.waterpub.com.cn

内 容 提 要

本书为《大学生毕业设计指南丛书》中之一，是为电气工程及其自动化专业学生进行继电保护整定计算或原理仿真、发电厂变电所二次部分等方面选题的毕业设计而编写，全书共6章，紧密结合数字式继电保护的特点，介绍了继电保护的实用配置方法及整定细则，总结了发电厂及变电所二次回路的设计特点与制图方法，并简要说明了继电保护及自动装置原理的MATLAB仿真计算方法及相关实例。本书给出了部分毕业设计示例的摘录供学生参考，并附有毕业设计中的常用工具性资料。

本书主要供电气工程及其自动化专业应届本、专科毕业生及“五大”学生使用，既可作为毕业设计或课程设计的指导书，也可供从事该专业工作的高校教师以及工程技术人员参考。

图书在版编目（CIP）数据

电气工程专业毕业设计指南．继电保护分册／韩笑，宋丽群主编．—2版．—北京：中国水利水电出版社，2008（2021.8重印）

（大学生毕业设计指南丛书）

ISBN 978-7-5084-5697-3

Ⅰ.电… Ⅱ.①韩…②宋… Ⅲ.①电气工程-毕业设计-高等学校-教学参考资料②继电保护-毕业设计-高等学校-教学参考资料 Ⅳ.TM

中国版本图书馆CIP数据核字（2008）第098185号

书　　名	大学生毕业设计指南丛书 **电气工程专业毕业设计指南　继电保护分册**（第二版）
作　　者	韩笑　宋丽群　主编
出版发行	中国水利水电出版社 （北京市海淀区玉渊潭南路1号D座　100038） 网址：www.waterpub.com.cn E-mail：sales@waterpub.com.cn 电话：（010）68367658（营销中心）
经　　售	北京科水图书销售中心（零售） 电话：（010）88383994、63202643、68545874 全国各地新华书店和相关出版物销售网点
排　　版	中国水利水电出版社微机排版中心
印　　刷	北京印匠彩色印刷有限公司
规　　格	184mm×260mm　16开本　18印张　427千字
版　　次	2003年3月第1版　2003年3月第1次印刷 2008年8月第2版　2021年8月第9次印刷
印　　数	28101—30100册
定　　价	**46.00**元

第二版前言

本书是在2003年出版的《电气工程专业毕业设计指南——继电保护分册》（简称03年版）的基础上进行修订编写的。03年版书出版后受到了广大高校师生的欢迎，多次重印，但随着使用人群的不断扩展，后发现有关本科学生毕业设计、课程设计的内容及要求随着电力系统技术的发展及本科教学的发展已有了较大改变。继续使用可能出现一些问题，如某些院校的毕业设计深度超过了03年版书的标准，使其在毕业设计指导中的可操作性降低；当前数字式继电保护较为普遍，而其没有较深入地介绍数字式保护的整定方法或整定方法不具体；目前高校普遍采用MATLAB等应用软件进行继电保护及安全自动装置的原理仿真，而其没有该方面知识的介绍等。因此，在这次修订编写过程中，除了保留03年版经典的设计指导和经验外，还力求能充分反映当前电力系统二次部分相关技术的最新进展与最新成果，特别是为了适应大电网、超（特）高压、大机组的发展，增加介绍了超（特）高压线路数字式保护、大机组保护及相应原理仿真等最新技术。

毕业设计是高等工科学校教学中一个不可缺少的实践性环节。本书在修改时更加注重相关知识的综合运用，突出重点，贴近实际，力求做到可操作性强，能够提高毕业设计工作效率，使学生在毕业设计中学有所长，学以致用。

本书共分六章。第一章为电气工程专业毕业设计概述，分别介绍了电气工程专业毕业设计的目的、要求及总体原则，发电厂、变电所二次部分设计的特点，毕业设计的具体实施过程及毕业论文的编辑技巧；第二章为继电保护整定计算的前期准备，为了进一步巩固学生对于专业知识的综合性认识，因此对故障分析基本知识进行了概述，介绍了在工程中实际运用的短路电气量计算的简便方法及注意事项，给出了继电保护及自动装置配置选型建议，叙述了继电保护整定计算方法及常见错误；第三章为毕业设计中常用到的继电保护及安全自动装置配置与整定计算细则；第四章为发电厂、变电所二次回路初步设计，介绍了发电厂、变电所的二次部分设计的基本方法、步骤，并对常规控制系统、计算机监控系统、电压、电流互感器二次回路的设计进行了简要的介绍，给出了电气制图与识图的基本方法；第五章为继电保护及自动装置原理的MATLAB仿真概述；第六章为典型毕业设计示例，介绍了发电厂、变电所的二次部分设计的实例。

本书的第一章至第三章由宋丽群编写，第四章至第六章及附录由韩笑编写。全书由韩笑统稿。南京供电公司的陈恒祥、云南丽江供电公司叶森、昆山供电公司的戈详麟为本书提供了大量的资料，在校学生郭晶晶、陶新宇、付涵、张娜娜、张文烨等参与了文章的编辑、校对工作。本书大量引用了有关专业文献和资料，未与作者联系并在书中一一注明出处，在此一并感谢。

本书配有典型的毕业设计案例和相关的规程，具体内容可直接到www. waterpub. com. cn的下载中心下载。

由于作者水平所限，书中难免有谬误和不当之处，欢迎广大读者给予批评指正。

编 者

2008年2月

第一版前言

毕业设计是高等工科学校教学中一个不可缺少的实践性环节。作为《大学生毕业设计指南丛书》之一的《电气工程专业毕业设计指南·继电保护分册》是为高等学校电气工程及其自动化专业毕业设计所编写的一本指导书。它既可作为该专业本、专科学生毕业设计的参考书，也可供从事该专业教学工作的高校教师以及新近从事该专业设计工作的技术人员参考。

本书共分四章。第一章为电气工程专业（二次部分）毕业设计概论，分别介绍了电气工程专业二次部分毕业设计的目的、要求及总体原则，发电厂、变电所二次部分设计的特点，毕业设计的准备、实施、评阅和答辩。第二章为继电保护及安全自动装置的整定计算，介绍了继电保护及安全自动装置的配置及整定计算任务、步骤及基本原则，并介绍了35～500kV电网的继电保护及主设备保护的配置及整定方法，简要介绍了安全自动装置的配置。第三章发电厂、变电所二次回路初步设计，介绍了发电厂、变电所的二次部分设计的基本方法和设计步骤，并对常规控制系统、计算机监控系统、电压、电流互感器二次回路的设计进行了简要的介绍，最后给出电气制图与识图的基本方法。第四章为典型毕业设计示例，介绍了发电厂、变电所的二次部分设计的实例。

本书由韩笑任主编，第一章，第二章的第三、四、七、八节，第三章，第四章的第一节由韩笑编写；第二章的第一、二、五、六节由宋丽群编写；第四章的第二节由刘微编写。全书由韩笑修改定稿。

本书大量引用了有关专业文献和资料（如参考文献中所列），在此对这些文献的作者和专家致以衷心的感谢。

由于编者的条件和水平有限，对某些问题的看法可能带有片面性，书中难免有谬误和不当之处，欢迎广大读者批评指正，意见请寄南京工程学院电力工程系（邮政编码210013）。

编 者

2003年2月

目　录

第一章　电气工程专业（二次部分）毕业设计概述

第一节　毕业设计的目的、要求及总体原则

一、毕业设计的目的与要求

毕业设计（论文）是学生在校期间最后一个重要的综合性的实践教学环节，是学生全面运用所学基础理论、专业知识和基本技能，对实际问题进行设计（或研究）的综合性训练。通过毕业设计，可以培养学生运用所学知识解决实际问题的能力和创新精神，可以增强工程观念，以便更好地适应工作的需要。

电气工程及其自动化专业的学生通过毕业设计应达到下列要求：

（1）使学生熟悉国家能源开发策略和有关的技术规程、规定、导则等，树立发电、送电、变电、配电、用电必须安全、可靠、经济的观点。

（2）使学生通过设计全面复习、巩固并充实所学的基础理论知识和专业知识，对其更透彻地理解、更灵活地应用，争取做到融会贯通。

（3）使学生初步掌握电气工程专业工程设计的流程和方法，并通过设计使学生在查阅资料（包括外文资料）、计算机应用、工程设计、工程计算、工程绘图、编写工程技术文件、口头表达等方面的能力得以提高。

（4）树立正确的设计思想，树立严肃认真、实事求是和刻苦钻研的工作作风。

二、毕业设计的总体原则

毕业设计除了不要编制设计任务书之外（编制设计任务书一般由指导教师承担），其他均需按正规的设计工作的固定程序进行。即要进行设计构思、方案的论证、计算分析、绘制工程图、编制毕业设计说明书和计算书。这是一项艰苦的、创造性的、理论联系实际的劳动过程。毕业设计作为一项系统工程，有其总体的原则和要求。

1. 科学性原则

毕业设计的科学性体现在两个方面：一方面毕业设计要体现电力系统科学技术的发展水平；另一方面毕业设计要坚持实事求是，设计方案要以充足的事实为依据。随着电力系统的发展，新技术、新设备在电力系统得到广泛应用，新的设计理念也不断地涌现，而电力系统的发展同时也出现了许多新的技术问题。这一切都需要学生在毕业设计过程中既要以科学的态度立足于所学基本理论和专业知识去分析解决实际问题，又要提倡创新精神与科学态度的结合，一切从实际出发，达到经济、实用的目的。

2. 可行性原则

毕业设计的可行性包括两个方面，一方面是设计者一开始就必须想到如何使自己的劳动变成可行的设计方案。应紧密结合当前电力系统的发展趋势，结合当地电网、发电厂、供电局的实际情况选择毕业设计内容并尽可能寻找出最优、最经济的设计方案，设计不应

该单纯追求技术指标，不应脱离实际工程技术水平，不应进行理想化的设计。同时，要注意设计方案不应与国家的政策法规及当地电力系统的有关政策法规相违背。另一方面，设计目标应针对不同层次的学生的专业基础和实际水平而定，设计内容要难易适度，以学生在规定时间内经努力可以完成为宜。

3. 创新性原则

创新性原则贯彻在毕业设计中，一方面体现在设计中要培养学生的创新精神，提倡创新精神与科学态度相结合，鼓励学生大胆提出新的设计方案和技术措施。要培养学生自主学习的能力、独立工作的能力和团体协作的能力。另一方面体现在设计内容、设计手段的创新，设计内容必须有一定的新颖性，设计手段上应利用计算机的最先进手段进行绘图和计算。

第二节 二次部分毕业设计的特点

一、二次部分设计新要求

目前，我国基本上进入了大电网、大电厂、大机组、高电压输电、高度自动控制的新时代。随着电力技术的发展，特别是自动化技术的发展，传统的手动控制正逐渐被自动控制所替代，大量的继电保护及自动装置采用微机型装置，传统的声光信号也逐渐被数字信号所替代。控制屏、信号屏、保护屏的数量也越来越少，取而代之的是调度自动化系统、发电厂及变电站综合自动化系统、配网自动化系统等在电力系统中的广泛应用。国内大型电厂已广泛应用分散控制系统（DCS）。在变电所，综合自动化系统的应用使无人值班成为可能，采用计算机监控后，除在各控制单元保留有应急手动操作跳、合闸的手段外，其余全部的控制、监视、测量和报警等功能已完全自动实现。

由此可见，采用常规发电厂、变电所的一、二次设计方法，选用传统的二次设备根本不能满足当今电力系统的要求，必须采用全新的设计理念，新型的设计标准，用新型设计取代传统设计，以标准设计取代非标准设计；必须利用先进的计算机技术，以数字化的新型二次设备代替常规设备，尽量做到硬件资源、信息资源共享，用不同的软件模块实现常规设备的各种功能，用计算机局域网代替大量信号电缆的联接，用主动模式代替常规设备的被动模式等。只有这样，发电厂、变电所的二次部分设计才能跟上电力系统发展的需要。

二、发电厂、变电所二次部分毕业设计的特点

在毕业设计中，受到所学知识及应用能力及设计时间的局限，不可能完成发电厂或变电所整个二次部分的设计，但是要对二次部分的最新技术和发展动态有所了解；对所设计的发电厂及变电所的主要情况应有所了解；对设计内容相对应的一次系统有所了解。在此前提下，才能较好地完成某一部分的设计任务。

在传统的电力系统二次部分设计中，可设计的主要内容有：①围绕一次设备（如发电机、变压器），将其及其相关的一次设备（如变压器及相关的各侧断路器、隔离开关等设备）作为设计对象，设计其控制回路、信号回路，进行继电保护及自动装置的配置及整定计算，绘制相应的施工接线图纸；②专门对发电厂（变电所）的公用部分进行设计，如对

中央信号部分、直流系统部分、厂（所）用电部分、母线电压互感器回路部分等进行专门设计；③专门对继电保护及自动装置进行设计，例如线路保护、变压器保护的设计，发电机的同期系统、励磁系统的设计等。

当前二次部分的设计相对于传统的设计方法有以下特点：

（1）设计时必须考虑装置的高集成度，设计的重点由装置内部回路的设计转移到外部回路的设计。如某些微机型 110kV 线路保护装置既可以完成距离保护、零序保护、自动重合闸的功能，又能完成对断路器进行操作控制的功能。在二次回路设计时，不再需要过多考虑装置内部的接线，不再需要画装置内部的原理接线图，而侧重于考虑装置实现的功能（如功能框图、逻辑功能图）及与外部的联系（如交流量输入回路、开关量输入回路、保护出口回路、信号回路、操作回路等与外界的联系）。

（2）典型设计方案的采用较以往增多。在设计时可供参考的典型设计方案、典型配置方案较以往大有增加。改革开放以来，电力系统的设计及设备选型经历了由统一（传统且较落后技术的统一）到杂乱（引进多种先进设备，设计方案多，不易于运行管理）到再统一（统一较先进的设计理念、统一设备的选型原则）的过程。设计规范化是电力系统设计的必然趋势。

（3）新技术、新设备逐渐引入，提高了二次部分设计的科技含量。如变电站综合自动化系统的设计所涉及的内容基本涵盖了变电所各部分的控制、保护、测量、信号等多方面；发电厂、变电所的公用部分如中央信号系统等已不再单独设屏，只是作为自动化系统的某一部分功能；只有少数公用部分需单独进行设计。

（4）继电保护及自动装置的设计难度加大。在毕业设计时，一般难以完成微机型继电保护及自动装置的软、硬设计工作，只要能对典型装置的原理有较好的理解和掌握，并能将其与其他部分进行有机的结合，充分地利用装置的功能，也就达到了毕业设计的目的。

第三节　毕业设计的准备和实施

一、毕业设计的准备工作

（一）毕业设计的选题

毕业设计题目一般在毕业设计前一学期开始落实，根据专业具体培养方向确立多个题目类型，并由各指导教师提出具体毕业设计（论文）题目及对题目的简要介绍，供学生选择。也可根据工程需要由指导教师与学生商定。题目确定后不得自己随意更改。

1. 选题基本要求

毕业设计的题目不拘一格，但应满足下列要求：

学生应能按给定的毕业设计任务书和毕业设计大纲要求，在指导教师指导下独立完成。

应根据国民经济发展趋势和技术发展水平及用户要求，按国家标准、技术规范、参阅有关资料进行设计和实验研究。

应根据我国技术经济条件和实际生产经验，采用国内外先进技术，力求设计符合生产实际，使之在技术上先进而可行，在经济上节约而合理。

2. 选题参考类型

与继电保护专业方向关系较密切的题目类型主要有：①电网保护和自动装置配置、整定计算，保护及二次回路设计；②发电厂的继电保护和自动装置配置、整定，保护及二次回路设计；③220kV、110kV变电所的保护及二次设计、整定；④继电保护测试技术与开发；⑤微机保护硬件、软件系统的分析、开发与研究；⑥继电保护新原理、新算法、新技术探讨；⑦继电保护情报综述；⑧结合教师的科研课题、学生科技创新课题、专业建设、课程建设、实验室建设等项目进行设计。以上选题可以相互结合进行。

（二）毕业设计任务及深度

1. 任务及深度要求

毕业设计（论文）的主要内容包括选题、开题报告（根据毕业设计周数及设计深度选做）、课题研究及完成设计方案、撰写设计说明书（论文）等，设计工作与所学专业知识相关，工作量饱满，满足学生一人一题或一人一子课题；选题范围主要涉及电气工程及其自动化专业相关领域。其设计任务及深度要求可参照如下类型确定。

（1）工程设计类。进行一个电网或发变组的继电保护自动装置配置与整定计算，设计相应二次回路。具体整定计算、二次回路设计的工作量比重由指导教师掌握，应保证工作量饱满、设计内容相对完整。整定计算尽可能通过编程实现，二次设计应完成回路图、CAD施工图的设计。

（2）软件应用类。熟悉一套较完整的电力系统分析软件或应用软件，进行电力系统、继电保护仿真研究。要求有明确的实验目的性，有具体的程序应用实例，同时有明确的分析结果。

（3）综述类。结合本专业方向，研读某一领域的高新技术论文和著作，进行总结综述。要求有明确的目的性，有详细对比分析，有明确结论。必要时运用专业软件进行计算分析。

2. 任务书的格式

设计题目选定后，以《毕业设计任务书》的形式落实到人，《毕业设计任务书》一般由指导设计的专业教研室制订，由指导教师编写，经教研室主任和系主任审批后发给学生，其内容一般包括：

（1）封面。主要包括课题名称、学生姓名、班级学号、院（系、部）名称、专业（专业方向）、指导教师及专业职称和任务日期等。

（2）原始数据及要求。主要包括：①毕业设计的原始数据；②毕业设计（论文）的内容和要求（包括技术要求、图表要求以及工作要求等）；③毕业设计应完成的技术文件；④主要参考文献。

（3）进度计划。进度计划一般以周为单位填写，主要说明起止日期及工作内容。

（三）毕业设计资料的收集

学生在接到《毕业设计任务书》之后，要认真阅读，并根据相关设计指导书，迅速了解整个设计的目的、内容和基本要求，进行设计的资料准备。资料准备主要通过查阅（包括上网查阅）文献资料和参加生产实习两条渠道进行。学生在进入专业课学习时，就要根据自己兴趣、爱好、特长以及客观条件，考虑自己毕业设计的选题方向，有目的、有计划地查阅与选题方向有关的文献资料，特别是在参加生产实习的过程中有意识地搜集生产过程及新技术、新设备、改革新成果的应用等方面资料，这也是为毕业设计课题搜集资料的最重要途径。选定题目后，应再有针对性地查阅相关资料，最后对所有收集的资料进行整理。

发电厂、变电所二次部分的毕业设计所需参考的部分标准，如表1-1所示。根据设计内容的不同及今后技术的发展趋势，需参考的标准也在不断地更新并与国际标准接轨，因此在毕业设计时应尽量参照最新的标准，同时在使用标准的过程中，要注意强制性标准与推荐性标准（标准代号中有“T”的属于推荐性标准）的区别，要严格执行强制性标准。标准的推广有一个较长的过程，某些设计标准、制图标准、图形符号、文字标号等在未完全执行新标准之前，应该对新、旧标准都有所了解，以便更快更好地适应实际工作。

表1-1 毕业设计需参考的部分标准

名称	标准代号	批准单位	备注
继电保护和安全自动装置技术规程	GB 14285—2006		国家标准
火力发电厂、变电所二次接线设计技术规定	DL/T 5136—2001	经贸委	行业标准
水力发电厂二次接线设计规范	DL/T 5132—2001	经贸委	行业标准
3～110kV变电所设计规范	GB 50059—92		国家标准
3～110kV无人值班变电所设计规程	DL/T 5103—1999	经贸委	行业标准
火力发电厂设计技术规程	DL 5000—94	电力部	行业标准
大型发电机变压器继电保护整定计算导则	DL/T 684—1999	经贸委	行业标准
220～500kV电网继电保护装置运行整定规程	DL/T 559—94	电力部	行业标准
3～110kV电网继电保护装置运行整定规程	DL/T 584—95	电力部	行业标准
进口252（245）～500kV交流高压断路器和隔离开关技术规范	DL/T 405—1996	电力部	行业标准
火力发电厂厂用电设计技术规定	DL/T 5153—2002	经贸委	行业标准
220～500kV变电所所用电设计技术规程	DL/T 5155—2002	经贸委	行业标准
火力发电厂、变电所直流系统设计技术规定	DL/T 5044—95	电力部	行业标准
电业安全工作规程（发电厂和变电所电气部分）	DL 408—91	能源部	行业标准
电气图用图形符号（总则）、电气简图用图形符号	GB/T 4728.1～GB/T 4728.13		国家标准
电气技术用文件的编制标准	GB/T 6988.1～GB/T 6988.3		国家标准
电器设备接线端子和特定导线线端的识别及应用字母数字系统的通则	GB/T 4026—1992		国家标准
电气系统说明书用简图的编制	GB/T 7356—1987		国家标准
导体的颜色或数字标识	GB/T 7497—1997		国家标准
技术制图的标题栏、明细栏的标准	GB/T 10609—1989		国家标准
技术制图的图纸幅面和格式的标准	GB/T 14689—1993		国家标准
技术制图的字体的标准	GB/T 14691—1993		国家标准
信号与连接线的代号	GB/T 16679—1996		国家标准
电气工程CAD制图规则	GB/T 18135—2000		国家标准

除本书之外，可供毕业设计参考的资料主要有：

（1）有关电力系统二次部分设计的教材，理论方面如继电保护、自动装置、自动化系统、通信、发电厂及变电所二次接线等方面的教材；毕业设计论文完成手段（如文档录入、CAD制图）方面如Office、CAD等方面的教材。

（2）与设计有关的一次设备（如断路器、隔离开关）、二次设备（如继电保护、自动装置）的产品说明书、相关图纸。

（3）可供参考的发电厂、变电所二次部分的设计方案、整定计算、施工图纸。

（4）在互联网上下载的设计方面的相关论文、网上图书馆（如超星图书馆）下载的相关参考书等电子文档及其他参考资料。

（四）按照设计任务书拟订进度计划

在毕业设计开始前，由指导教师指导学生拟订详细的毕业设计进度计划，内容包括毕业设计起止日期、各设计阶段的起止日期及详细工作内容等。

二、毕业设计的实施

（一）毕业设计实施过程

毕业设计的实施过程主要包括：

（1）学生拟订初步设计方案并经指导教师批准通过。

（2）学生根据设计方案，逐一完成设计内容，教师定期进行具体指导。

（3）学生撰写毕业论文（毕业设计说明书）初稿、绘制相应设计图；教师进行审阅；指出不足，指导学生进行修改。

（4）学生撰写毕业论文（毕业设计说明书）正稿、绘制相应设计图，打印毕业论文（毕业设计说明书）。

毕业设计既不同于平时的课堂教学，也不同于以巩固局部专业理论知识为主的课程设计。一方面它具有工程设计的性质，题目和内容所涉及知识面较广；另一方面又是一个教学环节，必须在教师的指导下，通过设计工作的实践，达到预定的各项教学目的。除了恰当规定毕业设计的内容，制订严密的计划外，提高毕业设计质量的关键在于充分调动和发挥学生的主观能动性，在教师的指导下，根据各阶段的特点和规律，制定相应的措施。

在设计的开始阶段，学生情绪一般比较高，但面对大量的资料和繁重的任务书，感到陌生，无从下手，甚至产生急躁情绪，这是普遍而自然的现象。这正是每个学生在毕业设计中要解决的问题。在这一阶段，指导教师要对学生进行具体的帮助，使学生理解设计的内容要求，掌握分析、思考问题的方法。通过分析解决某一具体问题让学生对设计有初步认识。在这一过程中要注意培养学生通过查阅资料来解决问题的能力。

在毕业设计中期，出现的主要问题是由于学生运用所学知识解决实际工程设计问题的能力不够强，学生无论从理论知识、生产运行经验、还是独立工作能力都存在许多不足之处，造成设计任务与学生的能力之间存在一定的差距。普遍出现的现象是学生生搬硬套教科书的内容，对实际资料缺乏研究分析，不善于运用综合分析能力确定设计方案，主观性较强。在这一阶段，指导教师要重视对学生进行个别辅导，可给学生一些工程设计实例作为参考，使学生在教师对具体问题的解答中得到启发。

毕业设计的后期，主要出现的问题是由于设计时间较短，某些同学出现了赶时间的现象，对设计内容、设计说明书、设计图纸产生不应有的草率了事的思想。这一阶段，指导教师对学生应严格要求，一丝不苟，以保证毕业设计质量。应鼓励学生利用计算机进行设计、计算、绘图，以提高效率和质量。

（二）毕业论文（毕业设计说明书）的撰写

1. 毕业论文（毕业设计说明书）的构成

一篇完整的毕业论文（毕业设计说明书）通常由题名（标题）、摘要、目次页（目录）、引言（前言）、正文、结论、结束语（谢辞）、参考文献和附录等几部分构成。要求毕业设计说明书项目齐全，概念清楚、语言流畅、文字精练、内容正确、条理分明、结构严谨；标点符号清楚、准确；对方案的分析与论证，要观点鲜明、结论正确；对资料选用、数据测试、参数计算，应力求准确。具体细节要求如下：

（1）中、英文摘要。中文摘要200～300字左右，包含关键词，并译成英文。英文摘要以250个左右单词为宜，摘要的翻译要慎重、通顺。中文、英文摘要各占一页。摘要应是一篇独立的短文，一般不超过两段。建议的语气有："针对……，进行了……工作，分析了……特性，得出了……结论。"或者："基于……，作者提出了一种……看法，进行了……工作，得出……结论"；毕业设计中如有整定计算工作，可在摘要中说明整定计算的对象；如有仿真模型，可在摘要中说明"建立了……模型，该模型由……构成，仿真了……行为，结果表明……"等。

（2）目录。建议采用自动生成的目录，方法见"本节 Word 相关使用技巧"。

（3）引言（前言）。前言应说明选择的题目，与毕业设计题目相关资料的收集过程，毕业设计题目的研究背景，毕业设计工作步骤，论文（说明书）的章节构成与简介，同组人员和其他应说明的问题等。其中对于毕业设计题目的背景资料，本科学生往往难以在短时间内收集好，因此写作的重点在于对课题的说明，如对于变电所继电保护进行设计，只要说明"……kV 变电所继电保护的发展概况及趋势，重要性，保护特点等"即可。

绪论可以不写标题，如有标题，不要用"本课题的意义"、"本课题的研究内容"等词语，应具体说明，如"……"、"系统的特点及发展概况"、"……系统整定计算的意义"、"……仿真的内容"等。

绪论一般800～1000个汉字。

（4）正文。正文是毕业设计说明书的主体部分，包括所选题目的理论分析、方案论证、实验数据、计算结果、图表分析、资料运用和结论性意见等。说明书字数要求：工程类本科在1.5万字以上；专科在1万字以上。

（5）结论。结论一般包括研究成果、建议和建议被采纳的可能性。结论中不要出现个人体会，如"我得到锻炼……提高了专业水平等"词，结论是指本论文的结论成果，主要是完成了哪些具体工作，如二次部分的设计结论、保护如何配置，运行方式如何考虑，保护的整定结论、对保护的评价等。结论控制在1000字以内。

（6）参考文献。参考文献应列出撰写论文时参考的主要书刊、资料等，包括书刊名称、作者、出版单位及时间等。有的学校要求每位学生在完成毕业设计（论文）的同时，要求查阅一定篇数的相关文献资料，其中还包含有外文资料，该类资料应列入参考文献中。

（7）致谢。谢辞应以简短的文字对在课题研究和论文撰写过程中曾直接给予帮助的人员（例如，指导教师、答疑教师及其他人员）表示自己的谢意。

这部分内容也可以不要。

（8）附录。附录是对于一些不宜放在正文中，但有参考价值的内容，可编入毕业设计（论文）的附录中，例如，短路阻抗、短路电流计算书，编写的程序等；如果文章中引用的符号较多时，便于读者查阅，可以编写一个符号说明，注明符号代表的意义。一般附录的篇幅不宜过大。

有的学校要求每位学生在完成毕业设计（论文）的同时，翻译部分技术资料或专业文献等，以上内容也建议放入附录中。

2. 毕业论文的撰写方法

常见的是逐步予以展开的方法。一般有以下步骤：

（1）对设计题目进行分析。通过分析让读者对该课题的来龙去脉有所了解，对于工程性课题，首先对需求进行分析，概要地勾画出一个解决此问题的设想。在此基础上，具体明确本人所承担的任务并写出设计结束时应达到的目标，同时论证设计方案在技术、理论、经济上的可行性。

（2）阐述设计方案的具体实现方法。这是毕业设计（论文）的主要部分，是对本人在完成毕业设计过程中所做工作的陈述。

文章结构一般采用自上而下的形式，从整体设计到各部分设计依次展开，也可以由下而上，先介绍局部设计最后给出全貌。无论采用何种结构，都要突出论文的重点、难点和问题的解决方案。

写法上应突出实际成果，如对于某电压等级的变电所的主变压器的初步设计方案、保护初步整定结果等。

（3）给出结论和评价。

3. 毕业论文（毕业设计说明书）的撰写步骤

毕业论文（毕业设计说明书）的撰写一般分为拟写提纲、形成初稿、修改定稿和打印装订等四步骤。

（1）拟写提纲。毕业论文（毕业设计说明书）的篇幅较长，内容比较复杂，动笔写作时有必要先拟一个文字提纲。按提纲写稿子的好处是可以帮助作者系统全面地考虑课题的内容，并依据提纲有效的组织相关材料。

所拟提纲要项目齐全，能初步构成文章的轮廓；要从全局着眼，权衡好各个部分；要征求指导老师的意见，注意即时调整；要边写边积极思索，不断开拓自己的思路，以取得较满意的结果。

（2）形成初稿。毕业论文初稿的写作是很艰苦的工作阶段，在执笔时应注意以下方面：

1）要尽可能地把自己事先想到的内容写进去。初稿的内容应尽量丰富，以便为修改定稿提供便利。当然，也要防止一味地堆砌，写成一个材料仓库。

2）要合乎文体。采用书面语言，文句力求精练简明，深入浅出，通顺易读。避免采用不符合语法的口头语言，也要避免采用科技新闻报道式的文体。要顺利表达，不要在枝节上停留。要写得干净、清楚。初稿的排版最好页面字数不太多、四周有足够的空余，以利于增加、删除和改动。

(3) 修改定稿。无论文章或著作，都需要反复修改，使之臻于完善。对于初次撰写毕业论文（毕业设计说明书）的大学生，就更应注意对文章的精心修改。修改的范围：在内容上包括修改观点、修改材料；在形式上包括修改结构、修改语言等。

(4) 毕业论文（毕业设计说明书）的打印装订。毕业论文（毕业设计说明书）应按统一的规范要求进行打印和装订，需注意的问题主要有以下几个方面：

1) 应合理运用篇、章、节的编排结构以使文章具有层次。毕业论文（毕业设计说明书）的章、节、条、目等应有标题。书写方法可参照下列格式（“#”代表空格）：

第 1 章# ××××（居中题）

1 #××××（边题或居中题）

1.1#××××（边题）

1.1.1 #××××（边题）

1.1.1.1#××××（边题）

#(1) ××××（段首标题）#…………………………………………………………………………………………

1) ××××（无标题）#…………………………………………………………………………………………

a. ××××（无标题）#…………………………………………………………………………………………

附录 A # ××××（边题或居中题）

A1# ××××（边题）

A1.1# ××××（边题）

A1.1.1# ××××（边题）

2) 应注意名词、名称的合理使用。毕业论文（毕业设计说明书）中的科学技术名词术语应采用全国自然科学名词审定委员会公布的名词或国家标准、部标准中编写的名称，尚未编定和用法有争议的，可采用惯用的名称。

相同名词术语和物理量的符号应前后统一。不同物理量的符号应避免混淆。

使用外文缩写代替名词术语时，首次出现的应在括号内注明其含义，如中央处理器(Central Processing Unit，简称 CPU)。

国内工厂、机关、单位和名称应使用全称，不得简化，如不得把“北京大学”写成“北大”。

3) 对公式的要求。公式应另起一行写在稿纸中央，一行写不完的长公式，最好在等号处转行，如做不到这一点，可在数学符号（如“+”、“−”等）处转行。

公式的编号用圆括号括起，放在公式右边行末，在公式和编号之间不加虚线，公式可按全文统编序号，也可按章单独立序号，如（49）或（4-11），采用哪一种序号应和稿中的图号、表号编法一致。不应出现有些章里的公式编序号，有的不编序号的现象。子公式可不编序号，需要引用时可加编 a、b、c、…重复引用的公式不得另编新序号，公式序号必须连续，不得重复或跳缺。

文中引用某一公式时，写成“由式（16－20）可见”，而不写成“由 16－20 可见”，“由第 16－20 式可见”等。

将分数的分子和分母平列在一行而用斜线分开时，请注意避免含义不清，例如，$a/b\cos x$ 就会既可能被认为是 $a/(b\cos x)$，也可能被认为是 $(a/b)\cos x$。

公式中分数的横线要写清楚。连分数（即分子、分母也出现分数时）更要注意分线的长短，并把主要分数和等号对齐。

4）对表格的要求。表格必须与论文叙述有直接联系，不得出现与论文叙述脱节的表格。表格中的内容在技术上不得与正文矛盾。

每个表格都应有自己的标题和序号。标题应写在表格上方正中，序号写在其左方，不加标点，空一格接写标题，表题末尾不加标点。

全文的表格可以统一编序号，也可以逐章单独编序号。采用哪一种方式应和插图、公式的编号方式统一。表号必须连续，不得跳缺。正文中引用时，“表”字在前，序号在后，如写“表 2”，而不写“第 2 表”或“2 表”。

表格允许下页接排，接排时表题省略，表头应重复书写，并在右上方写“续表××”。多项大表可以分割成块，多页书写，接口处必须注明“接下页”，“接上页”、“接第×页”字样。

表格应写在离正文首次出现处最近的地方，不应超前和过分拖后。

5）对图的要求。毕业论文（设计）的插图必须精心制作，线条要稀密匀称、清洁美观。插图应与正文呼应，不得与正文无关或与正文脱节且应先见文后见图。图形符号、文字标号应符合相应的国家标准。图的内容安排要适当，不要过于密实。

每幅插图应有题目和序号，全文的插图可以统一编序号，也可以逐章单独编序号，如图 45 或图 6－8；采取哪一种方式应和表格、公式的编序方式统一。图序号必须连续，不得重复或跳缺。

由若干分图组成的插图，分图用 a、b、c、…标序。分图的图名以及图中各种代号的意义，以图注形式写在图题下方，先写分图名，另起一行后写代号的意义。

6）对注释的要求。毕业论文中有个别名词或内容需要解释，而正文又无法处置时，可加注说明。注释应该采用页末注，即把注文放在加注处那一页稿纸的下端，而不用行中注（夹在正文中的注）或篇末注（把全部的注文集中在论文末）。

在同一页中有两个以上的注时，按各注出现的先后，顺序排列并编列注号，如 1、2、3 等。注释符号的顺序取稿纸当前一页为准计算，隔页时必须从头开始不得续接上页。注释只限于写在注释符号出现的同页，不得隔页。较长的注文应在抄写正文时妥善安排，当页写完。

7）参考文献的书写格式：

源于期刊者：［序号］ 作者姓名．文题．刊名或其缩写，出版年，卷（期）：起止页码

源于图书者：［序号］ 作者姓名．书名．出版地．出版者，出版年：起止页码

源于会议论文：［序号］ 作者姓名．题目名．文集名．出版者，出版年：页码

源于学位论文：[序号]　作者姓名．论文题目：[××学位论文]．地点：单位，年

8）标点符号、量和单位、数字的使用。标点符号、量和单位、数字的使用应符合相应的国家标准。

（三）毕业设计图纸和计算书

1．对毕业设计图纸的要求

图纸是工程师的语言，是工程设计的主要结果。绘图是一项重要的基本训练，学生必须通过毕业设计，使自己的制图能力有所提高，特别是要学会用计算机进行绘图。毕业设计的所有图纸要按工程图标准绘制，要求图面排列整齐、布置合理、稀密匀称、清洁美观。

2．对设计计算书的要求

在毕业设计中，如果涉及继电保护及自动装置的整定计算，则除要提供毕业论文、设计图纸外，还要求提供设计计算书。计算书如实记录设计中有关计算的方法和过程，是供校核审查的重要文件，其基本要求是计算方法正确、参数取值合理，严格执行国家和行业现行的技术规范和标准；数据真实、可靠，公式选用合适，计算结果正确、可信，书写规范、工整。

三、充分利用计算机的强大功能进行文档编辑

以下介绍一些毕业设计中常用到的文档编辑技巧。

（一）Word 软件的使用技巧

在编辑毕业论文时，我们最常用到的一定是 Word 软件，因此熟练掌握 Word 软件的基本功能用法，将对提高毕业设计的成果质量、提高编辑效率起到至关重要的作用。最常用到的功能有“文件”菜单中的“新建”、“打开”、“关闭”、“打印”、“页面设置”等；“格式”菜单中的“段落”、“样式与格式”；插入菜单中的“分隔符”、“图片”等。

1．使用文档结构图处理标题

处理毕业论文（毕业设计说明书）的章、节、条、目等标题可点击“视图”菜单，找到“文档结构图”。“文档结构图”是一个独立的窗格，能够显示文档的标题列表。使用“文档结构图”可以对整个文档进行浏览，同时还能够跟踪您在文档中的位置。单击“文档结构图”中的标题后，Word 就会跳转到文档中的相应标题，并将其显示在窗口的顶部，同时在“文档结构图”中突出显示该标题。

2．自动生成目录

目录是毕业论文（毕业设计说明书）中必不可少的内容，在论文初稿完成后，许多学生为编辑目录而发愁，因为正文修改后，页码会发生改变，目录要随之更新。这项工作完全可由 Word 完成。目录是用来列出文档中的各级标题及标题在文档中相对应的页码。可以将目录插入到文中指定的位置。您也可以通过目录来了解在一篇文档中论述了哪些主题，并快速定位到某个主题。Word 的目录提取是基于大纲级别和段落样式的，在 Normal 模板中已经提供了内置的标题样式，命名为“标题 1”、“标题 2”，…，“标题 9”，分别对应大纲级别的 1～9 级，也可以不使用内置的标题样式而采用自定义样式。

目录的制作分三步进行，分别为如下几点：

（1）修改标题样式的格式。通常 Word 内置的标题样式不符合论文格式要求，需要手

动修改。在菜单栏上点“格式｜样式”，列表下拉框中选“所有样式”，点击相应的标题样式，然后点“更改”。可修改的内容包括字体、段落、制表位和编号等，按论文格式的要求分别修改标题1～标题3的格式。

（2）在各个章节的标题段落应用相应的格式。章的标题使用“标题1”样式，节标题使用“标题2”，第三层次标题使用“标题3”。使用样式来设置标题的格式还有一个优点，就是更改标题的格式非常方便。假如要把所有一级标题的字号改为小三，只需更改“标题1”样式的格式设置，然后自动更新，所有章的标题字号都变为小三号，不用手工去修改，既麻烦又容易出错。关于如何应用样式和自动更新样式，请参考Word帮助。

（3）提取目录。按论文格式要求，目录放在正文的前面。在正文前插入一新页（在第一章的标题前插入一个分页符），光标移到新页的开始，添加“目录”二字，并设置好格式。新起一段落，菜单栏选“插入｜索引和目录”，点“目录”选项卡，“显示级别”为三级，其他不用改，确定后Word就自动生成目录。若有章节标题不在目录中，肯定是没有使用标题样式或使用不当，而不是Word的目录生成有问题，请去相应章节检查。此后若章节标题改变，或页码发生变化，只需更新目录即可。

3. 图表和公式的自动编号

在毕业论文中，图表和公式要求按在章节中出现的顺序分章编号，例如，图1-1，表2-1，公式3-4等。在插入或删除图、表、公式时编号的维护就成为一个大问题，例如若在第二章的第一张图（图2-1）前插入一张图，则原来的图2-1变为图2-2，图2-2变为图2-3等，更糟糕的是，文档中还有很多对这些编号的引用，例如“原理图见图2-1”。如果图很多，引用也很多，手工修改这些编号是容易遗漏。表格和公式存在同样的问题。下面以图的编号为例说明对图表公式自动编号，并在编号改变时自动更新文档中的相应引用的方法。

自动编号可以通过Word的“题注”功能来实现。按论文格式要求，第一章的图编号格式为“图1-×”。将图插入文档中后，选中新插入的图，在“插入”菜单选“题注”，新建一个标签“图1-”，编号格式为阿拉伯数字（如果不是点击“编号”修改），位置为所选项目下方，单击“确定”后Word就插入了一个文本框在图的下方，并插入标签文字和序号，此时可以在序号后键入说明，比如“继电保护配置示意图”，还可以移动文本框的位置，改动文字的对齐方式等。再次插入图时题注的添加方法相同，不同的是不用新建标签了，直接选择就可以了。Word会自动按图在文档中出现的顺序进行编号。

在文档中引用这些编号时，比如“如图1-1所示”，分两步做。插入题注之后，选中题注中的文字“图1-1”，在“插入”菜单选“书签”，键入书签名，点“添加”。这样就把题注文字“图1-1”做成了一个书签。在需要引用它的地方，将光标放在插入的地方（上例中是“如”字的后面），在“插入”菜单选“交叉引用”，弹出对话框中引用类型选“书签”，“引用内容”为“书签文字”，选择刚才键入的书签名后点“插入”，Word就将文字“图1-1”插入到光标所在的地方。在其他地方需要再次引用时直接插入相应书签的交叉引用就可以了，不用再做书签。

图的编号的可实现自动维护，当在第一张图前再插入一张图后，Word会自动把第一张图的题注“图1-1”改为“图1-2”，文档中的“图1-1”也会自动变为“图1-2”。

表格编号的作法与图相同，唯一不同的是表格的题注在表格上方，且要求左对齐。公式的编号略有不同，插入公式后，将公式单独放在一个段落，版式为“嵌入式”（Word默认），光标放在公式之后，注意不要选中公式，在“插入”菜单选“题注”，由于没有选中项目，所以“位置”一项为灰色，新建标签“公式1－”，点击“插入”，Word就将标签文字和自动产生的序号插入到光标所在位置。在文档中引用公式编号的方法与图相同，此处不在赘述。公式的编号要求在右边行末，具体的方法在本节“制表位的使用”详细说明。

交叉引用、书签和题注都是Word的域。域是文档中可能发生变化的内容，Word使用域来进行文档自动化。多个域的联合使用可以实现更复杂的功能，各个域的具体使用方法请参考Word的帮助。

需注意有如下几点：

（1）题注中新建标签时，Word会自动在标签文字和序号之间加一个空格，看起来不规范，可以在插入题注后将空格删除，然后再将文字做成书签。

（2）书签名最好用图（表、公式）的说明文字，尽量做到见名知“图”。

（3）图（表、公式）的编号改变时，文档中的引用有时不会自动更新，可以鼠标右击引用文字，在弹出的菜单中选“更新域”。关闭文档再打开Word会更新所有的域。

4. 制表位的使用

制表位是指水平标尺上的位置，它指定了文字缩进的距离或一栏文字开始的位置，使用户能够向左、向右或居中对齐文本行；或者将文本与小数字符或竖线字符对齐。用户可以在制表符前自动插入特定字符，如句号或划线等。默认情况下，按一次Tab键，Word将在文档中插入一个制表符，其间隔为0.74cm。

制表位的类型包括左对齐，居中对齐，右对齐，小数点对齐和竖线对齐等，这些制表位的使用方法大致相同，这里仅根据论文中公式排版的要求和目录的制作为例说明制表位的使用方法和效果，更详细的说明请参阅Word的帮助文档。

论文里的公式要求单独放在一个段落，公式居中；按章节进行编号，编号用小括号括起来放在右边行末：首先输入公式和编号，公式的版式选择“嵌入式”，编号用小括号括起来；然后把光标放在公式所在的段落里，点击页面左上角的制表位图标，切换到居中制表位，用鼠标在水平标尺上大约中间的位置点一下，这样就放置了一个居中制表位在点击的地方，如果位置不合适还可以用鼠标拖动进行调节；再把左上角的制表位图标切换到右对齐制表位，用放置居中制表位相同的方法放置一个右对齐制表位在行末。

设置好制表位后，把光标放在公式的前面，按一下Tab键，这样就在公式的前面插入了一个制表符，此时公式以居中制表位为中心居中对齐，再把光标移到公式和左括号之间，再按Tab键插入一个制表符，编号就跑到行末了。

用制表位的方法来处理公式的排版既简单也方便，不用去敲很多空格来移动公式到中间，编号推到行末。同时，当公式或编号的长度发生变化时，Word会自动调节使公式始终保持在页面的中间，编号始终在行末。更简单的方法是把公式段落的设置保存为样式，所有的公式段落应用此样式，可以保持所有的公式段落制表位的一致。

涉及制表位还有一个概念：前导符。前导符是填充制表符所产生的空位的符号，一般有实线、虚线、点划线等，在目录中经常见到（就是标题和页码之间的圆点）。制作目录时，敲入标题和页码后，在行末设置一个右对齐制表位。点击“格式｜制表位”，制表位对话框显示了光标所在段落的制表位信息。选择右对齐制表位，前导符选择圆点（Word默认无前导符），确定后在标题和页码之间插入一个制表符，可以看到页码跑到行末了，而且页码和标题之间用圆点进行了填充。当页码或标题长度变化时，Word会自动增加或删除圆点。

操作时需要注意如下几点：

（1）按一次Tab键插入的是一个制表符，因此不要在文档中用制表符代替空格来产生空白间隔。不然若把这段文字粘贴到其他存在不同制表位的段落，或文档的制表符默认设置变化时，版面就会混乱。

（2）有时候按Tab键后Word会产生一个灰色箭头，这实际上是Word的制表符格式标记，格式标记还有段落标记（拐弯的箭头）、空格（灰色圆点）等。这些格式标记在打印文档时是不会打印出来的，格式标记是否显示以及显示哪些可以在“工具｜选项”的“视图”选项卡里进行。

5. 参考文献的编号和引用

参考文献的标注本不难，但是对参考文献编号后，产生与图表公式编号相同的问题。手工维护这些编号费力且易出错。Word可自动维护这些编号。

光标放在引用参考文献的地方，在菜单栏上选“插入｜脚注和尾注”，弹出的对话框中选择“尾注”，点击“选项”按钮修改编号格式为阿拉伯数字，位置为“文档结尾”，确定后Word就在光标的地方插入了参考文献的编号，并自动跳到文档尾部相应编号处请你键入参考文献的说明，在这里按参考文献著录表的格式添加相应文献。参考文献标注要求用中括号把编号括起来，该项工作需要手动添加。

在文档中需要多次引用同一文献时，在第一次引用此文献时需要制作尾注，再次引用此文献时点“插入｜交叉引用”，引用类型选“尾注”，引用内容为“尾注编号（带格式）”，然后选择相应的文献，插入即可。

考虑到参考文献后可能有附录等内容，而Word的尾注要么在文档的结尾，要么在“节”的结尾，可通过采用插入分节符或将参考文献文本做成书签等方法解决该问题。

6. 页眉页脚的制作

首先介绍一个概念：节。这里的“节”不同于论文里的章节，但概念上是相似的。节是一段连续的文档块，同节的页面拥有同样的边距、纸型或方向、打印机纸张来源、页面边框、垂直对齐方式、页眉和页脚、分栏、页码编排、行号及脚注和尾注。如果没有插入分节符，Word默认一个文档只有一个节，所有页面都属于这个节。若想对页面设置不同的页眉页脚，必须将文档分为多个节。

论文里同一章的页面采用章标题作为页眉，不同章的页面、页眉不同，这可以通过每一章作为一个节，每节独立设置页眉页脚的方法来实现。

页眉的制作方法：首先在各个章节的文字都排好后，设置第一章的页眉；然后跳到第一章的末尾，菜单栏上选“插入｜分隔符”，分节符类型选“下一页”，注意不要选“连续”（除非是把第二章的标题放在第一章的文字后面而不是另起一页），若是奇偶页排版根据情况选“奇数页”或“偶数页”。这样就在光标所在的地方插入了一个分节符，分节符下面的文字则属于另外一节。光标移到第二章，这时可以看到第二章的页眉和第一章是相同的，鼠标双击页眉 Word 会弹出页眉页脚工具栏，工具栏上有一个“同前”按钮（图像按钮，不是文字），这个按钮按下表示本节的页眉与前一节相同，当需要各章的页眉互相独立，可把这个按钮调整为“弹起”状态，然后修改页眉为第二章的标题，完成后关闭工具栏。同理可制作其余各章的页眉。

页脚的制作方法相对比较简单。论文页面的页脚只有页码，要求从正文开始进行编号，但是在正文前还有扉页、授权声明、中英文摘要和目录，这些页面是不需要编页码的，页码从正文第一章开始编号：首先确认正文的第一章和目录不属于同一节；然后把光标移到第一章，点击“视图｜页眉和页脚”弹出页眉页脚工具栏，切换到页脚，确保“同前”按钮处于弹起状态，插入页码，这样正文前的页面都没有页码，页码从第一章开始编号。

页眉段落默认使用内置样式“页眉”，页脚使用“页脚”样式，页码使用内置字符样式“页码”。如页眉页脚的字体字号不符合要求，修改这些样式并自动更新即可，不用手动修改各章的页眉页脚。论文里页眉使用章标题，可以采用章标题做成书签，然后在页眉交叉引用的方法来维护两者相一致。

7. 其他技巧

(1) 分页符（Ctrl＋Enter）。顾名思义，分页符是用来分页的，分页符后的文字将另起一页。论文中各章的标题要求另起一页，放在另一页的第一行，这时就可以使用分页符。在前一章的最后放置一个分页符，这样不管前一章的版面有什么变化，后一章的标题总是出现在新的一页上。

(2) 换行符（Shift＋Enter）。这里又涉及 Word 的一个概念：段落。段落是独立的信息单位，具有自身的格式特征，如对齐方式、间距和样式。每个段落的结尾处都有段落标记（一个灰色的拐弯箭头）。敲 Enter 键有两个作用：一是在光标位置插入一个段落标记，表示一个段落的结束；二是另起一行。换行符和敲 Enter 键不同，它只有第二个作用，即换行符的前一行和后一行仍然属于同一个段落，共享相同的段落格式。

（二）Visio 软件使用

在利用计算机编写毕业设计论文过程中，难免要画一些电路图、相量图、程序流程、软件框图等，特别是在 Word 文档中插入一些简图，均需要建立标准的图形符号、调整图形的大小及比例、合理进行图形的连接、标注等。通过使用 Visio 软件就会事半功倍。

目前 Visio 软件是 Office 家族的新成员，其应用范围包括项目管理图表、商业流程管理图表、网页结构图、软件设计图、网络图、数据库表单关联图、机械工程制图、电路图、工厂流程设计、空间规划等．应用范围极为广泛。Visio 软件替各种不同工作需求的人们设计了大量的常用图形符号，称为 SmartShapes 技术，分别归类到不同的模板（Stencil）中，只要将模板中想要绘制的图形符号拖放到绘图页面上，稍做编排就完成了您的项目工作。

图 1-1 为 Visio 软件界面，在菜单上选“文件 ｜ 形状 ｜ 电气工程”可看到许多绘制该类型图所需的不同形状库，以找到您所需要的形状（即图形单元），拖入编辑窗口即

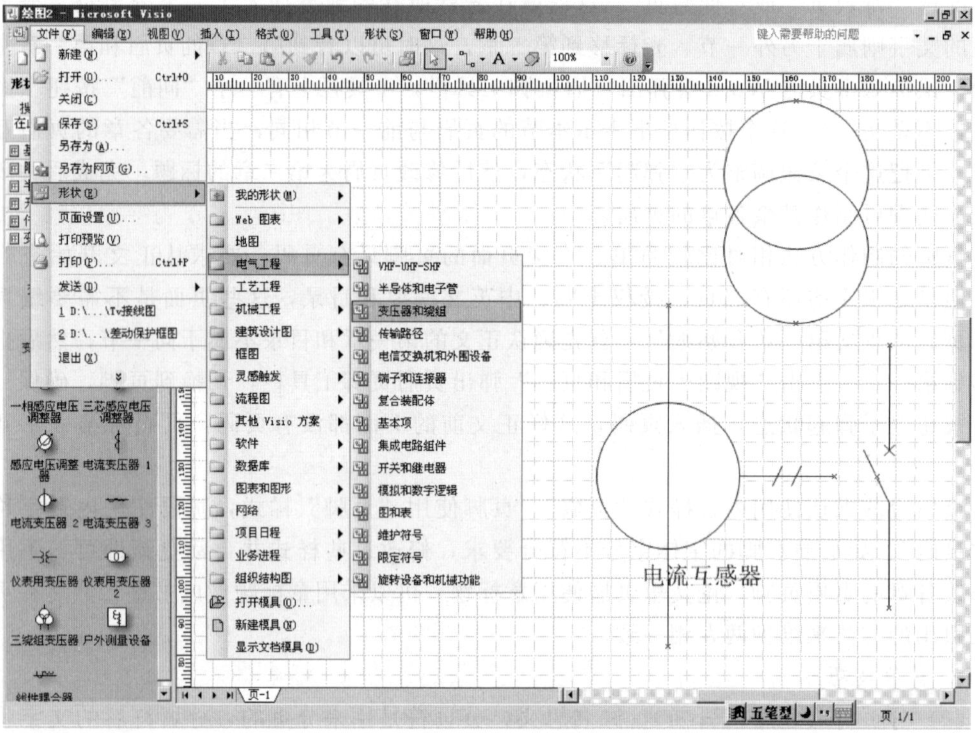

图 1-1 Visio 软件界面示意图

可，还可通过“搜索形状”在本机甚至在互联网上搜索你所需要的形状，也可以自建形状。Visio 软件中的很多主图形和方案都是根据国际或行业标准设计的，因此用它来画图避免了许多不规范的图形表达方式。每个图形单元画出以后，仍然可以单独对该图形单元执行变形、移位、格式设置和编辑操作。

Visio 软件绘出的图形默认为它自己的图形格式，也可以另存为多种格式，常见的如点阵图文件（.bmp）、JPEG 格式文件（. jpg）、Windows 图元文件、AutoCAD 绘图文件（. dwg）和内部交换文件、超文本文件（.html）以及各类图形文件（.tif、.gif、.pcx 等），Visio 软件和微软公司的 Office 系列软件如 Word、Excel、PowerPoint 等均实现了无缝集成，可以方便地互相调用。Vlsio 软件的页面上还可以插入图片，大大扩展了它的能力。

（三）Excel 软件使用技巧

Office 软件中 Excel 工作表的计算功能为人所熟悉。Excel 工作表具有丰富的公式、函数和数组计算功能，在工作表中创建公式比较简便而且能更好地编辑公式、输入函数及创建自定义表单和模板。公式是在工作表中对数据进行分析的等式，它可以对工作表数值进行加法、减法和乘法等各类运算。函数是预定义的内置公式，它使用被称为参数的特定数值，按被称为语法的特定顺序进行计算。值得注意的是，数组公式可以同时进行多重计算并返回一种或多种结果。数组公式对两组或多组被称为数组参数的数值进行运算。这对电流系统计算相当有用。

在使用 Excel 进行短路电流计算或继电保护整定计算时，要建立原始数据表，计算公式中用到的数据，均以原始数据所在的数据表中的地址代替，不能直接代入数据。公式可以引用同一工作表中的其他单元格、同一工作簿不同工作表中的单元格，或者其他工作簿的工作表中的单元格。这样，改变相应的原始参数表，所有的数据运算就会自动调用原始数据表，那么整个计算过程就不用人为参与。

使用 Excel 还可以通过链接或者外部引用来共享其他工作簿或工作表中的数据。使用链接可以避免在同一工作簿中将多个大型的工作表模型同置一处，而且链接并不只限于两个工作簿之间，也可以创建多层链接工作簿。因此，可以将原始参数表、短路电流计算表、整定结果表等置于不同的表中。

（四）利用“公式编辑器”进行公式的输入

“公式编辑器”是 Design Science 公司的 Math Type“公式编辑器”的特别版，是为 Microsoft 应用程序定制的。“公式编辑器”的界面如图 1-2 所示，从其工具栏中挑选符号并键入变量和数字可建立复杂的公式。建立公式时，“公式编辑器”会根据数学方面的排字惯例自动调整字体大小、间距和格式，还可以在工作时调整格式设置并重新定义自动样式。用“公式编辑器”工具栏顶行的按钮可插入 150 多个数学符号。其中许多符号在标准的 Symbol 字体下没有。“公式编辑器”底行的按钮用于插入样板或结构，它们含有分式、根式、求和、积分、乘积和矩阵等符号以及各种围栏或像方括号和大括号这样的成对匹配符号。许多样板包含插槽——键入文字和插入符号的空间，如图 1-2 中的虚线框。组合在工具板上的样板大约有 120 个。样板可以嵌套（把样板插入另个样板的插槽中）来建立复杂的多级化公式。

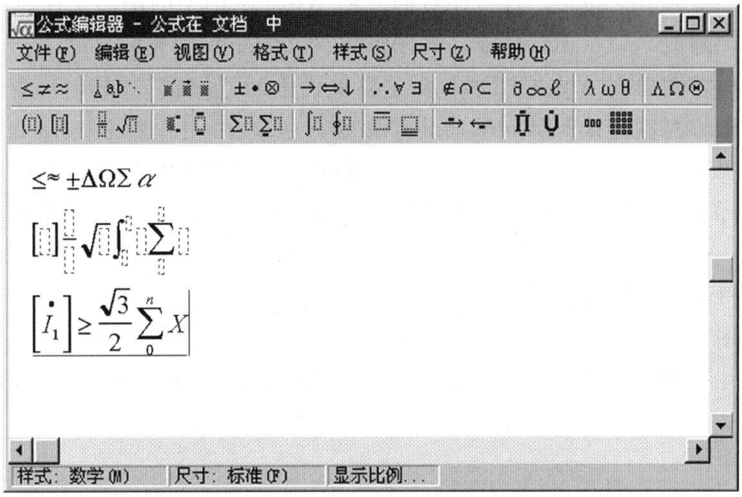

图 1-2　“公式编辑器”的界面

中文版 Office2000 在典型安装时，并未安装公式编辑器。安装方法如下：

（1）放入 Office2000 的安装光盘，在 Windows 环境下打开“控制面板”中“添加或删除程序”，选中“Office2000”单击“添加/删除”；（也可直接重新运行一次 Office2000 的安装程序）。

（2）进入安装界面后，单击“添加或删除功能”按钮进入下一界面，然后单击选择“Office工具”中的“公式编辑器”下拉菜单，选择“从本机运行”并确定后，即可将“公式编辑器”安装到Office2000运行环境中。

中文版Office2003以上版本已自带公式编辑器，不用单独再装。

在Office文档中进行公式输入时，可先确定公式的插入点，选择“插入”下拉菜单下的“对象”，选择“Microsoft 公式 3.0”并确定后则出现“公式编辑器”的工具栏，其菜单栏将暂时取代应用程序的菜单栏。此时根据需要选择下列操作：

（1）从工具栏底行选择一样板并填充插槽。

（2）从工具栏顶行选择符号。

（3）键入所需的文字。

公式建立后，单击“公式编辑器”窗口外任何位置，返回文档，即可在插入点处看到公式。

如果要对公式进行修改，可单击左键选中公式后，单击右键，选择“Equation 对象”的“编辑”或“打开”。如选择“打开”，则“公式编辑器”作为独立的应用程序起动，显示如图1-2所示界面。编辑时可以添加、删除或改变公式中的元素，也可以给文本应用不同的样式、尺寸或格式，或者调整元素的间距和位置。完成编辑后，在“文件”菜单选择“退出并返回文档”即可；如选择“编辑”，则只出现“公式编辑器”的工具栏，完成编辑后，单击“公式编辑器”对象外的任何位置即可。

（五）在Word中插入CAD绘制的图形

以Auto CAD 2000版本为例，在Word中插入的方法如下：

（1）运行AutoCAD 2000，打开即将插入到Word文档中的图形文件。

（2）运行“缩放”（Zoom）命令，将图形放大（缩小）到相应尺寸。

（3）用鼠标左键单击AutoCAD 2000主菜单栏中的“编辑”（Edit）命令，弹出下拉菜单，然后单击“复制链接”（Copy Link）命令。

（4）运行Word软件，打开需要插图的文字文档，并将光标移到插图位置。

（5）用鼠标单击Word工具栏中的“粘贴”按钮，可AutoCAD图链接到Word文档中并显示出来。修改此图时只需用鼠标双击之，便可自动地从Word中直接进入AutoCAD 2000，进行图形的编辑修改。

（6）对于图形的显示尺寸，可在Word中单击图形，再单击右键，进入“设置对象格式”选择“图片”的“裁剪”功能，进行上下左右的裁剪，直到满意为止。

第二章　继电保护整定计算的前期准备

第一节　故障分析基本知识概述

在确定本次设计所配置继电保护整定值之前，必须预先计算出所设计电力系统中与继电保护装置相关各点发生故障前后的电流及电压。而进行此项工作，必须对电力系统故障分析的一些基本概念及故障分析的一些技术要领有清晰的认识与了解。故障后的电气量中存在周期与非周期分量，非周期分量很快衰减（约 100ms），因此应该更关注与继电保护有关的周期分量。以下的故障分析所讨论的电气量全部为周期分量。

一、对称分量法

（一）对称分量法简介

对称分量法是计算电力系统发生不对称称短路故障时电流、电压的一种方法，其基本假定条件是任何一个三相不对称电压、电流量均可分解为三相对称的相量成分，即正序分量、负序分量、零序分量。对称分量法引用到算子 α，$\alpha = e^{j120^\circ}$ 为一单位矢量。以三相电压 $\dot{U}_A$、$\dot{U}_B$、$\dot{U}_C$ 为例，$\dot{U}_A$ 可分解为正序、负序及零序三组成分 $\dot{U}_{A1}$、$\dot{U}_{A2}$、$\dot{U}_{A0}$，同理 $\dot{U}_B$ 可分解为 $\dot{U}_{B1}$、$\dot{U}_{B2}$、$\dot{U}_{B0}$，$\dot{U}_C$ 可分解为 $\dot{U}_{C1}$、$\dot{U}_{C2}$、$\dot{U}_{C0}$。假定以 A 相为特殊相，则存在以下关系，即

$$\begin{cases} \dot{U}_A = \dot{U}_{A1} + \dot{U}_{A2} + \dot{U}_{A0} \\ \dot{U}_B = \dot{U}_{B1} + \dot{U}_{B2} + \dot{U}_{B0} = \alpha^2\dot{U}_{A1} + \alpha\dot{U}_{A2} + \dot{U}_{A0} \\ \dot{U}_C = \dot{U}_{C1} + \dot{U}_{C2} + \dot{U}_{C0} = \alpha\dot{U}_{A1} + \alpha^2\dot{U}_{A2} + \dot{U}_{A0} \end{cases} \tag{2-1}$$

即

$$\begin{cases} \dot{U}_{A1} = (\dot{U}_A + \alpha\dot{U}_B + \alpha^2\dot{U}_C)/3 \\ \dot{U}_{A2} = (\dot{U}_A + \alpha^2\dot{U}_B + \alpha\dot{U}_C)/3 \\ \dot{U}_{A0} = (\dot{U}_A + \dot{U}_B + \dot{U}_C)/3 \end{cases} \tag{2-2}$$

（二）使用对称分量法的一些假定

（1）使用对称分量法计算故障电流、电压时，一般认为网络是纯感性的，如果计算条件允许，也可考虑网络的电阻成分，以增加计算精度。

（2）在对称系统中，正序电流产生正序压降；负序电流产生负序压降；零序电流产生零序压降。因此在正序网络中仅有正序的电压、电流存在；其他两种序网也有此性质。

（3）为简便计算，不考虑故障前的负载电流，也不考虑变压器的励磁电流及线路的充电电流，并假定故障前各电源的电压相等且相角相同。

（4）计算公式只考虑金属性短路，不考虑经过渡电阻的短路。

二、序阻抗与序网络的构成

为分析各种不对称短路故障，必须组成电力系统在某一故障点的各序网络，如分析两相短路时，需要建立正序和负序网络，分析单相接地故障及两相接地短路时，需要建立正序、负序和零序网络。

1. 各序网络之区别

正序网络就是计算三相短路时所用的网络，实现起来比较简单；对于同一故障点而言，负序网络与正序网络在组成元件上完全相同，只是该网络中没有电源支路，负序电压、电流皆由故障点的负序电动势所产生；在零序网络中，也没有电源电动势，只有故障点零序电动势，另外，零序网络中各元件均以零序参数和零序等值电路代替。

2. 各序网络构成的实例说明

以一双侧电源系统说明各序网络的构成方法。图 2-1（a）为双侧电源电力系统，两侧均为中性点接地系统，其正序阻抗与负序阻抗相等。因此 M 侧系统正序、负序、零序阻抗分别为 $Z_{MS.1}$、$Z_{MS.1}$、$Z_{MS.0}$；N 侧系统正序、负序、零序阻抗分别为 $Z_{NS.1}$、$Z_{NS.1}$、$Z_{NS.0}$。

（1）正序网络。以 A 相为例，图 2-1（b）所示为正序网络的组成，$\dot{E}_{MS.1}$ 与 $\dot{E}_{NS.1}$ 为两侧电源等值电势，如未特殊说明，其标么值一般取 1。该正序网络的起点为 N_1，终点为 K_1，N_1、K_1 称为正序网络的端口，电流 $\dot{I}_{KA.1}$ 的正方向是由起点 N_1 流向终点 K_1。电压 $\dot{U}_{KA.1}$ 的正方向由 K_1 指向 N_1。图 2-1（b）中为电势表示法，箭头指向 K_1。注意 N_1 为系统中性点，该中性点不一定是接地中性点。从 K_1，N_1 看进去，该网络中的正序等值阻抗为

$$Z_{1\Sigma}=(Z_{MS.1}+Z_{MT.1}+Z_{MK.1})\ //\ (Z_{NS.1}+Z_{NT.1}+Z_{NK.1}) \tag{2-3}$$

如 $\dot{E}_{MS.1}=\dot{E}_{NS.1}$，则 $\dot{E}_{eq}=\dot{E}_{MS.1}$。短路点正序电压与正序电流关系为

$$\dot{U}_{KA1}=\dot{E}_{eq}-\dot{I}_{KA1}Z_{1\Sigma}$$

流过母线正序电流（以系统流向线路为正方向，以 M 侧为例），那

$$\dot{I}_{MA1}=\frac{(Z_{NS.1}+Z_{NT.1}+Z_{NT.1})}{(Z_{MS.1}+Z_{MT.1}+Z_{MK.1})+(Z_{NS.1}+Z_{NT.1}+Z_{NK.1})}\dot{I}_{KA1}=C_{1M}\dot{I}_{KA1} \tag{2-4}$$

式中 C_{1M}——正序电流分布系数，也称正序分流比。

母线正序电压（以 M 侧为例），即

$$\dot{U}_{MA1}=\dot{E}_{eq}-\dot{I}_{MA1}(Z_{MS.1}+Z_{MT.1}) \tag{2-5}$$

（2）负序网络。以 A 相为例，图 2-1（c）所示为负序网络的组成，该负序网络的起点为 N_2，终点为 K_2，N_2K_2 称为负序网络的端口，电流 $\dot{I}_{KA2}$的正方向是由起点 N_2 流向终点 K_2。电压 $\dot{U}_{KA2}$的正方向由 K_2 指向 N_2。图 2-1（c）中为电势表示法，箭头指向 K_2。注意 N_2 也为系统中性点，该中性点不一定是接地中性点。其阻抗构成与正序的相同。从 K_2，N_2 看进去，该网络中的负序等值阻抗为

$$Z_{2\Sigma}=(Z_{MS.2}+Z_{MT.2}+Z_{MK.2})\ //\ (Z_{MS.2}+Z_{NT.2}+Z_{NK.2})$$

短路点负序电压与负序电流关系为

$$\dot{U}_{KA2}=-\dot{I}_{KA2}Z_{2\Sigma} \tag{2-6}$$

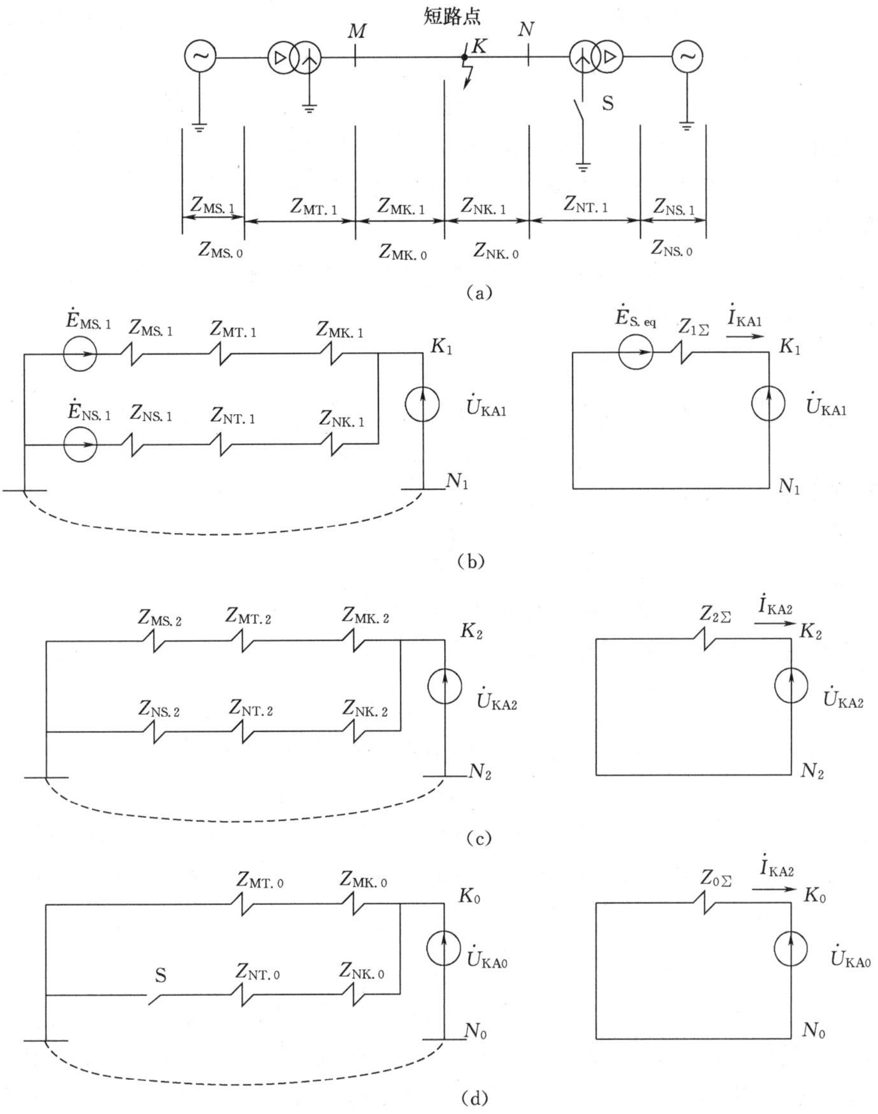

图 2-1　各序网络构成示意图

(a) 双侧电源电力系统；(b) 正序网络；(c) 负序网络；(d) 零序网络

流过母线电流（以系统流向线路为正方向，以 M 侧为例），即

$$\dot{I}_{MA2} = C_{2M}\dot{I}_{KA2} = C_{1M}\dot{I}_{KA2} \tag{2-7}$$

式中　C_{2M}——负序分流比，与正序分流比 C_{1M} 相等。

母线负序电压（以 M 侧为例），即

$$\dot{U}_{MA2} = -\dot{I}_{MA2}(Z_{MS.2} + Z_{MT.2}) \tag{2-8}$$

（3）零序网络。以 A 相为例，如图 2-1（d）所示为零序网络的组成，该零序网络的起点为 N_0，终点为 K_0，N_0K_0 称为负序网络的端口，电流 $\dot{I}_{KA0}$ 的正方向是由起点 N_0 流向终点 K_0。电压 $\dot{U}_{KA0}$ 的正方向由 K_0 指向 N_0。图 2-1（d）中为电势表示法，箭头指向

K_0。注意 N_0 为是接地中性点。

注意，变压器的零序参数与其变压器结构、绕组的接线方式，中性点是否接地等多种因素相关。本例中，M 侧变压器为中性点直接接地，且变压器接线为 D，yn，零序电流走得通，因此其零序阻抗 $Z_{MT.0}$ 与正序阻抗相等；N 侧变压器接线组别为 YN，d，但中性点有一开关 S，如 S 闭合，则零序电流走得通；如 S 打开，零序电流走不通，也可以认为变压器零序阻抗为无穷大。

零序网络的等值阻抗就是零序电流流通的网络的等值阻抗。

短路点零序电压与零序电流关系为

$$\dot{U}_{KA0}=-\dot{I}_{KA0}Z_{0\Sigma} \tag{2-9}$$

N 侧变压器中性点开关 S 闭合时，从 K_0，N_0、看进去，该网络中的零序等值阻抗为 $Z_{0\Sigma}=(Z_{MT.0}+Z_{MK.0})\ //\ (Z_{MT.0}+Z_{NK.0})$。流过母线零序电流（以系统流向线路为正方向，以 M 侧为例），即

$$\dot{I}_{MA0}=\frac{(Z_{NT.0}+Z_{NK.0})}{(Z_{MT.0}+Z_{MK.0})+(Z_{NT.0}+Z_{NK.0})}\dot{I}_{KA0}=C_{0M}\dot{I}_{KA0} \tag{2-10}$$

式中 C_{0M}——零序电流分布系数，也称零序分流比。

母线零序电压（以 M 侧为例），即

$$\dot{U}_{MA0}=-\dot{I}_{MA0}Z_{MT.0} \tag{2-11}$$

如 S 打开，则从 K_0，N_0 看进去，该网络中的零序等值阻抗为

$$Z_{0\Sigma}=Z_{MT.0}+Z_{MK.0}$$

很明显，$Z_{0\Sigma}$ 只由 M 侧（中性点接地侧）的变压器及线路零序阻抗构成，零序阻抗值也变大了。短路点零序电压与零序电流关系由式（2-9）可知。流过母线零序电流（以系统流向线路为正方向，以 M 侧为例）

$$\dot{I}_{MA0}=\dot{I}_{KA0} \tag{2-12}$$

母线零序电压同式（2-11）。可见，S 打开后从零序阻抗值及分流比的影响是很大的。

注意，流过母线的电流及母线电压是继电保护整定时所采用的量，对于单侧电源线路，流过母线的电流即是故障电流，电流保护整定时按故障电流即可整定。而双侧电源要特别考虑分流比的问题，许多初学者容易在这一点上出现混淆。

第二节 短路电气量计算的简便方法及注意事项

本节主要介绍横向短路故障的简便分析方法，并给出了相应示例。

一、三相短路

三相短路为对称性短路，各相短路电流相同，仍以图 2-1 为例，设在 K 点空载情况下发生三相短路，故障点 A 相电流即为正序电流

$$\dot{I}_{KA}^{(3)}=\frac{\dot{U}_{KA[0]}}{Z_{1\Sigma}} \tag{2-13}$$

式中 $\dot{U}_{KA[0]}$——故障点故障前的戴维南等值电压，如故障前线路空载，$\dot{U}_{KA[0]}=\dot{E}_{MS.1}$；

如未约定，一般可设为1（标幺值）。

三相短路只与正序网络有关，计算比较简单，而在继电保护整定计算中的用处却很多，计算时主要考虑最大运行方式下的三相短路电流，即考虑系统正序等值阻抗为最小时，能向故障点提供最大短路电流的短路情况。流过 M 母线的电流 $\dot{I}_{MA}$ 可按正序分流比可求得。整定计算过程中一般不考虑叠加负荷电流。以 A 相为例，M 母线上的电压为

$$\dot{U}_{MA}=\dot{I}_{MA}Z_{MK.1} \tag{2-14}$$

二、两相短路

以空载情况下，图2-1中 K 点发生BC两相短路为例说明。

1. 边界条件

相分量表示的边界条件为

$$\begin{cases}\dot{I}_{KA}^{(2)}=0\\ \dot{I}_{KB}^{(2)}+\dot{I}_{KC}^{(2)}=0\\ \dot{U}_{KB}^{(2)}=\dot{U}_{KC}^{(2)}\end{cases} \tag{2-15}$$

序分量表示的边界条件为

$$\begin{cases}\dot{I}_{KA0}^{(2)}=0\\ \dot{I}_{KA1}^{(2)}+\dot{I}_{KA2}^{(2)}=0\\ \dot{U}_{KA1}^{(2)}=\dot{U}_{KA2}^{(2)}\end{cases} \tag{2-16}$$

2. 故障点电压、电流相量关系

图2-2为两相短路时故障点的电压、电流相量图。在电压相量关系图中，当故障点远离电源时，可以认为 $Z_{2\Sigma}=Z_{1\Sigma}$，此时 $\dot{U}_{KA}^{(2)}=\dot{E}_A$，$\dot{U}_{KB}^{(2)}=\dot{U}_{KC}^{(2)}=-1/2\dot{E}_A$，即非故障相电压保持原有数值和相位不变，两故障相电压大小相等，相位相同，数值上等于非故障相电压一半，相位与非故障相电压相反。

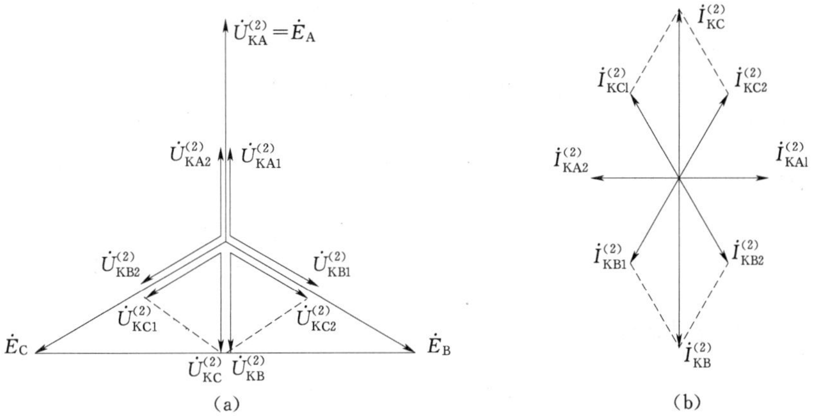

图2-2　两相短路时故障点电压、电流相量图

（a）BC相短路时故障点电压相量关系；（b）BC相短路时故障点电流相量关系

在电流相量关系图中，此时 K 点故障相电流为

$$\dot{I}_{KB}^{(2)} = -\dot{I}_{KC}^{(2)} = -\mathrm{j}\frac{\sqrt{3}}{2}\dot{I}_{KA}^{(3)} \tag{2-17}$$

式中 $\dot{I}_{KA}^{(3)}$ ——同一故障点发生三相短路时的 A 相短路电流。

从简化计算的角度考虑，如 $Z_{2\Sigma}=Z_{1\Sigma}$，则只要计算出某点的三相短路电流，也就计算出了该点的两相短路电流。

3. 保护安装处电压、电流相量关系

图 2-3 为 BC 相短路时保护安装处电压、电流相量图，其正序、负序电流分布系数分别为 C_{1M}、C_{2M}（一般 $C_{1M}=C_{2M}$），M 侧的线路电流为

$$\begin{cases}\dot{I}_{MA}=0\\ \dot{I}_{MB}=C_{1M}\dot{I}_{KB}^{(2)}\\ \dot{I}_{MC}=C_{1M}\dot{I}_{KC}^{(2)}\end{cases} \tag{2-18}$$

M 母线上的电压为

$$\begin{cases}\dot{U}_{MA}=\dot{E}_{A}\\ \dot{U}_{MB}=\dot{U}_{KB}^{(2)}+\dot{I}_{MB}Z_{M.K1}\\ \dot{U}_{MC}=\dot{U}_{KC}^{(2)}+\dot{I}_{MC}Z_{MK.1}\end{cases} \tag{2-19}$$

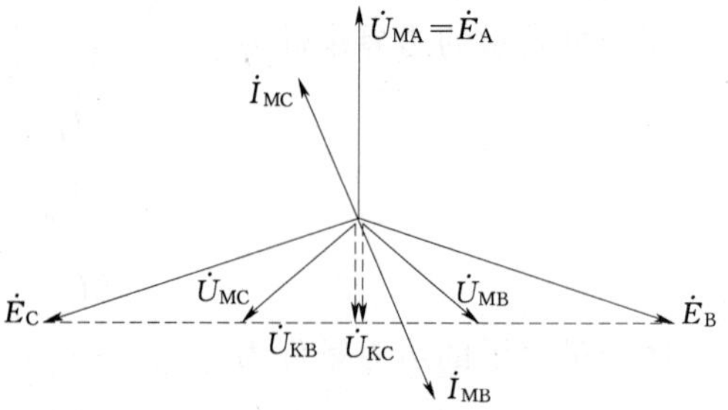

图 2-3 BC 相短路时保护安装处电压、电流相量图

则 $\dot{U}_{MB}$、$\dot{U}_{MC}$ 相量端点在 $\dot{E}_B$、$\dot{E}_C$ 的连线上，当 M 母线越靠近电源时，$\dot{U}_{MB}$、$\dot{U}_{MC}$ 间的夹角越接近 120°，M 母线越靠近故障点时，$\dot{U}_{MB}$、$\dot{U}_{MC}$ 间的夹角越接近 0°。

不难看出，保护安装处（以 M 母线为例）为

$$\begin{aligned}\dot{U}_{MBC}&=\dot{U}_{MB}-\dot{U}_{MC}\\&=(\dot{I}_{MB}-\dot{I}_{MC})Z_{MK.1}=2\dot{I}_{MB}Z_{MK.1}\end{aligned} \tag{2-20}$$

三、单相接地短路

以空载情况下，以图 2-1 中 K 点发生 A 相接地短路为例说明。

1. 边界条件

相分量表示的边界条件为

$$\begin{cases}\dot{U}_{KA}^{(1)}=0\\ \dot{I}_{KB}^{(1)}=\dot{I}_{KC}^{(1)}=0\end{cases} \tag{2-21}$$

序分量表示的边界条件为

$$\begin{cases}\dot{U}_{KA1}^{(1)}+\dot{U}_{KA2}^{(1)}+\dot{U}_{KA0}^{(1)}=0\\ \dot{I}_{KA1}^{(1)}=\dot{I}_{KA2}^{(1)}=\dot{I}_{KA0}^{(1)}=\frac{1}{3}\dot{I}_{KA}^{(1)}\end{cases} \tag{2-22}$$

不难看出，单相接地时，正序、负序、零序电流分量相等，这给计算带来了方便。

2. 故障点电流电压

$$\dot{I}_{KA1}^{(1)}=\frac{\dot{U}_{KA[0]}}{Z_{1\Sigma}+Z_{2\Sigma}+Z_{0\Sigma}}=\dot{I}_{KA2}^{(1)}=\dot{I}_{KA0}^{(1)} \tag{2-23}$$

$$\dot{I}_{KA}^{(1)}=3\dot{I}_{KA1}^{(1)}=3\dot{I}_{KA0}^{(1)} \tag{2-24}$$

不难看出，当 $Z_{0\Sigma}>Z_{1\Sigma}$ 时，单相接地短路电流将小于该点的三相短路电流，而电力系统中这种情况比较多。

故障点电压 $\dot{U}_{KA}^{(1)}=0$；非故障相（B、C 相）电压变化轨迹如图 2-4 所示，即随 $Z_{0\Sigma}$ 从 $0\rightarrow Z_{1\Sigma}\rightarrow\infty$ 时，其电压的幅值从 $\sqrt{3}/2|\dot{E}_A|\rightarrow|\dot{E}_A|\rightarrow\sqrt{3}|\dot{E}_A|$，两故障相的夹角 θ 从 180°→120°→60°。

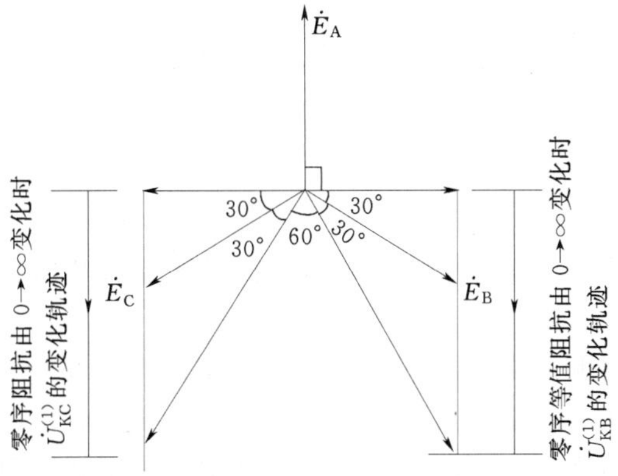

图 2-4　非故障相电压变化规迹图

3. 保护安装处电流电压

一般在零序电流保护整定计算中会用到流过保护安装处的零序电流与零序电压量（以 M 母线为例）

$$3I_{MA0}^{(1)}=C_{0M}3I_{MA0}^{(1)} \tag{2-25}$$

注意，整定计算时考虑的是三倍零序电流分量。根据利用零序网络求零序电压的方法，能很方便求出保护安装处的三倍零序电压分量。

四、两相接地短路

以空载情况下，图 2-1 中 K 点发生 BC 两相接地短路为例说明。

1. 边界条件

相分量表示的边界条件为

$$\begin{cases}\dot{U}_{KB}^{(1.1)}=\dot{U}_{KC}^{(1.1)}=0\\ \dot{I}_{KA}^{(1.1)}=0\end{cases} \tag{2-26}$$

序分量表示的边界条件为

$$\begin{cases}\dot{U}_{KA1}^{(1.1)}=\dot{U}_{KA2}^{(1.1)}=\dot{U}_{KA0}^{(1.1)}=\frac{1}{3}\dot{U}_{KA}^{(1.1)}\\ \dot{I}_{KA1}^{(1.1)}+\dot{I}_{KA2}^{(1.1)}+\dot{I}_{KA0}^{(1.1)}=0\end{cases} \tag{2-27}$$

2. 故障点电流电压

$$\begin{cases} \dot{I}_{KA1}^{(1,1)}=\dfrac{\dot{U}_{KA[0]}}{Z_{1\Sigma}+Z_{2\Sigma}//Z_{0\Sigma}} \\ \dot{I}_{KA0}^{(1,1)}=\dfrac{-\dot{U}_{KA[0]}}{Z_{1\Sigma}+2Z_{0\Sigma}} \end{cases} \tag{2-28}$$

比较单相接地与两相接地短路时可以看出，如果出现 $Z_{0\Sigma}<Z_{1\Sigma}$ 的情况，故障点两相接地短路时的零序电流将大于该点发生单相接地时的零序电流。因此，考虑故障点流入大地的电流，即三倍零序电流为

$$|\dot{I}_{g}^{(1,1)}|=|3\dot{I}_{KA0}^{(1,1)}|=\left|\frac{-\dot{U}_{KA[0]}}{Z_{1\Sigma}+2Z_{0\Sigma}}\right| \tag{2-29}$$

流过保护安装处（设为 M 母线）零序电流为

$$3I_{MA0}^{(1,1)}=C_{0M}3I_{KA0}^{(1,1)}=C_{0M}I_{g}^{(1,1)} \tag{2-30}$$

根据用零序网络求零序电压的方法，也能很方便求出保护安装处的 3 倍零序电压分量。

第三节 继电保护及自动装置配置选型

经过多年运行实践表明，微机保护装置已超过集成电路型、晶体管型保护运行水平，继电保护装置应采用微机型保护已成为专业人员共识，充分应用计算机新技术能进一步提高保护装置的性能和运行水平。因此，在毕业设计中应采用微机型保护，使毕业设计的内容与今后的实际工作相吻合。本节主要说明 35～500kV 系统线路、母线、变压器、发变组继电保护装置及其运行信息系统的配置选型。

为提高继电保护的可靠性，对重要的线路和设备必须坚持设立两套互相独立主保护的原则，并且两套保护宜为不同原理和不同厂家的产品。对重要元件应充分考虑后备保护的设置。

一、500kV 系统线路保护配置选型

1. 选型原则

（1）为满足 500kV 系统稳定，长短线路等各种接线的保护整定配合的要求，每回 500kV 线路在任何故障情况下都有快速动作的主保护。每回线路应按近后备保护原则配置两套完全独立保护系统，每套保护包括能全线速动的主保护和完善的后备保护；并装设定时限或反时限零序方向过流保护，以作为高电阻接地故障的保护。

（2）接收单一远方跳闸信号，必须经就地故障判别装置再跳闸出口。就地故障判别装置宜按传送远方跳闸信号的通道数量配置，并装设于利用该通道构成速动保护的主保护屏上。每套主保护借助各自的通道构成全线速动。每套主保护的通道应该彼此独立。

（3）500kV 保护通道，应优先采用光纤通道，对于超短线，应采用专用光纤；对于长线路应采用复用光纤通道。

（4）短线路或重要城市环网主保护宜选用两套由光纤通道（OPGW 或 ADSS）构成的分相电流差动保护。中长线路，当复用 PCM 时（使用 64kbit/s 的数字信号时，保护设

备直接输出 64kbit/s 的信号给通信设备的 PCM，每套保护要求只占用一个 PCM 的 64kbit/s 数据口)，也宜配置没有暂态超越问题的分相电流差动保护。

(5) 双回线其中一回线采用光纤通道，另一回线保护通道方式为：如系同杆并架双回线，两套纵联保护均采用光纤通道，应分别使用不同的光纤芯或 PCM 终端；如非同杆并架或仅有部分同杆双回线，未敷设光纤通道线路的一套纵联保护可采用另一回线路的光纤通道，另一套纵联保护应采用其他通道，如电力载波、微波、或光纤的其他迂回通道（应确保传输信号有足够可靠性）等，以确保在有光纤通道的线路故障时，另一条线路仍有纵联保护正常运行。

2. 配置选型推荐方案

500kV 电网联络线线路保护配置选型推荐方案有以下几种：

(1) 方案 1。选用两套国产分相电流差动保护的配置：如其中一套 LFP（RCS）—931（南瑞继保公司)，一套 PSL—603（国电南自公司)。

(2) 方案 2。选用两套国产保护的配置：一套分相电流差动保护；另一套纵联距离保护。其中一套 LFP（RCS）—931（南瑞继保公司)，另一套 PSL—602（国电南自公司)

(3) 方案 3。选用一套为引进保护，另一套为国产保护的配置。引进保护可选用分相电流差动保护，国产保护选在国内 330～500kV 电网中具有成熟运行经验的和且具有完善售后服务能力的纵联保护。

二、220kV 系统线路保护配置选型

1. 选型原则

220kV 联络线路、重要城市的主供环网应装设两套纵联保护（分相电流差动保护和允许式距离)。传输通道应采用光纤通道（OPGW 或 ADSS）传输继电保护的信息及命令。第一套主保护（分相电流差动）应采用专用光纤通道，第二套主保护（允许式距离）可采用经 PCM 和通信通道复用。对于超长线路可采用两套纵联保护经不同的 PCM 终端和通信通道复用。220kV 馈线电网保护可选用一套微机线路保护（不带高频)。

2. 配置选型推荐方案

220kV 电网联络线线路保护配置选型推荐方案有以下几种：

(1) 方案 1。采用光纤通道模式，可按一套分相电流差动保护和一套纵联保护配置：如 RCS—931 和 PSL—602＋GXC—01、PSL—603 型和 RCS—902＋FOX—40 型等。RCS—931 或 PSL—603 型装置的主保护为分相电流差动保护，光纤接口直接做在保护插件上，发、收分别经两根光缆芯直接连接，该保护作为第一主保护运行。PSL—602 或 RCS—902 装置的主保护为闭锁式距离保护、零序保护，其停、发信接点经 GXC—01 或 FOX—40 数字光纤接口装置，可分别经两根光缆芯直接连接；也可再经通信机（微波或光纤）的 64K—PCM 数字接口和通信复用，作为第二主保护运行。

(2) 方案 2 。采用高频载波通道模式，可按两套不同原理线路纵联保护配置，如 RCS—901＋LFX—912 和 PSL—602＋YSF—10、BSF—7 等。LFX—912 型为南瑞继保公司专用收发信机；BSF—7 为镇江列电专用收发信机；YSF—10 为国电扬州许继电信仪器厂专用收发信机。

220kV 电网馈线线路保护配置选型推荐方案为 PSL—602 或 RCS—902 型微机距离保

护、零序保护（不带高频）。

PSL—602、PSL—603 型保护功能的配置和型号如表 2-1 和表 2-2 所示。

表 2-1　　PSL—602（A、C、D）型数字式超高压线路保护的配置和型号表

型　号	主要功能			备　注
	纵联保护	距离保护和零序方向电流保护	自动重合闸	
PSL—602	纵联距离、零序保护	快速距离保护；三段式相间距离保护；三段式接地距离保护；四段式零序电流保护	有	适用于单断路器（如双母线接线）
PSL—602A	纵联距离、零序保护	快速距离保护，三段式相间距离保护；三段式接地距离保护；四段式零序电流保护	无	适用于 3/2 接线
PSL—602AS	纵联距离、零序保护，适用于串补电容线路及相邻线	快速距离保护；三段式相间距离保护；三段式接地距离保护；四段式零序电流保护，适用于串补电容线路及相邻线	无	适用于 3/2 接线
PSL—602C	纵联距离、零序保护；分相通道命令	同 PSL—602，并且距离保护在同杆双回线跨线故障时选跳	有	适用于单断路器同杆双回线
PSL—602D	纵联距离、零序保护；分相通道命令	同 PSL—602，并且距离保护在同杆双回线跨线故障时选跳	无	适用于 3/2 接线同杆双回线

表 2-2　　PSL—603（A、C、D）型数字式超高压线路保护的配置和型号表

型　号	主要功能			备　注
	纵联保护	距离保护和零序方向电流保护	自动重合闸	
PSL—603	分相电流差动和零序电流差动	快速距离保护；三段式相间距离保护；三段式接地距离保护；四段式零序电流保护	有	适用于单断路器（如双母线）
PSL—603A	分相电流差动和零序电流差动	快速距离保护；三段式相间距离保护；三段式接地距离保护；四段式零序电流保护	无	迁用于 3/2 接线
PSL—603AS	分相电流差动和零序电流差动	快速距离保护；三段式相间距离保护；三段式接地距离保护；四段式零序电流保护。适用于串补电容线路及相邻线	无	适用于 3/2 接线，适用于串补电容线路及相邻线
PSL—603C	分相电流差动和零序电流差动	同 PSL—603，并且距离保护在同杆双回线跨线故障时选跳	有	适用于单断路器同杆双回线
PSL—603D	分相电流差动和零序电流差动	同 PSL—603，并且距离保护在同杆双回线跨线故障时选跳	无	适用于 3/2 接线同杆双回线

三、110kV 系统线路保护配置选型

1. 选型原则

（1）110kV 系统线路保护现按远后备原则考虑实施，只配置一套线路微机保护。保护的主要功能为相间距离保护、接地距离保护、零序电流保护和三相一次重合闸。

（2）同一变电所宜采用同一制造厂的产品。对于 110kV 线路，保护和监控两个独立

的单元机箱应装设在一面屏上。一面屏上可装设两条线路的保护和监控，以避免不必要的连线、简化回路接线，提高抗干扰能力。

（3）地区发电厂至变电所的110kV联络线可根据电网稳定运行或继电保护整定配合需要可装设一套完整的纵联距离保护（有条件时可考虑采用光纤通道）。

2. 配置选型推荐方案

110kV系统线路保护可选用如RCS—941（南瑞继保公司）、PSL—621（国电南自公司）等保护。35/10kV系统线路保护可选用南瑞继保公司生产的RCS—9000型和国电南自生产的PSL—6000型等作为保护和监控系统。

四、母线保护配置选型

1. 选型原则

根据国家电网公司《防止电力生产重大事故的二十五项重点要求》（国电发［2000］589号，简称《反措》）第23.4条"在满足接线方式和短路容量的前提下，应尽量采用简单的母线保护。对有稳定要求的大型发电厂和重要变电所可配置两套母差保护，对某些有稳定问题的大型发电厂要缩短母差保护定检时间，母差保护停用时尽量减少母线倒闸操作"的要求，设置母线保护选型原则如下：

（1）一个半断路器接线，每组母线装设两套完全独立的母线保护。按断路器配置失灵保护。

（2）双母线接线，宜装设一套母线保护。

（3）220kV和500kV线路断路器非全相运行保护应尽量采用断路器机构内本体的三相不一致保护，不再重复设置。

（4）根据国家电网公司《防止电力生产重大事故的二十五项重点要求》（国电发［2000］589号）第20.2.2条要求，"对于双母线接线方式的变电所，在一条母线停电检修时，要做好另一条母线的安全措施，防止因人为因素造成运行母线停电。当给停电的母线送电时，有条件的要利用外部电源：若用母联（分段）断路器给停电母线送电，母联（分段）断路器必须带有充电保护"。因此，对母联断路器或分段断路器配置一套充电保护装置。

（5）双母线接线，按线路分别配置失灵保护起动装置。接在双母线上的发变组单元或变压器的失灵保护起动装置宜装设于相应的发变组保护屏或变压器保护屏上，断路器的失灵保护与母差保护出口回路公用。

（6）双母线接线，各段母线的保护应在二次回路接线上尽量独立，任何一段母线停用或检修时，其他各段母线保护仍应能正常运行。

2. 配置选型推荐方案

可选用的母线保护型号有BP—2型、RCS—915型、WMZ—41A型和REB—103型等。

五、发电机变压器组保护配置选型

1. 选型原则

（1）根据国家电网公司《防止电力生产重大事故的二十五项重点要求》（国电发［2000］589号）第20.1.4条规定，"为提高继电保护的可靠性，对重要的线路和设备必须坚持设立两套互相独立的主保护的原则，并且两套保护宜为不同原理和不同厂家的产品，对重要元件应充分考虑后备保护的设置，200MW及以上容量的发电机设备应配置两套完整的互相独立的主保护和后备保护”。

（2）根据国电公司25项反措第11.6条要求精神，防止发电机变压器组和变压器的主断路器出现非全相运行，引起设备事故或扩大为系统事故，220kV及以上发电机变压器组和变压器的主断路器及母联、母线分段断路器应选用三相联动的双跳断路器。

（3）发变组保护技术要求高，对运行安全性、可靠性有严格要求，必须选用有良好运行实绩的微机发变组保护。

2. 配置选型推荐方案

可选用的发电机变压器组保护有DGT—801型（国电南自公司的WFBZ系列）、RCS—985型（南瑞继保公司）等。

六、变压器保护配置选型

（一）选型原则

（1）对于220kV主变压器的微机保护按《反措》第13.6条要求必须双重化。主变压器应采用两套完整、独立的主保护和两套配置完整的后备保护，同时还必须保证两套主备、后备保护在交流、直流回路上的独立性。正常运行方式下，两套独立的主保护宜同时投入。两套独立的主保护宜分别接在独立电流互感器两个次级绕组上，但第二套主保护也可以设计在独立电流互感器和主变套管电流互感器间进行切换，当旁路断路器代替主变断路器运行时，第一套主保护应相应切到旁路断路器的电流互感器。第二套主保护及相应的后备保护可以停用。

（2）在实际使用中可根据电网实际运行情况，除去非电量（气体）保护必须投跳外，应选择合理、可靠的主变保护运行方式。220kV及以上电压等级的重要的变压器保护，各侧的过电流保护均按躲变压器额定负荷整定，但不作为短路保护的一级参与选择性配合，其动作时间应大于所有出线保护的最长时间；中性点直接接地的变压器各侧零序电流最末一段，不带方向按与线路零序电流保护最末一段配合整定。上述保护动作后均跳开变压器的各侧断路器。

（二）配置选型及保护组屏推荐方案

可选用的变压器组保护有PSL—1201型（国电南自公司）、RSC—978型（南瑞继保公司）等。考虑到变压器保护的配置比较复杂，下面以220kV三绕组变压器的典型配置加以说明保护的具体配置方法。

1. 主保护

（1）差动速断：跳主变各侧开关。

（2）比率差动（采用不同励磁涌流闭锁原理）：跳主变各侧开关。

（3）工频变化量比率差动（采用不同励磁涌流闭锁原理）：跳主变各侧开关。

（4）零序比率差动：自耦变压器，其公共绕组必须具有三相引出CT或主变中性点三相引出TA并直接接地；跳主变各侧开关。

（5）非电量保护：包括重瓦斯、轻瓦斯、油温、油位、压力释放、冷却器全停等。非电量保护（除需经保护装置延时的信号外）直接起动装置跳闸回路，且保护动作应自动记录。

2．后备保护

（1）过流保护的配置如下：

1）高压侧设两段复合电压闭锁过流保护。其中复合电压闭锁方向过流Ⅰ段：方向指向变压器，一个时限跳本侧开关或跳主变各侧开关。过流Ⅱ段（不带复合电压闭锁方向）：第一个时限跳本侧开关；第二个时限跳主变各侧开关。

复合电压取高、中、低压侧电压（可分别经压板投/退）为：①高压侧线电压、负序电压；②中压侧线电压、负序电压；③低压侧线电压、负序电压。

2）中压侧设两段复合电压闭锁过流保护。其中复合电压闭锁方向过流保护Ⅰ段方向指向中压侧母线，第一个时限跳中压侧母联；第二个时限跳本侧开关。复合电压闭锁过流Ⅱ段：第一个时限跳本侧开关；第二个时限跳主变各侧开关。

复合电压取高、中、低压侧电压（可分别经压板投/退）为：①高压侧线电压、负序电压；②中压侧线电压、负序电压；③低压侧线电压、负序电压。

3）低压侧设两段过流保护。其中定时速切过流Ⅰ段（不经复合电压闭锁）跳本侧开关（作为低压侧母线后备及出线后备）。复合电压闭锁过流Ⅱ段设两个时限。其中第一段时限跳本侧开关（作为低压侧母线及出线后备）。第二段跳主变各侧开关（作为低压侧出线后备）。

复合电压取高、中、低压侧电压（可分别经压板投/退）为：①高压侧线电压、负序电压；②中压侧线电压、负序电压；③低压侧线电压、负序电压。

（2）零序保护的配置如下：

1）高压侧设两段零序过流保护（零序电流取高压母线侧自产零序电流）。其中零序方向过流Ⅰ段方向指向变压器，以一个时限跳本侧开关或跳主变各侧开关。零序过流Ⅱ段以第一个时限跳本侧开关；第二个时限跳主变各侧开关。

2）高压侧设一段零序过压保护。零序过压保护以第一个时限跳本侧开关；第二个时限跳主变各侧开关。

3）高压侧设一段中性点间隙零序电流保护（电流取高压侧中性点间隙零序电流），以一个时限跳主变各侧开关。

4）中压侧设两段零序过流保护（零序电流取中压侧自产零序电流）。其中零序方向过流Ⅰ段方向指向中压侧母线，第一个时限跳本侧母联；第二个时限跳本侧开关。零序方向过流Ⅱ段以第一个时限跳本侧开关；第二个时限跳主变各侧开关。

5）中压侧设一段零序过压保护，以第一个时限跳本侧开关；第二个时限跳主变各侧开关。

6）中压侧间隙零序电流保护（电流取中压侧中性点间隙零序电流），以一个时限跳主变各侧开关。

3．过负荷及异常保护

（1）过负荷信号。高、中、低压侧和公共绕组（针对自耦变）均设过负荷保护，动作于信号。

（2）起动风冷。高、中侧均设起动风冷保护。

（3）过载闭锁调压。高、中侧均设过载闭锁调压。

4.220kV 侧非全相保护与变压器失灵电流起动

（1）非全相运行保护。以负序或零序电流、判别断路器位置不对应两个条件构成与门，设两个时间，其中第一时限再跳一次并发断路器位置不对应信号，第二时限跳主变各侧开关。

（2）变压器高压侧断路器失灵保护。以相电流、零序电流（或负序）动作，断路器位置不对应动作，主变保护动作三个条件构成与门，经两个时限；其中第一时限解除断路器失灵保护的跳闸回路中的复合电压闭锁接点，第二时限起动断路器失灵保护并发信。

第四节 继电保护整定计算概述

一、整定计算的目的与基本任务

电力生产的运行部门，例如电力系统的各级调度部门，其整定计算的目的是对电力系统中已经安装好的各种继电保护，按照具体电力系统的参数和运行要求，通过计算分析给出所需的各项整定值，使本系统中各种继电保护有机协调地布置，正确地发挥作用。

电力工程的设计部门，其整定计算的目的是按照所设计的电力系统进行计算分析，选择和论证继电保护的配置及选型的正确性，并确定其技术规范等，正确圆满地完成设计任务。

继电保护是建立在电力系统基础上的，它的构成原则和作用必须符合电力系统的内在规律；同时，继电保护自身在电力系统中也构成一个有严密配合关系的整体，从而形成了继电保护的系统性。

因此，在做毕业设计过程中，必须系统地掌握继电保护整定方法。

继电保护整定计算的基本任务，就是要对各种继电保护给出整定值。在毕业设计过程中，学生应能根据任务书的要求，给出电力系统中部分继电保护装置的整定方案。例如，一个 220kV 电网的继电保护整定方案，可分为相间距离保护方案、接地零序电流保护方案、重合闸方案、线路纵联保护方案、主设备保护方案等。这些方案之间既有相对的独立性，又有一定的配合关系。

二、整定计算的步骤

在毕业设计中进行整定计算的步骤大致如下：

（1）按本次设计中电力系统一次设备的实际情况，进行合理的保护选型。

（2）按继电保护功能分类拟定短路计算的运行方式，选择短路点、短路类型，选择分支系数的计算条件。

（3）计算电力系统各元件的阻抗标么值，绘制电力系统阻抗图，包括正序、负序、零序三个序网。给出各元件各序阻抗计算结果表、各短路点各序综合阻抗计算结果表。

（4）进行不同运行方式下的各种短路故障计算，取得相应结果表。

（5）进行保护的整定计算，对整定结果分析比较，反复修改，选出最佳方案。

（6）结合实际的保护装置，将整定结果按说明书的要求写入保护定值单中。

（7）画出保护配置图。

三、运行方式的选择原则

确定合理的运行方式是改善保护性能、充分发挥保护装置效益的关键，继电保护整定计算以常见的运行方式为依据。常见的运行方式，是指正常运行方式和一回线或一台主变检修的正常检修运行方式。

保护整定计算时，一般只考虑常见的运行方式下，一回线或一个元件发生故障，保护仍能正确动作。整定计算时要注意以下方面：

（1）发电厂控制在预定的最大、最小运行方式范围内。系统各主变的中性点接地方式应预先说明。

（2）对于有两台变压器的220kV变电所，系统保护一般按两台主变220kV侧并列，110kV侧分列运行为正常方式整定，一般不考虑两台主变110kV侧合环运行方式。

（3）对于高压等级为110kV的变电所，不考虑低压合环方式。考虑检修与故障两种状态的重叠出现，但不考虑多重重叠，对于极少见的特殊方式，采取特殊的处理。

（4）对于两台主变的500kV变电所，其主变建议考虑同时投入运行，中性点采用直接接地方式。

1. 发电机、变压器运行变化限度的选择原则

发电机、变压器运行变化限度的选择原则如下：

（1）一个发电厂有两台机组时，一般应考虑全停方式，即一台机组在检修中另一台机组又出现故障；当有3台以上机组时，则应选择其中两台容量较大机组同时停用的方式。对水力发电厂的机组，还应结合水库远行特性选择，如调峰、蓄能、用水调节发电等。

（2）一个厂、站的母线上无论接有几台变压器，一般应考虑其中容量最大的一台停用的情况。因变压器运行可靠性较高，检修与故障同时出现的几率很小。但对于发电机变压器组来说，则应服从于发电机的投停变化。

2. 中性点直接接地系统中变压器中性点接地的选择原则

中性点直接接地系统中变压器中性点接地的选择原则是：

（1）发电厂及变电所低压侧有电源的变压器，中性点均应接地运行，以防止出现不接地系统的工频过电压状态。如事前确定不能接地运行，则应采取其他防止工频过电压的措施。

（2）自耦型和有绝缘要求的其他型变压器，其中性点必须接地运行。

（3）T接于线路上的变压器，以不接地运行为宜。当T接变压器低压侧有电源时，则应采取防止工频过电压的措施。

（4）为防止操作过电压，在操作时应临时将变压器中性点接地，操作完毕后再断开。这种情况不按接地运行考虑。

3. 线路运行变化限度的选择

线路运行变化限度的选择有以下几点：

（1）一个厂、站母线上接有多条线路，一般应考虑一条线路检修，另一条线路又遇故障的方式。

（2）双回线一般不考虑同时停用。

（3）相隔一个厂、站的线路，必要时，可考虑与上述（1）的条件重叠。

4. 流过保护的最大、最小短路电流计算方式的选择

（1）相间保护。对单侧电源的辐射形网络，流过保护的最大短路电流出现在最大运行方式下，即选择所有机组、变压器、线路全部投入运行的方式。而最小短路电流，则出现在最小运行方式下对于双侧电源的网路，一般（当取 $Z_1=Z_2$ 时）与对侧电源的运行变化无关，可按单侧电源的方法选择。

对于环状网络中的线路。流过保护的最大短路电流应选开环运行方式，开环点应选在所整定保护线路的相邻下一级线路上。而对于最小短路电流，则应选闭环运行方式。同时，再合理地停用该保护背后的机组、变压器及线路。

（2）零序电流保护。对于单侧电源的辐射网路，流过保护的最大零序电流与最小零序电流，其选择方法可参照（1）中所述。但是，要注意变压器接地点的变化。

对于双侧电源的网路及环状网路，同样也参照（1）中所述。其重点也是考虑变压器接地点的变化。

5. 选取流过保护最大负荷电流的方法

按负荷电流整定的保护，需要考虑各种远行方式变化时出现的最大负荷电流考虑到以下的运行变化：

（1）备用电源自投引起的负荷增加。

（2）并联运行线路的减少，负荷转移。

（3）环状网路的开环运行，负荷转移。

（4）对于双侧电源的线路，当一侧电源突切除发电机，引起另一侧负荷增加。

四、整定系数的分析与应用

继电保护的整定值一般通过计算公式计算得出，为使整定值符合电力系统正常运行及故障状态下的规律，达到正确整定的目的，在计算公式中需要引入各种整定系数。整定系数应根据保护装置的构成原理、检测精度、动作速度、整定条件以及电力系统运行特性等因素来选择。

1. 可靠系数

由于计算、测量、调试及继电器等各项误差的影响，使保护的整定值偏离预定数值可能引起误动作，为此，整定计算公式中需引入可靠系数。可靠系数的取值与各种因素有关，整定计算时应参照规程进行选择，同时应考虑以下情况：

（1）按短路电流整定的无时限保护，应选用较大的系数。

（2）按与相邻保护的整定值配合整定的保护，应选用较小的系数。

（3）保护动作速度较快时，应选用较大的系数。

（4）不同原理或不同类型的保护之间整定配合时，应选用较大的系数。

（5）运行中设备参数有变化或计算条件难以准确计算时，应选用较大的系数。例如，变压器参数及自起动计算。

（6）在短路计算中，当有零序互感时，因难以精确计算，应选用较大的系数。

（7）整定计算中有附加误差因素时，应选用较大的系数，例如用曲线法进行整定配合，误差增大时。

2. 返回系数

按正常运行时的量值进行整定的保护，例如按最大负荷电流整定的过电流保护和最低运行电压整定的低电压保护，在受到故障量的作用时动作，当故障消失后保护不能返回到正常位置将发生误动作。因此，整定公式中引入返回系数，返回系数用 K_{res}表示。对于按故障量值和按自起动量值整定的保护，则可不考虑返回系数。过量动作的继电器 $K_{res}<1$，欠量动作的继电器 $K_{res}>1$，它们的应用是不同的。返回系数的高低与继电器类型有关。电磁型继电器的返回系数约为 0.85；数字式的返回系数较高，约为 0.85～0.95 最高的可达 0.99。

3. 分支系数

多电源的电力系统中，相邻上、下两级保护间的整定配合，还受到中间分支及电源的影响，将使上一级保护范围缩短或伸长，整定公式中需要引入分支系数。分支系数用 K_b 表示。

电流分支系数的定义，是指在相邻线路短路时，流过本线路的短路电流与流过相邻线路电流之比。对于电流保护来说，在整定配合上应选取可能出现的最大分支系数。对于低电压保护的分支系数，是指相邻线路短路时，本线路母线残压与相邻母线残压之比，在整定配合上应选取可能出现的最小值。距离保护的分支系数与电流保护相同，只是一般用其倒数即助增系数表示。在整定配合上应选取可能出现的最小助增系数。当助增系数小于 1 时，称为汲出系数，对距离保护的影响与助增系数大于 1 时相反。但在整定配合上汲出系数也应选取可能的最小值。

在单电源的辐射形电网中，分支系数值与选取的短路点位置无关；但对于环状电网及双回线的情况，分支系数值则随短路点的改变而变化。因此，分支系数计算选用的短路点，一般应选择不利的运行方式下在相邻线路保护配合段保护范围的末端。

4. 灵敏系数

在继电保护的保护范围内发生故障，保护装置反应的灵敏程度称为灵敏度。灵敏度用灵敏系数 K_{sen}表示。灵敏系数指在被保护对象的某一指定点发生故障时，故障量与整定值之比（反应故障量增大动作的保护，如过电流保护），或整定值与故障量之比（反应故障量减小动作的保护，如低电压保护）。

灵敏系数一般分为主保护灵敏系数和后备保护灵敏系数两种。前者是对被保护对象的全部范围而言；后者则是对被保护对象的相邻保护对象的全部范围而言。

5. 自起动系数

按负荷电流整定的保护，必须考虑负荷电动机自起动状态的影响。当电力系统发生故障并被切除后，电动机特产生自起动过程，出现很大的自起动电流。负荷端电压降低的时间愈长，即切除故障的时间愈长，电动机随着转速下降愈多，自起动电流也愈大。极限状态是电动机由静止状态起动起来，自起动电流达到最大值。一般考虑自起动就选择这种极限状态。

自起动电流比负荷电流大很多倍，而且延续时间又长，故按负荷电流整定购保护整定公式中，需要引入自起动系数。自起动系数等于自起动电流与额定负荷电流之比，用 K_{ss} 表示。

单台电动机在满载全电压下起动，K_{ss}约为4～8，综合负载（包括动力负荷与恒定负荷）的K_{ss}约为1.5～2.5，纯动力负荷（多台电动机的综合）的K_{ss}约为2～3。

在实际运行中，某些负荷因其工艺流程要求不允许自起动状态，所以在负荷端电压低到规定值时，便自动切除一部分电功机，使自起动电流减小，必要时应计及这一因素。

五、整定配合的基本原则

电力系统中的继电保护是按断路器配置装设的，因此，继电保护必须按断路器分级进行整定。继电保护的分级是按保护的正方向来划分的，要求按保护的正方向各相邻的上、下级保护之间实现配合协调，以达到选择性的目的。这是继电保护整定配合的总原则。

在继电保护整定计算时，应按该保护在电力系统运行全过程中均能正确工作来设定整定计算的条件。举例来说，对于相电流过流保护，其任务是切除短路故障，但它在电力系统运行中将会遇到各种运行状态（包括短路、振荡、负荷自起动、重合闸等），除了在其保护范围内发生短路故障时应该动作外，在其他任何运行状态下它都不应动作。因此，在进行相电流过流保护整定计算时，就必须考虑并满足可能遇到的各种运行状态。

当保护装置已经具有防止某种运行状态下误动作的功能时，则整定计算就不再考虑该运行状态下的整定条件。总之，归纳起来整定计算时应考虑的运行状态有如下几点：

（1）短路（三相短路、两相短路、单相接地、两相接地短路）及复故障。

（2）断线及非全相运行。

（3）振荡。

（4）负荷电动机自起动。

（5）变压器励磁涌流。

（6）发电机失磁、失步。

（7）重合闸及手动合闸，备用电源（设备）自动投入。

（8）不对称、不平衡负荷。

（9）保护的正、反方向短路。

继电保护的整定计算方法按保护构成原理分为两种。第一种是以差动为基本原理的保护，包括发电机、变压器、母线等差动保护，各种纵联方式的线路保护，如高频保护。它们在原理上具备了区分内、外部故障的能力，保护范围固定不变，而且它们的整定值与相邻保护没有配合关系，具有独立性，整定计算也比较简单。第二种是阶段式保护。它们的整定值要求与相邻的上、下级保护之间有严格的配合关系。而它们的保护范围又随电力系统运行方式的改变而变化，所以阶段式保护的整定计算是比较复杂的，整定结果的可选性也是比较多的。

阶段式保护的整定配合应注意以下几方面：

（1）相邻上、下级保护之间的配合有三个要点：①在时间上应有配合，即上一级保护的整定时间应比与其相配合的下一级保护的整定时间大一个时间级差Δt；②在保护范围上有配合，即对同一故障点而言，上一级保护的灵敏系数应低于下一级保护的灵敏系数；③上、下级保护的配合一般是按保护正方向进行的，其方向性一般由保护的方向特性或方向元件来保证。对于电流保护，为了提高其保护的可靠性，对其中的某一段保护如果它的整定值已能与反方向相应保护段配合时，应该取消方向元件对该段保护的控制。按保护的反方向进行配合而增大整定值的配合方法，一般不可取。

（2）多段保护的整定应按保护段分段进行。第一段（一般指无时限保护段）保护通常按保护范围不伸出被保护对象的全部范围整定。其余的各段均应按上、下级保护的对应段进行整定配合。所谓对应段是指上一级保护的二段与下一级保护的一段相对应。同理类推其他保护段。当这样整定的结果不能满足灵敏度的要求时，可不按对应保护段整定配合，即上一级保护的二段与下一级保护的二段配合，或与三段配合。同理，其余各段保护亦按此方法进行，直至各段保护均整定完毕。

应当提出，多段式保护的最后一段，还可以采用各级保护最后一段之间相配合的方法。这种方法的优点是提高了保护的远后备性能，缺点则是整定时间过长，甚至达到不可接受的程度。特别是在环网中还有循环配合无终止的弊病，以致无法取得整定结果。实际上，为了取得较好的整定方案，以上几种整定配合方法总是交错使用的，经过分析比较后才能最后确定整定值。所以，这也是多段式保护整定比较复杂的原因之一。

（3）一个保护与相邻的几个下一级保护整定配合或一种保护需按满足几个条件进行整定时，均应分别进行整定取得几个整定值，然后在几个整定值中选取最严重的数值为选定的整定值。具体来说，对反映故障量增大而动作的保护，应选取其中的最大值，对反映故障量减小而动作的保护，应选取其中的最小值。保护的动作时间则总是选取各条件中最长的时间为整定值。

（4）多段式保护的整定，应以改善提高主保护性能力主，兼顾后备性。当主保护段保护效果比较好时，可以尽量提高后备保护的作用。

（5）整个电网中阶段式保护的整定方法。首先，对电网中所有线路的第一段保护进行整定计算，然后，再依次进行所有线路的第二段保护整定计算；直至全网各段保护全部整定完毕。

（6）具有相同功能的保护之间进行配合整定。例如，相间保护与相间保护进行配合，接地保护与接地保护进行配合。在特殊情况下，若不同功能的保护同时反应了一种故障，这种情况应防止无选择性的越级动作。如在线路上发生了相间短路，相邻上一级的零序电流保护某一段因不平衡电流过大而误动作，此时可通过提高该段保护的整定值来加以防止。

（7）判定电流保护是否使用方向元件的方法如下：

1）在同一母线的两侧，取具有相同整定时间的保护段，比较其动作电流。对于动作电流小者，应使用方向元件；动作电流大者，不使用方向元件；若相比的两个动作电流相等或相近（两个动作电流相差不大于5%），则两侧的保护段均要使用方向元件。

2）同一母线两侧的保护，若没有相同的整定时间段时，则改为与对侧中比本侧低一个时间级差（没有低一个时间级差的可选取低两个时间级差的，余下以此类推）的保护段相比，两者中动作电流小者使用方向元件，动作电流大者可不用方向元件。

六、整定计算中常见错误

在毕业设计的整定计算过程中，由于学生对于故障分析方法和继电保护原理的掌握尚不熟练，难免出现错误。现将归纳如下并提出相应的改正方法：

（1）标么值未统一折算。标么值所采用的额定容量为一般取100MVA或1000MVA。

对于发电机、变压器的铭牌参数，需经过近似计算法加以折算，才能纳入各序阻抗网络。

(2) 零序网络图构成错误。零序网络的构造机理与正序网络是不一样的，首先必须考虑零序网络、零序阻抗是否需要计算，如双绕组变压器的角型侧发生接地故障时，零序网络是不存在的，零序阻抗为无穷大；其次是发电厂、变电所的多台主变压器中可能只有一台是中性点接地运行的，这对零序网络的影响也非常大。

(3) 短路点电流与流过保护的电流混用。根据正、负、零序综合阻抗计算得出的短路电流，不一定就是流过保护安装处的电流，因此要掌握电力系统中各电气量值的分布计算方法。学会使用电流分布系数来求取流过保护的电流。

(4) 运行方式考虑不周到。在进行短路计算前，应考虑多种运行方式，如开环运行的电网，应考虑暂时退出运行的线路可能投入运行，系统在另一处开环运行等。

(5) 整定值一、二次不分。在实际进行整定计算时，整定值最终要落实到具体的保护装置的定值单上，为二次值，因此要特别注意将一次整定值按互感器变比合理的折算成二次值。

(6) 电流Ⅱ段定值比电流Ⅰ段定值高。如零序电流保护Ⅰ段整定时，按流过本线路末端的最大3倍零序电流来整定，零序电流保护Ⅱ段整定时，与相邻线路Ⅰ段配合整定的结果大于本线路Ⅰ段定值，这种整定显然是错误的。此时，零序电流保护Ⅱ段必须采用新的整定思路。

第三章　继电保护及安全自动装置的配置与整定计算细则

继电保护及安全自动装置的配置与整定是整个毕业设计中的难点。目前，数字式继电保护装置的广泛使用给继电保护工作带来了很大的便利，但在整定计算过程中，由于保护的功能相对于以往更为丰富，给整定计算造成一定困难。许多学生是在毕业设计过程中是第一次接触数字式继电保护装置，可参考的资料只有该装置的技术说明书，其中的原理描述、公式编号与教科书上都有很大的差异，因此在毕业设计中学生要在已学知识的基础上，通过实际装置的整定计算来提高自身的综合分析能力和实际应用能力。本章给出了毕业设计中常见的继电保护的原理简单描述、配置说明及整定方法。为方便学生快速掌握线路继电保护的具体整定方法，以下公式中的某些参数直接给出了具体值，供整定时参考，如需要改变可靠系数，可依据有关继电保护整定的规程规范进行改动。

第一节　6～110kV 线路继电保护及自动装置的整定

一、6～10kV 线路继电保护及自动装置

6～10kV 线路多属于终端馈线。线路上接有多台配电变压器，变压器的位置分散、容量不一。这种线路由主干线路与多条分支线路组成，因此线路保护范围是出线断路器至各分支线高压熔断器之前的主干线及各分支线路。如图 3－1 所示。

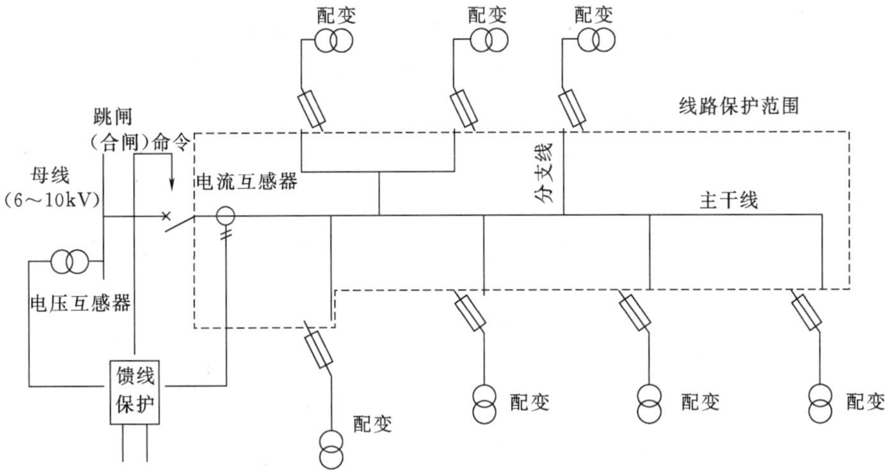

图 3－1　6～10kV 线路保护示意图

（一）继电保护及自动装置配置

1. 阶段式电流保护

线路上发生相间短路时，短路电流很大，此时电流保护快速动作于跳闸，保证线路不

因过流而造成损坏，称为电流速断保护；当线路负荷过重无法承受时，采用过电流保护延时跳闸。这种根据不同故障或不正常工作状态而采用不同延时动作于跳闸的电流保护被称为阶段式电流保护。

需要指出，在各配电变压器的高压侧发生故障时，如在高压熔断器与配电变压器之间，则电流速断保护有可能动作跳闸，这是正常的。而配电变压器低压侧出口发生相间故障时，电流速断保护不应动作，以保证主干线能维持正常运行。

2. 自动重合闸

据统计，输电线路（特别是架空线路）发生的瞬时性故障约占总故障次数的80%～90%以上，因此输电线路发生瞬时性故障（如雷击），保护动作三相跳闸后，经一个较短延时（约2～3s）后，由自动重合闸发出合闸命令，将断路器自动重新合上，三相同时恢复运行。如线路上发生永久性故障，在自动重合闸发出合闸命令将断路器重新合上后，故障依旧存在，这时保护快速动作跳闸，并且不再重合。因此，这种自动重合闸又被称为三相一次重合闸。

3. 低频减负荷装置

当电力系统发生较大事故时，将因有功功率产生缺额而导致频率的下降，根据频率下降的不同程度自动断开相应的非重要负荷，以阻止频率的进一步下降，使系统频率恢复到安全运行的水平内。该装置的主要功能是：当系统频率低于整定频率时，则经短延时（约0.5s）跳闸，低频减负荷装置设置多轮，基本轮对应不同的低频值，断开相应的负荷，还设置特殊轮，以防止频率在低频上停滞。

4. 小电流接地选线装置

6～10kV馈线是小电流接地系统，当馈线上发生接地短路时短路电流很小，虽故障相对地电压变为零，非故障相电压升高，但三相线电压仍然对称，按规定系统可维持正常运行一段时间。但必须尽快地找到接地点。小电流接地选线装置的主要作用是通过装置所测量到的零序电压、零序电流判断哪一条线路发生接地。

（二）继电保护及自动装置的整定

1. 电流速断保护的整定

（1）躲配变低压侧母线最大三相短路电流，具体做法是选择一个最大容量配变作为整定对象，如有多个最大容量配变则选择距出线断路器最近者。其动作电流 I_{op}^{I} 整定为

$$I_{op}^{I} \geqslant 1.3 I_{k.max}$$

$$I_{k.max} = 54987/(X_{s.min} + X_L + X_B) \tag{3-1}$$

式中 $I_{k.max}$——配变低压侧母线故障时本线路最大三相短路电流；

$X_{s.min}$——10kV母线等值系统最大运行方式阻抗标么值；

X_L——线路正序阻抗标么值；

X_B——配变正序阻抗标么值。

其中，式（3-1）中1.3为可靠系数，54987为按1000MVA为基准容量计算而得的10kV侧基准电流；所有阻抗的标幺值都1000MVA为基准容量而获得。

（2）保证系统最大运行方式下断路器出口三相短路时灵敏度不小于1的动动电流为：

$$I_{op}^{I} \leqslant I'_{k.max}/1$$

$$I'_{k.max} = 54987/X_{s.min} \quad (3-2)$$

式中　$I'_{k.max}$——系统最大运行方式下开关出口三相短路时的电流；

$X_{s.min}$——10kV 母线等值系统最大运行方式阻抗标么值。

其中，式（3-2）中1为灵敏度，54987为10kV侧基准电流。

由于其动作时间为0s，为防止其在线路上管型避雷器放电时误动，电流速断保护的动作时间带有0.06～0.08s的延时。

2. 过电流保护的整定

过电流保护又称为电流保护Ⅲ段，其整定原则为躲过最大的负荷电流，动作电流 $I_{op}^{Ⅲ}$ 为

$$I_{op}^{Ⅲ} \geqslant 1.25/0.85 \times I_{l.max} \quad (3-3)$$

式中　$I_{l.max}$——最大的负荷电流。

其中，式（3-3）中1.25为可靠系数，0.85为返回系数；过电流保护的动作时间通常设为0.5s，通常馈线电流保护只设电流速断保护及过电流保护。

3. 重合闸的整定

馈线自动重合闸采用三相一次重合闸，由于是单电源，不采用检无压、检同期逻辑，在微机保护中设定为“不检”。为保证断路器重合于永久性故障时，由最长时间的保护切除故障，重合闸不会再动作去重合于断路器。同时，为了保证断路器切断能力的恢复，当重合闸动作成功后，重合闸的复归时间不小于断路器恢复到再次动作所需时间，综合两方面的要求，重合闸的复归时间（又称充电时间）一般取15～25s。运行经验表明，单电源线路的三相重合闸动作时限取0.8～1s较为合适。

4. 按频率自动减负荷

按频率自动减负荷装置的动作频率根据调度部门下达的动作频率进行整定，一般动作时间设置为0.5～1s。

二、6～10kV 母线分段继电保护及备自投

变电站的6～10kV母线多采用单母线分段接线，母线分段断路器可配置专用的母线分段保护，其功能主要是电流保护。也可将其保护功能归并于主变压器保护中，即主变的相间短路电流保护设两段时限，以第一段时限跳开母联分段断路器。考虑到母线分段断路器不设专用保护，而变电站常用的安全自动装置除重合闸、低频减负荷装置外已作为功能模块纳入各线路保护中，故只有单独设立备用电源自动投入装置，简称备自投。如设置母线分段继电保护，一般将备自投功能也纳入其中。

（一）母线分段继电保护及自动装置的配置

1. 两段式电流保护

母线分段的两段式电流保护应与各出线的电流保护通过动作电流及动作时间进行配合。

2. 备用电源自动投入

其功能是当工作电源因故障断开以后，能自动而迅速地将备用电源投入工作或将用户切换到备用电源上去，从而使用户不至于停电。图3-2中，平时母联断路器QF3是断开的。备自投有两种工作方式：

（1）方式1。无论何种原因造成的10kV母线Ⅰ段失电时，备自投动作，跳开QF1，再合上QF3，使母线Ⅰ段上的元件重新得到供电。

（2）方式2。当10kV母线Ⅱ段失电时，备自投动作，跳开QF2，合上QF3。

方式1、方式2都称为“暗备用”。方式1下，母线Ⅰ段为工作母线，母线Ⅱ段为备用母线。方式2下，母线Ⅱ段为工作母线，母线Ⅰ段为备用母线。

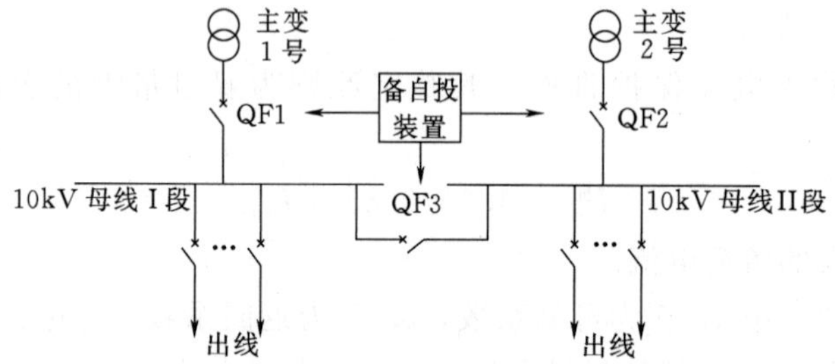

图3-2 变电站6～10kV母联备自投示意图

备自投通过测量主变低压侧两段母线电压、主变高压侧电压、QF1、QF2、QF3的开关量信息实现其动作。备自投只动作一次，使用时要注意应在工作电源确已断开后，再将备用电源投入；当电压互感器二次侧熔断器熔断时，备自投不应动作；备用电源无电压时，备自投不应动作。备自投合闸于故障母线时，应加速保护动作使备自投保护加速动作断开QF3，切除故障，这称为合闸加速保护。

（二）母线分段继电保护及自动装置的整定

1. 电流保护的整定

第Ⅰ段为电流速断保护，动作电流与该母线上出线最大电流速断动作值配合，其动作电流 I_{op}^{I} 为

$$I_{op}^{\mathrm{I}} \geqslant 1.1 I_{op.l.max}^{\mathrm{I}} \tag{3-4}$$

式中 $I_{op.l.max}^{\mathrm{I}}$——低压母线上所有出线的电流速断保护的最大整定值。

动作时间与出线电流速断保护动作时间相配合，一般设定为0.5s。

第Ⅱ段为过电流保护，其动作电流、动作时间与低压出线的过电流保护相配合。整定公式类似于第Ⅰ段。

2. 备自投低电压元件的整定

低电压元件用于测量工作母线电压。一般选择低电压元件的动作电压约等于额定工作电压的25%。

3. 备自投过电压元件的整定

过电压元件用于测量备用母线电压。一般其动作电压不应低于额定电压的70%。

4. 备自投动作延时的整定

$$t_{op} = t_{max} + 0.4 \tag{3-5}$$

式中 t_{max}——网络内发生使低电压元件动作的短路故障时，切除该短路故障的保护的最大动作时间。在此基础上加0.4s。

5. 备自投装置的准备时间（又称充电时间）

以方式1或方式2运行，当备用电源自动投入到故障上时，应由母联断路器的加速保护将母联断路器跳闸，若故障时瞬时性的，则可立即恢复原有备用方式。为保证断路器的切断能力的恢复，备自投装置设置一个充电时间，一般取10～15s。

6. 低电流元件动作值

设置低电流元件用来防止电压互感器断线时误起动备自投，一般取二次值为0.4A。

7. 备自投中合闸加速保护专用电流元件

如备自投独立设置时，应设立合闸加速保护电流元件。母线上短路故障的最小短路电流应是电流动作值的1.5倍以上。

三、6～10kV电容器继电保护

为了补偿无功功率、降低损耗、改善电能质量，提高电网的功率因数，在变电站的6～10kV母线上或某些6～10kV出线上通常装设电力电容器来补偿无功功率。一台电力电容器由多个电容器单元组成，当某一单元发生故障时，若不及时隔离，该单元可能烧毁，而且其产生的热量有可能影响到别的单元，扩大故障范围。因此，电容器的继电保护，不但要考虑主绝缘破坏以及引线、小母线等短路的故障，而且还需要考虑电容器内部单元的故障。

（一）6～10kV电容器继电保护的配置

1. 电流保护

电流保护的作用是反应电容器组和断路器（或熔断器）之间的连线短路以及电容器内部故障及其引出线的短路。容量在400kvar以上的电容器才装设断路器及相应继电保护装置，其电流保护为限时电流速断保护和过电流保护。容量在400kvar及以下的电容器采用带有熔断器的负荷开关加以保护，不再另设继电保护装置。熔断器的熔断电流整定为电容器额定电流的1.8～2.5倍。

2. 过电压保护

电容器端电压不能长期超过1.1倍电容器额定电压，否则会造成电容器组绝缘的损坏，因此要装设过电压保护。

3. 低电压保护

电容器装置应设置母线失压保护，当母线失压时，带时限动作于跳闸，防止母线电压突然升高时对电容器组产生冲击。

（二）6～10kV电容器继电保护的整定

1. 限时电流速断保护

（1）限时电流速断保护应保证电容器端部引线发生相间短路故障时的故障电流为整定值的两倍以上。动作电流 I_{op}^{II} 为

$$I_{op}^{II} \leqslant I_{k.max}/2 \tag{3-6}$$

式中 $I_{k.max}$——电容器端部引线故障时的最小短路电流。

（2）躲突然投入电容器组时或外部故障切除后，电容器组所感受电压突然升高所产生的励磁涌流，定值取3～5倍额定电流

$$I_{op}^{II} \geqslant K_{rel} I_{C.N} \tag{3-7}$$

式中 K_{rel}——可靠系数，取3～5倍；

$I_{C.N}$——电容器组额定电流。

限时电流速断动作时间取0.1～0.2s。

2. 过电流保护

过电流保护动作电流 $I_{op}^{Ⅲ}$ 应躲过电容器组额定电流。

$$I_{op}^{Ⅲ} \geqslant K_{rel} I_{C.N} \tag{3-8}$$

式中 K_{rel}——可靠系数，一般取1.7～1.9；

$I_{C.N}$——电容器组额定电流。

过电流保护动作时间取0.3～1s。

3. 过电压保护

电容器端电压不能长期超过1.1倍电容器额定电压，其动作电压 U_{op}^{ov} 为

$$U_{op}^{ov} = K_{ov}(1 - X_L/X_C)U_N \tag{3-9}$$

式中 K_{ov}——过电压系数，取1.1；

X_L——串联分路电抗器感抗；

X_C——分路电容器容抗；

U_N——电容器额定相间电压。

过电压保护动作时间取3.0s。

4. 低电压保护

$$U_{op}^{bl} = K_{rel} U_N \tag{3-10}$$

式中 K_{rel}——可靠系数，取0.3～0.6；

U_N——电容器额定相间电压。

低电压保护动作时间应大于电容器组所在母线的出线后备保护动作时间约0.4s。

四、35～66kV 线路继电保护及自动装置

35～66kV线路主有两种类型，一种是连接110kV变电站35～66kV侧母线与某一35～66kV变电站，另一种是两个35～66kV变电站之间的联络线，两者仍然都属于单侧电源供电线路。35～66kV线路相对于6～10kV线路而言，线路结构因分支少且相对简化，另一方面由于线路终端接有变电站或相邻线路，其电流保护的整定相对于6～10kV更复杂。

（一）35～66kV线路继电保护及自动装置配置

1. 继电保护的配置

35～66kV线路的电流保护多采用三段式，即由电流速断保护、限时电流速断保护和过电流保护组成。电流速断保护（也称为Ⅰ段）一般不设动作时限，速动性好，但其动作电流较大，不能保护线路全长；限时电流速断保护（也称为Ⅱ段）有较短的动作时限，能保护线路全长。Ⅰ、Ⅱ段保护是线路的主保护；定时限过电流保护（也称为Ⅲ段）的动作电流较前两段小，保护范围大，但时限较Ⅱ段长一个 Δt，它既能保护本线路全长又能作为相邻线路的后备保护。

2. 自动装置的配置

35～66kV线路自动装置一般由自动重合闸，低频减负荷装置、小电流接线选线装置

等。其主要功能与动作原理与6～10kV线路自动装置的相同。

（二）35～66kV线路继电保护及自动装置的整定

1. 电流速断保护的整定

（1）躲过本线路末端最大三相短路电流，其动作电流 I_{op}^{I} 整定为

$$I_{op}^{I} \geqslant 1.3I_{k.max} \tag{3-11}$$

$$I_{k.max} = 15600/(X_{s.min} + X_{L})$$

式中 $I_{k.max}$——本线路末端故障时最大三相短路电流；

$X_{s.min}$——35kV母线等值系统最大运行方式阻抗标么值；

X_{L}——线路正序阻抗标么值。

式（3-11）中1.3为可靠系数，15600为按1000MVA为基准容量计算而得的35kV侧基准电流；所有阻抗的标么值都1000MVA为基准容量而获得。

（2）如本线路为终端线，即本线路末端母线只接35kV主变，而该主变采用差动保护作为主保护。则电流速断保护的动作电流 I_{op}^{I} 应躲过该主变其他侧母线最大三相短路电流 $I_{k.max}$，如有多台主变，则取最大容量主变其他侧母线最大三相短路电流进行配合。即

$$I_{op}^{I} \geqslant 1.3I_{k.max} \tag{3-12}$$

$$I_{k.max} = 15600/(X_{s.min} + X_{L} + X_{B})$$

式中 $X_{s.min}$——35kV母线等值系统最大运行方式阻抗标么值；

X_{B}——该35kV主变正序阻抗标么值；

X_{L}——线路正序阻抗标么值。

（3）如本线路为终端线，即本线路末端母线只接35kV主变，而该主变采用电流速断保护作为主保护。则电流速断保护的动作电流 I_{op}^{I} 应与相邻该主变电流速断保护动作值相配合。如有多台主变，则取最大容量主变其他侧母线最大三相短路电流进行配合。

$$I_{op}^{I} \geqslant 1.1I_{op.T}^{I} \tag{3-13}$$

式中 $I_{op.T}^{I}$——相邻变压器电流速断保护动作值。

式（3-13）中，1.1为配合系数。

（4）保证系统最大运行方式下开关出口三相短路时灵敏度不小于1，即

$$I_{op}^{I} \leqslant I'_{k.max}/1 \tag{3-14}$$

$$I'_{k.max} = 15600/X_{s.min}$$

式中 $I'_{k.max}$——系统最大运行方式下开关出口三相短路时的电流；

$X_{s.min}$——35kV母线等值系统最大运行方式阻抗标么值。

式（3-14）中1为灵敏度，15600为35kV侧基准电流。

由于其动作时间为0s，为防止其在线路上管型避雷器放电时误动，电流速断保护的动作时间带有0.06～0.08s的延时。

2. 限时电流速断保护的整定

（1）如本线路存在下一级线路，则限时电流速断保护应与下级线路电流速断保护或限时电流速断保护配合。即

$$I_{op}^{II} \geqslant 1.1I_{op.adj}^{I}\ (\text{或}\ I_{op.adj}^{II}) \tag{3-15}$$

式中 $I_{op.adj}^{I}$、$I_{op.adj}^{II}$——下级线路电流速断保护、限时电流速断定值。

式（3-15）中1.1为配合系数。

（2）如本线路存在下一级线路，限时电流速断保护还应躲过相邻主变，即本线路末端所连接主变中低压侧母线最大三相短路电流。即

$$I_{op}^{II} \geqslant 1.3 I_{k.max} \tag{3-16}$$

$$I_{k.max} = 15600/(X_{s.min} + X_L + X_B)$$

式中 $X_{s.min}$——35kV母线等值系统最大运行方式阻抗标么值；

X_B——该35kV主变正序阻抗标么值；

X_L——线路正序阻抗标么值。

（3）为保证限时电流速断保护对于本线路的所有地点的相间短路都能反应。其定值应保证系统最小运行方式下本线路末端两相短路时有一定的灵敏度（对50km以上的线路不小于1.3；对20～50km的线路不小于1.4；对20km以下的线路不小于1.5）。即在按与相邻线路电流保护配合或与相邻变压器的保护进行配合后，应取两者的较大值，而这个值又必须保证在本线路任何地点发生任何类型的相间短路时，电流保护能够反应。因此在某些环境下，与相邻线路配合时可能会选择与相邻线路的Ⅱ段电流保护进行配合。

$$I_{op}^{II} \leqslant I_{k.min}/K_{sen} \tag{3-17}$$

$$I_{k.min} = 0.866 \times 15600/(X_{s.max} + X_L)$$

式中 $I_{k.min}$——系统最小运行方式下本线路末端两相短路时电流；

$X_{s.max}$——35kV母线等值系统最小运行方式阻抗标么值；

X_L——线路正序阻抗标么值；

K_{sen}——灵敏度，取1.3～1.5。

在按与相邻线路电流保护配合或与相邻变压器的保护进行配合后，限时电流速断保护动作值应取两者的较大值，而这个值又必须保证在本线路任何地点发生任何类型的相间短路时，电流保护能够反应。因此在某些环境下，与相邻线路电流保护配合时可能会选择与相邻线路的Ⅱ段电流保护进行配合。限时电流速断保护的定值一般取0.5～1s。

3. 过电流保护的整定

（1）与下级线路限时电流速断或过电流保护配合。即

$$I_{op}^{III} \geqslant 1.1 I_{op.adj}^{II}（或 I_{op.adj}^{III}） \tag{3-18}$$

式中 $I_{op.adj}^{II}$、$I_{op.adj}^{III}$——下级线路限时电流速断保护、过电流速断定值。

式（3-18）中1.1为配合系数。

（2）与下级主变过电流保护配合。即

$$I_{op}^{III} \geqslant 1.1 I_{op.T}^{III} \tag{3-19}$$

式（3-19）中1.1为配合系数，下级主变35kV侧过电流保护定值。

（3）躲过最大的负荷电流，动作电流 I_{op}^{III} 为

$$I_{op}^{III} \geqslant 1.25/0.85 \times I_{l.max} \tag{3-20}$$

式中 $I_{l.max}$——最大的负荷电流。

式（3-20）中1.25为可靠系数，0.85为返回系数。35kV线路过电流保护动作时间一般取1.5s以上。

4. 自动装置的整定

其整定原则同 6～10kV 馈线保护。

五、110kV 线路继电保护及自动装置

110kV 线路一般配置反应相间故障的距离保护和反应接地故障的零序方向电流保护（或接地距离保护），采用远后备方式。当距离、零序电流保护灵敏度不满足要求或 110kV 线路涉及系统稳定运行问题或对发电厂、重要负荷影响很大时，可考虑装设全线路快速动作的纵联保护作为主保护，距离、零序电流（或接地距离）保护作为后备保护。必须指出，目前 110kV 数字式线路保护装置一般同时具有接地距离保护与零序电流保护功能，在零序电流保护整定特别是Ⅱ段整定出现灵敏度不满足要求的情况下，可考虑通过降低电流定值，延长保护动作时间等方法进行整定，由于接地距离保护一般灵敏度都能满足要求，因此保护对于接地短路的速动性不会受到影响。

110kV 常见的自动装置有备自投装置及自动重合闸，由于 110kV 线路多为单侧电源线路，因此其功能设置与 6～10kV 线路的自动重合闸功能类似。

（一）距离保护的主要整定原则

如图 3-3 所示，距离保护的基本原理是通过测量元件（阻抗继电器），测量保护安装处的电压 $\dot{U}_{m}$ 、电流 $\dot{I}_{m}$ ，得到测量阻抗 $Z_{m}=\dfrac{\dot{U}_{m}}{\dot{I}_{m}}$ ，假设在线路 K 处发生短路，这时阻抗继电器感受到的阻抗 Z_{m} 为保护安装处到 K 点的阻抗，亦可理解为距离，这也是距离保护名称的由来。在该图中，只在 MN、NP 线路的首端配置有距离保护 1、2，实际上，一般 110kV 线路两侧都装有距离保护装置，原因是图示的运行方式为电源 1 供电，该方式很有可能改变为电源 2 供电即由 N 侧向 M、P 侧供电的运行方式，也有可能改变为电源 3 供电，由 P 侧向 N、M 侧供电的运行方式。但一般不考虑两个电源同时存在的运行方式。

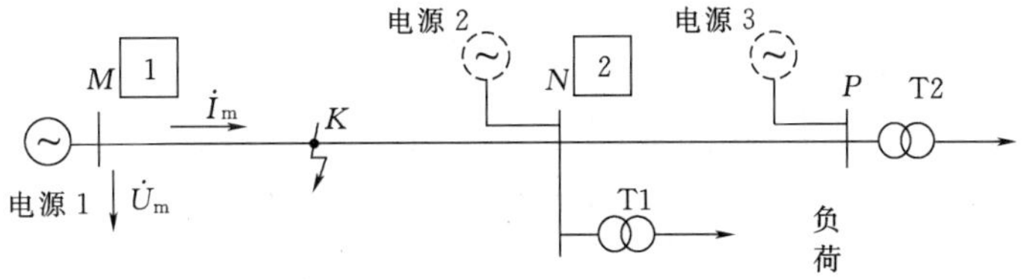

图 3-3 距离保护整定示意图

距离保护的功能相对于电流保护要复杂许多，如起动、阻抗元件、振荡闭锁等部分的功能以及它们互相之间的关系都是学习的难点，110kV 为单侧电源系统，因此不需要考虑振荡闭锁。相间距离保护与接地距离保护的相同点即测量出保护安装处到故障点处的距离，不同点在于相间距离保护按照该 0°接线方式处理输入的电流、电压量以精确测量任意两相相间短路时保护安装处到短路点的距离，而接地距离保护按照零序补偿接线方式处理电流、电压量以精确测量任意接地短路故障时保护安装处到短路点的距离。阻抗元件的动作特性有圆特性和直线特性以及由它们共同构成的多边形特性，在整定时也要根据技术说明书作出相应的调整。

（1）相间距离Ⅰ段。图 3-3 中距离Ⅰ段为零秒动作的速断保护，按选择性要求，其保护区不能延伸出本线路末端，对于 MN 线路，其距离保护 1 的整定阻抗应小于被保护线路阻抗 Z_{MN}，即

$$Z_{set.1}^{\mathrm{I}} = K_{rel}^{\mathrm{I}} Z_{MN} \tag{3-21}$$

式中 K_{rel}^{I}——可靠系数，一般取 0.8～0.85，可取 0.8。

对于接有终端变压器的单回线，可在送电侧按不伸出终端变压器其他各侧母线（如有 T 接线，应不伸出所有相邻的下一级变压器各侧母线）为原则，即

$$Z_{set.1}^{\mathrm{I}} = 0.7(Z_{MN} + Z_T) \tag{3-22}$$

式中 Z_T——终端变压器等值正序阻抗。

图 3-3 中，Z_T 为 T_1 的等值正序阻抗。整定动作时间 $t^{\mathrm{I}} = 0$ s。

（2）相间距离Ⅱ段。Ⅱ段距离保护区不能伸出相邻元件或相邻线路Ⅰ段的保护区，一般取下面整定值的较小者。

1）与相邻线路Ⅰ段配合，保护定值为

$$Z_{set.1}^{\mathrm{II}} = K_{rel}^{\mathrm{II}}(Z_{MN} + K_b Z_{set.2}^{\mathrm{I}}) \tag{3-23}$$

$Z_{set.2}^{\mathrm{I}}$ 为保护 2 距离保护Ⅰ段整定值。其整定对象为 NP 线路，整定思路与保护 1 的Ⅰ段整定思路完全一致。

2）与相邻变压器配合，保护定值为

$$Z_{set.1}^{\mathrm{II}} = K_{rel}^{\mathrm{II}}(Z_{MN} + K_b Z_T) \tag{3-24}$$

式中 K_b——分支系数，为相邻线路故障时，流过相邻线路保护安装处的电流与流过本线路保护安装处电流的比值。

在定值整定时，K_b 取最小值；在灵敏度校验时，K_b 取最大值。K_{rel}^{II} 为可靠系数，同 K_{rel}^{I}。

以上两者选整定值较小者。注意，对于无相邻线路，只有终端变压器的线路，毕业设计可考虑不设距离保护Ⅱ段，只装设Ⅰ、Ⅲ段。

为保证相邻线路距离Ⅰ段保护区内短路时保护 1 不失去选择性，其Ⅱ段动作时限应比相邻线路Ⅰ段长一个时限级差 Δt，即 $t^{\mathrm{II}} = t^{\mathrm{I}} + \Delta t$，$\Delta t$ 一般取 0.5s。

距离Ⅱ段的灵敏度要求能保护本线路全长，要求其灵敏度

$$K_{sen} = \frac{Z_{set.1}^{\mathrm{II}}}{Z_{MN}} \geqslant 1.25 \tag{3-25}$$

若灵敏度不满足要求，可以与相邻线路距离Ⅱ段配合，即动作时限应比相邻元件Ⅱ段长 Δt。必须指出，对于接有终端变压器的单回线一般不装设Ⅱ段。

（3）相间距离Ⅲ段。距离Ⅲ段为后备段，正常运行时不应动作，因此按躲开最小负荷阻抗 $Z_{L.min}$ 整定，即

$$Z_{set.1}^{\mathrm{III}} = \frac{(0.9 \sim 0.95)U_N/\sqrt{3}}{I_{L.max} K_{rel}^{\mathrm{III}} K_{res} \cos(\varphi_L - \varphi_{set})} \tag{3-26}$$

式中 K_{rel}^{III}——Ⅲ段可靠系数，一般取 1.2～1.3；

K_{res}——阻抗继电器返回系数，一般取 1.1；

$I_{L.max}$——可能流过本线路的最大负荷电流，考虑到电机自起动系数，可取 1.5～3 倍的额定负荷电流，毕业设计中可考虑取 2；

φ_L——负荷阻抗角，一般取 25°；

φ_{set}——整定阻抗角，一般取 78°。

如为作为 MN 线路近后备，要求保护 1 的灵敏系数

$$K_{sen}=\frac{Z_{set.1}^{\text{Ⅲ}}}{Z_{MN}}\geqslant 1.5 \tag{3-27}$$

如作为 NP 线路远后备，要求保护 1 的灵敏系数

$$K_{sen}=\frac{Z_{set.1}^{\text{Ⅲ}}}{(Z_{MN}+K_{b.max}Z_{NP})}\geqslant 1.2 \tag{3-28}$$

式中 $K_{b.max}$——最大分支系数；

Z_{NP}——相邻线路或变压器阻抗。

（二）零序电流保护

1. 单相接地时零序分量的特点

110kV 线路发生接地故障时，会产生零序电压和零序电流。零序电压的特点是故障点的电压最高，至变压器中性点接地处降为零；零序电流只在故障点与中性点接地的变压器之间流动，并由大地构成回路。零序电流的分布的网络就是零序网络。

2. 零序电流保护整定原则

根据系统发生接地故障出现零序电流这一特征，可以构成零序电流保护，它反应零序电流增大而动作。从原理上讲，零序电流保护与反应相间短路的电流保护类似，一般也由三段构成，不同的是，零序电流保护只反应相电流中的零序分量。对于 110kV 输电线路，因三相断路器为同时动作，不存在单相重合闸操作，因此，整定过程中无须考虑单相重合闸时的非全相运行问题。

（1）无时限零序电流速断保护（零序Ⅰ段）。零序Ⅰ段动作电流 $I_{0.op}^{\text{Ⅰ}}$ 一般按如下原则整定：

1）躲过被保护线路末端接地短路时流过本保护的最大零序电流，即

$$I_{0.op}^{\text{Ⅰ}}=K_{rel}^{\text{Ⅰ}}\times 3I_{0.max} \tag{3-29}$$

式中 $3I_{0.max}$——线路末端发生接地故障时流过保护安装处的最大零序电流；

$K_{rel}^{\text{Ⅰ}}$——可靠系数，取 1.25～1.3。

在计算最大零序电流 $I_{0.max}$ 时，应考虑以下两个因素：

a）系统应为最大运行方式，即短路点看进去的正序、负序等值阻抗为最小。

b）应选择零序电流大的接地故障。当 $Z_{0\Sigma}>Z_{1\Sigma}$ 时，选择单相接地故障；当 $Z_{0\Sigma}<Z_{1\Sigma}$ 时，选择两相接地故障。

2）躲过断路器三相触头不同时合闸时出现的最大零序电流

$$I_{0.op}^{\text{Ⅰ}}=K_{rel}^{\text{Ⅰ}}\times 3I_{0.ust} \tag{3-30}$$

式中 $I_{0.ust}$——断路器三相触头不同时接触所产生的零序电流。

零序电流Ⅰ段按上述计算值的较大者整定。因断路器三相触头不同时接触所产生的零序电流持续时间短，若引入 0.1s 延时，则可不必考虑。

零序Ⅰ段的最小保护范围应不小于被保护线路全长的15%。

(2) 限时零序电流速断保护（零序Ⅱ段）。其动作值 $I_{0.op}^{\mathrm{II}}$ 应与相邻线路零序Ⅰ段配合，即

$$I_{0.op}^{\mathrm{II}} = \frac{K_{rel}^{\mathrm{II}}}{K_b} I_{0.op.n}^{\mathrm{I}} \tag{3-31}$$

式中　$I_{0.op.n}^{\mathrm{I}}$——相邻线路零序Ⅰ段一次定值；

K_{rel}^{I}——可靠系数，取1.1；

K_b——分支系数，其值为相邻线路零序Ⅰ段保护末端接地短路时，故障线路的零序电流与流过被保护线路的零序电流之比，取最小值。

动作时限：$t^{\mathrm{II}} = t^{\mathrm{I}} + \Delta t$。

零序Ⅱ段的灵敏度应按被保护线路末端接地短路时流过保护的最小3倍零序电流来校验，即 $K_{sen} = \frac{3I_{0.min}}{I_{0.op}^{\mathrm{II}}}$，要求 K_{sen} 为1.3～1.5。当灵敏度不满足要求时，可采取下列方式解决：

1) 与相邻线路零序Ⅱ段配合，即

$$I_{0.op}^{\mathrm{II}} = \frac{K_{rel}^{\mathrm{II}}}{K_b} I_{0.op.n}^{\mathrm{II}} \tag{3-32}$$

式中　$I_{0.op.n}^{\mathrm{II}}$——相邻线路零序电流保护Ⅱ段整定值。

动作时限：$t_{0.1}^{\mathrm{II}} = t_{0.2}^{\mathrm{II}} + \Delta t$，通常为1s。

2) 保留0.5s的零序Ⅱ段，同时增加一个按上述1）所述的原则整定的动作时间为1s的Ⅱ段，从而保证在各种运行方式下线路末端接地短路时有足够的灵敏度。

3) 改用接地距离保护。

(3) 定时限零序过电流保护（零序Ⅲ段）。零序Ⅲ段是接地短路的后备保护，在中性点直接接地电网的终端线路上，也可作为主保护。其定值 $I_{0.op}^{\mathrm{III}}$ 一般按躲过线路末端三相短路时流过本保护的最大不平衡电流来整定，即

$$I_{0.op}^{\mathrm{III}} = K_{rel}^{\mathrm{III}} I_{unb.max} \tag{3-33}$$

其中

$$I_{unb.max} = K_{aper} K_{err} I_{k.max}^{(3)}$$

式中　K_{rel}^{III}——可靠系数，取1.2～1.3；

$I_{unb.max}$——本线路末端三相短路时，流过保护的最大不平衡电流；

K_{aper}——非周期分量系数，取1～2；

K_{err}——电流互感器误差，取0.1；

$I_{k.max}^{(3)}$——本线路末端三相短路时，流过保护的最大短路电流。

类似于反应相间故障的定时限过电流保护，零序Ⅲ段的动作时限也按阶梯时限特性整定。

灵敏度 K_{sen}

$$K_{sen} = \frac{3I_{0.min}}{I_{0.op.1}^{\mathrm{III}}} \tag{3-34}$$

当零序Ⅲ段作为线路保护的后备（近后备）时，$3I_{0.min}$ 取线路末端接地短路时流经保护的最小3倍零序电流，要求 $K_{sen} \geqslant 1.5$；当作为相邻元件保护后备（远后备）时，$3I_{0.min}$ 应取相邻元件末端接地短路时流经本保护的最小3倍的零序电流，要求 $K_{sen} \geqslant 1.2$。

第二节 220～500kV线路继电保护及自动装置的整定

目前，220 kV及以上电压等级输电线路基本上都配置有双套主保护和后备保护。主保护一般为纵联保护。按照保护动作原理，国内常使用的纵联保护有闭锁式方向或距离保护，允许式方向或距离保护和分相电流差动保护。如国电南自公司的PSL—601型数字式超高压线路保护装置配置有能量积分方向、阻抗方向、零序方向及通道构成的纵联保护构成的主保护；有快速距离保护、三段式相间距离保护、三段式接地距离保护、四段式零序电流保护构成的后备保护以及综合自动重合闸。而PSL—602型数字式超高压线路保护装置配置的主保护由纵联距离、纵联零序及通道构成，其后备保护与重合闸的配置与PSL—601型相同。如南瑞继保公司生产的RCS—931型保护以分相电流差动和零序电流差动为主体构成快速主保护，由工频变化量距离元件构成的快速Ⅰ段保护，由三段式相间和接地距离及多个零序方向过流构成的全套后备保护及自动重合闸功能。

纵联保护的通道接口方式灵活，可以与专用载波通道、复用微波通道、光纤通道、微波通道等各种通信设备连接。

与110kV及以下电压等级电网不同，到220 kV及以上电压等级输电线路多为双侧电源线路，断路器采用分相操作机构，因此在继电保护整定时需要考虑保护选相问题及非全相运行问题。对于双回线的保护整定问题更为复杂，也要特别注意。

影响保护正确动作的因素也很多，如电容电流、过渡电阻、系统振荡、电流互感器饱合、电流互感器断线、远距离输电造成的采样不同步等。因此，在毕业设计过程中可以对上述问题进行一定深度的学习与探讨。

一、主保护

（一）起动元件的整定

不同纵联差动保护装置所用的闭锁起动元件不同，目前RCS9000型的保护广泛采用的是工频变化量起动元件和零序过电流起动元件。PSL型保护采用的是相电流突变量起动元件、零序电流辅助起动元件、静稳破坏检测元件等。其他保护的起动元件也有用类似原理或者用到负序过电压元件、低电压元件、相电流元件、零序过电流元件等，不再枚举。保护起动元件用于起动故障处理程序、起动各个中央处理单元及开放保护跳闸出口继电器的负电源等，是保证保护不误动作的重要元件。

以RCS—931型保护为例，其起动元件的主体以反应相间工频变化量的过流继电器实现，同时又配以反应全电流的零序过流继电器互相补充。反应工频变化量的起动元件采用浮动门坎，正常运行及系统振荡时变化量的不平衡输出均自动构成自适应式的门坎，浮动门坎始终略高于不平衡输出。在正常运行时由于不平衡分量很小，装置有很高的灵敏度，当系统振荡时，自动抬高浮动门坎而降低灵敏度，不需要设置专门的振荡闭锁回路。因此，起动元件有很高的灵敏度且不会频繁起动，装置又有很高的安全性。

1. 相电流突变量起动元件

由于用到了“浮动门坎”技术，相电流突变量起动元件须按躲过正常负荷电流波动最大值加以整定。并保证线路两侧发生两相短路时都有2倍的灵敏度。即

$$I_{op.st} \leqslant I_{K.min}/2 \quad (3-35)$$

式中 $I_{K.min}$——被保护线路末端两相短路故障时的最小电流；

$I_{op.st}$——电流突变量起动元件的整定值（此时浮动门坎值为零）。

实际整定过程中，部分电网为保证保护能够可靠起动，以电流为 240A（一次值）为界线，若电流突变量起动元件的计算值大于或等于 240A，则直接取 240 A，若计算值小于 240 A，则取根据本线路末故障时实际电流算出的定值。需要注意的是：

（1）必须保证线路两侧定值一致，这样两侧保护才可以同时起动，所以应取两侧较小值作为起动值。

（2）保护中各个中央处理单元（central processing unit，简称 CPU）的突变量起动电流应整定相同。

2. 零序过电流元件

有些装置又称为零序辅助起动电流，这种电流起动方式是保护起动元件的另一种方式，零序辅助起动元件在线路经过渡大电阻接地短路且突变量起动元件灵敏度不够时作为辅助保护装置起动，起动电流值按躲过最大零序不平衡电流整定。具体整定方法如下：

（1）保证线路两侧的 3 倍零序电流有两倍灵敏度。即

$$I_{0.op.st} \leqslant 3I_{0.min}/2 \quad (3-36)$$

式中 $I_{0.op.st}$——相电流起动元件整定值。

$3I_{0.min}$——被保护线路末端两相接地短路及单相接地故障时的最小 3 倍零序电流。

（2）以电流为 240 A（一次值）为界线，将本线后备零序第Ⅳ段定值与之比较，若计算值大于或等于 240 A，则直接取 240A，若计算值小于 240A，则根据本线路末故障时实际电流算出数值，最后取两个条件中较小值为最终定值，这样的取值是为了避免有些保护装置在后备零序 IV 段定值已经起动时，零序起动定值尚未起动，保护不能出口而出现拒动的情况。

需要指出在计算线路末端最小两相短路电流或接地短路电流时，除考虑系统的不同运行方式外，特别要注意出线的“$N-1$”方式，即考虑现场需轮流检修一回线路时，也可保证灵敏度。如对于两回出线，则考虑有一回停运。

3. 负序过电压元件

按保证线路末端发生不对称故障有灵敏度整定，动作电压（二次值）一般取 6V。

4. 低电压元件

按最低运行电压整定，一般取 70%额定电压。

（二）分相电流差动

分相电流差动保护借助于线路光纤通道或其他通信通道，实时地向对侧传递采样数据，各侧保护利用本地和对侧电流数据按相进行差动电流计算。典型的光纤分相电流差动保护构成如图 3-4 所示。

以母线流向被保护线路方向为正方向。

差动电流：
$$\dot{I}_d = |\dot{I}_M + \dot{I}_N| \quad (3-37)$$

制动电流：
$$\dot{I}_{res} = |\dot{I}_M - \dot{I}_N| \quad (3-38)$$

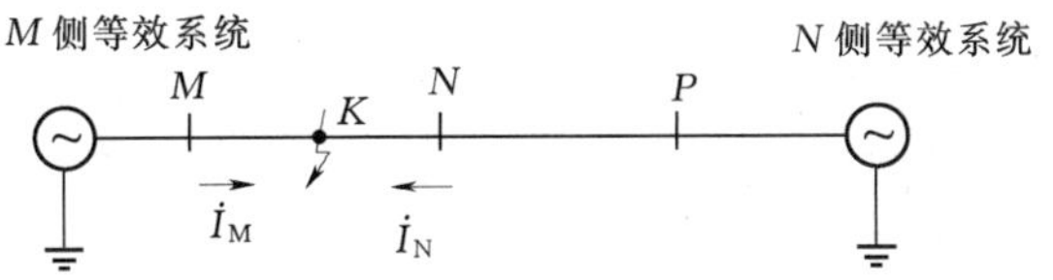

图 3-4 双侧电源系统示意图

式中 $\dot{I}_{M}$、$\dot{I}_{N}$ ——M 侧、N 侧相电流相量，取同一相电流。共有三相。

比率制动特性动作方程为

$$\dot{I}_{d} \geqslant \dot{I}_{op.0} \tag{3-39}$$

$$\dot{I}_{d} \geqslant K_{res} \dot{I}_{res} \tag{3-40}$$

式中 $\dot{I}_{op.0}$ ——最小动作电流，或称动作门槛；

K_{res} ——比率制动系数。

线路内部故障时，两侧电流相位相同，动作电流远大于制动电流，保护动作；线路正常运行或区外故障时，两侧电流相位反向，动作电流为零，远小于制动电流，保护不动作。南瑞公司的 RCS—931、许继公司的 WXH—803 即采用此种动作特性。国电南自的 PSL—603、四方公司的 CSC—103 采用双斜率制动特性，可以保证在小电流时有较高的灵敏度，而在电流大时具有较高的可靠性，即区外故障时因 CT 特性恶化或饱和产生传变误差，此时采用较高斜率的制动特性更为可靠。

（1）差动保护动作门槛，即最小动作电流。应躲过线路合闸时的最大充电电流，并可靠躲过区外故障时的最大不平衡电流，同时应保证线路发生内部故障时有足够灵敏度，灵敏系数大于 2。通常按电容电流乘以一定的系数整定（投入电容电流补偿时，取较低系数；不投时取较高系数），一般不小于 0.1～0.2 倍额定电流，并大于保护装置起动电流。线路两侧差动保护动作门槛应整定为相同值。例如：某电网 220 kV 线路保护装置起动电流一般整定为 240 A（一次值），差动保护动作门槛取值在 240 A 到 300 A 之间即可。

（2）制动系数。国内分相电流差动保护制动系数内部固定，取值范围在 0.5～0.8 之间。

（3）拐点，即最小制动电流。一般按躲线路最大事故负荷整定，可靠系数取 1.5～2.0。

（4）TA 变比补偿系数：为解决线路两侧 TA 变比不一致的问题，引入 TA 变比补偿系数。补偿方法分为以下几种：

1）RCS—931、CSC—103 将 TA 电流一次额定值大的一侧整定为 1，小的一侧整定为本侧电流一次额定值与对侧电流一次额定值的比值，该方法与两侧 TA 的电流二次额定值无关。例如：本侧 TA 变比为 1250/5，对侧变比为 2500/1，则本侧 TA 变比系数整定为 0.5，对侧整定为 1。

2）PSL 603 的 TA 变比系数整定为对侧 TA 一次值和本侧 TA 一次值的比值，与两侧 TA 的电流二次额定值无关。

3）WXH—803 仅整定本侧 TA 变比，在保护通道中不再传输电流二次采样值，而是传输由二次采样值根据本侧 TA 变比处理后得到的一次值。

（三）零序电流差动

零序电流差动保护与分相电流差动保护的动作原理类似，但零序量值只需取一相序电流，各侧保护利用本地和对侧的零序电流数据进行差动电流计算。对于经高过渡电阻接地故障，采用零序差动继电器具有较高的灵敏度，考虑到合闸时出现的短暂非全相过程，零序差动一般经 100ms 延时动作。零序差动电流定值需整定值主要为最小动作电流即差动动作门槛，按照线路经高阻接地时零序差动继电器有灵敏度整定。如毕业设计中对高阻接地的短路电流值并不明确，可取一次定值为 300A。

（四）方向元件

除分相电流差动及零序电流差动原理的纵联差动保护外，利用阻抗元件、零序方向电流元件、工频变化量距离、工频变化量方向元件等与通道相结合，也能构成闭锁式（或允许式）方向和距离保护。该类纵联保护利用通道将保护装置对故障方向判别的结果传送到对侧，每侧保护根据两侧保护装置的动作过程逻辑判断区分是区内还是区外故障。此类保护是间接比较线路两侧的电气量，在通道中传送的是逻辑信号。因此，该类保护应能在本线路区内或相邻线路或元件故障时（如图 3-4 中 NP 线路上的故障）可靠起动，即传统高频保护中的起动发信，并进行两侧逻辑信号的比较，即传统高频保护中的停止发信。而两侧逻辑信号的比较则依赖于方向元件。

对于闭锁式（或允许式）方向和距离保护保护的要求：①起动发信元件按本线路末端故障有足够灵敏度整定，并与本侧停信元件相配合；②停信元件按被保护线路末端发生金属性故障有灵敏度整定，灵敏系数可取 2。

在此前提下，具体的整定方法及整定值可根据保护装置的实际情况进行合理的选择。

二、距离保护

（一）概述

220kV 及以上电压等级电网距离保护一般装设三段，必要时也可采用四段。其中第Ⅰ段可以保护全线路的 80%～85%，其动作时间为保护装置的固有动作时间的动作时间，第Ⅱ段按阶梯特性与相邻保护相配合，通常能够灵敏而较快速地切除全线路范围内的故障。由Ⅰ、Ⅱ段构成线路的主要保护。

距离保护包括起动元件、阻抗测量元件、振荡闭锁元件、断线闭锁元件、瞬时测定元件、时间元件及逻辑元件等一些组成元件（或功能模块），距离保护的核心元件是阻抗测量元件，不同特性的阻抗测量元件其整定配合的方法不完全相同，因此对距离保护进行整定计算之前应参阅采用保护装置说明书，了解其主要性能及其参数范围。要注意有如下两点。

（1）了解所选用保护的下述特点：

1）保护段数，各保护段的参数及定值整定范围。

2）保护装置的起动方式（如低阻抗、电流、电压、负序电流、零序电流、负序电流增量、零序电流增量等），各起动方式下起动值的整定范围。

3）采用阻抗测量元件的特性及参数如全阻抗、方向阻抗，有否偏移特性、多相补偿阻抗特性等；阻抗整定值的参数及范围，阻抗角整定范围，阻抗元件的接线方式，精确工作电流的允许值等。

4）振荡闭锁元件的构成情况：起动方式、定值范围所闭锁保护段数等。

5）断线闭锁构成方式，整定参数及定值范围。

6）重合闸后加速方式及加速哪几段。

7）是否设有瞬时测定功能，了解其使用方式。

8）保护装置上的有关连接端子及其要求。

9）其他注意事项，如电流互感器、电压互感器的使用变比、装设位置等。

（2）给出必须整定值项目及提出注意事项。距离保护定值的整定计算工作，主要包括：

1）各保护段的整定阻抗、保护动作时间、最大灵敏角、精确工作电流的要求值以及各保护段的灵敏度。

2）振荡闭锁元件的整定值（起动值）、整组复归时间及复归方式和要求所闭锁的保护段。

3）断线闭锁元件的整定值及有关要求。

4）重合闸后加速方式及加速的保护段。

5）指明是否用瞬时测定功能。

6）有关连接端子或跨线的连接方式。

7）其他必要的说明事项。如对系统的运行方式有哪些要求及限制；运行中应注意的事项等。

（二）相间距离保护的整定计算

1. 相间距离Ⅰ段的整定计算

动作阻抗按下述情况计算：

（1）按躲本线路末端故障整定为

$$Z_{set}^{\mathrm{I}} = K_{rel} Z_L \tag{3-41}$$

式中　K_{rel}——可靠系数，一般取0.8～0.85；

Z_L——本线路的正序阻抗。

（2）对单回线路末端有变压器的情况，按保护范围不伸出变压器整定，即

$$Z_{set}^{\mathrm{I}} = K_{rel}(Z_L + Z_T) \tag{3-42}$$

式中　K_{rel}——可靠系数，一般取0.7；

Z_L——本线路的正序阻抗；

Z_T——变压器的等值正序阻抗。

2. 相间距离Ⅱ段的整定计算

动作阻抗按如下条件计算，一般选其中最小者为整定值。

（1）与相邻线路距离保护第Ⅰ段的动作阻抗相配合，即

$$Z_{set}^{\mathrm{II}} = K_{rel} Z_L + K'_{rel} K_{b.min} Z_{set.n}^{\mathrm{I}} \tag{3-43}$$

式中　K_{rel}——可靠系数，一般取0.8～0.85；

Z_L——本线路的正序阻抗；

K'_{rel}——可靠系数，一般取0.8；

$K_{b.min}$——最小分支系数，为相邻线路距离保护第Ⅰ段保护范围末端短路时，流过相

邻线路的短路电流与流过被保护线路的短路电流实际可能的最小比值。当有多条相邻线路时，按式（3-43）进行配合时，应取其中的最小者为整定值；

$Z_{set.n}^{I}$——相邻线路距离保护的第Ⅰ段动作阻抗。

（2）对单回线路末端有变压器的情况，按躲变压器低压侧故障整定，即

$$Z_{set}^{II} = K_{rel} Z_L + K'_{rel} K_{b.min} Z_T \qquad (3-44)$$

式中　K_{rel}——可靠系数，一般取0.8～0.85；

K'_{rel}——可靠系数，一般取0.7；

$K_{b.min}$——变压器低压侧母线故障时，实际可能的最小分支系数；

Z_T——变压器的等值正序阻抗。

（3）按满足本线路末端发生故障有灵敏度整定，即

$$Z_{set}^{II} = K_{sen} Z_L \qquad (3-45)$$

式中　K_{sen}——灵敏系数，一般取1.3～1.5。

在整定计算中还有下列情况：

（1）如果按上述条件计算后，选取的整定阻抗 Z_{set}^{II} 不能满足灵敏系数要求时，在允许增加动作时限的条件下，可考虑与相邻线路距离保护第Ⅱ段配合

$$Z_{set}^{II} = K_{rel} Z_L + K'_{rel} K_{b.min} Z_{set.n}^{II} \qquad (3-46)$$

式中　$Z_{set.n}^{II}$——相邻线路距离保护第Ⅱ段的动作阻抗；

$K_{b.min}$——相邻线路末端母线短路时，实际可能的最小分支系数；

其余系数取值同式（3-43）。

（2）当相邻线路没有装设距离保护，而装设电流保护或电流电压联锁保护时，应先求出电流电压保护的最小保护范围，再与之配合。此类情况目前已不多见，毕业设计时可不考虑。

第Ⅱ段保护的灵敏系数为

$$K_{sen} = \frac{Z_{set}^{II}}{Z_L} \qquad (3-47)$$

第Ⅱ段保护的动作时限，当与相邻线路保护第Ⅰ段配合时，$t_{set}^{II} = \Delta t$；当与相邻线路保护第Ⅱ段配合时

$$t_{set}^{II} = t_{set.n.max}^{II} + \Delta t \qquad (3-48)$$

其中　$t_{set.n.max}^{II}$——相邻线路保护第Ⅱ段的最大动作时限。

3. 相间距离Ⅲ段的整定计算

动作阻抗按如下条件计算，一般选其中最小者为整定值。

（1）与相邻线路距离保护第Ⅱ段配合为

$$Z_{set}^{III} = K_{rel} Z_L + K'_{rel} K_{b.min} Z_{set.n}^{II} \qquad (3-49)$$

式中　K_{rel}——可靠系数，一般取0.8～0.85；

K'_{rel}——可靠系数，一般取值不大于0.8；

$K_{b.min}$——最小分支系数；

$Z_{set.n}^{II}$——相邻线路距离保护第Ⅱ段整定值。

（2）与相邻线路距离保护第Ⅲ段配合为

$$Z_{set}^{Ⅲ}=K_{rel}Z_L+K'_{rel}K_{b.min}Z_{set.n}^{Ⅲ} \quad (3-50)$$

式中 $Z_{set.n}^{Ⅲ}$——相邻线路距离保护第Ⅲ段整定值；

其余系数取值同式（3－49）。

（3）与相邻变压器过电流保护配合为

$$Z_{set}^{Ⅲ}=K_{rel}\left(K_{b.min}\frac{E_{B.min}}{2I_{op.n}}-Z_B\right) \quad (3-51)$$

式中 $E_{B.min}$——距离保护安装处背侧最低等值相间电势；

K_{rel}——可靠系数，一般取 0.8～0.85；

$I_{op.n}$——相邻变压器过电流保护定值；

Z_B——背侧等值阻抗。

（4）躲负荷阻抗为

$$Z_{set}^{Ⅲ}=K_{rel}Z_{loa.min} \quad (3-52)$$

式中 K_{rel}——可靠系数，一般取 0.7；

$Z_{loa.min}$——系统最不利频率下事故过负荷时最小负荷阻抗。

第Ⅲ段保护的动作时限，应比被配合保护的动作时限大一个时间级差 Δt；$\Delta t\approx0.5s$。

（三）接地距离保护的整定计算

1. 接地距离Ⅰ段的整定计算

按可靠躲过本线路末端接地故障整定，同式（3－41）。

2. 接地距离Ⅱ段的整定计算

动作阻抗按如下条件计算，一般选其中最小者为整定值。

（1）与相邻线路接地距离Ⅰ段配合为

$$Z_{set}^{Ⅱ}=K_{rel}Z_L+K'_{rel}K_{b.min}Z_{set.n}^{Ⅰ} \quad (3-53)$$

式中 K_{rel}、K'_{rel}——可靠系数，一般取 0.7～0.8，取值可不相同；

Z_L——本线路正序阻抗；

$Z_{set.n}^{Ⅰ}$——相邻线路距离保护的第Ⅰ段动作阻抗；

$K_{b.min}$——最小分支系数，取正序分支系数与零序分支系数中的最小值；

K_{rel}、K'_{rel}——一般取 0.7～0.8。

（2）对单回线路末端有变压器的情况：

1）按躲变压器小电流接地系统侧母线三相短路整定同式（3－44）。

2）按躲变压器其他侧（大接地电流系统）母线接地故障整定又分为

按单相接地故障整定为

$$Z_{set}^{Ⅱ}=K_{rel}\frac{\dot U_1+\dot U_2+\dot U_0}{\dot I_1+\dot I_2+\dot I_0+K3\dot I_0}=K_{rel}\frac{\dot E+2\dot U_2+\dot U_0}{2\dot I_1+(1+3K)\dot I_0} \quad (3-54a)$$

按两相接地故障整定为

$$Z_{set}^{Ⅱ}=K_{rel}\frac{\alpha^2\dot U_1+\alpha\dot U_2+\dot U_0}{\alpha^2\dot I_1+\alpha\dot I_2+\dot I_0+K3\dot I_0} \quad (3-54b)$$

式中 K_{rel}——可靠系数，一般取 0.7～0.8；

α——运算子，$\alpha=e^{j120^\circ}=-\frac{1}{2}+j\frac{\sqrt{3}}{2}$，$\alpha^2=e^{-j120^\circ}=-\frac{1}{2}-j\frac{\sqrt{3}}{2}$；

$\dot{U}_1$、$\dot{U}_2$、$\dot{U}_0$、$\dot{I}_1$、$\dot{I}_2$、$\dot{I}_0$——在变压器其他母线故障时，在接地距离保护安装处所测得的各相序电压和各相序电流；

$\dot{E}$——故障前等值相电势；

K——零序补偿系数，$K=\frac{Z_0-Z_1}{3Z_I}$。

（3）按本线路末端接地故障有足够的灵敏度整定同式（3-45），式中 K_{sen} 一般取 1.3～1.5。

在整定计算中还有下列情况：

（1）选取的整定阻抗 Z_{set}^{II} 不能满足灵敏系数要求时，与相邻线路纵联差动保护配合整定，躲相邻线路末端接地故障，即

$$Z_{set}^{II} = K_{rel}Z_L + K'_{rel}K_{b.min}Z'_L \tag{3-55}$$

式中 K_{rel}、K'_{rel}——可靠系数，一般取 0.7～0.8，取值可不相同；

$K_{b.min}$——分支系数，选用正序分支系数与零序分支系数中的最小值；

Z'_L——相邻线路正序阻抗。

（2）选取的整定阻抗 Z_{set}^{II} 不能满足灵敏系数要求时，在允许增加动作时限的条件下，可考虑与相邻线路距离保护第Ⅱ段配合，整定公式同式（3-46），式中 $K_{b.min}$ 为相邻线路末端接地短路时，实际可能的正序分支系数和负序分支系数的最小值；可靠系数 K_{rel}、K'_{rel} 一般取 0.7～0.8。

（3）如相邻线路未装设接地距离保护，而装设零序电流保护，可考虑与相邻线路零序数，电流Ⅰ（Ⅱ段）配合，先要求出相邻线路零序电流Ⅰ（Ⅱ）段保护范围末端所对应的正序阻抗，再进行整定为

$$Z_{set}^{II} = K_{rel}Z_L + K'_{rel}K_{b.min}Z_{p.min} \tag{3-56}$$

式中 $Z_{p.min}$——相邻线路零序电流Ⅰ（Ⅱ）段保护范围末端对应的正序阻抗；

其余参数取值同式（3-55）。

3. 接地距离Ⅲ段的整定计算

动作阻抗按如下条件计算，一般选其中最小者为整定值。

（1）按本线路末端接地故障有足够灵敏度整定为

$$Z_{set}^{III} = K_{sen}Z_L \tag{3-57}$$

式中 K_{sen}——灵敏度，取 1.8～3.0；

Z_L——本线路正序阻抗。

（2）与相邻线路接地距离Ⅱ段配合，即

$$Z_{set}^{III} = K_{rel}Z_L + K'_{rel}K_{b.min}Z_{set.n}^{II} \tag{3-58}$$

式中 可靠系数 K_{rel}、K'_{rel} 取 0.7～0.8，其余参数同式（3-48）。

（3）与相邻线路接地距离Ⅲ段配合，即

$$Z_{set}^{Ⅲ}=K_{rel}Z_L+K'_{rel}K_{b.min}Z_{set.n}^{Ⅲ} \tag{3-59}$$

式中 可靠系数 K_{rel}、K'_{rel}取 0.7～0.8，其余参数同式（3-50）。

以上三段接地距离保护的灵敏度校验、动作时间整定同相间距离保护。

上面所计算的距离保护整定阻抗为一次阻抗，整定阻抗二次值为

$$Z_{k.set}=Z_{set}\frac{n_{TA}}{n_{TV}} \tag{3-60}$$

式中 Z_{set}——整定阻抗一次值；

n_{TA}——电流互感器变比；

n_{TV}——电压互感器变比。

三、零序电流保护

对于 220kV 及以上电压等级的线路，零序电流保护一般采用四段式。在进行零序电流保护的整定之前，必须了解所整定电力系统的运行方式及变压器中性接地点的运行方式；了解所整定线路采用的重合闸方式；对平行双回线，要分析两回线路之间的零序互感对零序电流、电压的数值的影响；了解所整定电力系统的参数特征，特别是等值正序阻抗与等值零序阻抗的比值。

（一）零序电流保护Ⅰ段的整定计算

在非全相运行时的最大零序电流大于区外接地故障时的零序电流 1.3 倍的情况下，宜设置“不灵敏Ⅰ段”和“灵敏Ⅰ段”。“不灵敏Ⅰ段”躲非全相运行时的最大三倍零序电流；“灵敏Ⅰ段”躲区外故障时的最大三倍零序电流。“不灵敏Ⅰ段”在故障及重合闸过程中都不退出。“灵敏Ⅰ段”在第一次故障时动作，在单相重合闸时，退出运行；在三相重合闸时，动作带短延时，躲过重合闸时断路器三相不同期合闸的时间。

如区外故障电流大于非全相运行电流，则不设置“不灵敏Ⅰ段”，只设一个零序Ⅰ段，其动作电流按躲过区外接地故障时最大三倍零序电流整定。

1. 动作电流（二次值）

（1）按躲过区外接地短路的最大三倍零序电流整定为

$$I_{0.op}^{Ⅰ}=\frac{K_{rel}3I_{0.max}}{n_{TA}} \tag{3-61}$$

式中 K_{rel}——可靠系数，取值不小于 1.3；

$3I_{0.max}$——区外接地短路的最大 3 倍零序电流，对于单回线一般取本线路末端接地短路时的最大 3 倍零序电流。必须考虑正序等值阻抗 $Z_{1\Sigma}$ 与零序等值阻抗 $Z_{0\Sigma}$ 的比值，$Z_{1\Sigma}\geqslant Z_{0\Sigma}$ 时取单相接地电流，$Z_{1\Sigma}\leqslant Z_{0\Sigma}$ 时取两相接地短路的电流；

n_{TA}——电流互感器的变比。

（2）按躲过非全相运行时的 3 倍零序电流整定为

$$I_{0.op}^{Ⅰ}=\frac{K'_{rel}3I_{0.unc}}{n_{TA}} \tag{3-62}$$

式中 K'_{rel}——可靠系数，当非全相运行的 3 倍零序电流按断相处两侧电动势实际相角差 δ 计算时，取 $K'_{rel}\geqslant 1.2$；如按 $\delta=180°$ 计算时，取 $K'_{rel}\geqslant 1.1$；

$3I_{0.unc}$——非全相运行时（单相断线、两相断线）时的最大零序电流。

$3I_{0.\mathrm{unc}}$值可按式（3-63a）式（3-63b）计算并取较大值，即

单相断线时
$$I_{0.\mathrm{unc}}=\left|\frac{\Delta\dot{E}}{Z_{11}+2Z_{00}}\right| \tag{3-63a}$$

两相断线时
$$I_{0.\mathrm{unc}}=\left|\frac{\Delta\dot{E}}{2Z_{11}+Z_{00}}\right| \tag{3-63b}$$

式中　$\Delta\dot{E}$——断相处两侧电动势相量差，若两侧等效电动势幅值相等（幅值为E），相角差为δ时，则$|\Delta\dot{E}|=2E\sin\frac{\delta}{2}$；$\delta=180°$时，$|\Delta\dot{E}|=2E$；

Z_{11}、Z_{00}——断相处纵向正序和零序阻抗。

2. 保护范围

零序电流Ⅰ段的保护范围计算，通常用图解法决定，也可参照相间电流保护Ⅰ段的计算方法计算。保护范围应不小于线路全长的15%～20%。

3. 动作时间

零序电流Ⅰ段的动作时间为保护装置的固有动作时限。

（二）零序电流保护Ⅱ段的整定计算

线路零序电流保护Ⅱ段的配置及其在重合闸过程中的是否退出运行，与本线路选用的重合闸方式有关；而其整定值的选择，不但与本线路选用的重合闸方式有关，而且还与相邻线路选用的重合闸方式有关。整定的基本原则是，除了对本线路末端接地故障有足够的灵敏度且动作时间满足规定要求外，当本线路进行单相重合闸时不应误动作；当相邻线路接地故障时，在故障和重合闸过程中不会误动作。

当本线路装设单相重合闸，且本线路非全相运行时的最大零序电流小于区外故障最大零序电流时，宜装设不灵敏Ⅱ段和灵敏Ⅱ段。不灵敏Ⅱ段躲本线路非全相运行的最大3倍零序电流；灵敏Ⅱ段与相邻线路零序电流保护配合整定，单相重合闸时退出运行。这样可以提高上一级零序电流保护的灵敏度或降低其动作时间，同时，也可以改善本线路在两相运行过程中的保护性能。

如果相邻线路使用单相重合闸，并且其选相元件在重合闸过程中不独立工作，在此期间又无专用的线路纵联保护时，则被配合的保护段必须是非全相中始终不退出运行的零序电流保护段（如"不灵敏Ⅰ段"）；如选相元件能独立工作或在此期间有线路纵联保护时，被配合的保护段可以是非全相运行时退出工作的零序电流保护段，但电流定值应同时躲过相邻线路非全相运行且两侧电源电势角差为$\delta=180°$时流过本线路的最大3倍零序电流。

灵敏Ⅱ段与相邻线路零序电流保护配合整定时，如果在相邻线路上不使用单相重合闸，第Ⅱ段定值一般与相邻线路零序电流保护的第Ⅰ段或第Ⅱ段相配合，若相邻线路装有线路纵联保护并保证经常投入运行时，必要时也可按与相邻线路纵联保护配合整定，但保护范围不能超过相邻线路的对侧母线。

如果零序Ⅱ段的定值按与相邻线路零序Ⅰ段相配合整定能保证本线路末端金属性接地故障要求时，一般应尽量与Ⅰ段配合，以缩短故障切除时间。如与Ⅰ段配合不能满足灵敏度要求，则应考虑与零序Ⅱ段配合。但有时也可以保留与Ⅰ段相配合的灵敏度不足而动作时间较短的第Ⅱ段，再增设与零序Ⅱ段配合整定的第Ⅲ段，其定值仍按满足线路末端金属

性接地故障时有足够灵敏度整定，而动作时间不应超过1.5s。

1. 动作电流（二次值）

（1）与相邻线路零序电流保护Ⅰ段相配合，即

$$I_{0.op}^{\mathrm{II}} = K_{rel} K_{b.max} I_{0.op.n}^{\mathrm{I}} \tag{3-64}$$

式中　K_{rel}——可靠系数，不小于1.1；

$I_{0.op.n}^{\mathrm{I}}$——相邻线路零序电流保护Ⅰ段的动作电流二次值，当相邻线路有两个Ⅰ段时，应为“不灵敏Ⅰ段”的动作电流；

$K_{b.max}$——分支系数，通常取常见运行方式和正常检修方式下相邻线路零序Ⅰ段保护末端接地短路时，流过被保护线路零序电流与故障线路零序电流之比的最大值。

当有多条相邻线路时，应取按式（3-64）计算的最大值。

（2）当与相邻线路零序电流保护Ⅰ段配合灵敏度达不到要求时，可按与下一线路零序电流保护Ⅱ段相配合整定为

$$I_{0.op}^{\mathrm{II}} = K_{rel} K_{b.max} I_{0.op.n}^{\mathrm{II}} \tag{3-65}$$

式中　$I_{0.op.n}^{\mathrm{II}}$——相邻线路零序电流保护Ⅱ段的动作电流二次值，当相邻线路有两个Ⅱ段时，应为不灵敏Ⅱ段的动作电流；可靠系数取值同式（3-64）。

（3）躲开相邻线路非全相运行时流过本线路的3倍零序电流，即

$$I_{0.op}^{\mathrm{II}} = \frac{K'_{rel} 3I'_{0.unc}}{n_{TA}} \tag{3-66}$$

式中　K'_{rel}——可靠系数，不小于1.1；

$3I'_{0.unc}$——相邻线路非全相运行时流过本线路的最大零序电流；其计算公式可参照式（3-63）进行计算，并考虑分支系数。

（4）按躲本线路非全相运行整定，见式（3-62）。

（5）按与相邻线路纵联保护配合整定，即

$$I_{0.op}^{\mathrm{II}} = \frac{K_{rel} 3I'_{0.max}}{n_{TA}} \tag{3-67}$$

式中　K_{rel}——可靠系数，取值不小于1.3；

$3I'_{0.max}$——相邻线路末端接地故障时，流过本保护的最大零序电流。

在设计过程中，可根据实际网络的具体运行情况，选择上述相应的计算公式。

2. 灵敏系数

灵敏系数的计算为

$$K_{sen} = \frac{3I_{0.min}}{I_{0.op}^{\mathrm{II}} n_{TA}} \tag{3-68}$$

式中　$3I_{0.min}$——在被保护线路末端接地短路时，流过保护的最小零序电流。

3. 动作时间

当与相邻线路Ⅱ段配合时，整定时间要长一些，即

$$t_{0.op}^{\mathrm{II}} = t_{0.op.n}^{\mathrm{II}} + \Delta t \tag{3-69}$$

式中　$t_{0.op.n}^{\mathrm{II}}$——相邻线路零序电流保护第Ⅱ段的最大动作时间。

按其他条件整定时，动作时间只是时间级差 Δt。

（三）零序电流保护Ⅲ段（Ⅳ段）的整定计算

零序第Ⅲ段（第Ⅳ段）为三段式（四段式）零序电流保护的最末段，零序电流Ⅲ段定值，一般与相邻线路在非全相运行时不退出工作的零序电流Ⅱ段定值配合整定。若配合有困难，可与相邻线路零序电流Ⅲ段定值配合整定。

零序电流Ⅳ段定值（最末一段）应不大于 300A，按与相邻线路在非全相运行中不退出工作的零序Ⅲ段或Ⅳ段配合整定。

1. 对实现单相重合闸的线路

（1）零序电流Ⅲ段动作电流（二次值）。其中：

1）按与相邻线路零序电流Ⅱ段配合，即

$$I_{0.op}^{\mathrm{III}} = K_{rel} K_{b.max} I_{0.op.n}^{\mathrm{II}} \tag{3-70}$$

式中　K_{rel}——可靠系数，不小于 1.1；

$I_{0.op.n}^{\mathrm{II}}$——相邻线路零序电流保护Ⅱ段的动作电流二次值，当相邻线路有两个Ⅱ段时，应为“不灵敏Ⅱ段”的动作电流；

$K_{b.max}$——分支系数，取相邻线路末端故障时的最大值，其意义见（3-64）。

2）与相邻线路零序电流Ⅲ段配合，即

$$I_{0.op}^{\mathrm{III}} = K_{rel} K_{b.max} I_{0.op.n}^{\mathrm{III}} \tag{3-71}$$

式中　K_{rel}——可靠系数，不小于 1.1；

$I_{0.op.n}^{\mathrm{III}}$——相邻线路非全相运行时不退出工作的零序电流Ⅲ段动作电流二次值。

3）按本线路末端接地短路时有足够灵敏度整定为

$$I_{0.op}^{\mathrm{III}} = \frac{3I_{0.min}}{K_{sen} n_{TA}} \tag{3-72}$$

式中　$3I_{0.min}$——本线路末端接地故障的最小零序电流；

K_{sen}——灵敏系数，取值不小于 1.3。

（2）零序电流Ⅳ段动作电流（二次值）。具体有：

1）按本线路经高电阻接地故障有灵敏度整定，即

$$I_{0.op}^{\mathrm{IV}} \geqslant \frac{300}{n_{TA}} \tag{3-73}$$

2）与相邻线路零序电流Ⅲ段配合，同式（3-71）。

3）与相邻线路零序电流Ⅳ段配合为

$$I_{0.op}^{\mathrm{III}} = K_{rel} K_{b.max} I_{0.op.n}^{\mathrm{IV}} \tag{3-74}$$

式中　K_{rel}——可靠系数，不小于 1.1；

$I_{0.op.n}^{\mathrm{IV}}$——相邻线路零序电流Ⅳ段动作电流二次值。

（3）零序电流Ⅲ段保护灵敏系数。其中：

近后备灵敏系数

$$K_{sen} = \frac{3I_{0.min}}{I_{0.op}^{\mathrm{III}} n_{TA}} \tag{3-75a}$$

远后备灵敏系数

$$K_{sen}=\frac{3I'_{0.min}K_{b.min}}{I^{Ⅲ}_{0.op}n_{TA}} \tag{3-75b}$$

式中　$K_{b.min}$——分支系数，取相邻线路末端接地故障时的最小值，分支系数定义参见式（3-64）；

$3I_{0.min}$——本线路末端接地故障时，流过保护的最小零序电流；

$3I'_{0.min}$——相邻线路末端接地故障时，故障点的最小零序电流。

零序电流保护Ⅲ段在常见运行方式下，对本线路末端金属性接地故障时的灵敏系数应满足：①50km以下线路，不小于1.5；②50～200km线路，不小于1.4；③200km以上线路，不小于1.3。

零序电流保护Ⅳ段定值小于Ⅲ段定值，故不再计算灵敏系数。

（4）动作时间。零序电流Ⅲ段保护与相邻线路Ⅱ（Ⅲ）段配合，动作时间较相邻线路Ⅱ（Ⅲ）段动作时间最大值大一个时间级差Δt。

对于零序电流Ⅳ段，如本线路的重合闸时间大于1.0s，则除考虑正常情况下的选择配合外，还要考虑非全相运行中健全相故障时的选择性配合，此时零序电流IV段的动作时间宜大于单相重合闸周期加两个时间级差以上。当本线路进行单相重合闸时，可自动将零序电流Ⅳ段的动作时间降为本线路单相重合闸周期加一个时间级差，以取得在单相重合闸过程中相邻线路的零序电流保护与本线路零序电流保护Ⅳ段之间的选择性配合，以尽快切除非全相运行中的再故障。

1）如本线路零序电流保护Ⅳ段与相邻线路零序电流Ⅲ段配合，动作时间为

$$t^{Ⅳ}_{0.op}=t^{Ⅲ}_{0.op.n}+\Delta t \tag{3-76a}$$

本线路单相重合闸起动后，动作时间变为

$$t^{Ⅳ'}_{0.op}=T+\Delta t \tag{3-76b}$$

式中　$t^{Ⅲ}_{0.op.n}$——相邻线路零序电流Ⅲ段动作时间的最大值；

Δt——时间级差；

T——本线路单相重合闸周期。

2）如本线路零序电流保护Ⅳ段与相邻线路零序电流Ⅳ段配合。其中：

a. 如相邻线路实现单相重合闸，动作时间为

$$t^{Ⅳ}_{0.op}=t^{Ⅳ'}_{0.op.n}+\Delta t \tag{3-77a}$$

本线路单相重合闸起动后，动作时间变为

$$t^{Ⅳ'}_{0.op}=T+\Delta t \tag{3-77b}$$

式中　$t^{Ⅳ'}_{0.op.n}$——相邻线路零序电流Ⅳ段重合闸起动后的动作时间最大值（主要考虑相邻线路单相重合闸时，其Ⅳ段动作时间的自动调整为该线路单相重合闸周期加一个时间级差）。

b. 如相邻线路未实现单相重合闸，动作时间为

$$t^{Ⅳ}_{0.op}=t^{Ⅳ}_{0.op.n}+\Delta t \tag{3-78a}$$

本线路单相重合闸起动后，动作时间变为

$$t^{Ⅳ'}_{0.op}=T+\Delta t \tag{3-78b}$$

式中　$t^{Ⅳ}_{0.op.n}$——相邻线路零序电流Ⅳ段动作时间最大值。

2. 对不实现单相重合闸的线路

(1) 零序电流Ⅲ段动作电流（二次值）。其中：

1) 如相邻线路实现单相重合闸，①与相邻线路躲非全相运行的零序电流Ⅱ段保护配合，同式（3－70）；②与相邻线路零序电流Ⅲ段配合，同式（3－71）。

2) 按本线路末端接地故障有灵敏度整定，同式（3－72）。

3) 如相邻线路不实现单相重合闸：①与相邻线路零序电流Ⅱ段保护配合，同式（3－69）；②与相邻线路零序电流Ⅲ段配合，同式（3－71）。

(2) 零序电流（Ⅳ段）动作电流（二次值）的整定方法同实现单相重合闸的线路。

(3) 零序电流Ⅲ段灵敏系数计算方法及要求同实现单相重合闸的线路。

(4) 动作时间的整定。零序电流Ⅲ段与相邻线路Ⅱ（Ⅲ）段配合，动作时间较相邻线路Ⅱ（Ⅲ）段动作时间最大值大一个时间级差 Δt。

对于不实现单相重合闸线路的零序电流Ⅳ段，不需要考虑非全相运行中健全相故障时的选择性配合。

1) 如与相邻线路零序电流Ⅲ段配合，即

$$t_{0.\mathrm{op}}^{\mathrm{IV}} = t_{0.\mathrm{op.n}}^{\mathrm{III}} + \Delta t \tag{3-79}$$

式中　$t_{0.\mathrm{op.n}}^{\mathrm{III}}$——相邻线路零序电流Ⅲ段动作时间的最大值。

2) 如与相邻线路零序电流Ⅳ段配合，本线路重合闸起动前，动作时间为

$$t_{0.\mathrm{op}}^{\mathrm{IV}} = t_{0.\mathrm{op.n}}^{\mathrm{IV}'} + \Delta t \tag{3-80a}$$

本线路重合闸起动后动作时间变为

$$t_{0.\mathrm{op}}^{\mathrm{IV}'} = T + \Delta t \tag{3-80b}$$

式中　$t_{0.\mathrm{op.n}}^{\mathrm{IV}'}$——相邻线路零序电流Ⅳ段重合闸起动后的动作时间最大值（考虑重合闸起动后Ⅳ段动作时间的自动调整）；

T——本线路重合闸周期。

(四) 具有互感影响的平行双回线路零序电流保护的整定原则

在平行线路中，零序互感的存在将使双回线路中的每一回线的零序电抗发生很大的变化，从而对零序电流保护的动作产生影响，在不同的运行状态和短路情况下，零序互感对零序阻抗的影响也不相同，零序电流的大小和分配关系的变化也不一样，因此对具有零序互感的平行线的整定计算也较复杂，下面只介绍平行双回线零序电流保护的整定原则。

1. 平行双回线路零序电流保护第Ⅰ段的整定原则

(1) 双回线运行时，要躲开在本线路两侧母线接地故障时，通过本线路的最大零序电流。

(2) 双回线运行时，对于非全相运行不退出工作的零序电流保护第Ⅰ段（一般为不灵敏Ⅰ段），要躲开当本线路一相断线，而两侧等价电源电势角为按动态稳定计算的可能最大值的情况下，通过本线路的最大零序电流。

(3) 要躲开双回线运行，当另一回线出口或末端接地，且只有一侧的断路器三相同时断开时，通过本线路的最大零序电流。

(4) 双回线中单回线运行，且另一回线在两端同时挂接地线接地的情况下，要躲开本线路两侧母线接地故障时，通过本线路的最大零序电流。

（5）双回线中单回线运行，且另一回线在两端同时挂接地线接地的情况下，对非全相运行时不退出工作的零序Ⅰ段（一般为“不灵敏Ⅰ段”），要躲开当本线路一相断线，而两侧等价电源电势角为按动态稳定计算的最大值的情况下，通过本线路的最大零序电流。

（6）对于当本线路非全相运行时退出工作的零序Ⅰ段（一般为灵敏Ⅰ段），要躲开当双回线运行，本线路为全相运行，另一回线一相断线，且两侧等价电源电势角为按动态稳定计算的可能最大值的情况下，通过本线路的最大零序电流。

零序电流保护的“不灵敏Ⅰ段”，应按上述各项中的最大值整定，一般不带方向性。

零序电流保护的“灵敏Ⅰ段”，一般带方向性，以降低起动值，提高内部故障的灵敏度，因为带方向性之后，可不考虑躲开本线路或另一回线非全相运行以及本侧母线接地短路时的最大零序电流。

2. 平行双回线路零序电流Ⅱ段的整定原则

在双回平行线中，特别是对有较大互感的平行线，为了改善平行线零序Ⅰ段和零序Ⅱ段之间的配合，提高零序Ⅱ段在平行线内部故障时的灵敏度，零序第Ⅱ段一般都带方向性。

当与相邻线路（指平行双回线中的另一回）零序电流Ⅰ段配合时，如相邻线路（指平行双回线中的另一回）零序电流Ⅰ段能相继动作保护全线路，则本线路零序电流Ⅱ段定值计算应选用故障点在相邻线路末端处的分支系数。

如相邻线路（指平行双回线路的另一回）零序电流Ⅰ段不能相继动作保护全线路，则按下述规定整定。

（1）如果当相邻线路上的故障点逐渐移近断路器断口处（如图 3-5 中故障点由 B 点逐渐移近 A'点处），流过本线路保护的 3 倍零序电流 $3I_0$ 逐渐减少，见图 3-5（a）中曲线 1、2。则本线路零序电流Ⅱ段定值与相邻线路零序电流Ⅰ段配合整定。图 3-5（a）中曲线 3 为沿 B 点逐渐移近 A'点处接地短路时，流过相邻线路的 3 倍零序电流变化曲线。$3I_{0.A'}$、$3I'_{0.A'}$分别为 A'点故障时流过本线路保护及相邻线路保护的 3 倍零序电流（二次值）。$I_{0.op.B}$为相邻线路根据 $3I'_{0.A'}$整定出的零序Ⅰ段动作电流。图中 M 点即为相邻线路Ⅰ段保护区末端，该点接地故障时流过本线路保护的 3 倍零序电流为 $3I_{0.M}$。因此，本线路零序电流Ⅱ段动作电流为 $I^{\text{II}}_{0.op.A}=K_{rel}3I_{0.M}$，可靠系数取 1.1。

（2）如果当相邻线路上的故障点移近断路器断口处，如图 3-5（b）中故障点由 B 点逐渐移近 A'点处，流过本线路的 $3I_0$ 下降后又逐渐回升，并大于相邻线路Ⅰ段末端故障时流过本保护的 $3I_{0.M}$，但不超过本线路末端故障流过本保护的 $3I_{0.B}$时，则本线路零序电流Ⅱ段定值应按躲断路器断口处（A'点）故障时的 $3I_{0.A'}$整定。动作电流为 $I^{\text{II}}_{0.op.A}=K_{rel}3I_{0.A'}$，可靠系数取 1.1。

（3）同上情况，但在断路器断口处故障流过本保护的 $3I_{0.A'}$大于在本线路末端故障流过本保护的 $3I_{0.B}$时，如图 3-5（c）所示，本线路零序电流Ⅱ段无法与相邻线路零序电流Ⅰ段配合，只能与相邻线路零序电流Ⅱ段配合，此时，允许双回线内部零序电流Ⅱ段有不配合的情况。

零序电流Ⅱ段的电流定值与相邻线路零序电流Ⅱ段配合时，故障点一般可选在相邻线路末端。

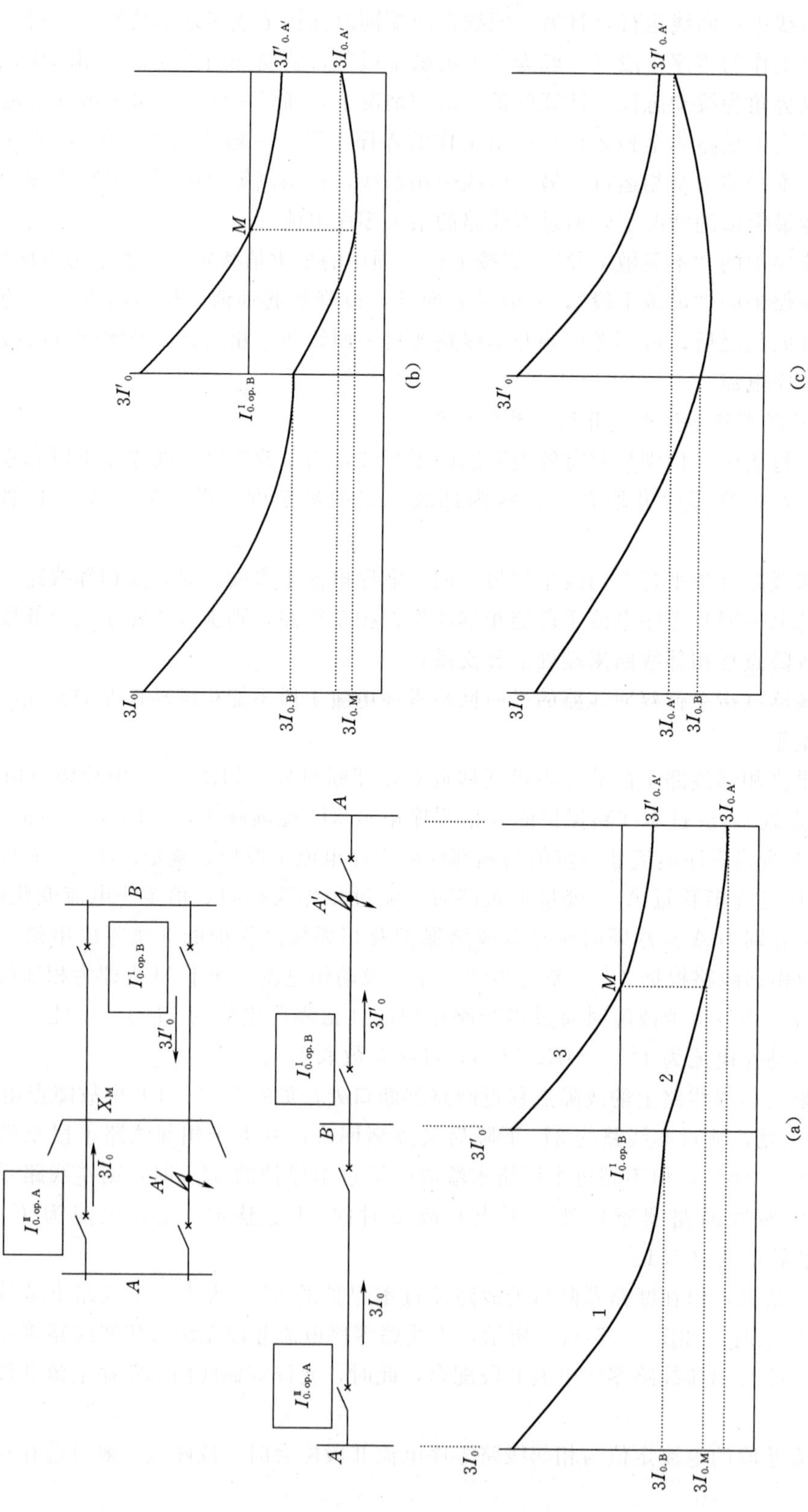

图 3-5 平行互感线路零序电流保护之间的配合计算图

(a)$3I_{0.B}>3I_{0.M}>3I'_{0.A'}$；(b)$3I_{0.B}>3I_{0.A'}>3I_{0.M}$；(c)$3I_{0.A'}>3I_{0.B}$

第三节　发电机继电保护的整定

发电机是电力系统的核心，要保证发电机的安全、可靠运行，就必须针对其各种故障和异常工作情况，按照发电机容量及重要程度，装设完善的继电保护装置。主要包括：①反映相间短路的纵联差动保护；②反映定子绕组匝间短路的匝间短路保护；③反映定子单相接地短路的定子接地保护；④反映发电机外部相间短路的后备保护及过负荷保护；⑤反映励磁回路接地的励磁回路一点和两点接地保护；⑥反映低励磁或失磁的失磁保护；⑦反映定子绕组过电压的过电压保护；⑧反映发电机失步的失步保护；⑨反映逆功率的逆功率保护；⑩反映低频率的低频保护；⑪反映定子铁芯过励磁的过励磁保护等。

一、纵联差动保护

作为反映发电机定子绕组及其引出线相间短路故障的主要保护，规程规定：

(1) 1MW 以上的发电机，应装纵联差动保护。

(2) 对发电机变压器组，当发电机与变压器之间有断路器时，发电机装设单独的纵联差动保护；当发电机与变压器之间没有断路器时，100MW 及以下发电机，可只装设发电机变压器组共用纵联差动保护，100MW 及以上发电机，除发电机变压器组共用纵联差动保护外，发电机还应装设单独的纵联差动保护，对 200～300MW 的发电机变压器组也可在变压器上增设单独的纵联差动保护，即采用双重快速保护。

(3) 对 300MW 及以上汽轮发电机变压器组，应装设双重快速保护，即装设发电机纵联差动保护、变压器纵联差动保护和发电机变压器组共用纵联差动保护；当发电机与变压器之间有断路器时，应装设双重发电机纵联差动保护。

应对纵联差动保护采取措施，例如用速饱和电流互感器或具有制动特性的继电器，在穿越性短路及自同步或非同步合闸过程中，减轻不平衡电流所产生的影响，以尽量降低动作电流的整定值。如果纵联差动保护的动作电流整定值大于发电机的额定电流，应装设电流回路断线监视装置，断线后动作于信号。纵联差动保护动作于停机。

作为发电机主保护的纵联差动保护，目前有多种类型，其中采用速饱和中间变流器的电磁式 BCH 型纵差保护，由于已有许多书籍介绍，且性能欠佳，本节不再赘述，这里只介绍广泛使用的比率制动式和标积制动式纵差保护整定计算。

（一）比率制动式纵差保护

其比率制动特性如图 3-6 所示，需要整定的是图中 A、B、C 三点。

1. 最小起动电流的二次值 $I_{k.op.0}$（A 点）

A 点整定原则是保证最大负荷状态下保护不误动，对于 5P 级电流互感器（比值误差为±1%），负荷状态下最大误差小于 2%，考虑可靠系数 $K_{rel}=2$，则 $I_{k.op.0}=2\times2\%I_{2n}$；对于 10P 级电流互感器（比值误差为±3%），负荷状态下最大误差小于 6%，则 $I_{k.op.0}=2\times6\%I_{2n}$。因此可取

$$I_{k.op.0}=(0.10\sim0.20)I_{2n} \tag{3-81}$$

式中　I_{2n}——为电流互感器二次额定电流。

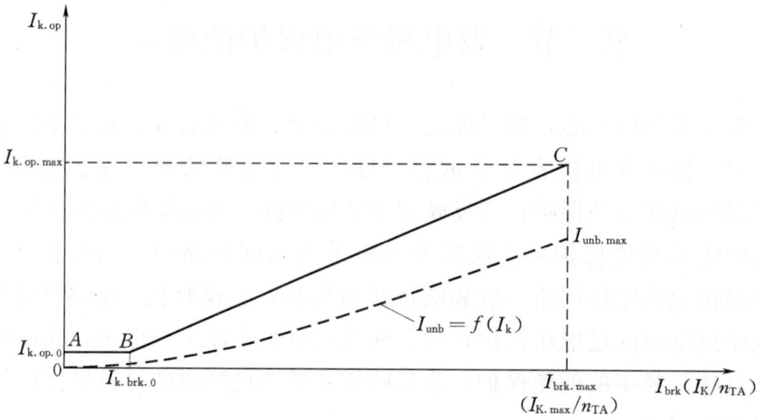

图 3-6　纵差保护的比率制动特性图

2. 起始制动电流的二次值 $I_{k.brk.0}$（拐点 B）

在图 3-6 中，比率制动特性起始点（B 点）的横坐标所对应的起始制动电流的二次值 $I_{k.brk.0}$ 应不大于电流互感器二次额定电流 I_{2n}，当外部短路电流 I_K 大于电流互感器一次额定电流 I_{1n} 时，继电器呈比率制动特性，I_K 越大保护的动作电流越大，即

$$I_{k.brk.0} \leqslant \frac{I_{1n}}{n_{TA}} = I_{2n} \tag{3-82}$$

式中　n_{TA}——电流互感器变比。

3. 最大动作电流的二次值 $I_{k.op.max}$（C 点）

在 $I_{K.max}$ 下，纵差保护的最大不平衡电流为

$$I_{unb.max} = \frac{K_{aper}K_{st}K_{TA}I_{K.max}}{n_{TA}} \tag{3-83}$$

式中　K_{aper}——非周期分量系数，考虑外部短路暂态非周期分量电流对电流互感器的影响，一般取为 1.5～2.0；

K_{st}——电流互感器同型系数，发电机纵差保护用互感器是同型号的，取 $K_{st}=0.5$；

K_{TA}——电流互感器比值误差，取 0.1。

$I_{K.max}$ 应采用机端三相短路次暂态工频电流，保护最大动作电流二次值（C 点）为

$$I_{k.op.max} = K_{rel}I_{unb.max} \tag{3-84a}$$

式中　K_{rel}——可靠系数，取 1.3～1.5。

也可用最大制动系数 $K_{brk.max}$ 确定 C 点，即

$$K_{brk.max} = \frac{I_{k.op.max}}{I_{k.brk.max}} = K_{rel}K_{aper}K_{st}K_{TA} \tag{3-84b}$$

式中　$I_{k.brk.max}$——最大制动电流等于 $I_{K.max}/n_{TA}$。

比率制动式纵差保护虽然能灵敏地反应发电机定子绕组的相间短路，但是对于定子绕组同相的匝间短路和定子绕组的分支开焊故障却没有作用。可以通过改变传统的接线方式实现保护功能的扩充。由于大型汽轮发电机定子绕组通常为每相两并联分支（中型水轮发

电机也有这种情况），如图 3－7 所示，中性点侧一次绕组引出 6 个或 4 个端子，构成不完全纵差保护接线，如图 3－7 中 TA1 和 TA2，因为 TA2 引入部分相电流，因此称为不完全纵差保护，当然 TA1 和 TA2 的变比是不同的。不完全纵差保护所以能反映发电机内部各种短路和开焊故障，最重要的概念是：由于三相定子绕组分布在同一定子铁芯上，不同相间和不同匝间存在紧密的互感联系；当未装设互感器的定子分支绕组发生故障时，通过互感磁通可以在装设互感器的非故障定子分支绕组中感受到故障的发生，使不完全纵差保护动作。这种不完全纵差保护的整定计算方法与传统纵差保护基本相同，只是由于不完全纵差保护所用电流互感器的变比不同，同型系数取 1.0。

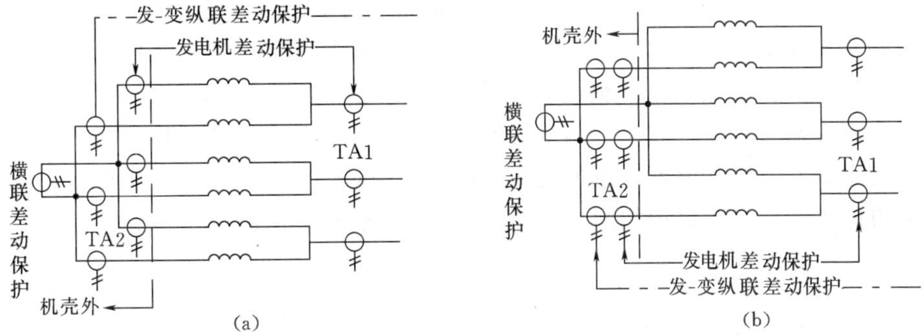

图 3－7　汽轮发电机不完全纵差保护原理接线图

（a）中性点侧引出 6 个端子；（b）中性点侧引出 4 个端子

（二）标积制动式纵差保护

前面介绍的比率制动式纵差保护的动作判据为

$$|\dot{I}_1-\dot{I}_2|>K_{brk}|\dot{I}_1+\dot{I}_2| \qquad (3-85)$$

其中 $|\dot{I}_1-\dot{I}_2|$ 为发电机两端电流差作为动作量，$|\dot{I}_1+\dot{I}_2|$ 为发电机两端电流和作为制动量（设电流由发电机流向系统为正）。为满足独立运行发电机的纵差保护灵敏系数不小于 2.0，上式中制动系数 K_{brk} 不应大于 0.5，将式（3－85）两侧平方并整理后得

$$|\dot{I}_1-\dot{I}_2|^2>\frac{4K_{brk}^2}{1-K_{brk}^2}|\dot{I}_1||\dot{I}_2|\cos\theta$$

或

$$|\dot{I}_1-\dot{I}_2|^2>K'_{brk}|\dot{I}_1||\dot{I}_2|\cos\theta \qquad (3-86)$$

其中，$K'_{brk}=\frac{4K_{brk}^2}{1-K_{brk}^2}$ 为标积制动系数；θ 为 $\dot{I}_1$ 和 $\dot{I}_2$ 间相位差。

式（3－86）即为标积式纵差保护判据，其等号左侧为纵差保护动作量，右侧两电流幅值与夹角余弦的乘积通常称为“标积”，它是纵差保护制动量。当发电机纵差保护区外短路时 $\dot{I}_1=\dot{I}_2$，$\theta=0°$，所以制动量很大，可靠制动；当保护区内短路时，若设 $\dot{I}_2$ 反向，$\theta=180°$，标积为 $|\dot{I}_1||\dot{I}_2|\cos180°=-|\dot{I}_1||\dot{I}_2|$，即制动量为负，呈现动作作用，加上 $|\dot{I}_1-\dot{I}_2|^2$ 为很大的动作量，保护灵敏动作。

必须指出，由于比率制动式纵差保护判据不仅为式（3－85）一种，因此标积制动系

数 $K'_{\text{brk}}=\dfrac{4K_{\text{brk}}^2}{1-K_{\text{brk}}^2}$只在式（3-85）下成立，对于其他类纵差保护判据，系数不一定按这一关系决定，推荐选用标积制动系数 $K'_{\text{brk}}=0.5\sim1.5$，通常可取为 1.0。

无论标积制动式纵差保护对相间短路的灵敏度多高，它对定子绕组匝间短路和分支开焊也毫无作用。且不能像比率制动式纵差保护通过接线方式（不完全纵差接线）来扩充其保护功能，因为内部短路时各分支电流的相位是不确定和未知的，所以式（3-86）中的 $\dot{I}_1$ 和 $\dot{I}_2$ 必须是全相电流，决不可采用部分相电流。

二、横联差动保护

大型发电机由于额定电流大，定子绕组每相都由两个或两个以上的并联支路组成，同一支路或同相不同支路绕组间易发生匝间短路。发生匝间短路时，被短接线匝内通过的电流可能超过机端三相短路电流，而传统的纵差保护也不能反应，所以应装设匝间短路保护。对于中性点侧引出 6 个或 4 个端子的发电机，可以采用单元件式横差保护（对于引出端子较多的水轮发电机，也可以通过裂相分组的办法对绕组分支分组后设置横差保护）。

最简单的单元件横差保护如图 3-8 所示，其电流继电器动作电流二次值为

$$I_{\text{k.op}}=\frac{(0.2\sim0.3)I_{\text{G.n}}}{n_{\text{TA}}} \tag{3-87}$$

式中 $I_{\text{G.n}}$——发电机额定电流；

n_{TA}——电流互感器变比，习惯选用（0.2～0.3）$I_{\text{G.n}}$/5A [或（0.2～0.3）$I_{\text{G.n}}$/1A]。

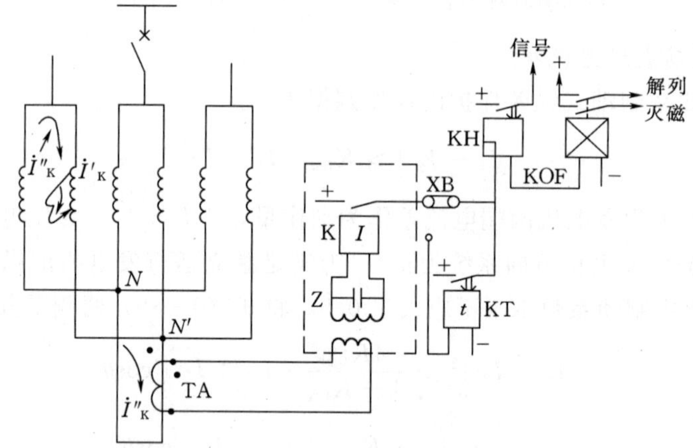

图 3-8 单元件式横差保护原理接线图

横差保护应瞬时动作于停机，但汽轮发电机励磁回路一点接地后，为防止横差保护在励磁回路发生瞬时第二点接地时误动作，可将其切换为带短时限动作于停机。

由于发电机正常运行时，不平衡电流主要是基波，而外部短路时，不平衡电流中三次谐波电流 $I_{\text{unb.3}}$不仅在幅值上大大超过基波不平衡电流 $I_{\text{unb.1}}$，而且随外部短路电流的增大，三次谐波电流的增长速率也高于基波，因此应在接入电流继电器之前滤掉三次谐波电流，这样 $I_{\text{k.op}}$为

$$I_{\text{k.op}}=K_{\text{rel}}K_{\text{aper}}\sqrt{I_{\text{unb.1.max}}^2+(I_{\text{unb.3.max}}/K_3)^2} \tag{3-88}$$

式中　K_{rel}——可靠系数，取 1.3～1.5；

K_{aper}——暂态系数，取 2.0；

$I_{unb.1.max}$——外部短路时，基波最大不平衡电流二次值；

$I_{unb.3.max}$——外部短路时，三次谐波最大不平衡电流二次值；

K_3——三次谐波滤过比，为继电器的三次谐波动作电流与基波动作电流之比。

通过提高 K_3（一般在 50 以上），可以大幅减小横差保护的动作电流 $I_{k.op}$，达到提高灵敏度的目的。

具有三次谐波滤过器的单元件横差保护（也称高灵敏单元件横差保护）装置简单，功能全面（同时对相间，匝间短路起保护的作用，兼顾分支开焊故障）灵敏度高，成为发电机内部故障的第一主保护。

对于不能采用单元件横差保护的发电机，可采用负序功率闭锁零序电压保护或负序功率闭锁转子二次谐波电压保护来反应定子绕组匝间故障，但误动率较高。其整定方法本书不再介绍。

三、相间短路后备保护及过负荷保护

同步发电机相间短路的后备保护有过电流保护、低电压起动的过电流保护、复合电压起动的过电流保护、负序电流保护和阻抗保护。第一种保护只适用于 1MW 及以下发电机，第二、三种保护对于 50MW 及以上发电机的灵敏度很难满足要求，整定方法类似于变压器的相间短路的后备保护（见本章第六节）这里不再赘述。

（一）负序电流保护

当发生不对称短路或三相负荷不平衡时，定子中的负序电流会引起转子表层过热及机组振动，因此，负序电流保护不仅作为发电机相间短路的后备保护，而且是大型发电机反应转子表层过热（针对汽轮发电机）及机组振动（针对水轮发电机）的主要保护。规程规定：①50MW 及以上，$A \geqslant 10$（A 为代表发电机转子承受负序电流能力的常数）的发电机，应装设定时限负序过负荷保护；②100MW 及以上，$A<10$ 的发电机，应装设由定时限和反时限两部分组成的转子表层过负荷保护。定时限部分带时限动作于信号，反时限部分动作于解列或程序跳闸。

1. 定时限负序电流保护

对于中、小型发电机，大都采用两段式定时限负序电流保护，原理接线如图 3－5 所示。KA1 和 KT1 构成负序电流保护的灵敏段，反应不对称过负荷，动作于信号。KA1 的动作电流应按躲发电机最大可能过负荷时的不平衡电流整定

$$I_{2.op} = \frac{(0.1 \sim 0.2) I_{G.n}}{n_{TA}} \tag{3-89}$$

式中　$I_{G.n}$——发电机额定电流；

n_{TA}——电流互感器变比。

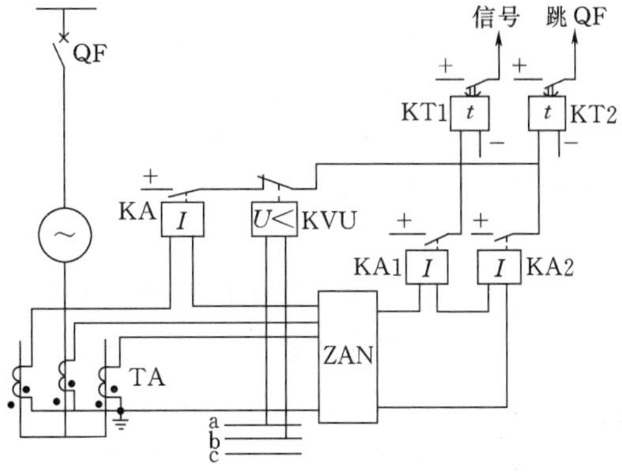

图 3－9　两段式负序电流保护原理接线图

对于汽轮发电机，$I_{2.op}$ 取 $0.1 I_{G.n}/n_{TA}$；

对于水轮发电机，取 $0.2I_{G.n}/n_{TA}$。动作时限一般整定为 5～10s。KA2 和 KT2 构成负序电流保护的不灵敏段，反映转子过热条件，动作于跳闸。KA2 的动作电流按转子过热条件整定，即

$$I_{2.op}=\sqrt{\frac{A}{t}}\frac{I_{G.n}}{n_{TA}} \tag{3-90}$$

式中　A——发电机允许过热的时间常数；

t——值班人员有可能采取措施消除负序电流的时间，一般取 120s。

此外，KA2 的动作电流还应与相邻元件（指变压器）保护的灵敏度配合，即

$$I_{2.op}=K_{sui}\frac{I_{2.T}}{n_{TA}} \tag{3-91}$$

式中　K_{sui}——配合系数，取 1.1；

$I_{2.T}$——在计算运行方式下，发生外部故障时流过变压器的负序电流刚好与其负序电流保护的动作值相等时，流经被保护发电机的负序电流。

保护的动作时限按后备保护逐级配合的原则整定，一般取 3～5s。KA 和低电压继电器 KVU 构成单相式低电压起动的过电流保护，用以反映三相短路故障。KA 的动作电流为

$$I_{op}=\frac{K_{rel}I_{G.n}}{K_{res}n_{TA}} \tag{3-92}$$

式中　K_{rel}——可靠系数，取 1.2～1.3；

K_{res}——返回系数，取 0.85～0.95，静态继电器取较大值。

KVU 的动作电压为

$$U_{op}=0.6U_{G.n}/n_{TV}\quad（对于汽轮发电机） \tag{3-93a}$$

$$U_{op}=0.7U_{G.n}/n_{TV}\quad（对于水轮发电机） \tag{3-93b}$$

式中　$U_{G.n}$——发电机额定电压；

n_{TV}——电压互感器变比。

2. 反时限负序电流保护

由于发电机承受负序电流的能力 $I_{2*}^2t=A$（I_{2*} 为负序电流标么值，A 为常数），为反时限特性。如图 3-10 所示。因此反时限负序电流保护特性应与图 3-10 中的特性曲线相匹配，同时考虑到图 3-10 中曲线是在绝热条件下作出的，因此保护的动作特性应在该曲线上方（如图 3-10 中虚线曲线），即 $(I_{2*}^2-\alpha)t=A$，其中 α 为保护的动作特性与裕度有关的常数。

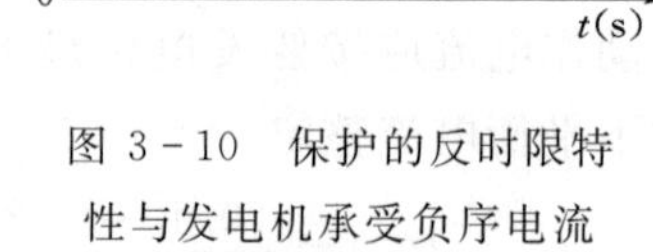

图 3-10　保护的反时限特性与发电机承受负序电流能力的配合关系图

图 3-11 为负序电流保护原理框图的一种，其中元件 3 为信号段，动作电流按式（3-89）整定；元件 4 为起动元件，定值可以与信号段元件 3 相同。t_3 为反时限动作段。t_1 延时较短，可取 0.2～1.0s，在负序电流较大时以 t_1 时间动作；t_2 延时较长，可取 600～1000s，在负序电流较小时，以 t_2 时间动作（反时限动作段 t_3 未动作情况下）。

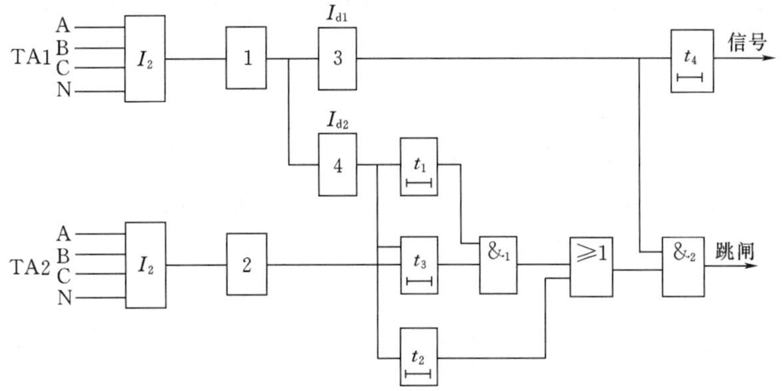

图 3-11　负序电流保护原理图

应指出，负序电流保护的反时限特性，其上限动作电流（与下限动作时间相对应）和下限动作电流（与上限动作时间相对应）的整定原则，各国尚无一致的原则，毕业设计时应根据实际情况确定。

对于大型机组，短路电流中的非周期分量所产生的影响比较显著，以 $I_{2*}^2 t=A$ 为判据的负序电流保护，在电流大、时间短的情况下，并不能可靠地保障机组的安全，因此大型机组应有比较完善的相间和匝间短路保护。另外，考虑反时限负序电流保护继电器的负序动作电流范围过大时制造有困难，因此排除反时限特性中负序电流动作值较大的部分，保留较小部分的反时限特性是比较合理。按照这一原则，反时限特性的上限电流，可按小于变压器高压侧两相短路时流过保护装置的负序电流整定；而下限电流则按接近信号段动作电流的条件整定。

（二）阻抗保护

由于中、小型发电机采用较简单的电流、电压保护即可满足后备保护的灵敏度要求，不需配置阻抗保护，而大型发电机主保护均为双重化配置，因此对于机组本身来说不需配置专门的后备保护，只是对于变压器高压侧母线需配置近后备保护，一般采用阻抗保护。由于该保护设在变压器高压侧，因此其整定方法见本章第四节。

（三）定子过负荷保护

对于非直接冷却方式的中小型发电机，采用单相式定时限电流保护，经延时动作于信号，动作电流（二次值）按发电机长期允许的负荷电流下能可靠返回的条件整定为

$$I_{k.op}=\frac{K_{rel}I_{G.n}}{K_{res}n_{TA}} \tag{3-94}$$

式中　K_{rel}——可靠系数，取 1.05；

K_{res}——返回系数，取 0.85～0.95（静态继电器取较大值）；

$I_{G.n}$——发电机的长期允许的负荷电流，一般取发电机的额定电流；

n_{TA}——电流互感器变比。

延时应与发电机在过负荷条件下允许的时间相配合，并大于相间短路后备保护最大延时（1～2）Δt。

对于直接冷却方式的大中型发电机，定子绕组过负荷保护具有定时限和反时限两部

分。定时限部分的动作电流同式（3-94），经延时动作于信号，有条件时可作用于自动减负荷。反时限部分的动作判据为

$$t=\frac{K}{I_*^2-(1+\alpha)} \tag{3-95}$$

式中　I_*——发电机允许的过负荷电流标么值；

$1+\alpha$——发电机的散热系数，$\alpha=0.01\sim0.02$，如 α 取大值，表示散热好，允许过负荷时间长；

K——发电机定子绕组过负荷常数。

例如，一台发电机，在 1.3 倍额定电流下允许持续运行 60s，取 $I_*=1.3$，$t=60$s，并令 $\alpha=0.01$，代入式（3-95）算出 $K=41$s。确定 K 值后，反时限动作特性就确定了。保护动作于解列或程序跳闸。

（四）转子绕组过负荷保护

对励磁系统故障或强励时间过长引起的励磁绕组过负荷，应按下列规定装设励磁绕组过负荷保护：①对 100MW 及以上，采用半导体励磁系统的发电机，应装设励磁绕组过负荷保护；②对于 300MW 以下，采用半导体励磁系统的发电机，可装设定时限励磁绕组过负荷保护，保护装置带时限动作于信号和动作于降低励磁电流；③对 300MW 及以上发电机，保护可由定时限和反时限两部分组成。定时限部分动作于信号，反时限部分动作于解列灭磁。

转子绕组过负荷保护的动作判据与式（3-94）和式（3-95）相同，但 I_* 应取转子电流标么值（以额定转子电流为基值）。以 $I_*=1.25$ 和 $t=60$s 为例，由式（3-95）得 $K=33$s。确定 K 值后，转子绕组反时限过负荷保护的动作特性就确定了。

四、定子绕组单相接地保护

发电机的外壳、铁芯是接地的，因此定子绕组因绝缘损坏而引起的单相接地是较常见的故障，当接地电流较大，故障点电弧将扩大绕组绝缘损坏的范围，并烧坏定子铁芯甚至引起匝间短路和相间短路。

发电机定子绕组单相接地故障电流允许值取制造厂的规定值，无规定时，可参照表3-1中所列的数据。

对于发电机的接地故障应按下列规定装设保护：

（1）与母线直接连接的发电机，当单相接地故障电流（不考虑消弧线圈的补偿作用）大于允许值（见表 3-1）时，应装设有选择性的接地保护装置。保护装置由装于机端的零序电流互感器和电流继电器构成。其动作电流按躲过不平衡电流和外部单相接地时发电机稳态电容电流整定。接地保护带时限（1～2s）动作于信号。但当消弧线圈退出运行或由于其他原因使残余电流大于接

表 3-1　发电机定子绕组单相接地故障电流允许值

发电机的额定电压（kV）	发电机的额定容量（MW）		故障电流允许值（A）
6.3	≤50		4
10.5	汽轮发电机	50～100	3
	水轮发电机	10～100	
13.8～15.75	汽轮发电机	125～200	2
	水轮发电机	40～225	
18～20	300～600		1

地电流允许值时，应切换为动作于停机。当未装接地保护，或装有接地保护，但由于运行方式改变及灵敏系数不符合要求等原因不能动作时，可由单相接地监视装置动作于信号。为了在发电机与系统并列前检查有无接地故障，应在发电机机端装设测量零序电压的电压表。

(2) 对于采用发电机变压器组单元接线的发电机，容量在对 100MW 以下的，应装设保护区小于 90%的定子接地保护；容量在 100MW 及以上的，应装设保护区为 100%的定子接地保护。保护装置带时限动作于信号，必要时也可动作于停机。为检查发电机定子绕组和发电机电压回路的绝缘状况，应在发电机机端装设测量零序电压的电压表。

定子 100%接地保护目前应用较多是双频式定子绕组单相接地保护和外加低频电源的定子绕组接地保护。

(一) 双频式定子绕组接地保护

该保护装置一般由两部分组成；第一部分是零序电压元件，保护定子绕组的 85%～95%；第二部分是利用三次谐波电压来实现，两者共同实现保护 100%定子绕组的目的。现将两部分的整定计算分别介绍如下。

1. 零序电压保护的整定计算

零序电压保护的动作值按躲过正常运行情况下的不平衡电压 U_{unb} 整定为

$$U_{k.op} > U_{unb} \tag{3-96}$$

U_{unb} 主要是电压互感器的误差、变压器高压侧接地耦合到机端的零序电压及发电机电压波形畸变引起的高次谐波电压（主要是三次谐波电压）形成的。一般 U_{unb} 可达 10～15V，因此选取零序电压保护的动作电压 $U_{k.op}=15V$。

灵敏度校验为

$$K_{sen} = \frac{3U_0}{U_{k.op}} \tag{3-97}$$

式中　$3U_0$——发电机绕组发生金属性单相接地故障时，电压互感器开口三角侧的电压；

$U_{k.op}$——电压继电器的动作电压。

当发电机在距中性点 α_x 处发生接地故障时，发电机机端电压互感器开口三角侧的电压 $3U_0=3\alpha_x U_\varphi$（开口三角侧的相电压 $U_\varphi=100/3V$）。当发电机引出端发生金属性单相接地短路时，$\alpha_x=1$，故 $3U_0=100V$。当中性点附近发生金属性单相接地短路时，$\alpha_x=0$，故 $3U_0=0V$。当零序电压保护的动作电压取 15V 时，保护的死区为 15%，即只能保护发电机定子绕组的 85%。

通过增加一些防误措施（如滤掉三次谐波电压、在变压器高压侧发生接地短路时采用延时或闭锁保护来消除耦合影响等），动作电压可减小至 5～10V，但仍有 5%～10%的死区。

2. 利用三次谐波电压构成的保护

理论分析可知，在发电机正常运行和外部发生故障情况下，发电机中性点的三次谐波电压 $|\dot{U}_{3N}|$ 总是大于机端的三次谐波电压 $|\dot{U}_{3S}|$（中性点经配电变压器高阻接地的发电机除外）。极限情况下，当发电机出线断开时，外部电容 $C_\Sigma=0$，则 $|\dot{U}_{3S}|/|\dot{U}_{3N}|=$

1，即两者相等。

当发电机内部发生故障时，可得如下近似关系式，即

$$\frac{|\dot{U}_{3S}|}{|\dot{U}_{3N}|}=\frac{1-\alpha}{\alpha} \tag{3-98}$$

利用机端三次谐波电压 $|\dot{U}_{3S}|$ 作为动作量，$|\dot{U}_{3N}|$ 作为制动量，其动作条件为 $|\dot{U}_{3S}|>|\dot{U}_{3N}|$。它的最大保护范围可达离中性点50%的地方。这样与前面的零序电压保护共同组成了定子100%的接地保护。

运行经验表明，采用 $|\dot{U}_{3S}|>|\dot{U}_{3N}|$ 作为判据的保护灵敏性较低，且对于中性点经配电变压器接地的发电机，正常运行时会误动（正常运行时会出现 $|\dot{U}_{3S}|>|\dot{U}_{3N}|$），为此普遍采用组合量 $|K_p\dot{U}_{3N}-\dot{U}_{3S}|$ 作为动作量，$\beta|\dot{U}_{3N}|$ 作为制动量，动作判据为 $|K_p\dot{U}_{3N}-\dot{U}_{3S}|\geqslant\beta|\dot{U}_{3N}|$。在正常运行时，调整系数 K_p，使 $|K_p\dot{U}_{3N.0}-\dot{U}_{3S.0}|\approx0$，动作量非常小，为保证正常运行时保护不误动，取 $\beta=K_{rel}|K_p\dot{U}_{3N.0}-\dot{U}_{3S.0}|/|\dot{U}_{3N.0}|$。公式中 $|\dot{U}_{3S.0}|$、$|\dot{U}_{3N.0}|$ 均为正常运行时的三次谐波电压。

考虑到发电机运行工况的改变以及系统振荡对 $|\dot{U}_{3S.0}|$ 和 $|\dot{U}_{3N.0}|$ 的影响是比较缓慢的。因此，利用该原理实现的微机型定子绕组接地保护，可以随时跟踪 $|\dot{U}_{3S.0}|/|\dot{U}_{3N.0}|$ 的变化，不断修正动作判据中的 K_p 值。使动作量始终接近于0，保证保护在任何工况下均处于较理想的状态。

（二）附加低频电压式定子接地保护

目前较为认可的是附加低频电源（20Hz）的定子接地保护，其原理接线如图3-12所示。

20Hz低频电源一方面通过20Hz带通滤波器Z1接至电压互感器TV的开口三角形绕组，将低频电流注入到发电机定子系统，并经电流变换器UA和20Hz带通滤波器Z2加到整流桥U2上；另一方面经可调电阻RP1加到整流桥U1上。

（1）正常运行时，低频电流经定子绕组对地电容形成回路，数值很小。该电流反映到UA的一次侧，经UA、U2变换、整流后产生较小的工作电流 I_w；低频电压经U1整流后，产生制动电流 I_{brk}。调整RP1使 I_{brk} 略大于 I_w。继电器K2不动作。

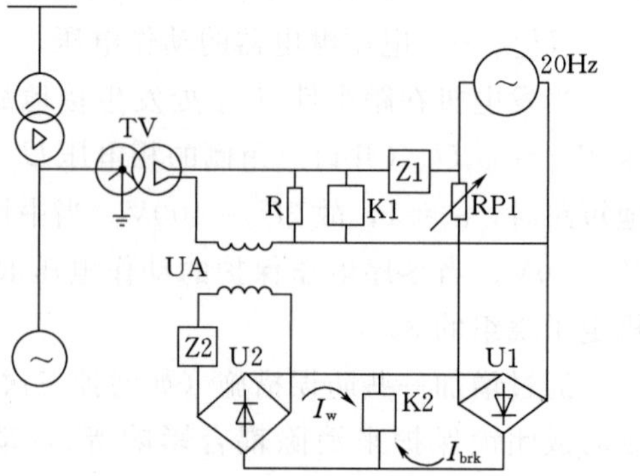

图3-12　附加低频电压式定子接地保护原理接线图

（2）定子接地短路时，低频电流剧增，I_w 增大，而 I_{brk} 保持不变，则K2动作。不论在定子绕组任一点发生接地故障，K2均能动作，所以有100%保护区。

五、发电机励磁回路接地保护

发电机转子在生产、运输、安装、运行过程中，可能由于各种原因造成转子绝缘损坏，导致发电机励磁回路发生一点甚至两点接地故障。励磁回路一点接地故障，对发电机并未造成危害，但若再相继发生第二点接地，则将严重威胁发电机的安全。因此，对于发电机励磁回路的接地故障，应按下列规定装设励磁回路接地保护或接地检测装置：

（1）1MW 以上水轮发电机，应装设一点接地保护装置。

（2）100MW 以下汽轮发电机，对一点接地故障，可采用定期检测装置。对两点接地故障，应装设两点接地保护装置。

（3）转子水内冷汽轮发电机和 100MW 及以上的汽轮发电机，应装设励磁回路一点接地保护装置，每台发电机装设一套；并可装设两点接地保护装置，每台发电机装设一套；对旋转整流励磁的发电机，应装设一点接地故障定期检测装置。

（4）一个控制室内集中控制的全部发电机，公用一套一点接地定期检测装置；正常不投入运行，一点接地后再投入运行两点接地保护装置，在一个控制室内集中控制的全部发电机可共用一套。

一点接地保护带时限动作于信号；两点接地保护应带时限动作于停机。

近年来，大型汽轮发电机装设一点接地保护已属定论，国内外均无异议。但是，在是否装设两点接地保护上，存在不同看法。由于目前尚缺少选择性好、灵敏度高经常投入运行经验成熟的励磁回路两点接地保护装置，所以也有不装设此保护的意见。进口大型发电机组一般不装设此保护。

励磁回路的一点接地保护，除简单、可靠这些一般要求外，还要求能够反应在励磁回路任一点发生的接地故障，并且要有足够高的灵敏度。大型发电机的转子绕组及其外部励磁回路，对地电容比较大，而且机组容量不同、结构不同时，其对地电容值也不同，任何原理的励磁回路一点接地保护，均应采取技术措施，减少或完全消除对地电容对转子一点接地保护的不良影响。

励磁回路一点接地保护主要有以下几种原理：①电桥式（存在动作死区，不完善）；②叠加直流电压式；③叠加交流电压式；④切换采样式等。

（一）叠加直流电压式

将一直流电压 U_0 经一继电器 K 顺向加到励磁绕组的负端与地之间，则构成了叠加直流电压式一点接地保护，其原理图如图 3－9 所示。其中 U_e 为励磁电压，R_k 为继电器 K 的电阻。R_y 为励磁绕组对地电阻，画出正常运行时的等效电路，如图 3－10 所示，流过继电器 K 的电流为

$$I_0=\frac{U_0+\frac{1}{2}U_e}{R_k+R_y} \tag{3-99}$$

正常运行时，继电器 K 的动作电流应大于最大可能的 I_0，即

$$I_{k.op}=K_{rel}I_{0.max}=K_{rel}\frac{U_0+\frac{1}{2}(2U_{e.n})}{R_k+R_y} \tag{3-100}$$

式中　K_{rel}——可靠系数，取 1.5；

$2U_{e.n}$——强励电压。

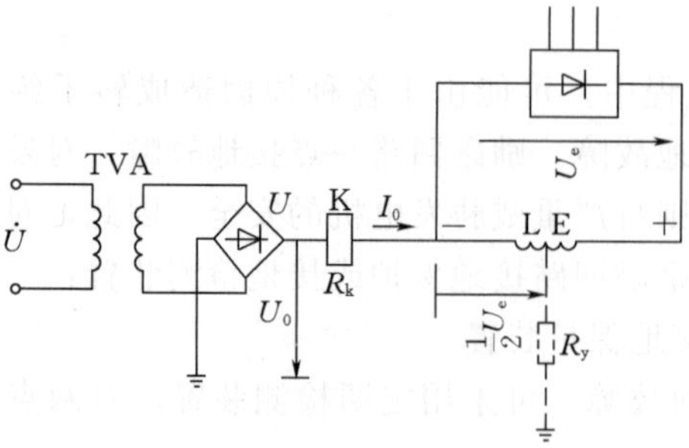

图 3-13　叠加直流电压式一点接地保护原理图

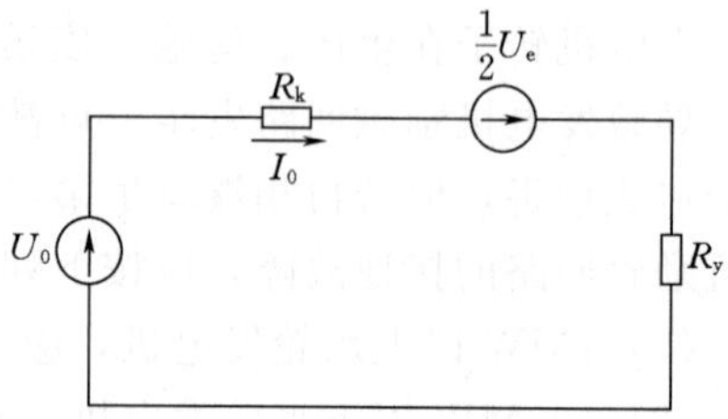

图 3-14　正常情况下，图 3-13 的等效电路图

分析可知，负端经过渡电阻 R_f 接地时的灵敏度最低，因此灵敏度用负端过渡电阻 R_f 来表示，此时等效电路如图 3-15 所示，流过 K 的最小电流为

$$I_{k.min}=\frac{U_0(R_y+R_f)+\frac{1}{2}U_{e.o}R_f}{R_kR_y+(R_k+R_y)R_f} \tag{3-101}$$

式中　$U_{e.o}$——空载励磁电压。

令 $I_{k.min}=I_{k.op}$，即可解出表示最小灵敏度的过渡电阻 R_f。

（二）叠加交流电压式

将工频电压注入到励磁绕组，测量励磁回路对地导纳的变化，来反应励磁回路接地故障和对地绝缘的降低。因此，该原理又称导纳原理。其等效电路如图 3-16 所示，其中，C_y、R_y 分别为励磁绕组对地的电容、电阻，Z_b 为附加阻抗（为纯阻性，可写成 R_b）。

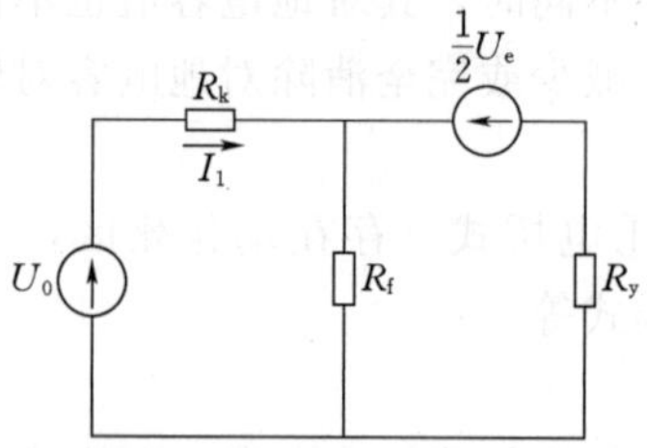

图 3-15　负端经过渡电阻 R_f 接地时，图 3-9 的等效电路图

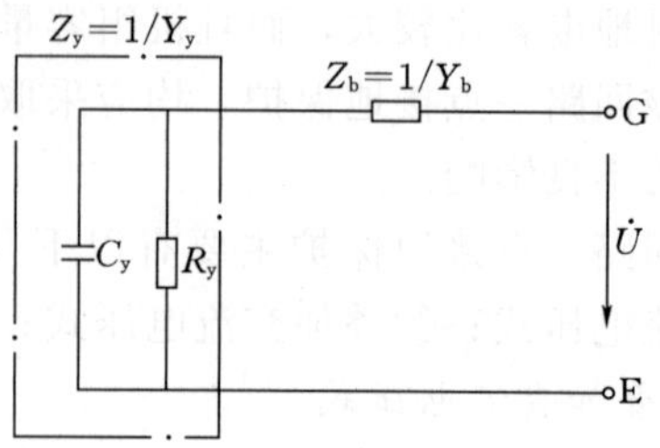

图 3-16　叠加工频电压式励磁回路一点接地保护等效电路图

经分析可知，其动作特性为等电导圆，如图 3-17 所示，圆心为 g_m，半径为 $|g_n-g_m|$，圆内为动作区。动作方程为

$$|Y_m-g_m|\leqslant|g_n-g_m| \tag{3-102}$$

调节 g_n（即 $g_n=1/R_b$）和 $g_{y.set}=1/R_{y.set}$（$R_{y.set}$ 为对地绝缘电阻整定值）即可改变 $g_m\left[g_m=\frac{g_n\ (g_n+2g_{y.set})}{2\ (g_n+g_{y.set})}\right]$，亦即改变了圆的位置和半径大小，$g_m$ 与对地电容无关。须指出，这种原理的继电器，当绝缘电阻整定值 $R_{y.set}$ 较小时（如 1～4kΩ）动作区很分明，但当 $R_{y.set}>8$kΩ 后，虽然保护较为灵敏，但由于动作区模糊，易造成不正确动作，为此

$R_{y.set}$整定值不宜过大，一般应取$R_{y.set}<10k\Omega$。

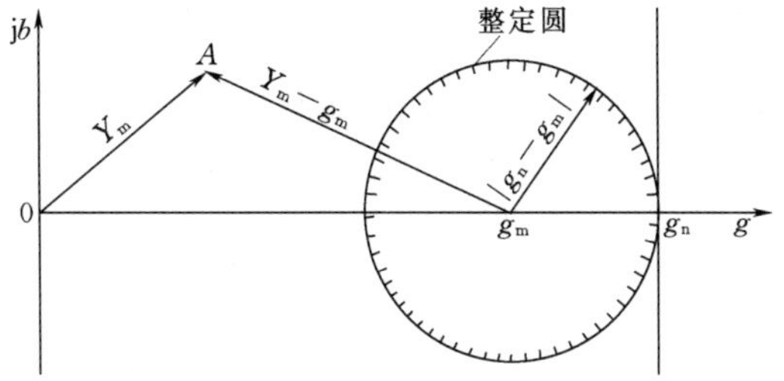

图 3-17　整定圆图

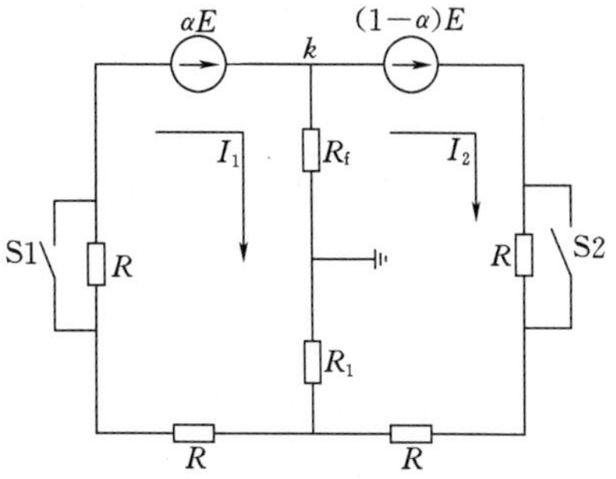

图 3-18　切换采样原理的微机保护原理图

（三）切换采样式

基于切换采样原理的励磁回路一点接地微机保护的原理图如图 3-18 所示。接地故障点 K 将转子绕组分为α 和 $1-\alpha$ 两部分（α 为转子绕组的百分数），R_f 为故障点过滤电阻，由 4 个电阻 R 和 1 个信号电阻 R_1 组成两个网孔的直流回路。两个电子开关 S1、S2 轮流接通。当 S1 接通、S2 断开时，可得到一组回路方程为

$$(R+R_1+R_f)I_1-(R_1+R_f)I_2=\alpha E \tag{3-103}$$

$$-(R_f+R_1)I_1+(R_1+R_f+2R)I_2=(1-\alpha)E \tag{3-104}$$

当 S2 接通、S1 断开时，计及直流励磁电压已变为 E'，相应电流变为 I'_1 和 I'_2，得另一组回路方程为

$$(2R+R_1+R_f)I'_1-(R_1+R_f)I'_2=\alpha E' \tag{3-105}$$

$$-(R_1+R_f)I'_1+(R_1+R_f+R)I'_2=(1-\alpha)E' \tag{3-106}$$

联解式（3-103）～式（3-106）得

$$R_f=ER_1/3\Delta U-R_1-2R/3 \tag{3-107}$$

$$\alpha=1/3+U_1/3\Delta U \tag{3-108}$$

其中 $U_1=R_1(I_1-I_2)$；$\Delta U=U_1-kU_2$；$k=E/E'$；$U_2=R_1(I'_1-I'_2)$。

以上几式中 E、E'、I_1、I'_1、I_2、I'_2 可直接由微机保护采样获得，利用微机保护所具有的计算能力，可直接从式（3-107）求得故障点过渡电阻值 R_f，从式（3-108）确定一点接地故障的位置 α。

六、发电机失磁保护

发电机失磁是指，励磁电流突然消失或下降到静稳极限所对应的励磁电流以下（即部分失磁）。失磁后对系统和机组来说都有较大影响。因此，对励磁电流异常下降或完全消失的失磁故障，应按下列规定装设失磁保护装置：

（1）100MW 以下，不允许失磁运行的发电机，当采用半导体励磁系统时，宜装设专用的失磁保护。

（2）100MW 以下但失磁对电力系统有重大影响的发电机及 100MW 及以上发电机，应装设专用的失磁保护。对 600MW 的发电机可装设双重化的失磁保护。

对于汽轮发电机，失磁后母线电压低于允许值时，带时限动作于解列或程序跳闸。失磁后当母线电压未低于允许值时，动作于信号，切换厂用电源，在有条件时也可动作于自

动减出力。对于水轮发电机，失磁保护宜带时限动作于解列。

分析可知，发电机从失磁开始到稳定异步运行，其机端测量阻抗及运行状态呈现不同特性。

1. 失磁开始

失磁后到静稳破坏前，无功功率由正值逐渐减小变为负值，机端测量阻抗为

$$Z_m = \frac{\dot{U}_g}{\dot{I}_g} = \left(\frac{U_s^2}{2P} + jX_s\right) + \frac{U_s^2}{2P} e^{j2\varphi} \quad (3-109)$$

式中 U_s——无穷大电源系统母线电压；

P——发电机有功功率；

X_s——系统电抗；

φ——arg（Q/P），Q 为发电机无功功率；

$\dot{U}_g$、$\dot{I}_g$——发电机端电压、电流。

Z_m 为等有功阻抗圆，圆心为$\left(\frac{U_s^2}{2P},\ jX_s\right)$，半径为$\frac{U_s^2}{2P}$。如图 3-19 中的圆 1。

2. 临界失步

即发电机处于静态稳定的临界状态，功角 $\delta=90°$ 即静稳极限角。机端测量阻抗

$$Z_m = \frac{\dot{U}_g}{\dot{I}_g} = -j\frac{X_d - X_s}{2} + \frac{X_d + X_s}{2} e^{j(2\varphi + 90°)} \quad (3-110)$$

式中 X_d——发电机同步电抗，其余参数含义同式（3-109）。

Z_m 为临界失步阻抗圆（或等无功阻抗圆），圆心为$\left(0,\ -j\frac{X_d - X_s}{2}\right)$，半径为$\frac{X_d + X_s}{2}$，如图 3-19 中的圆 2。发电机失磁后，$Z_m$ 沿等有功阻抗圆从第Ⅰ象限过渡到第Ⅳ象限，当到达临界失步阻抗圆周时，即处于静稳边界状态，Z_m 进入圆内表示发电机失步。

3. 异步运行

异步运行时，机端测量阻抗与滑差 S 有关，当滑差很小时，机端测量阻抗为 $Z_m=-jX_d$；当滑差 S 很大时，$Z_m=-jX'_d$。

此外，由于发电机失磁后对系统的影响主要表现在系统电压显著降低。机端电压 U_G 下降，会影响厂用负荷；高压母线电压 U_T 下降，将影响系统安全，若降到临界电压［约为（0.8～0.9）$U_{s.n}$］以下则可能导致系统稳定破坏，因此失磁保护应能反应临界电压并动作于跳闸。图 3-20（a）所示网络为例，设变压器高压侧母线的临界电压值 U_T 为一不变的最小允许值，如（0.8～0.9）$U_{s.n}$，则经计算可得

$$Z_m = \frac{\dot{U}_G}{\dot{I}_G} = R_m + jX_m \quad (3-111a)$$

$$R_m^2 + \left[X_m + \left(\frac{K^2}{1-K^2}X_s - X_T\right)\right]^2 = \left(\frac{K}{1-K^2}X'_s\right)^2 \quad (3-111b)$$

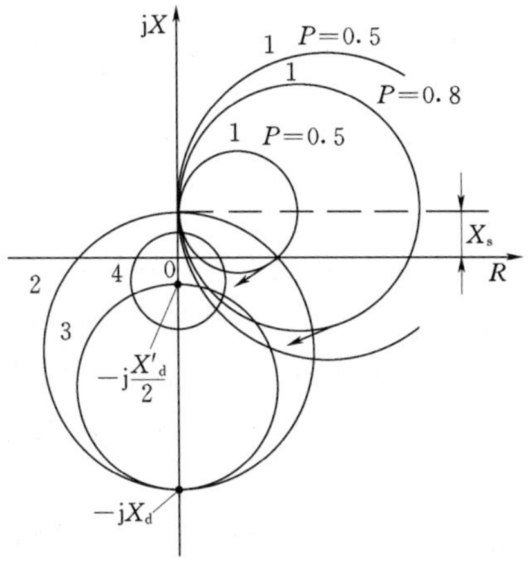

图 3-19　汽轮发电机失磁过程的测量阻抗特性图

1—等有功阻抗圆；2—临界失步阻抗圆；3—异步阻抗边界；4—临界电压阻抗圆

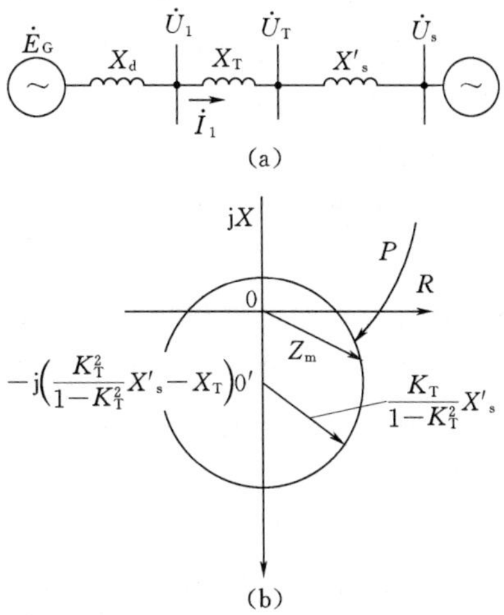

图 3-20　系统接线和临界电压阻抗圆图

(a) 系统接线；(b) 临界电压阻抗圆

式中　R_m、X_m——测量电阻、电抗；

K——$\dfrac{U_T}{U'_s}$；

X'_s——系统电抗（不包括并网变压器电抗 X_T）；

X_T——变压器电抗。

因此，Z_m 的变化轨迹为一圆，称为等电压阻抗圆（或临界电压阻抗圆），圆心为 $\left[0,-j\left(\dfrac{K^2X'_s}{1-K^2}-X_T\right)\right]$，半径为 $\left(\dfrac{K}{1-K^2}X'_s\right)$，如图 3-20（b）所示。发电机失磁后，机端测量阻抗沿等有功阻抗圆进入第Ⅳ象限，当到达临界电压阻抗圆时，表明发电机变压器组高压侧电压已降到临界值。

因此，失磁保护的定子判据主要有无功功率方向改变；机端测量阻抗超越临界失步阻抗圆；机端测量阻抗进入异步阻抗圆，圆心为 $\left[0,-j\left(\dfrac{X_d+\dfrac{X'_d}{2}}{2}\right)\right]$，半径为 $\left(\dfrac{X_d-\dfrac{X'_d}{2}}{2}\right)$，如图 3-19 中圆 3。此外，为防止因失磁引起电压严重下降导致系统失去稳定，还需监视高压母线或机端的电压，因此可用临界电压阻抗圆作为判据。

定子判据不能判断外部短路、系统振荡等非失磁工况。为防止误动作，还需利用辅助判据。辅助判据主要有以下几点：

（1）励磁电压下降，用以躲过短路或系统振荡而引起的误动。

（2）负序分量闭锁，用以躲过对称短路时引起的误动。

（3）延时，用以躲过振荡时机端测量阻抗在阻抗继电器动作区的穿越时间。

（4）操作闭锁，用以躲过正常运行时的长线充电或自同期并列时的操作过程（操作过程闭锁保护）。

(5) 电压回路断线，用以躲过电压互感器回路断线引起的误动。

构成失磁保护的方案较多，一般为主判据与辅助判据的适当组合，整定时参考主、辅判据的原理，给出必要的定值，例如，主判据若为测量阻抗进入临界失步圆内，则可根据 X_d 和 X_s 的具体值给出圆心和半径。

七、发电机其他保护

1. 过电压保护

水轮发电机在突然甩负荷时，因调速系统的惯性作用，使转速上升，导致定子绕组过电压，所以水轮发电机都装设过电压保护，其动作电压（二次值）应根据定子绕组的绝缘状况决定，一般为 $U_{k.op}=1.5U_{G.n}/n_{TV}$，$t=0.5s$（$U_{G.n}$为发电机额定电压，$n_{TV}$为电压互感器变比），动作于解列灭磁。对于晶闸管整流后励磁的水轮发电机，其过电压保护整定（二次值）为 $U_{k.op}=1.3U_{G.n}/n_{TV}$，$t=0.3s$。

对于汽轮发电机，规程规定 200MW 及以上容量发电机宜装设过电压保护，其定值一般取为 $U_{k.op}=1.3U_{G.n}/n_{TV}$，$t=0.5s$，动作于解列灭磁，如已装过励磁保护，可不再装设过电压保护。

2. 失步保护

对于中小容量的发电机，一般不装设失步保护，当机组发生振荡失步时，由值班人员处理。对于 300MW 及以上的大型发电机（特别是大型汽轮发电机），宜装设专门的失步保护和失步预测保护。在短路故障、稳定（同步）振荡情况下不应误动，在失步（或即将失步）振荡时保护动作于信号。当振荡中心位于发电机—变压器内部、失步运行时间超过整定值或振荡次数超过规定值时，保护动作于解列。必要时并应装设电流闭锁装置，以保证断路器断开时的电流不超过断路器额定失步开断电流。

3. 逆功率保护

由于各种原因而停止供给原动机能量，处于与电力系统并列运行的发电机，将由系统吸取能量变为电动机运行，驱动原动机运转，这样有可能会造成发电机的损坏。因此200MW 及以上的汽轮发电机，宜装设逆功率保护。保护经短时限动作于信号，经长时限动作于解列。

逆功率继电器可视为一个灵敏的阻抗继电器，它动作功率很小，逆功率继电器的最小动作功率即灵敏度，一般在 $\cos\varphi=1$ 时为额定功率的 0.5%～1.0%。为了保证继电器能正确工作，首先要使输入电流、电压的相位误差限制在允许范围内，其次要使中间电流互感器的特性一致。建议配置微机型逆功率保护。

4. 过励磁保护

发电机变压器过励磁时，并非每次都造成设备的明显损坏，但多次反复过励磁，将因过热而使绝缘老化，降低设备的使用寿命，因此对于 300MW 及以上发电机，应装设过励磁保护。保护装置可由低定值和高定值两部分组成。低定值部分带时限动作于信号和降低励磁电流；高定值部分动作于解列灭磁或程序跳闸。

汽轮发电机装设了过励磁保护可不再装设过电压保护。

5. 低频率保护

对低于额定频率带负载运行的异常运行状态下的 300MW 及以上汽轮发电机，应装设低频保护。保护动作于信号，并有累计时间显示。

此外，下列保护在配置时也不应被忽略。其中：

（1）断路器非全相运行保护，为防止非全相运行时负序电流对发电机的影响。

（2）断路器失灵保护，为了缩小断路路失灵后造成的影响。

（3）发电机断水保护，为防止发电机断水而烧毁。

（4）监视电压互感器二次是否断线的保护。

（5）电流互感器二次断线，对200MW及以上发电机，其机端和中性点侧的电流互感器，应装设断线保护，以防止电流回路开路时产生的高电压危及人身安全或造成设备损坏。断线保护应将电流互感器二次侧电压限制在安全电压以下，并动作于信号。

第四节　变压器继电保护的整定

变压器是电力系统普遍使用的重要电气设备。它的安全运行直接关系到电力系统供电和稳定运行，特别是大容量变压器，一旦因故障而损坏造成的损失就更大。因此必须针对变压器的故障和异常工作情况，根据其容量和重要程度，装设动作可靠，性能良好的继电保护装置，一般包括：①反映内部短路和油面降低的非电量（气体）保护，又称瓦斯保护；②反映变压器绕组和引出线的多相短路及绕组匝间短路的纵联差动保护，或电流速断保护；③作为变压器外部相间短路和内部短路的后备保护的过电流保护（或带有复合电压起动的过电流保护或负序电流保护或阻抗保护）；④反映中性点直接接地系统中外部接地短路的变压器零序电流保护；⑤反映大型变压器过励磁的变压器过励磁保护及过电压保护；⑥反映变压器过负荷的变压器过负荷保护；⑦反映变压器非全相运行的非全相保护等。

一、纵联差动保护

纵联差动保护是变压器的主保护之一。

对6.3MVA及以上厂用工作变压器和并列运行的变压器。10MVA及以上厂用备用变压器和单独运行的变压器，应装设纵联差动保护。对高压侧电压为330kV及以上的变压器，可装设双重差动保护。

纵联差动保护应符合下列要求：①应能躲过励磁涌流和外部短路产生的不平衡电流；②应在变压器过励磁时不误动；③差动保护范围应包括变压器套管及其引出线。如不能包括引出线时，应采取快速切除故障的辅助措施。

变压器纵差保护与发电机纵差保护一样，也可采用比率制动方式或标积制动方式达到外部短路不误动和内部短路灵敏动作的目的。但是变压器纵差保护在以下几个方面显著不同于发电机纵差保护。具体如下：

（1）变压器各侧额定电压和额定电流各不相等，因此各侧电流互感器的型号、变比不同，而且各侧三相接线方式不尽相同，所以各侧相电流的相位也可能不一致，这将使外部短路时不平衡电流增大，所以变压器纵差保护的最大制动系数比发电机的大，灵敏度相对较低。

（2）变压器高压绕组常有调压分接头，有的还要求带负荷调节，使变压器纵差保护已调整平衡的二次电流又被破坏，不平衡电流增大，这将使变压器纵差保护的最小动作电流和制动系数都要相应加大。

(3) 对于定子绕组的匝间短路，发电机纵差保护完全没有作用。变压器各侧绕组的匝间短路，通过变压器铁芯磁路的耦合，改变了各侧电流的大小和相位，使变压器纵差保护对匝间短路有作用（匝间短路可视为变压器的一个新绕组发生端口短路）。

(4) 无论变压器绕组还是发电机定子绕组的开焊故障，它们的纵差保护均不能动作，变压器依靠瓦斯或压力保护来反应。

(5) 变压器因为励磁电流的存在，增大纵差保护的不平衡电流，特别是在空载投入时，励磁电流急剧增大至数倍以至10倍以上的额定电流，如不特别考虑，将导致纵差保护误动。

以上 (1)、(2)、(5) 条问题，在纵差保护整定计算中必须特别考虑。

（一）各侧电流互感器和中间电流互感器变比的选择

变压器纵差保护在各侧电流互感器和中间电流互感器变比的选择见表3-2。

表3-2 变压器纵差保护用互感器变比选择

项目名称	各侧参数		
	高压（H）	中压（M）	低压（L）
额定电压 U_n	U_{nH}	U_{nM}	U_{nL}
额定电流 I_n	$I_{nH}=\frac{S_{nH}}{\sqrt{3}U_{nH}}$	$I_{nM}=\frac{S_{nM}}{\sqrt{3}U_{nM}}$	$I_{nL}=\frac{S_{nL}}{\sqrt{3}U_{nL}}$
一次三相绕组接线	Y_N	Y_N	d11
TA二次三相接线方式	d11	d11	Y
TA变比计算值 n_c	$n_{cH}=\frac{\sqrt{3}I_{nH}}{1}$ 或 $n_{cH}=\frac{\sqrt{3}I_{nH}}{5}$	$n_{cM}=\frac{\sqrt{3}I_{nM}}{1}$ 或 $n_{cH}=\frac{\sqrt{3}I_{nH}}{5}$	$n_{cL}=\frac{I_{nL}}{1}$ 或 $n_{cH}=\frac{\sqrt{3}I_{nH}}{5}$
TA变比选用值 n_s	n_{sH}	n_{sM}	n_{sL}
各侧TA二次电流 I'	$I'_H=\frac{\sqrt{3}I_{nH}}{n_{sH}}$	$I'_M=\frac{\sqrt{3}I_{nM}}{n_{sM}}$	$I'_L=\frac{I_{nL}}{n_{sL}}$
TAA（辅助TA）变比 n_a	$n_{aH}=\frac{I'_H}{I'_L}$	$n_{aM}=\frac{I'_M}{I'_L}$	$n_{aL}=1$

（二）比率制动式纵差保护的整定原则

1. 最小起动电流的二次值 $I_{k.op.0}$

应躲过变压器最大负荷时的不平衡电流，即

$$I_{k.op.0}=K_{rel}(2K_{TA.n}+\Delta U+\Delta m)I_{2n} \tag{3-112a}$$

式中 K_{rel}——可靠系数，取1.3～1.5；

$K_{TA.n}$——电流互感器在二次额定电流 I_{2n} 下的比值误差，$K_{TA.n}=\pm0.03$ (10P)，$K_{TA.n}=\pm0.01$ (5P)；

ΔU——变压器分接头调节引起的误差（相对额定电压）；

Δm——电流互感器（TA）和辅助电流互感器（TAA）变比未完全匹配产生的误差，$\Delta m\approx0.05$；

I_{2n}——变压器额定电流（二次值）。

一般情况下可取

$$I_{k.op.0}=(0.20\sim0.50)I_{2n} \tag{3-112b}$$

2. 起始制动电流的二次值 $I_{k.brk.0}$

起始制动电流的二次值 $I_{k.brk.0}$ 可选取

$$I_{k.brk.0}\leqslant I_{2n} \tag{3-113}$$

3. 最大制动系数 $K_{brk.max}$ 和制动特性斜率 m

对于三绕组变压器，外部短路时的最大不平衡电流 $I_{unb.max}$ 为

$$\begin{aligned}I_{unb.max}=&K_{st}K_{aper}K_{TA}I_{K.max}+\Delta U_{H}I_{K.H.max}\\&+\Delta U_{m}I_{K.M.max}+\Delta m_{\mathrm{I}}I_{K.\mathrm{I}.max}+\Delta m_{\mathrm{II}}I_{K.\mathrm{II}.max}\end{aligned} \tag{3-114a}$$

式中　K_{st}——TA 的同型系数，取 1.0；

ΔU_{h}、ΔU_{m}——变压器高、中压侧调压引起的相对误差，取调压范围中偏离额定值的最大值；

K_{aper}——TA 的非周期系数，对于 5P 或 10P 型 TA，取 1.5～2；对于 TP 型 TA，取 1.0；

K_{TA}——TA 的比值误差，取 0.1；

$I_{K.max}$——流过靠近故障侧 TA 的最大外部短路周期分量电流二次值；

$I_{K.H.max}$、$I_{K.M.max}$——在所计算的外部短路时，流过调压侧（H、M）TA 的最大周期分量电流二次值；

$I_{K.\mathrm{I}.max}$、$I_{K.\mathrm{II}.max}$——在所计算的外部短路时，流过非靠近故障点的另两侧 TA 的最大周期分量电流二次值；

Δm_{I}、Δm_{II}——由于Ⅰ侧和Ⅱ侧的 TA（包括 TAA）变比不完全匹配而产生的误差，初选可取 $\Delta m_{\mathrm{I}}\approx\Delta m_{\mathrm{II}}\approx0.05$。

对于两绕组变压器，式（3-114a）简化为

$$I_{unb.max}=(K_{st}K_{aper}K_{TA}+\Delta U+\Delta m)I_{K.max} \tag{3-114b}$$

最大制动系数 $K_{brk.max}$ 为

$$K_{brk.max}=K_{rel}\frac{I_{unb.max}}{I_{brk}} \tag{3-115}$$

式中　I_{brk}——纵差保护制动电流，它与纵差保护原理、制动回路接线方式有关，对于两绕组变压器，$I_{brk}=I_{k.max}$。

其中 $I_{unb.max}$ 由式（3-114a）或式（3-114b）决定。根据式（3-84a）可确定最大动作电流的二次值 $I_{k.op.max}$。

为了调试校验的方便，常常要求给出比率制动特性 $\overline{BC}$ 的斜率 m，由图 3-6 已不难求出，若有 $I_{op.0}\ll I_{brk.max}$ 和 $I_{brk.0}\ll I_{brk.max}$，则可近似认为 $m=K_{brk.max}$。

由式（3-112）决定 $I_{k.op.0}$；由式（3-113）决定 $I_{k.brk.0}$；由式（3-114）、式（3-115）和式（3-84）决定 $I_{k.op.max}$；则图 3-6 中的比率制动特性 A、B、C 三点完全确定。

4. 内部短路的灵敏度校验

在系统最小运行方式下，计算变压器出口金属性短路的最小短路电流 $I_{K.min}$（周期分量二次值），同时计算相应的制动电流 I_{brk}；由继电器的比率制动特性查出对应 I_{brk} 的继电

器动作电流 I_{op}，则灵敏系数 K_{sen} 为

$$K_{sen}=\frac{I_{K.min}}{I_{k.op}} \tag{3-116}$$

要求 $K_{sen}\geqslant 2.0$。

（三）差动速断保护的定值整定

为了加速切除变压器严重的内部故障，常常增设差动速断保护，其动作电流按照避越励磁涌流来整定，即

$$I_{k.op}=K_{rel}I_{e.max} \tag{3-117}$$

式中　$I_{e.max}$——变压器实际的最大励磁涌流（二次值）；

K_{rel}——可靠系数，可取为1.15～1.30。

实际的最大励磁涌流 $I_{e.max}$ 是一个很难正确确定的电流，对于大型发电机——变压器组，由于不存在出现很大励磁涌流的客观条件，可取

$$I_{e.max}=(2\sim 3)I_{2n} \tag{3-118}$$

对于降压变压器可取

$$I_{e.max}=(4\sim 8)I_{2n} \tag{3-119}$$

设降压变压器高压侧最小短路电流（金属性两相或单相短路）为 $I_{K.min}$（二次值），则灵敏系数为 $K_{sen}=I_{K.min}/I_{k.op}$，如灵敏系数 $K_{sen}<1.2$，则取消差动速断保护。

（四）防止励磁涌流引起误动的措施

1. 二次谐波制动

二次谐波制动的判据一般取

$$I_2/I_1\geqslant 15\%\sim 20\% \tag{3-120}$$

式中　I_2——二次谐波电流；

I_1——基波电流。

2. 间断角原理闭锁

（1）直接由各相涌流间断角 θ_d 实现闭锁，要求

$$\theta_d\geqslant 65^\circ \tag{3-121}$$

（2）由涌流导数波形的间断角 θ_d 和波宽 θ_w 实现闭锁。要求

$$\theta_d\geqslant 65^\circ$$
$$\theta_w\geqslant 140^\circ \tag{3-122}$$

（3）速饱和闭锁环节。如BCH型差动保护，采用涌流中的直流（非周期）分量使铁芯截面特小的中间变流器迅速饱和，来防止空投变压器时误动。但内部短路时，则会因暂态过程中的非周期分量延缓保护动作。

速饱和原理的纵差保护因其动作电流大，灵敏度低，而且内部短路时动作速度慢，正逐步被淘汰。

二、变压器相间短路的后备保护

为防止外部相间短路引起的变压器过电流及作为变压器主保护的变压器配置相间短路的后备保护。保护动作后，应带时限动作于跳闸。规程规定：①过电流保护宜用于降压变压器；②当过电流保护的灵敏度不够时，可采用低电压起动的过电流保护，主要用于升压

变压器或容量较大的降压变压器；③复合电压（包括负序电压及线电压）起动的过电流保护，宜用于升压变压器、系统联络变压器和过电流保护不符合灵敏性要求的降压变压器；④负序电流和单相式低电压起动的过电流保护，可用于63MVA及以上升压变压器；⑤按以上两条装设保护不能满足灵敏性和选择性要求时，可采用阻抗保护。

外部相间短路保护应装于变压器下列各侧，各项保护的接线，宜考虑能反映电流互感器与断路器之间的故障如下：

（1）对双绕组变压器，应装于主电源侧，根据主接线情况，保护可带一段或两段时限，较短的时限用于缩小故障影响范围；较长的时限用于断开变压器各侧断路器。

（2）对三绕组变压器和自耦变压器，宜装于主电源侧及主负荷侧。主电源侧的保护应带两段时限，以较短的时限断开未装保护侧的断路器。当上述方式不符合灵敏性要求时，可在所有各侧均装设保护，各侧保护应根据选择性的要求装设方向元件。

（3）对低压侧有分支，并接至分开运行母线段的降压变压器，除在电源侧装设保护处，还应在每个支路装设保护。

（4）对发电机变压器组，在变压器低压侧，不应另设保护，而利用发电机反应外部短路的后备保护。在厂用分支线上，应装设单独的保护，并使发电机的后备保护带两段时限，以便在外部短路时，仍能保证厂用负荷的供电。

（5）500kV系统联络变压器高、中压侧均应装设阻抗保护。保护可带两段时限，以较短的时限用于缩小故障影响范围；较长的时限用于断开变压器各侧断路器。

多绕组变压器的外部相间短路保护，根据其型式及接线的不同，可按下述原则进行简化：

（1）220kV及以下三相多绕组变压器，除主电源侧外，其他各侧保护可仅作本侧相邻电力设备和线路的后备保护。

（2）保护对母线的各类故障应符合灵敏性要求。保护作为相邻线路的远后备时，可适当降低对保护灵敏系数的要求。

（一）过电流保护

1. 动作电流的整定原则

（1）按躲过变压器可能的最大负荷电流整定为

$$I_{k.op}=\frac{K_{rel}}{K_{res}}I_{loa.max} \tag{3-123}$$

式中　K_{rel}——可靠系数，取1.2～1.3；

K_{res}——返回系数，取0.85～0.95（静态继电器取较大值）；

$I_{loa.max}$——变压器最大负荷电流二次值。当为n台变压器并列运行时，应考虑其中一台大变压器突然断开后，该整定变压器可能增加的负荷电流。当n台变压器同容量时，$I_{loa.max}=\frac{n}{n-1}I_{2n}$。

（2）按躲过降压变压器低压侧电动机起动时的最大自起动电流（二次值）整定为

$$I_{k.op}=\frac{K_{rel}}{K_{res}}K_{ss}I_{loa.max} \tag{3-124}$$

式中　K_{ss}——自起动系数，对36kV及以上电压等级负荷，取1.5～2；对6～10kV电压级负荷，取1.5～2.5。

(3) 按躲过变压器低压母线自动投入负荷时的总负荷整定。即

$$I_{k.op}=(K_{rel}I_{loa.max}+K_{ss}I_{loa.a}) \tag{3-125}$$

式中　K_{rel}——可靠系数，取1.2；

$I_{loa.max}$——正常运行时最大负荷电流（二次值）；

$I_{loa.a}$——自动投入部分的负荷电流（二次值）；

K_{ss}——自动投入负荷的自起动系数。

(4) 按与相邻保护相配合。其中：

1) 与分断断路器过电流保护配合时

$$I_{k.op}=1.1I_{k.op.Q}+I_{loa} \tag{3-126}$$

式中　$I_{k.op.Q}$——分段断路器过电流保护的动作电流（二次值）；

I_{loa}——变压器所在母线分段的正常负荷电流（二次值）。

2) 与变压器低压侧出线保护配合时

$$I_{k.op}=K_{rel}I_{k.op.n} \tag{3-127}$$

式中　K_{rel}——可靠系数，取1.2～1.5；

$I_{k.op.n}$——出线保护动作电流二次值，应取各出线中最大者。

选择以上诸$I_{k.op}$中最大者作为变压器过电流保护的动作电流。

2. 灵敏度校验

按变压器低压母线故障时的最小短路电流二次值$I_{K.min}^{(2)}$计算

$$K_{sen}=\frac{I_{K.min}^{(2)}}{I_{k.op}} \tag{3-128}$$

要求$K_{sen}\geqslant 2.0$。

(二) 低电压起动的过电流保护

1. 动作电流的整定原则

按变压器额定电流整定

$$I_{k.op}=\frac{K_{rel}}{K_{res}}I_{2n} \tag{3-129}$$

式中　I_{2n}——变压器额定电流（二次值）；

其余参数意义同式（3-123）。

2. 动作电压整定原则

按躲过正常运行时母线的最低工作电压（如电动机自起动时）整定，根据运行经验，可取

$$U_{k.op}=0.7U_{2n}/n_{TV} \tag{3-130}$$

式中　U_{2n}——变压器额定线电压二次值；

n_{TV}——电压互感器变比；

$U_{k.op}$——通常取70V。

3. 灵敏度校验

电流继电器原灵敏度计算同过电流保护，低电压继电器灵敏系数为

$$K_{sen}=\frac{U_{k.op}}{U_{sur.max}} \tag{3-131}$$

式中　$U_{sur.max}$——计算运行方式下，后备保护范围末端三相短路时，保护安装处的最大残余电压二次值。

要求 $K_{sen}\geqslant 1.2$。

对升压变压器，若低电压继电器只接在一侧 TV 上，则另一侧短路时灵敏性往往不满足要求。为此，可采用两套低电压继电器分别接在变压器高、低压侧 TV 上，并将其触点并联。

（三）复合电压起动的过电流保护

复合电压闭锁，即由接于相间电压上的低电压继电器（只接一相）和接于负序电压上的负序电压继电器组成的电压闭锁元件。负序电压元件反应不对称短路，灵敏度不受变压器接线方式的影响，低电压继电器则主要反应三相短路时的母线残压。因此，复合电压闭锁元件只需装设于变压器一侧，接线较低电压起动的过电流保护简单。

该保护电流继电器和低电压继电器的整定计算与低电压起动的过电流保护相同，对于负序电压继电器的动作电压按躲过正常运行时的最大不平衡电压整定，通常取

$$U_{2.op}=0.06U_{2n}/n_{TV} \tag{3-132}$$

式中　U_{2n}——变压器的额定线电压（二次值）；

$U_{2.op}$——通常取 6V。

灵敏系数为

$$K_{sen}=\frac{U_{2.min}}{U_{2.op}} \tag{3-133}$$

式中　$U_{2.min}$——相邻元件末端两相金属性短路时保护安装处最小负序电压二次值。

要求 $K_{sen}\geqslant 1.5$。

（四）负序电流保护

负序电流保护由两部分组成：①负序电流部分，用以反应不对称短路故障；②低电压起动过电流（单相）部分，用以反应对称短路故障。

低电压起动的过电流部分，与前面介绍的简单低电压起动的过电流保护相同，其负序电流继电器的整定考虑以下条件：

（1）躲过变压器正常运行时负序电流滤过器输出的最大不平衡电流，一般取

$$I_{2.op}=(0.1\sim 0.2)I_{2n} \tag{3-134}$$

式中　I_{2n}——变压器额定电流（二次值）。

（2）躲过相邻线路断线时，流过保护安装处的负序电流为

$$I_{2.op}=K_{rel}K_{b.2}\frac{I_{loa}}{1+\dfrac{Z_{2\Sigma}}{Z_{1\Sigma}}+\dfrac{Z_{2\Sigma}}{Z_{0\Sigma}}} \tag{3-135}$$

式中　K_{rel}——可靠系数，取 1.2；

$K_{b.2}$——负序电流分支系数，其值等于流过保护安装处的负序电流与流过断线处的负序电流之比；

$Z_{1\Sigma}$、$Z_{2\Sigma}$、$Z_{0\Sigma}$——由断线处看到的正序、负序、零序综合阻抗；

I_{loa}——断线前流过断线线路的负荷电流（二次值）。

此时，应校验与线路零序过电流保护的后备段在灵敏度上相配合的情况。

（3）与被保护设备相邻元件的后备保护在灵敏度上相配合，对于单相接地短路的负序动作电流为

$$I_{2.op} = K_{rel} \frac{K_{b.2}}{K_{b.0}} \frac{I_{0.op.n}}{3} \tag{3-136a}$$

对于两相接地短路的负序动作电流为

$$I_{2.op} = K_{rel} \frac{K_{b.2}}{K_{b.0}} \frac{Z_{0\Sigma}}{Z_{2\Sigma}} \frac{I_{0.op.n}}{3} \tag{3-136b}$$

式中 K_{rel}——可靠系数；

$K_{b.2}$——负序电流分支系数；

$K_{b.0}$——零序电流分支系数；

$I_{0.op.n}$——相邻线路零序保护后备段动作电流（二次值）。

由于负序过电流保护的整定计算较为复杂，在实际工程中可以粗略选取 $I_{2.op}=(0.5\sim0.6)I_{2n}$。灵敏度不能满足要求时，再作详细的灵敏度配合计算，降低负序电流保护的整定值。

负序过电流保护的灵敏系数

$$K_{sen} = \frac{I_{K.2.min}}{I_{2.op}} \tag{3-137}$$

式中 $I_{K.2.min}$——在计算最小运行方式下，后备保护区末端不对称相间短路时，流经保护处的负序电流二次值。

当相邻线路的后备保护对其后备范围末端有足够灵敏度时，则变压器负序电流保护只要与其动作时间配合，保证变压器后备范围内末端有足够灵敏度即可。

（五）低阻抗保护

当电流、电压保护不能满足灵敏度要求或根据电网保护间配合要求，发电机和变压器的相间故障后备保护可采用阻抗保护。阻抗保护通常用于330～500kV大型升压及降压变压器，作为变压器引线，母线、相邻线路相间短路后备保护。

必须注意，阻抗保护不能胜任变压器或发电机内部短路时的后备保护作用。由于大容量机组及超高压输电线路的主保护都是双重化甚至多重化，因此阻抗保护主要作为变压器引出线及母线的后备保护，只要满足母线短路时有足够的灵敏度就可以了，它的动作特性圆很小，也无需加装振荡闭锁装置（因为后备保护的固有延时可以躲过振荡影响）。

若选用全阻抗继电器，则动作阻抗为

$$Z_{set} = K_{rel} K_{inf} Z_{set.n}^{I} \tag{3-138}$$

式中 K_{rel}——可靠系数，取0.8；

K_{inf}——助增系数，由实际系统参数决定；

$Z_{set.n}^{I}$——高压引出线中最短线路的第Ⅰ段动作阻抗（二次值）。

若选用偏移特性阻抗继电器，其正向指向系统，动作阻抗仍按式（3-138）整定；反向指向变压器，反向动作阻抗可为正向动作阻抗的5%～10%，这样整定的目的不在于保

护变压器，主要对变压器引线起保护作用。另一种做法是正向指向变压器 $Z_{set}=0.7Z_T$，反向指向系统，其动作阻抗取为 $0.1Z_{set}$，并检查与系统相邻保护在动作阻抗和动作时间上的配合。

如上整定的低阻抗保护应有三段时限，第一段时限 $t_1=t_0+\Delta t$（t_0 为高压引出线保护配合段的动作时间），动作于缩小故障范围，例如，断开母线联络断路器；第二段时限 $t_2=t_1+\Delta t$ 动作于断开变压器本侧断路器；第三段时限 $t_3=t_2+\Delta t$ 动作于断开变压器各侧断路器。

（六）关于变压器相间短路后备保护的几个问题

1. 方向元件的配置

（1）三侧有电源的三绕组升压变压器，相间故障后备保护为了满足选择性要求，在高压侧或中压侧要加功率方向元件，其方向可指向该侧母线。方向元件的设置有利于加速跳开小电源侧的断路器，避免小系统影响大系统。

（2）高压及中压侧有电源或三侧均有电源的三绕组降压变压器和联络变压器，相间故障后备保护为了满足选择性要求，在高压或中压侧要加功率方向元件，其方向宜指向变压器。

（3）反映相间故障的功率方向继电器，通常由两只功率方向继电器构成，接入功率方向继电器的电流和电压应符合 90°接线的要求。为了消除三相短路时功率方向继电器的死区，功率方向继电器的电压回路可由另一侧电压互感器供电。

2. 动作时间的整定

（1）单侧电源的双绕组降压变压器，相间故障后备保护通常设一段时限，其值大于配合段保护动作时间一个时间级差（Δt），断开变压器两侧断路器。当负荷侧无专用母线保护，且分段断路器装有备用电源自动投入装置时，相间故障后备保护可设两段时限，以第一段时限 $t_1=t_0+\Delta t$ 断开低压母线分段断路器（t_0 为馈线配合段保护动作时间）；以 $t_2=t_1+\Delta t$ 断开变压器两侧断路器。

（2）单侧电源的三绕组降压变压器，相间故障后备保护一般在低压侧和电源侧。其中低压侧保护设两段时限，以 $t_1=t_0+\Delta t$ 断开低压母线分段断路器（t_0 为低压侧馈线配合段保护动作时间）；以 $t_2=t_1+\Delta t$ 断开变压器低压侧断路器。电源侧保护也设两段时限，以第一段时限 $t_3=t_2+\Delta t$ 断开中压侧断路器；以第二段时限 $t_4=t_3+\Delta t$ 断开变压器各侧断路器。

（3）高压及中压侧均有电源的三绕组降压变压器，当只有一台变压器时且高压侧为主电源侧，相间后备保护设在高压及低压侧，低压侧保护中带一个时限 $t_1=t_0+\Delta t$（t_0 为低压侧馈线配合段保护动作时间），断开本侧断路器。高压侧保护设带方向和不带方向两部分，带方向的指向中压侧并以 $t_2=t_1+\Delta t$ 断开中压侧断路器；不带方向的以 $t_3=t_2+\Delta t$ 断开变压器各侧断路器。

当两台高压及中压侧均有电源的三绕组降压变压器并联运行（低压侧并联）时，可在三侧装设相间故障后备保护。低压侧保护带两段时限，以 $t_1=t_0+\Delta t$ 断开低压母线分段断路器（t_0 为低压侧馈线配合段保护动作时间）；以 $t_2=t_1+\Delta t$ 断开变压器低压侧断路器。中压侧保护只作为该侧母线及线路的相间故障后备保护，以 $t_3=t_{01}+\Delta t$（t_{01} 为中压侧线路配合段保护动作时间）。高压侧不带方向的相间后备保护设两段时限，以 $t_4=t_2$（或 t_3）$+\Delta t$ 断开低压侧（或中压侧）断路器，以 $t_5=t_4+\Delta t$ 断开变压器各侧断路器。

（4）双绕组升压变压器，相间故障后备保护装在变压器的低压侧。设一段时限 $t_1=t_0+\Delta t$（t_0 为高压侧配合段保护动作时间），断开变压器两侧断路器。

（5）中压侧无电源的三绕组升压变压器，相间故障后备保护装于低压侧和中压侧。中压侧保护只作为该侧母线及线路的相间故障后备保护，以 $t_1=t_{01}+\Delta t$（t_{01} 为中压侧母线或线路配合段保护动作时间）断开中压侧断路器。低压侧保护作为变压器内部和高压侧外部相间故障的后备保护，设两段时限，以第一段时限 $t_2=t_1+\Delta t$ 断开高压侧断路器。以第二段时限 $t_3=t_2+\Delta t$ 断开变压器各侧断路器。

（6）三侧均有电源的三绕组升压变压器，相间故障后备保护装于低压侧及高压侧（或中压侧），高压侧保护应具有带方向和不带方向两部分，方向指向本侧母线和线路，以 $t_1=t_0+\Delta t$（t_0 为相邻元件配合段保护动作时间）断开高压侧断路器；不带方向部分，以 $t_2=t_1+\Delta t$ 断开中压侧断路器。低压侧保护以 $t_3=t_2+\Delta t$ 断开变压器各侧断路器。

3. 保护的装设位置

尽可能考虑电流互感器与断路器之间的故障，相间短路后备保护应在变压器下列各侧装设：

（1）双绕组变压器的主电源侧。

（2）三绕组变压器和自耦变压器的主电源侧和主负荷侧。当这种方式不满足灵敏性要求时，可在所有各侧均装设后备保护，并根据选择性要求装设必要的方向元件。

（3）低压侧有分支，并接到分开运行母线段的降压变压器，除在电源侧装设保护外，还应在每个分支装设保护。

（4）对于发电机变压器组，在变压器低压侧不应另设保护，而利用发电机的后备保护反应外部短路。在厂用分支线上，应装设单独的保护。

（5）500kV 系统联络变压器高、中压侧均应装设阻抗保护。

（6）多绕组变压器的外部相间短路后备保护，可按下列原则进行简化：

1）220kV 及以下多绕组变压器，除主电源外，其他各侧保护可仅作本侧相邻电力设备和线路的后备保护。

2）对母线短路应满足灵敏性要求。作为相邻线路的远后备保护，可适当降低灵敏系数要求。

三、变压器接地短路后备保护

在中性点直接接地系统中，接地短路是常见的故障形式，所以处于该系统中的变压器要装设接地（零序）保护，以反映变压器高压绕组、引出线上的接地短路，并作为变压器主保护和相邻母线、线路接地保护的后备保护。

电力系统接地短路时，零序电流的大小和分布与变压器中性点接地数目和位置的关系及变压器中性点接地的原则已在前面讨论过。目前国内在 220kV 系统中，广泛采用中性点绝缘水平较高的分级绝缘变压器（如 220kV 变压器中性点绝缘水平为 110kV 的情况），其中性点可接地运行或不接地运行。如果中性点绝缘水平较低（如 500kV 系统中性点绝缘水平为 38kV 的变压器），则中性点必须直接接地运行。

（一）中性点直接接地运行变压器的接地保护

对于 110kV 及以上中性点直接接地的电力网中，如变压器的中性点直接接地运行，对外部单相接地引起的过电流，应装设零序电流保护。零序电流保护可由两段组成：

（1）110kV、220kV 中性点直接接地的变压器，每段可各带两个时限，并均以较短的时限动作于缩小故障影响范围，或动作于本侧断路器。以较长的时限动作于断开变压器各侧的断路器。

（2）330kV、550kV 变压器，高压侧零序一段带时限动作于变压器本侧断路器，二段设一个时限。动作于断开变压器各侧断路器。

对自耦变压器和高、中压侧中性点都直接接地的三绕组变压器，当有选择性要求时，应增设方向元件。

双绕组及三绕组变压器的零序电流保护，应接到中性点引出线上的电流互感器上，零序电流方向保护也可接入高、中压侧电流互感器的零序回路。自耦变压器的零序电流保护，应接入高、中压侧电流互感器的零序回路。当自耦变压器断开一侧以后，内部又发生单相接地时，若零序电流保护的灵敏性不符合要求，则可在中性点侧增设零序电流保护。

以双绕组变压器为例，其原理框图如图 3-21 所示。

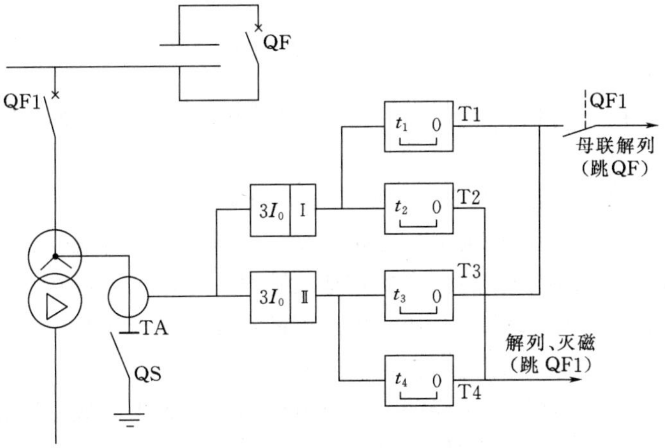

图 3-21 中性点直接接地运行变压器零序电流保护原理框图

1. 零序电流Ⅰ段动作电流

零序电流Ⅰ段动作电流按与相邻线路零序电流Ⅰ段或Ⅱ段相配合整定，即

$$I_{0.op}^{Ⅰ} = K_{rel} K_{b.max} I_{0.op.n}^{Ⅰ/Ⅱ} \tag{3-139}$$

式中 K_{rel}——可靠系数，取 1.2；

$K_{b.max}$——零序电流分支系数，其值等于出线零序电流保护Ⅰ段保护区末端发生接地短路时，流过本保护的零序电流与流过故障线路零序电流之比，取最大值；

$I_{0.op.n}^{Ⅰ/Ⅱ}$——相邻线路零序电流保护Ⅰ或Ⅱ段的动作电流（二次值）。

110kV 及 220kV 变压器Ⅰ段零序过电流保护以 $t_1 = t_0 + \Delta t$（t_0 为该侧线路零序过电流保护Ⅰ或Ⅱ段的动作时间）断开母联或分段断路器；以 $t_2 = t_1 + \Delta t$ 断开变压器各侧断路

器。对 330kV 及 500kV 变压器，高压侧Ⅰ段零序过电流保护只设一个时限，即 $t_1=t_0+\Delta t$（t_0 为该侧线路零序过电流保护Ⅰ或Ⅱ段的动作时间），断开变压器高压侧断路器。

2. Ⅱ段零序过电流继电器的动作电流

Ⅱ段零序过电流继电器的动作电流应与相邻线路零序过电流保护的后备段相配合，即

$$I_{0.op}^{\text{Ⅱ}}=K_{rel}K_{b.max}I_{0.op.n}^{\text{Ⅱ}/\text{Ⅲ}} \tag{3-140}$$

式中 K_{rel}——可靠系数，取 1.2；

$K_{b.max}$——零序电流分支系数，其值等于出线零序电流保护后备段保护区末端发生接地短路时，流过本保护的零序电流与流过故障线路零序电流之比，取最大值；

$I_{0.op.n}^{\text{Ⅱ}/\text{Ⅲ}}$——线路零序过电流保护后备段（Ⅱ或Ⅲ段）的动作电流二次值。

110kV 及 220kV 变压器Ⅱ段零序过电流保护以 $t_3=t_{1.max}+\Delta t$（$t_{1.max}$为该侧线路零序过电流保护后备段的动作时间）断开母联或分段断路器；以 $t_4=t_3+\Delta t$ 断开变压器各侧断路器；对 330kV 及 500kV 变压器，高压侧Ⅱ段零序过电流保护只设一个时限，即 $t_3=t_{1.max}+\Delta t$，断开变压器各侧断路器。

3. 灵敏系数校验

该保护的灵敏系数为

$$K_{sen}=\frac{3I_{0.min}}{I_{0.op}} \tag{3-141}$$

式中 $3I_{0.min}$——Ⅰ段（或Ⅱ段）在被保护线路末端接地短路时，流过保护的最小三倍零序电流（二次值）；

$I_{0.op}$——Ⅰ段（或Ⅱ段）零序过电流保护的动作电流。

对于自耦变压器，其零序电流保护是接在高、中压侧三相电流互感器组成的零序电流互感器上。由于在高压或中压侧电网发生接地故障时，零序电流可在自耦变压器的高、中压侧间流动，为满足选择性要求，高压和中压侧的零序过电流保护应装设方向元件。

高压侧和中压侧的方向零序过电流保护通常设二段。

第Ⅰ段动作电流与本侧母线出线的零序过电流保护的第Ⅰ段或Ⅱ段相配合，动作电流的计算公式同式（3-140）。动作时限：以 $t_1=t_0+\Delta t$（t_0 为该侧线路零序过电流保护Ⅰ或Ⅱ段的动作时间）断开母联或分段断路器；以 $t_2=t_1+\Delta t$ 断开本侧断路器。对 330kV 及 500kV 变压器，高压侧Ⅰ段零序过电流保护只设一个时限，即 $t_1=t_0+\Delta t$（t_0 为该侧线路零序过电流保护Ⅰ或Ⅱ段的动作时间），断开变压器本侧断路器。

第Ⅱ段动作电流与本侧母线出线的零序过电流保护的后备段相配合，动作电流的计算公式同式（3-141）。动作时限：110kV 及 220kV 变压器，保护动作后以 $t_3=t_{1.max}+\Delta t$（$t_{1.max}$为该侧线路零序过电流保护后备段的动作时间）断开本侧断路器；以 $t_4=t_3+\Delta t$ 断开变压器各侧断路器；对 330kV 及 500kV 变压器，高压侧Ⅱ段零序过电流保护只设一个时限，即 $t_3=t_{1.max}+\Delta t$，断开变压器各侧断路器。

Ⅰ、Ⅱ段方向零序过电流保护的灵敏系数按式（3-141）计算。

只有当高压或中压某一侧断开，内部又发生单相接地，未断开侧的零序电流保护灵敏性不满足要求时，才在中性点侧增设一段零序电流保护，动作电流为

$$I_{0.op} = K_{rel} I_{0.unb} \tag{3-142}$$

式中　K_{rel}——可靠系数，取1.5～2；

$I_{0.unb}$——正常运行情况（包括最大负荷时）可能在零序回路出现的最大不平衡电流。

灵敏系数 K_{sen} 为

$$K_{sen} = \frac{3I_{0.min}}{I_{0.op}} \tag{3-143}$$

式中　$3I_{0.min}$——自耦变压器断开侧出线端单相接地短路，流过变压器中性点的最小三倍零序电流（二次值）。

保护的动作时间为

$$t = t_T + \Delta t \tag{3-144}$$

式中　t_T——自耦变压器各侧零序过电流保护Ⅱ段的动作时间中最长者。

（二）中性点可能接地或不接地运行的变压器的接地后备保护

对于110kV、220kV中性点直接接地的电力网中，如变压器中性点可能接地运行或不接地运行时，则对外部单相接地引起的过电流，以及对因失去接地中性点引起的电压升高，应按下列规定装设保护：

（1）全绝缘变压器应装设零序电流保护，并增设零序过电压保护。当电力网单相接地且失去接地中性点时，零序过电压保护经0.3～0.5s时限动作于断开变压器各侧断路器。

（2）对于分级绝缘变压器。其中：①中性点装设放电间隙时，应装设零序电流保护，并增设反应零序电压和间隙放电电流的零序电流电压保护；当电力网单相接地且失去接地中性点时，零序电流电压保护约经0.3～0.5s时限动作于断开变压器各侧断路器；②中性点不装设放电间隙时，应装设两段零序电流保护和一套零序电流电压保护。零序电流保护第Ⅰ段、第Ⅱ段都设置两个时限，当每组母线上至少有一台中性点接地变压器时，第Ⅰ段和第Ⅱ段的较小时限动作于缩小故障影响范围。零序电流电压保护用于变压器中性点不接地运行时保护变压器，其动作时限与零序电流保护第Ⅱ段时限相配合，用以先切除中性点不接地变压器，后切除中性点接地变压器。当某一组母线上的变压器中性点都不接地时，则不应动作于断开母线联络断路器，而应当首先断开中性点不接地的变压器；此时零序电流保护可采用一段，并带一个时限。

反映中性点电流的零序电流保护整定方法同中性点直接接地运行变压器的零序电流保护的整定。

反映中性点不接地运行状态的保护整定计算则与变压器中性点绝缘水平、过电压保护方式以及并联运行的变压器台数有关。

1. 中性点全绝缘变压器

过电压保护的动作值按下式整定为

$$U_{0.max} < U_{0.op} \leqslant U_{0.sat} \tag{3-145a}$$

式中　$U_{0.max}$——在部分中性点接地的电网中发生单相接地时，保护安装处可能出现的最大零序电压；

$U_{0.sat}$——用于中性点直接接地系统在失去接地中性点又发生单相接地时的电压互感器开口三角绕组可能出现的最低电压（小于互感器饱和电压）。

考虑到中性点直接接地系统具有 $X_{0\Sigma}/X_{1\Sigma} \leqslant 3$，一般取

$$U_{0.op} = 180\text{V} \tag{3-145b}$$

在电网发生单相接地，中性点接地的变压器已全部断开的情况下，零序过电压保护不需再与其他接地保护相配合，故其动作时间只需躲过暂态过电压的时间，通常小于 0.3s。

2. 分级绝缘变压器中性点装放电间隙的变压器

此类变压器除了装设两段零序电流保护用于变压器中性点直接接地运行的情况以外，还应增设反应零序电压和间隙放电电流的零序电压电流保护，用于变压器中性点经放电间隙接地时的接地保护。其原理框图如图 3-22 所示。

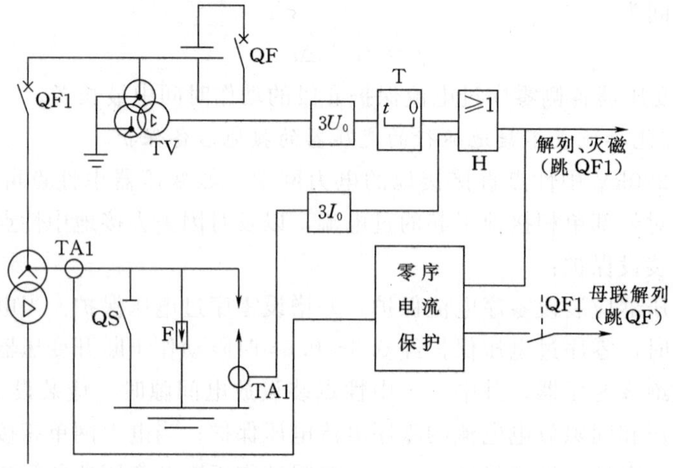

图 3-22　中性点装有放电间隙的变压器接地保护原理框图

装在中性点直接接地回路的两段零序电流保护的整定计算及灵敏系数校验同中性点直接接地运行变压器的零序电流保护整定。

装在放电间隙的零序过电流保护的动作电流与变压器的零序阻抗、间隙放电的电弧电阻等因素有关，难以准确计算。根据经验，保护的一次动作电流可取 100A。零序过电压继电器的整定同式（3-145）。

用于中性点经放电间隙接地的零序电流、零序电压保护动作后经一较短延时（躲过暂态过电压时间）断开变压器各侧断路器，这一延时一般不超过 0.3s。

3. 分级绝缘且中性点只装避雷器的变压器（不装放电间隙）

此类变压器除装设两段零序过电流保护用于中性点直接接地运行情况以外，还应装设零序电流电压保护用于变压器中性点不接地运行时保护变压器。当有两组以上变压器并联运行时，零序电流电压保护动作先切除不接地运行的变压器，后切除中性点接地的变压器。

电流继电器的动作电流整定及灵敏系数校验同中性点直接接地运行变压器的零序电流保护整定。

零序过电压继电器的整定应躲过正常运行时电压互感器开口三角绕组的不平衡电压，一般取 5V，切除变压器中性点不接地变压器，动作时间一般不大于 0.3s。若故障点仍然

存在，则由中性点接地变压器零序电流保护切除中性点接地变压器。

这种保护方案使两台或几台变压器的接地保护之间互有联系，二次接线复杂，一般不再推荐使用。

变压器中性点处的零序电流互感器变比，一般按变压器额定电流的1/3～1/2选定。

四、变压器过负荷保护

对于6.3MVA及以上电力变压器，当数台并列运行或单独运行，并作为其他负荷的备用电源时，应根据可能过负荷的情况，装设过负荷保护。对自耦变压器和多绕组变压器，保护应能反映公共绕组及各侧过负荷的情况。过负荷保护采用单相式，带时限动作于信号。在无人值班的变电所，必要时过负荷保护可动作于跳闸或断开部分负荷。

中小容量的变压器过负荷保护采用定时限动作特性，动作电流也是按最大允许负荷电流下能可靠返回的条件整定。动作电流可参照式（3-94），它的动作时间应与变压器允许的过负荷时间相配合，同时应大于相间故障后备保护的最大延时，一般可增大（1～2）Δt。

对于升压变压器，过负荷保护装设在主电源（低压侧）侧；三绕组升压变压器，过负荷保护装设在发电机电压侧和无电源侧；如三侧均有电源，三侧均应装设过负荷保护。

对于降压变压器，双绕组变压器的过负荷保护装在高压侧。单侧电源的三绕组降压变压器，过负荷保护装在电源侧和绕组容量较小的一侧；若三侧容量相同，过负荷保护仅在电源侧装设。两侧电源的三绕组降压变压器或联络变压器，三侧均应装设过负荷保护。

五、变压器过励磁保护

变压器过励磁是指铁芯中的磁感应强度B超过额定磁感应强度B_n，引起励磁电流剧增的一种异常工作情况。因变压器电动势$E=4.44fNSB\times10^{-4}$（N为绕组匝数，S为铁芯截面积，f为频率），当不计绕组漏阻抗上的电压降时，电压$U\approx E$，则磁感应强度B为

$$B = KU/f \tag{3-146}$$

其中
$$K=1/(4.44NS\times10^{-4})$$

可见，电压U升高，频率f降低都将引起B升高，使铁芯饱和，导致励磁电流剧增，造成过励磁。过励磁会使铁芯、油箱等金属构件的涡流损耗增加导致这些构件过热绝缘老化，甚至局部变形。因此，对于高压侧为500kV的变压器，规程要求装设过励磁保护。变压器过励磁能力可用过励磁倍数表示，即

$$k = \frac{B}{B_n} = \frac{U}{U_n}\frac{f_n}{f} = \frac{U_*}{f_*} \tag{3-147}$$

因此过励磁保护也称压频保护。通常采用两段式定时限特性。第Ⅰ段过励磁倍数$k=1.1\sim1.2$；$t=5s$，动作于信号；第Ⅱ段$k=1.2\sim1.4$；$t=120s$动作于跳闸。

六、变压器非电量保护

变压器非电量保护主要包括瓦斯保护、温度及压力保护等。

由于非电量保护动作量不需电气量运算。通常根据运行经验、测试等方法获得。因此这里只介绍其配置原则。

1. 瓦斯保护

瓦斯保护是油浸式变压器的主保护之一。当变压器壳内故障产生轻微气体或油面下降

时，轻瓦斯保护应瞬时动作于信号；当变压器壳内故障产生大量气体时，重瓦斯保护应动作于断开变压器各侧断路器。

带负荷调压的油浸式变压器的调压装置，也应装设瓦斯保护。轻瓦斯动作于信号，重瓦斯动作于断开变压器各侧断路器。

2. 变压器温度及压力保护

对变压器温度及油箱内压力升高和冷却系统故障，应按现行电力变压器标准的要求，装设可作用于信号或动作于跳闸的装置。

第四章　发电厂、变电所二次回路初步设计

第一节　发电厂、变电所二次回路初步设计概述

发电厂和变电所的电气设备分为一次设备和二次设备。一次设备（也称主设备），是构成电力系统的主体，它是直接生产、输送、分配电能的电气设备，包括发电机、电力变压器、断路器、隔离开关、电力导线、电力电缆和输电线路等。二次设备是对一次设备进行监测、控制、调节和保护的电气设备，包括测量仪表、控制及信号器具、继电保护及自动装置等。发电厂、变电所电气部分的设计可分为一次部分的设计和二次部分的设计，一次部分的设计主要针对电气一次设备（也称主设备）进行设计，设计的主要内容有电气主接线的选择、潮流分析、短路计算和一次设备的选择等内容。二次部分的设计主要针对二次设备进行设计，主要内容包括二次设备选型、二次设备相互连接的回路（称为二次回路，也称为二次接线）的设计等。

发电厂、变电所二次部分的设计对于实现发电厂及变电所安全、优质和经济地生产以及电能的输配都具有极为重要的作用，随着发电机容量的增大和变电所电压等级的提高，电气控制的自动化程度越来越高，对二次部分的设计水平提出了更高的要求。学生通过二次部分的设计，应更加深刻地认识到二次部分是电力系统安全生产、经济运行、可靠供电的重要保障，是发电厂和变电所不可缺少的重要组成部分；应学习并掌握发电厂、变电所的控制方式、常规控制回路、常规信号回路、电流电压回路、常规测量回路、计算机监控、继电保护及自动装置的配置与整定计算等二次部分设计的原则与方法；应在学习传统的设计手段的同时，学习新的设计理论及设计手段。

一、主要内容

考虑到毕业设计的特点，发电厂、变电所二次部分毕业设计的主要内容包括：

（1）发电机（发电机变压器组）相关电气控制、保护、测量、信号等部分的设计。

（2）主变压器相关电气控制、保护、测量、信号等部分的设计。

（3）110kV 及以上输电线路相关电气控制、保护、测量、信号等部分的设计。

（4）110kV 及以上电压等级母线保护的设计。

（5）计算机监控部分的设计。

（6）中央信号部分的设计。

（7）母线电压互感器二次回路设计。

（8）厂（所）用电二次部分设计。

（9）直流系统的设计。

（10）励磁系统的设计。

（11）同步系统的设计。

（12）厂用高压电动机二次部分的设计。

在设计时，应结合毕业设计任务书，对上述内容的某一部分或几个部分进行设计。必须指出，毕业设计任务中有关继电保护整定计算的内容在本书第二章中介绍。本章主要介绍发电厂、变电所的二次设备的选型及二次回路的设计。

二、设计步骤

(1) 根据设计题目所给一次系统图、一次设备有关参数，按照有关规程的要求，拟定初步的设计方案，主要包括：

1) 拟订设计题目所给定一次设备的控制方式、常规控制回路、计算机监控方式等。

2) 拟订继电保护及安全自动装置的配置选型并进行整定计算（方法详见第三章）。

3) 拟订与本设计有关的其他一、二次设备的配置选型，如电压互感器、电流互感器、测量表计、所用电、直流、中央信号等部分的配置选型。

4) 画出简要的二次设备安装位置及相互关系的框图，并结合框图对初步的设计方案进行详细检查，使设计方案更为科学合理。

(2) 根据拟订的设计方案，收集整理与本设计相关的二次部分资料，如厂家提供的断路器电气二次图、继电保护装置说明书及有关图纸等。一些典型发电厂、变电所的电气二次部分设计图纸作为设计参考更好。

(3) 绘制电路图草图。电路图详细地表示了本设计所涉及的二次设备的基本原理及连接关系。如断路器的控制信号回路图能说明如何对断路器进行合闸、分闸控制、保护装置的出口触点如何接入跳闸回路、断路器的操动机构出现异常时如何闭锁合闸、分闸等。

(4) 绘制接线图草图，根据电路图绘制接线图，电路图主要说明二次设备的工作原理及相互联系，并不考虑其实际位置。接线图主要表示二次设备内部、外部的各种联系。如控制屏的屏后端子排接线图表示了所有与控制屏相关的二次设备与控制屏之间具体的接线联系。

(5) 完善绘制图纸。对照设计要求，通过读图找出不足之处并及时修正。

(6) 绘制最终的二次图纸，并编写二次部分设计说明书，说明书主要包括以下内容：

1) 所参照的设计原则及基本设计方案。

2) 对电路图、接线图的详细说明。

3) 设计中遇到的问题与对策。

4) 对设计方案的评价及改进方向。

三、设计的基本方法

（一）了解所设计的发电厂（变电所）的总体情况

(1) 发电厂（变电所）的性质。对于发电厂，根据所使用的能源不同，分为火力发电厂、水力发电厂、原子能发电厂；对于变电所，根据其在系统中的地位和作用分为系统枢纽变电所、地区重要变电所和一般变电所。

(2) 一、二次设备的具体情况。如在毕业设计任务书中已给定了发电厂（变电所）的控制方式、总平面布置图、电气主接线图，控制室及屏（屏台）布置等内容，则应通过所给的图纸资料了解发电机、变压器、断路器、隔离开关、限流电抗器、母线、避雷器、电流互感器、电压互感器、电动机（泵）、电力电缆、输电线、避雷器、高压熔断器等一次设备的数量、型号及安装位置；控制室的位置及室内屏（屏台）布置的具体情况；控制和信号器具、继电保护装置及自动装置、测量仪表、远动装置、直流电源、控制电缆、熔断器等二次设备的配置及安装位置；如在毕业设计任务书中未给定这些内容或只给出了部分内容，则可参照有关规程及典型设计图纸进行科学的选择。

（3）相关的其他信息。

（二）正确选择发电厂、变电所的控制方式

发电厂的控制方式可分为主控制室控制方式与集中控制方式。主控制室控制方式把全厂内主要电气设备集中在独立的电气控制室内控制，电气控制室为全厂生产控制中心，称为主控制室。锅炉设备在锅炉控制室控制，汽机设备在汽机控制室控制。集中控制方式主要为炉、机、电集中控制方式。又称为单元控制方式。机、电集中控制室通常又称为单元控制室。

对于发电厂的控制方式，规程规定：

（1）单机容量为100MW以下的发电厂，宜采用主控制室的控制方式，应在主控制室控制的设备和元件有：发电机、主变压器、联络变压器、母线分段、电抗器的旁路、母线联络、旁路、35kV及以上线路、高压厂用电源线、厂用工作与备用变压器（电抗器）、备用励磁装置和全厂共用的消防水泵。主控制室电气元件的控制宜采用强电接线。信号系统可采用强电或弱电接线。

（2）单机容量为125MW的发电厂，宜采用单元控制室的控制方式，单机容量为200MW及以上的发电厂，应采用单元控制室的控制方式。应在单元控制室控制的设备和元件有发电机、发电机变压器组、高压厂用工作变压器、高压厂用公用/备用或起动/备用变压器、高压厂用电源线、主厂房内采用专用备用电源的低压厂用变压器及该单元其他必要集中控制的设备和元件。采用单元控制室控制方式的发电厂，电力网络的控制部分宜设在第一单元控制室内。单元控制室电气元件的控制应采用强电接线或分散控制系统控制（DCS）。发电机的控制、信号、测量和自动装置应与热工仪表和控制相协调。信号系统可采用强电、弱电接线或进入分散控制系统。

（3）单机容量为300MW及以上单元控制室电气元件的控制宜采用DCS控制方式，实现以CRT、键盘为主的监控方式，从而对炉、机、电进行全面的监控，达到单元控制室内集中、统一、协调的控制格局。

对于全厂共用的设备，应集中在第一单元控制室、网络控制室控制或其他合适的地点控制。应在第一单元控制室的电力网部分或网络控制室内控制的设备和元件有：联络变压器、高压母线设备、110（66）kV及以上线路、高压或低压并联电抗器等。此外，还应有各单元发电机变压器组以及高压厂用公用/备用或起动/备用变压器高压侧断路器的信号和必要的表计。电力网络部分的电气元件的控制宜采用计算机监控或强电控制接线，信号系统宜采用计算机监控系统或强电、弱电接线。

当采用一个半断路器接线时，与发电机变压器组有关的两台断路器应在单元控制室控制。在第一单元控制室的电力网部分或网络控制室内，应有上述断路器的信号。当发电机出口装有断路器时，该两台断路器应在第一单元控制室的电力网络部分或网络控制室内控制。

对变电所的控制方式，规程规定：

220kV枢纽变电所、330～500kV变电所宜采用计算监控，也可采用强电控制。变电所的值班方式分为有人值班和无人值班，有人值班的变电所应设主控制室。应在主控制室内控制的设备和元件有主变压器、线路并联电抗器，母线联络断路器，分段断路器、旁路断路器、35kV及以上的线路、串联补偿电容器及消防水泵等。无功补偿设备如电力电容器、电抗器、静止补偿装置等宜在主控制室内控制。区域变电所的所用变压器宜在主控制室控制。无人值班变电所不应设主控制室、可设二次设备间，220kV终端变电所和110kV及以下的变电所宜为无人值班方式。由集中控制中心或有关调度所实现遥控、遥测、遥信和遥调。电气元件的控制宜采用计算机监控或强电控制接线，信号系统宜采用计算机监控系统或强电、弱电接线。

（三）建立电气二次设备的空间概念

发电厂、变电所的电气二次设备数量多，分布位置较为分散，电缆联系相对复杂，因此必须建立起清晰的二次设备空间概念，以某220kV地区变电所为例，建立空间概念可按下列步骤进行：

1. 将变电所的一次设备、二次设备分成几个部分（单元）

变电所中的一次设备、二次设备按照功能的不同可以分成以下几个部分（单元）：主变压器（三卷变）部分、进出线部分（220kV、110kV）、母线部分（220kV、110kV及10kV)、馈线（10kV）部分、所用电部分、直流部分等，它们有机地组合在一起完成变电所的所有功能。

2. 明确某一部分的一次设备、二次设备的安装位置

以主变压器单元为例，要明确以下设备的具体安装位置

（1）室外设备。主要有如下几点：

1）主变本体、本体电流互感器端子箱、主变压器保护端子箱、主变压器测温端子箱、主变压器风扇电源箱。

2）高压侧断路器、操动机构箱（三相)、断路器接线端子箱、动力电源箱、电流互感器接线端子箱。

3）高压侧隔离开关、隔离开关操动机构、隔离开关端子箱。

4）中压侧断路器、操动机构箱、断路器端子箱，动力电源箱、电流互感器接线端子箱；断路两侧的隔离开关。

5）中压侧隔离开关、隔离开关操动机构、隔离开关端子箱。

（2）室内设备。主要有如下几点：

1）控制室：主变控制屏、中央信号屏。

2）二次设备室：主变保护屏、直流屏、所用电屏、计量屏、其他与设计相关屏。

3）低压开关室：主变低压侧开关柜。

3. 建立起一次设备、二次设备的联系

某主变压器一次、二次设备联系示意图如图4-1所示。主控制室、二次设备室内的屏（柜）通过电缆进行联系，控制屏经保护屏向变压器各侧断路器及隔离开关发出电气控制命令；断路器、隔离开关、变压器的开关量通过电缆引入保护屏及控制屏；电压互感器、电流互感器二次的电压、电流等模拟量通过电缆引入到保护屏、计量屏；直流屏向控

制屏及保护屏提供直流电源，所用变低压侧与所用电屏有电缆联系，并由所用电屏通过电缆向主变压器、断路器、隔离开关提供动力电源。

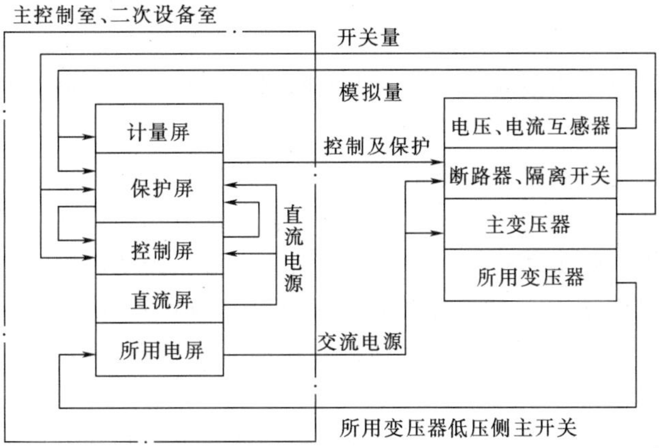

图4-1　某主变压器一次、二次设备联系示意图

建立起空间概念将有助于在设计时将二次设备有机地结合在一起以完成复杂的控制、保护、测量、信号等功能，绘制出布置合理、结构紧凑、连接正确、经济实用的施工接线图。

四、需注意的问题

(1) 电气制图应尽可能采用新的制图标准、新的电气工程符号，同时也应考虑到新标准的推广应用必须经历一个过程。一些地区的发电厂、变电所的二次部分图纸仍然沿用老符号，或者图形符号采用新符号，文字标号采用旧符号。在毕业设计过程中，对于采用老符号的图纸资料应兼收并蓄。

(2) 在设计中应尽量采用成套的二次设备。如对主变压器进行保护配置时应采用成套的保护装置；控制屏的选择也可采用厂家的成套产品。

(3) 要充分利用厂家资料进行设计以加快设计进度、提高设计质量。例如，对于断路器控制回路进行设计时，应充分利用断路器生产厂家所提供的关于断路器部分的图纸及说明书。

(4) 在设计过程中应多读图，通过对典型的发电厂、变电所的设计图纸的分析和学习，借鉴成功的设计经验，将十分有利于设计水平的提高。但应避免对图纸产生依赖心理，要处理好“抄”与“创”的关系。

关于常规控制系统、信号系统、测量系统、计算机监控系统的设计要求、设计方法、制图方法的介绍详见后几节。

第二节　常规控制系统的设计

常规控制系统的设计主要指对发电厂、变电所内的断路器、隔离开关、接地刀闸及母线接地器（接地刀闸）进行电气操作的控制、信号、闭锁等二次接线的设计，本节主要介绍断路器、隔离开关的控制回路的设计。限于篇幅，未画出接线图，设计时可参考本章第六节电气制图的有关内容。

一、断路器控制回路

（一）断路器控制回路的设计要求

断路器根据灭弧原理的不同，可分为少油断路器、真空断路器、SF_6 断路器、空气断路器等。

断路器的操动机构是断路器本身附带的跳、合闸传动装置，它用来使断路器跳闸、合闸，并使断路器保持在相应的位置上。根据断路器传动方式和合闸所用能源的不同，断路器的操动机构可分为电磁操动机构、弹簧操动机构、液压操动机构、空气操动机构等。电磁操动机构适用于操作功率小的断路器，主要用于 35kV 及以下真空断路器、少油断路器；弹簧操动机构、液压操动机构、气动操作机构对直流电源容量的要求不高，可用于 110kV 及以上断路器。

发电厂和变电所宜采用强电一对一控制方式，即一个控制开关控制一组断路器。控制回路宜采用控制开关具有固定位置的接线，操作人员完成控制指令后，控制开关触点便固定于完成指令后的位置，控制开关触点的此位置起到了指令记忆的作用，用于在断路器自动变位（自动合闸或自动跳闸）时发出不对应报警信号；对无人值班变电所的控制回路，宜采用控制开关自动复位的接线，操作人员完成控制指令后，控制开关触点便自动断开。断路器的位置由位置继电器或断路器的辅助触点来代表。控制回路中设置有位置记忆继电器（如双位置继电器）用以完成控制开关触点的指令记忆功能，当位置继电器与位置记忆继电器触点不对应时，发出报警信号。

断路器的控制回路应满足下列基本要求：

（1）应有电源监视。并具备监视跳、合闸绕组回路完整性的功能。

（2）应能指示断路器合闸与跳闸的位置状态，自动合闸或跳闸时应有明显信号。

（3）合闸或跳闸完成后应使命令脉冲自动解除。

（4）有防止断路器“跳跃”的电气闭锁装置。

（5）接线应简单可靠，使用电缆芯最少。

对于 220kV 及以上断路器，还应能满足远方和就地操作，其间应有闭锁。就地操作的操作电源与分、合闸回路间应设有单相双极刀闸，与后备分、合闸回路间也应装设刀闸。断路器应配备就地分、合闸位置的红、绿灯。断路器应具有可靠的防止跳跃、防止非全相合闸和保证合分时间的性能。

对于分相操动机构的断路器，当设有综合重合闸或单相重合闸装置时，应满足事故时单相和三相跳、合闸的功能。其他情况下，均应采用三相控制。发电机变压器组的高压侧断路器、变压器的高压侧断路器、并联电抗器断路器、母线联络断路器、母线分段断路器和采用三相重合闸线路断路器应能实现三相机械联动或电气联动，以避免合、分断路器时由于某一相合、分闸不成功导致非全相运行。

对于设计有两套独立跳闸系统的断路器，应由两组蓄电池的直流电源分别供电。当只有一组蓄电池时，两独立跳闸系统宜由两段直流母线分别供电。保护的两组出口继电器，也应分别接至断路器的两组跳闸绕组。两组跳闸回路都应设有断线监视。这样设计可保证两组跳闸系统互不影响，以提高控制的可靠性。

液压操动机构的断路器，当压力降低至规定值时（弹簧操动机构的断路器，当弹簧未拉紧时），应闭锁重合闸、合闸及跳闸回路并发出信号。但有的制造厂为保证断路器的安全，在断路器中设有压力降低至规定值后自动断开断路器的接线，此方式不宜在电力系统中使用，因而在毕业设计时不宜采用。一般制造厂都配备有这些闭锁及信号的相关二次接线，设计时仅作外部接口的连接即可。

断路器宜采用在我国广泛应用的双灯制接线的灯光监视回路，灯光可十分醒目地指示断路器的合闸位置（红灯亮）、跳闸位置（绿灯亮），通过灯光的亮灭来监视合、分闸回路的完好性。用灯光的闪烁指示控制开关与断路的位置不对应状态。330～500kV 变电所的规模较大，也可采用单灯音响监视接线。

（二）断路器的控制与信号回路设计举例

采用三相操动机构，即三相断路器共用一台操动机构的断路器控制与信号回路可见于其他教科书，此处不再赘述。本节以西门子公司 3AT2EI 型断路器为例说明叙述 220kV 及以上 SF_6 断路器常用的分相操作断路器控制回路。

3AT2EI 型断路器以 SF_6 气体作为灭弧和绝缘介质，采用吹气式灭弧，灭弧所需气压由断流装置内的气吹设备在拉闸过程中产生。该断路器为三相户外型结构，断路器每一相均有一液压操动机构，既适用于单相自动重合闸也适用于三相自动重合闸。

1. 操动机构

该断路器采用常高压保持式的储能型液压操动机构，此液压操动机构利用液体不可压缩原理，通过压缩氮气以储存能量，以液压油作为传递能量的媒介，将高压油送入工作缸两侧推动活塞作功来实现断路器合、分闸。具有输出功率大、速度特性好、可靠性高、维修简便、使用寿命长等特点。

操动机构分为两个部分：一部分是机构传动，包括储能系统和机构传动系统；另一部分是控制机械进行分、合闸操作和机构正常运行的控制和辅助回路，如合闸线圈、分闸线圈、辅助触点、按钮、接线端子、继电器、油压开关（压力开关）、压力表、安全阀等二次元件，简称二次部分。

液压操动机构系统工作原理如图 4－2 所示，图中蓄能器和油泵属于储能元件，蓄能器由活塞分开，上部充氮气。当电动机驱动油泵时，油从低压油箱抽送至蓄能器下部，从而压缩氮气而储存能量。当操作时，气体膨胀释放能量，通过液压油传递给工作缸，从而转变成机械能。

工作缸、油压开关、安全阀、放油阀属于操作元件，工作缸借助连接件与断路器本体相连并受控制元件（控制阀）控制；油压开关监视液压压力，用以控制油泵电

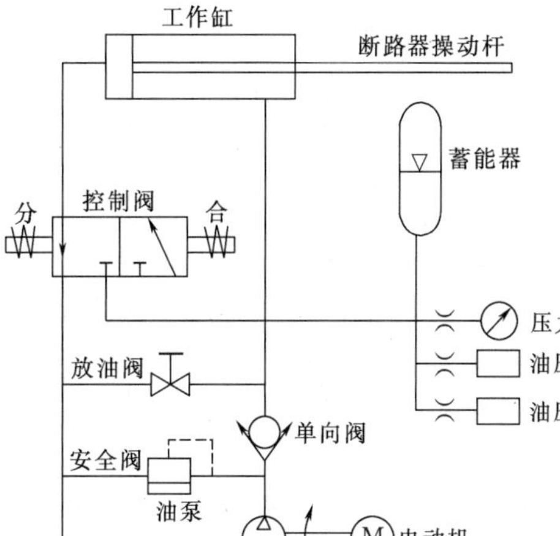

图 4－2　液压操动机构系统工作原理图

动机的起动（油泵每次运转时间约 3min）及实现分、合闸闭锁功能。工作缸活塞右侧（分闸腔）和蓄能器直接连通，因此处于常高压状态。活塞左侧（合闸腔）则通过控制阀控制。控制元件（控制阀）主要作为储能元件与操作元件的中间连接，给出分、合闸液压脉冲信号，去控制操作元件。

操动机构的主要工作原理是：合闸时蓄能器中的高压油进入合闸腔，由于合闸腔承压面积大于分闸腔承压面积，使活塞快速向右运动，实现合闸。分闸时合闸腔中高压油泄至低压油箱，在分闸腔高压油作用下，活塞向左运动，实现快速分闸。

需要指出的是：如果氮气出现泄漏（“失氮”），则根据氮气的特性。在油泵电动机运转加压过程中，会出现液压压力异常升高的现象。（如液压压力为 32MPa 时，电动机驱动油泵运转约 3min，加压完毕液压压力应升至 33～34MPa 之间，如在加压过程中出现 35.5MPa 的压力则判为“失氮”），如出现此类情况应加以闭锁。

2. 控制开关

该断路器有采用 LW2—Z—1a、4、6a、40、20、20/F8 型控制开关，控制开关的触点图表如表 4-1 所示。其中，F8 表示方形面板，8 表示手柄的型式。触点图表表明了控制开关的操作手柄在不同位置时触点盒内各触点通断情况。

表 4-1　　LW2—Z—1a、4、6a、40、20、20/F8 型控制开关触点图表

在“跳闸后”位置的手柄（正面）的样式和触点盒（背面）的接线图	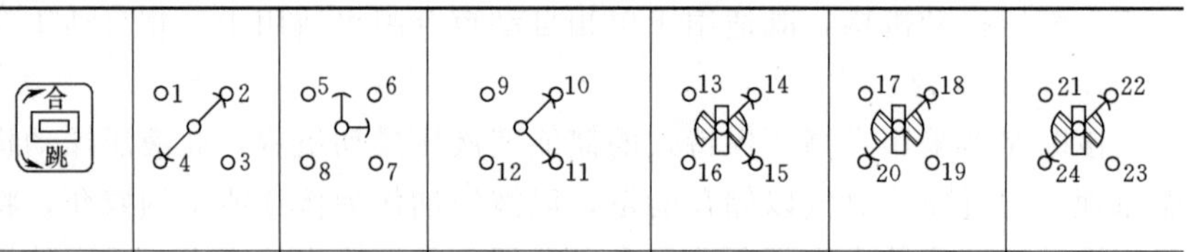																
手柄和触点盒的型式	F8	1a		4		6a			40			20			20		
触点号 / 位置	—	1-3	2-4	5-8	6-7	9-10	9-12	10-11	13-14	14-15	13-16	17-19	17-18	18-20	21-23	21-22	22-24
跳闸后	[position icon]	—	•	—	—	—	—	•	—	•	—	—	—	•	—	—	•
预备合闸	[position icon]	•	—	—	—	•	—	—	•	—	—	—	•	—	—	•	—
合　闸	[position icon]	—	—	•	—	—	•	—	—	—	•	•	—	—	•	—	—
合闸后	[position icon]	•	—	—	—	•	—	—	—	—	•	•	—	—	•	—	—
预备跳闸	[position icon]	—	•	—	—	—	—	•	•	—	—	—	•	—	—	•	—
跳　闸	[position icon]	—	—	—	•	—	—	•	—	•	—	—	—	•	—	—	•

3. 断路器控制信号回路说明

图 4-3～图 4-7 共同示出了该断路器的控制信号回路（部分回路未画出），表 4-2 为该断路器控制信号回路设备表。动作原理如下：

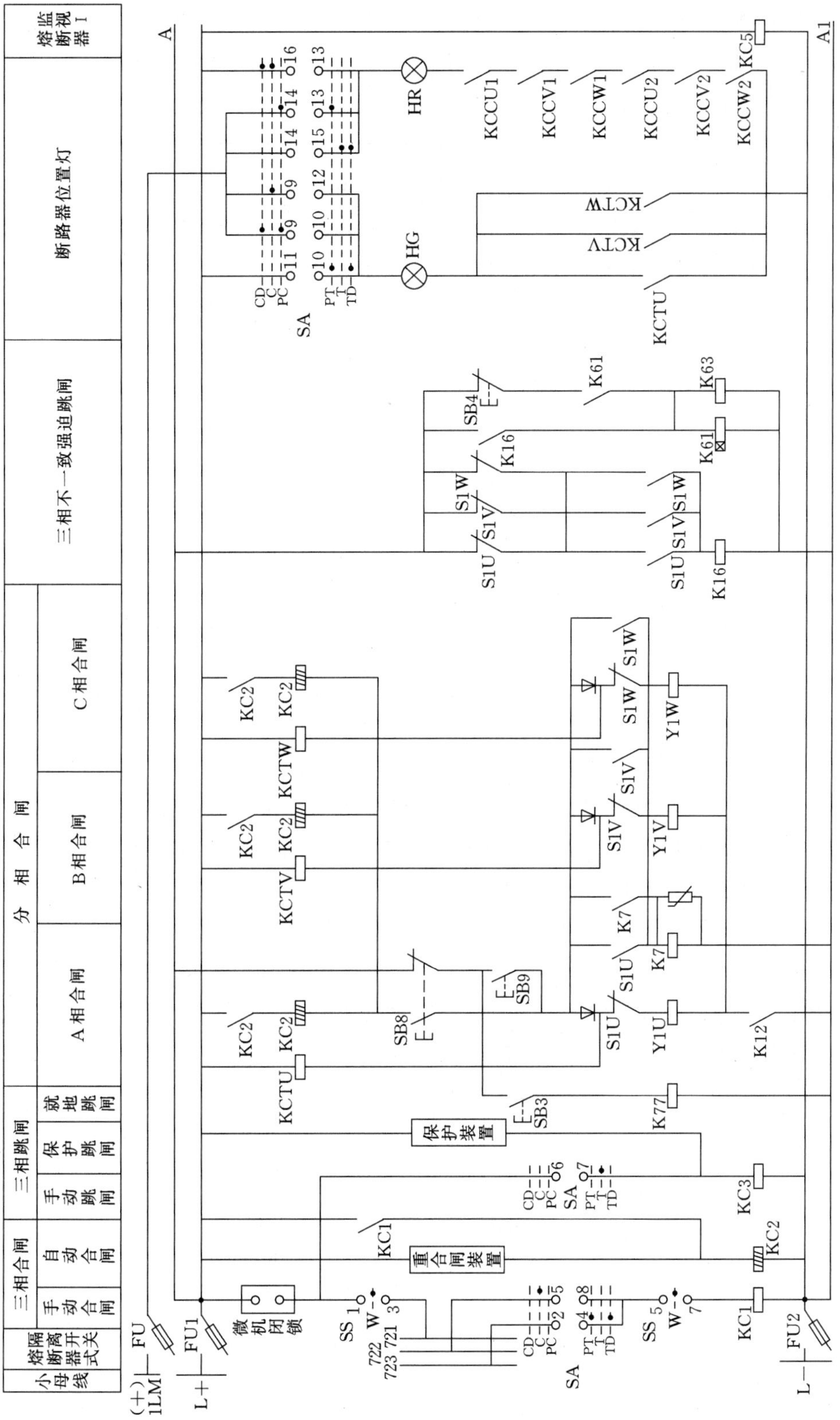

图4-3 液压操动机构分相操作 SF_6 断路器控制信号回路之一

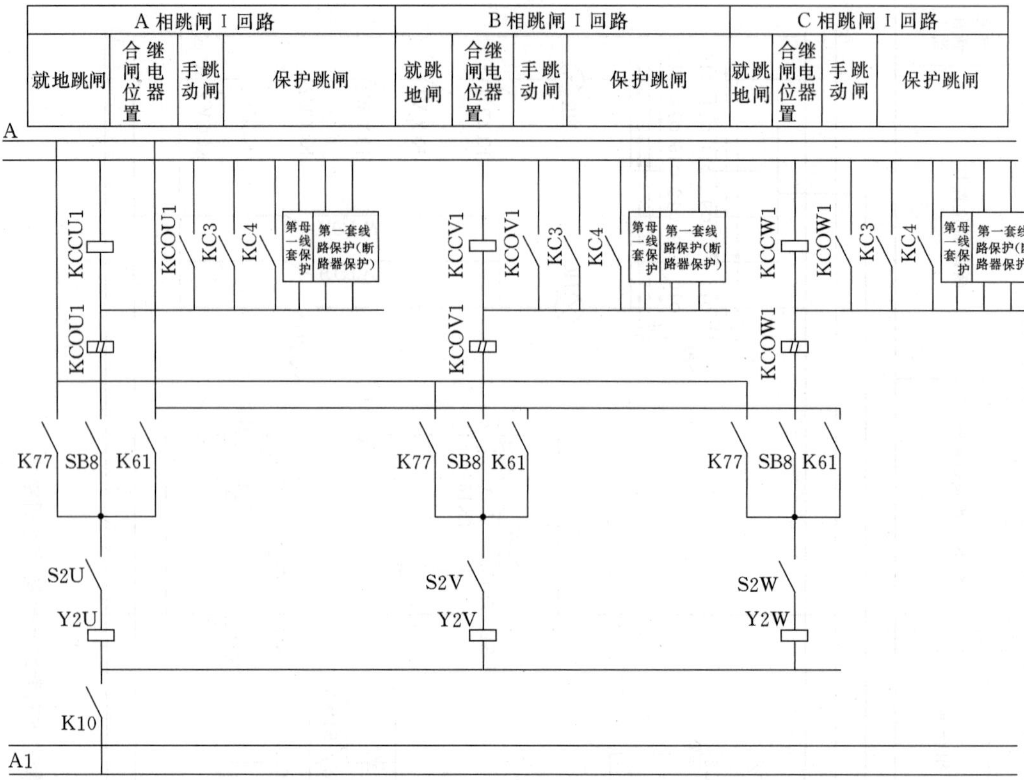

图 4-4　液压操动机构分相操作 SF_6 断路器控制信号回路之二

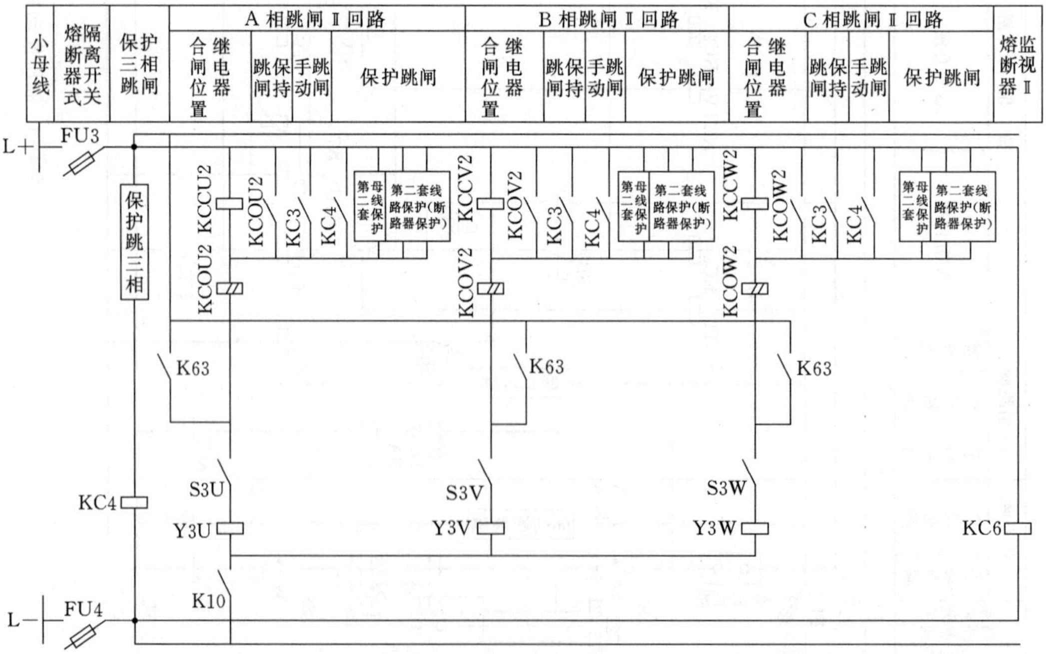

图 4-5　液压操动机构分相操作 SF_6 断路器控制信号回路之三

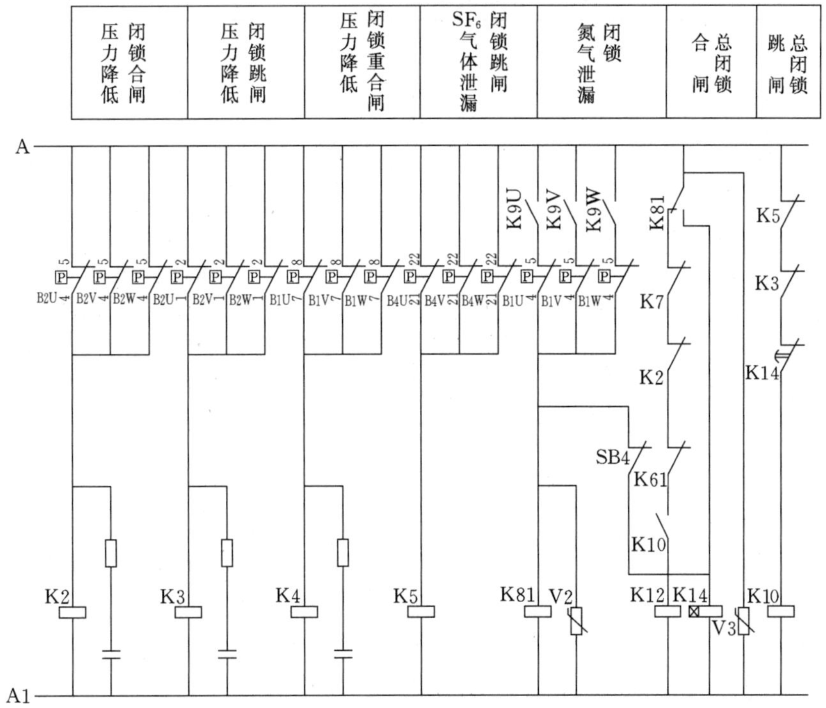

图 4-6　液压操动机构分相操作 SF_6 断路器控制信号回路之四

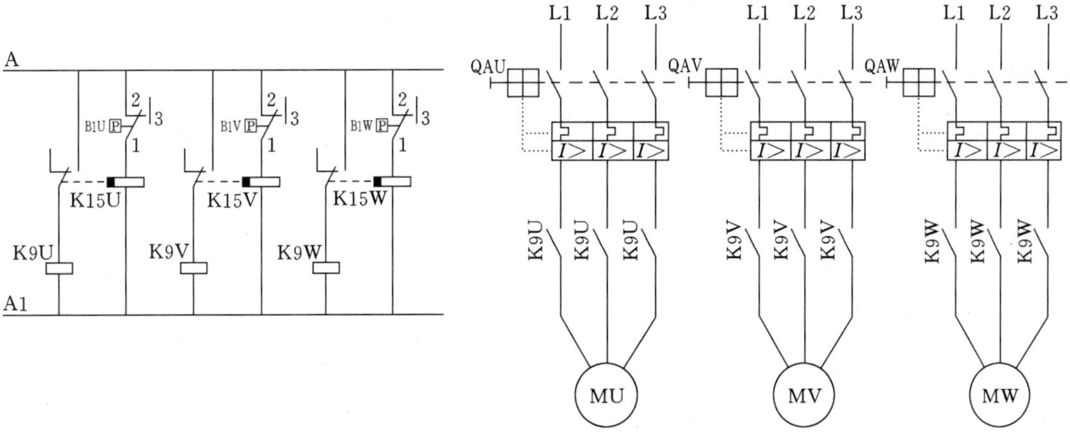

图 4-7　液压操动机构分相操作 SF_6 断路器控制信号回路之五

（1）断路器的手动合闸（远方操作）。该控制回路的设计考虑断路器的同期问题，断路器的合闸回路经同期开关 SS 加以控制，即只有当断路器同期开关 SS 处于“投入”（图 4-3 中的“W”）位置，其触点 1—3，5—7 均闭合，断路器才有可能合闸。

断路器合闸时，运行人员将控制开关 SA 置于“合闸”位置，其触点 5—8 接通，断路器的合闸控制回路由正电源 L＋经同期开关 SS 触点 1—3、同期合闸小母线（721L 与 722L 接通为手动准同期，721L 与 723L 接通为自动准同期）、SA 触点 5—8、SS 触点 5—7、手动

表 4-2　　3AT2EI 型断路器控制信号回路设备表

项目代号	名　　称	项目代号	名　　称
KC1	手动合闸继电器	FU1、FU2、FU3、FU4	熔断器
KC2	三相合闸继电器	SA	控制开关
KC3	手动三相跳闸继电器	SS	同期开关
KC4	保护起动三跳继电器	SB3	就地分闸按钮
KC5、KC6	熔断器监视继电器(直流Ⅰ、Ⅱ回路)	SB4	三相不一致跳闸确认按钮
KCTU、KCTV、KCTW	A、B、C 三相跳闸位置继电器	SB8	就地、远方切换开关
KCCU1、KCCV1、KCCW1	A、B、C 三相合闸位置继电器(用于跳闸回路Ⅰ)	SB9	就地合闸按钮
KCCU2、KCCV2、KCCW2	A、B、C 三相合闸位置继电器(用于跳闸回路Ⅱ)	S1U、S1V、S1W、S2U、S2V、S2W、S3U、S3V、S3W	断路器辅助触点(A、B、C 三相)
KCOU1、KCOV1、KCOW1	A、B、C 三相的保护出口继电器电流线圈(用于跳闸回路Ⅰ)	Y1U、Y1V、Y1W	合闸线圈(A、B、C 三相)
KCOU2、KCOV2、KCOW2	A、B、C 三相的保护出口继电器电流线圈(用于跳闸回路Ⅱ)	Y2U、Y2V、Y2W	跳闸线圈Ⅰ(A、B、C 三相)
K2	液压压力降低闭锁合闸	Y3U、Y3V、Y3W	跳闸线圈Ⅱ(A、B、C 三相)
K3	液压压力降低闭锁分闸(总闭锁)	B1U、B1V、B1W B1U、B1V、B1W B1U、B1V、B1W	压力开关(A、B、C 三相)
K4	液压压力降低闭锁重合闸	QAU、QAV、QAW	自动开关(A、B、C 三相)
K5	SF_6 气体压力降低闭锁分闸(总闭锁)	HR、HG	红灯、绿灯
K7	防跳继电器	K9U、K9V、K9W	中间继电器
K12	合闸总闭锁继电器	K10	跳闸总闭锁继电器
K16	三相不一致强迫跳闸继电器	K14	延时继电器
K61	三相不一致跳闸继电器(用于跳闸回路Ⅰ)	K15U、K15V、K15W	瞬时动作延时返回中间继电器(A、B、C 三相)
K63	三相不一致跳闸继电器(用于跳闸回路Ⅱ)	MU、MV、MW	油泵电动机(A、B、C 三相)
K77	就地跳闸继电器	K81	氮气泄漏闭锁

合闸继电器 KC1 至负电源 L—，形成通路。手动合闸继电器得电动作，其触点闭合，使三相合闸继电器 KC2 的电压线圈得电，KC2 继电器动作后，接在 A、B、C 三相合闸回路上的触点闭合，且每相经 KC2 电流自保持线圈、就地/远方切换开关 SB8、断路器的常闭辅助触点

(S1U、S1V、S1W)、合闸线圈(Y1U、Y1V、Y1W)及合闸总闭锁继电器 K12 的触点(该触点在压力正常时闭合)形成通路,使断路器三相同时合闸。断路器三相合闸后,其常闭辅助触点 S1U、S1V、S1W 断开,切断合闸回路。

(2)断路器的手动合闸(就地操作)。如将就地远方切换开关 SB8 切至"就地"位置,则其常开触点断开,常闭触点闭合。此时只要按下就地合闸操作按钮 SB9,也能起动三相合闸继电器 KC2,实现断路器三相合闸功能,其余过程与(1)相同。

(3)自动合闸。当断路器因线路故障跳开某一相或三相同时跳开时,如投入自动重合闸,则自动重合闸动作后,起动三相合闸继电器 KC2,进行自动合闸,由于未跳闸相断路器的常闭辅助触点处于断开状态,所以自动合闸只能使跳闸相断路器的合闸线圈励磁。

(4)手动跳闸(远方操作)。手动跳闸时,运行人员将 SA 置于"跳闸"位置,触点 6—7 接通,手动三相跳闸继电器 KC3 动作,接于 A、B、C 三相跳闸回路Ⅰ及 A、B、C 三相跳闸回路Ⅱ的 KC3 常开触点闭合,(见图 4－4 和图 4－5),在跳闸回路Ⅰ中(见图 4－4),正电源经 KC3 常开触点(三相都有)、保护出口继电器电流线圈(KCOV1、KCOU1 、KCOW1)、就地远方切换开关 SB8 的常开触点、断路器常开辅助触点(S2U、S2V、S2W)跳闸线圈(Y2U、Y2V、Y2W)、跳闸总闭锁继电器 K10 常开触点(正常时闭合)形成通路。使断路器三相同时跳闸。断路器三相跳闸后,断路器辅助常开触点 S2U、S2V、S2W 断开,切断跳闸回路Ⅰ。跳闸回路Ⅱ(见图 4－5),动作原理与跳闸回路Ⅰ类似,但装置及电源是各自独立的。

(5)断路器的手动跳闸(就地操作)。如将就地/远方切换开关 SB8 切至"就地"位置,则其常开触点断开,常闭触点闭合,按下就地跳闸操作按钮 SB3,起动就地跳闸继电器 K77,其常开触点闭合,接通跳闸回路Ⅰ,从而实现断路器三相跳闸功能。

(6) 保护跳闸。如采用单相重合闸时，则保护跳闸的跳闸脉冲可能是分相发出的，以跳闸回路Ⅰ中 A 相保护跳闸为例，当线路保护（或断路器保护）发出跳 A 相命令时，经 KCOU1 电流自保持线圈，就地远方/切换开关 SB8 的常开触点、断路器常开辅助触点 S2U、跳闸线圈 Y2U、跳闸闭锁继电器触点 K10 形成通路，实现 A 相跳闸。跳闸成功后，S2U 断开 A 相跳闸回路。

在跳闸回路Ⅱ中有保护跳三相功能，当保护起动三跳继电器 KC4 动作后，其触点闭合，跳闸回路Ⅰ、跳闸回路Ⅱ中的跳闸线圈同时励磁，完成三相跳闸功能。

(7) 并联防跳。断路器应有防止跳跃的装置，如图 4－3 所示。无论是手动合闸还是自动合闸，当有任一相的断路器常开辅助触点闭合，立即起动防跳继电器 K7 动作，其常开触点闭合，只要此时 A、B、C 任一相的合闸脉冲仍然存在，K7 就保持动作状态。其常闭触点断开使 K12 失电返回（见图 4－6），K12 的常开触点断开合闸回路，只到合闸脉冲消失后 K7 才返回，从而达到了防止断路器跳跃的效果。

(8) 三相不一致强迫跳闸（"非全相" 分闸功能）。主要作用是防止非全相合闸，如图 4－3 所示，如果出现 A、B、C 三相的常闭辅助触点与常开辅助触点都有接通的情况，则起动三相不一致强迫跳闸继电器 K16，经过一段整定延时后 K16 触点闭合，使三相跳闸继电器 K61、K63 得电，将断路器三相跳闸。

(9) 油泵控制回路。参见表 4－3 及图 4－7，由于断路器采用分相操作，每相断路器操动机构中都有一台加压用的电动机，图 4－7 中所示为交流电动机，L1、L2、L3 代表交流电源的A、B、C三相。电动机经起动继电器K9U（K9V、K9W）触点、自动开关（带有热式过负荷脱扣器及过电流脱扣器）与电源相联。当液压压力低于32MPa时，压力开关B1U（B1V、B1W）常闭触点1—2接通，起动中间继电器K15U（K15V、K15W），该继电器为瞬时动作延时返回中间继电器，它的主要作用是控制电动机的运转时间。K15U（K15V、K15W）的触点闭合使K9U（K9V、K9W）动作，触点闭合使电动机MU（MV、MW）运转。到整定延时（约3min）后，K15U（K15V、K15W）继电器返回，K9U（K9V、K9W）失电返回，电动机MU（MV、MW）停止运转。

表4-3　3AT2EⅠ型断路器液压操动机构压力开关及触点动作行为表

开关	触点	液压压力值		各触点通断情况及动作（闭锁）行为
		BAR（巴）	MPa（兆帕）	
B1U B1V B1W	1/2/3	320	32	液压下降至此压力时，触点1、2接通，触点1、3断开，起动液压泵（定时停泵）
	4/5/6	355	35.5	液压上升到此压力时，触点4、5接通，触点4、6断开，N2损失闭锁
	7/8/9	308	30.8	液压下降至此压力时，触点7、8接通，触点7、9断开，重合闸闭锁
B2U B2V B2W	1/2/3	253	25.3	液压下降至此压力时，触点1、2接通，触点1、3断开，总闭锁
	4/5/6	273	27.3	液压下降到此压力时，触点4、5接通，触点4、6断开，合闸闭锁
	7/8/9	253	25.3	液压下降至此压力时，触点7、8接通，触点7、9断开（此触点备用）
B4U B4V B4W	11/12/13	5.2	0.52	液压下降至此压力时，触点11、12接通，触点11、13断开，SF_6损失告警
	21/22/23	5	0.5	液压下降至此压力时，触点21、22接通，触点21、23断开，SF_6损失闭锁
	31/32/33	5	0.5	液压下降至此压力时，触点31、32接通，触点31、33断开（此触点备用）

注　此表所示压力为20℃时，各压力开关各触点的动作情况。

（10）液压压力闭锁回路，如图4-6所示。当A、B、C三相中任一相的操动机构液压压力低于30.8 MPa时，B1U（B1V、B1W）的常闭触点（7—8）闭合，使K4动作，其触点用于闭锁重合闸（图中未画出）。当A、B、C三相中任一相的操动机构液压压力低于27.3 MPa时，B2U（B2V、B2W）的常闭触点（4—5）闭合，使K2动作，其常闭触点断开，使K12失电返回，其常开触点断开合闸回路（在图4-3中），实现合闸闭锁。当A、B、C三相中任一相的操动机构液压压力低于25.3MPa时，B2U（B2V、B2W）的常闭触点（1—2）闭合，使K3动作，其常闭触点断开，使K10失电返回，其两付常开触点断开跳闸回路，实现跳闸闭锁（见图4-4和图4-5），K10另有一付常开触点接于合闸闭锁回路（见图4-6），所以实现跳闸闭锁时也实现了合闸闭锁。因而跳闸闭锁也称为“总闭锁”。

（11）SF_6气体泄漏闭锁跳闸，如图4-6所示。当A、B、C三相中任一相的操动机

构 SF_6 气体压力低于 0.5MPa 时，B4U（B4V、B4W）的常闭触点（21—22）闭合，使 K5 动作，其常闭触点断开，使 K10 失电返回，实现“总闭锁”。

（12）氮气泄漏闭锁，如图 4－6 及图 4－7。操动机构如出现氮气泄漏，在油泵运转过程中，K9U（K9V、K9W）常开触点闭合，此时如液压压力高于 35.5MPa，则压力开关触点 B1U（B1V、B1W）的常闭触点（4—5）闭合，起动继电器 K81，K81 的常闭触点立即断开，使 K12 失电返回，实现合闸闭锁。同时，K81 的常开触点立即闭合，起动延时继电器 K14，延时约 3h 后闭锁跳闸。

（13）断路器位置信号，如图 4－3 所示。采用双灯制接线的灯光监视回路。只有当跳闸回路Ⅰ，如图 4－4 所示及跳闸回路Ⅱ如图 4－5 所示。中的合闸位置继电器 KCCU1、KCCV1、KCCW1、KCCU2、KCCV2、KCCW2 都动作时，才代表断路器处于合闸位置，红灯亮。如果此时控制开关 SA 的位置与断路器的位置相对应，则红灯亮平光，否则红灯闪光。与之对应的是，只要合闸回路中的跳闸位置继电器 KCTU、KCTV、KCTW 有一只动作，则说明至少有一相断路器处于跳闸状态。绿灯亮，如果此时控制开关 SA 的位置与断路器的位置相对应，则绿灯亮平光，如不对应则绿灯闪光。

（14）与断路器相关的预告信号。主要有液压压力降低闭锁重合闸信号（K4 的一付触点）、液压压力降低闭锁合闸信号（K2 的一付触点）、液压压力降低闭锁跳闸信号（K3 的一付触点）、跳闸总闭锁信号（K10 的一付触点）、氮气泄漏信号（K81 的一付触点）、氮气泄漏总闭锁信号（K14 的一付触点）、SF_6 泄漏信号（B4U、B4V、B4W 的触点 11－12 并联）、SF_6 泄漏总闭锁信号（K5 的一付触点）、三相不一致强迫跳闸信号（K61 的一付触点）、就地操作信号（S8 的一付触点）、电动机电源消失信号（QAU、QAV、QAW 的常闭触点）、电动机运转信号（K9U、K9V、K9W 触点，可选择不用）、加热信号（用于寒冷环境中断路器）等。这些信号可以由传统信号系统实现，也可以用计算机监控系统实现。限于篇幅不再画出。

二、隔离开关控制回路

隔离开关又称为隔离刀闸（简称闸刀或刀闸），是高压开关的一种。隔离开关操动机构可分为手动、电动、气动、液压式等。

（一）隔离开关控制与操作闭锁的设计原则

额定电压为 220～500kV 倒闸操作用的隔离开关应能远方及就地操作，检修用的隔离开关、接地刀闸和母线接地器宜就地操作。额定电压为 110kV 及以下的隔离开关、接地刀闸和母线接地器宜就地操作。远方操作是指远离隔离开关的下部，即在控制室（或上级调度）或配电装置的其他构架上装设控制按钮。就地操作是指在隔离开关操动机构或机构操作箱上操作。

隔离开关、接地刀闸和母线接地器都必须有操作闭锁措施以防电气误操作。闭锁装置应实现以下功能，即所谓“五防”：

（1）防止带负荷拉合隔离开关。即只有当与之串接的断路器处于断开位置时，隔离开关才能进行操作。

（2）防止带电挂接地线或防止带电合接地刀闸或接地器。

（3）防止带地线合闸或防止在接地隔离开关未拉开时合断路器送电。

（4）防止误分、合断路器。如手车式高压开关柜的手车未进入工作位置或试验位置断路器不得合闸。

（5）防止误入带电设备间隔。即断路器、隔离开关未断开，则该高压开关柜的门打不开。

闭锁装置实现闭锁的方式应是强制性的，即在执行误操作时，由于闭锁装置的闭锁作用而执行不了。防止误操作接线与电气主接线的型式、隔离开关和接地刀闸的配置有关，总的原则如下：

（1）具有电动操动机构的隔离开关，在操作接线回路中设闭锁接线；对就地操作的隔离开关，设电磁锁闭锁回路或其他闭锁措施。

（2）隔离开关与接地刀闸之间有机械闭锁时，为简化接线，在它们之间可以不设电气闭锁。

（3）110kV及以上电压的母线装设两组接地器，采用有电闭锁继电器作为监视母线有无电压。当母线无电压时，才允许操作母线接地器。在母线接地刀闸合上时，不允许母线的任何隔离开关合闸。双母线接线系统，应设置由母联断路器及其隔离开关的辅助触点串联组成的隔离开关闭锁接线。

（4）220kV接地刀闸通常为手动操作，三相机械联动。每组接地刀闸只设置一只电磁锁。330～500kV接地刀闸，每相设一手动操动机构，且每相设电磁锁。

（5）电动操作隔离开关的操作电源采用交流380/220V电压；电磁锁推荐采用交流220V电压。

（二）隔离开关控制与操作闭锁举例

以某110kV进线隔离开关为例说明电动操作的隔离开关的控制与闭锁原理。

该进线的一次系统简图如图4-8所示，图中QF1为进线断路器；QS1、QS2为QF1两侧隔离开关；QSE11、QSE12为QS1两侧接地刀闸，QSE22为QS2线路侧接地刀闸，母线有专用的接地刀闸（此处未画出），固QS2的母线侧不另装设接地刀闸。

某110kV进线隔离开关的控制回路图如图4-9所示。具体说明如下。

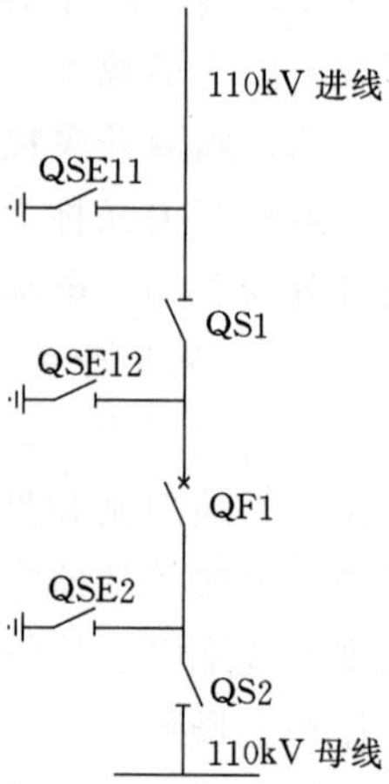

图4-8　某110kV进线一次系统简图

1. 合闸操作

当隔离开关QS1需要就地合闸时，揿下就地合闸按钮SB1，使接触器Y1线圈励磁，通路为：L2→QF1常闭接点→QSE11常闭接点→QSE12常闭接点→SB5（远方操作停止按钮）→SB3（就地操作停止按钮）→K（热继电器）常闭接点→SB1→Y1线圈→Y2常闭触点→S1（限位开关）常闭接点→L3；接触器Y1接通并自保持，Y1常开触点闭合使电动机作顺时针方向转动，通过一对齿轮及蜗轮蜗杆减速带动机构转轴旋转180°，此时机构定位弹片将限位开关S1打开，切断电源，电动机停止转动，完成合闸动作。

当隔离开关QS1需要远方合闸时，揿下远方合闸按钮SB4，使接触器Y1线圈励磁，Y1自保持，其后与就地操作完全相同。

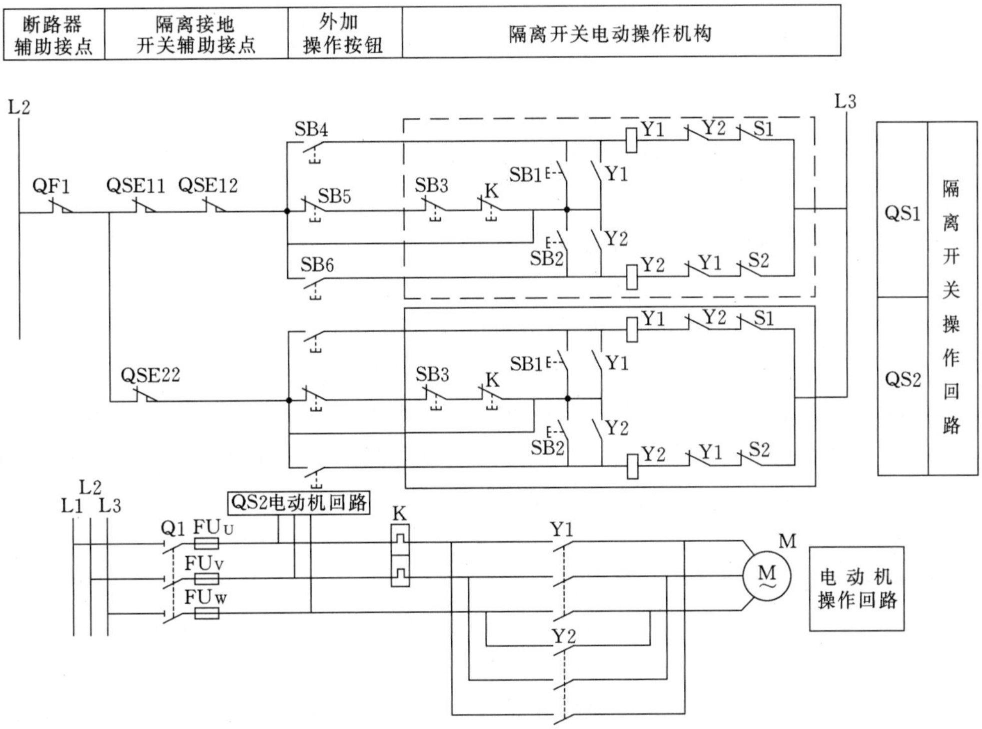

图 4－9 某 110kV 进线隔离开关的控制回路图

2. 分闸操作

当隔离开关 QS1 需要就地分闸时，揿下就地分闸按钮 SB2，使接触器 Y2 线圈励磁，通路为 L2→QF1 常闭接点→QSE11 常闭接点→QSE12 常闭接点→SB5（远方操作停止按钮）→SB3（就地操作停止按钮）→K（热继电器）常闭接点→SB2→Y2 线圈→Y1 常闭触点→S2（限位开关）常闭接点→L3；接触器 Y2 接通并自保持，Y2 常开触点闭合，接通电动机回路，使电动机做逆时针方向转动，通过一对齿轮及蜗轮蜗杆减速带动机构转轴旋转 180°，此时机构定位弹片将限位开关 S2 打开，切断电源，电动机停止转动，完成分闸动作。

当隔离开关 QS1 需要远方分闸时，揿下远方合闸按钮 SB6，使接触器 Y2 线圈励磁，Y2 自保持，其后与就地操作完全相同。

3. 停止操作

在合闸或分闸操作过程中，如有特殊情况需要立即将正在进行的操作停止时，应揿下就地操作停止按钮 SB3 或远方操作停止按钮 SB5，使分（合）闸回路切断，电动机停止转动，操作过程即时停止。

4. 闭锁原理

此例为在隔离开关的控制回路中实现电气闭锁。在进行断开和投入线路的正常操作时，首先应断开断路器 QF1，否则 QF1 常闭触点将断开隔离开关操作回路；QSE11、QSE12 也要打开，否则其常闭触点将断开隔离开关操作回路。

第三节 电流、电压互感器配置与接线

电流、电压互感器的配置是变电所电气设计的主要内容之一，包括电流、电压互感器型式的选择、装设位置和数量的确定等。这些内容往往需要结合电气一次和二次设备的要求来确定。

一、电流互感器的选择、配置与接线

（一）电流互感器的选择

为降低工程造价，在设计上通常采用测量仪表与继电保护共用一组电流互感器的方式，一个电流互感器内有一个或多个铁芯，每个铁芯上有一个二次绕组。测量仪表和继电保护接不同的二次绕组，且供测量仪表的铁芯与供继电保护的铁芯在特性上有较大差别。测量铁芯是按电流互感器正常运行条件设计的，铁芯截面小，饱和倍数低；而保护用铁芯是按短路条件设计的，铁芯截面大，饱和倍数高。

1. 一次电流的选择

测量仪表用电流互感器的一次电流一般应取 $I_{TA} \geqslant 1.25I_n$。其中，I_n 为发电机或变压器的额定电流，对线路应是最大负荷电流。对于直接起动电动机的测量仪表用电流互感器应选用 $I_{TA} \geqslant 1.25I_n$。

继电保护用电流互感器额定电流应大于该电气主设备可能出现的最大长期负荷电流。

国产电流互感器的额定一次电压及电流等级，如表 4-4 所示。

表 4-4 国产电流互感器的额定一次电压及电流等级表

额定一次电压等级（kV）	0.5；6；10；15；20；35；60；110；220；330；500
额定一次电流等级（A）	5；10；15；20；40；50；70；100；150；200；300；400；500；600；800；1000；1200；1500；2000；3000；4000；5000；6000；8000；10000；12000；15000；20000

2. 二次电流的选择

标准电流互感器二次额定电流为 5A 或 1A。110kV 及以上的电流互感器的额定二次电流宜选 1A，这样可大幅度降低电缆中的有功损耗，在相同的条件下可减轻电流互感器的二次负担，减小电流回路电缆截面，以降低工程造价。

3. 额定输出容量的选择

电流互感器的额定输出容量是指在额定一次电流、额定变比条件下，保证所要求的准确级时，所能输出的最大容量。可根据二次负载所消耗的容量来计算电流互感器的额定输出容量。电流互感器二次负载所消耗的容量 S_{loa} 为

$$S_{loa} = I_n^2 Z_{loa}$$

式中 I_n——电流互感器的二次额定电流，A；

Z_{loa}——二次回路的负载阻抗，可采用实际测量值或通过计算得到，Ω。

选择电流互感器的额定输出容量 $S_n > S_{loa}$。额定容量标准值为 5VA、10VA、15VA、20VA、25VA、30VA、40VA、50VA、60VA、80VA、100VA。

注意，对测量仪表用互感器的额定容量只要稍大于二次负载即可，以保证短路时铁芯

能迅速饱和，使测量仪表免遭过大的电流所造成的损坏。

4. 准确级的选择

为满足保护、测量的需要，各个铁芯具有的准确级可以不同。保护用电流互感器应选P级或TP级。P级是一般保护用电流互感器，其误差是在稳态正弦一次电流条件下的误差，P级可分为5Px，10Px两种，如5P10，5P20，10P10，10P20等，其中“P”表示保护用铁芯，P之前的数字表示综合误差即准确等级，P之后的数字表示极限准确倍数。极限准确倍数指电流互感器能满足综合误差要求的最大一次电流值与电流互感器额定一次电流之比值，如5P20的含义是该互感器为保护用，在一次侧流过的最大电流为其一次额定电流20倍时，该互感器的综合误差不大于5%。

由于500kV电力系统中暂态过渡时间常数大，500kV系统可达60～100ms，大型发变组回路可达300ms。非周期分量会使铁芯饱和造成电流互感器的传变特性变坏，不能按变比传变短路电流周期分量，导致继电保护延迟动作或无法动作。非周期分量暂态不平衡电流还可能造成保护误动作。而超高压系统作为电力系统的主干网架，要求继电保护的动作时间应小于40ms。鉴于上述情况，要求500kV系统中保护用的电流互感器，在暂态过程中也能准确地工作。这就要求电流互感器选择具有暂态特性的铁芯。即TP型电流互感器。TP型电流互感器可分为TPS、TPX、TPY、TPZ四种。

500kV输电线路继电保护宜选用TPY型，有特殊要求时也可用TPZ型，以防止快速自动重合闸时延滞继电保护的动作。当为发电机——变压器——线路组且线路装设快速单相自动重合闸时，宜采用TPY型的铁芯。

TPS、TPX型的铁芯多接于高阻抗继电器作母线差动保护用。

母线保护回路宜选用TPZ型电流互感器铁芯。

出于经济上的考虑，目前在220kV及以下电力系统继电保护回路尚不推荐使用TP型电流互感器。在设计时，推荐采用10P型电流互感器铁芯，只有对精度有特殊要求而10P型铁芯不能满足时才采用造价相对较高的5P型电流互感器铁芯。

对于测量用电流互感器铁芯，准确等级用有0.1级、0.2级、0.3级、0.5级、1级、3级、5级等，测量和表计用的电流互感器一般为0.5级。只作为测量用的允许用1级，对非重要的测量允许使用3级。

使用了规定准确等级的电流互感器后，并不能确保实际的电流误差控制在规定范围之内。必须保证二次负载实际的消耗伏安数不超过电流互感器的额定容量。此外，对继电保护用电流互感器的一次最大短路电流不应超过电流互感器规定的极限准确倍数。

（二）电流互感器的配置

电流互感器的配置时应考虑以下因素：

（1）电流互感器二次绕组的数量与等级应满足继电保护自动装置和测量表计的要求。如图4-10中，对于220kV线路，每相的电流互感器设有3个10P20级和1个0.5级共4个铁芯，以适应主保护如高频保护、后备保护如距离保护、母线保护及测量的需要。对于110kV线路，每相只设两个铁芯，主要原因是110kV不设母线保护、不装设全线速动保护。只需一组保护用电流互感器。

（2）用于保护装置时，应消除主保护的不保护区。保护接入电流互感器二次绕组的分配，应注意避免当某一线路的保护停用而线路继续运行时，出现电流互感器内部故障时的保护死区。如图 4-10 中 220kV 线路的主保护与母线保护的电流互感器二次绕组的配置，当母线保护退出时，如电流互感器发生故障，主保护可以反应；当主保护退出时，如电流互感器发生故障，母线保护可以反应。

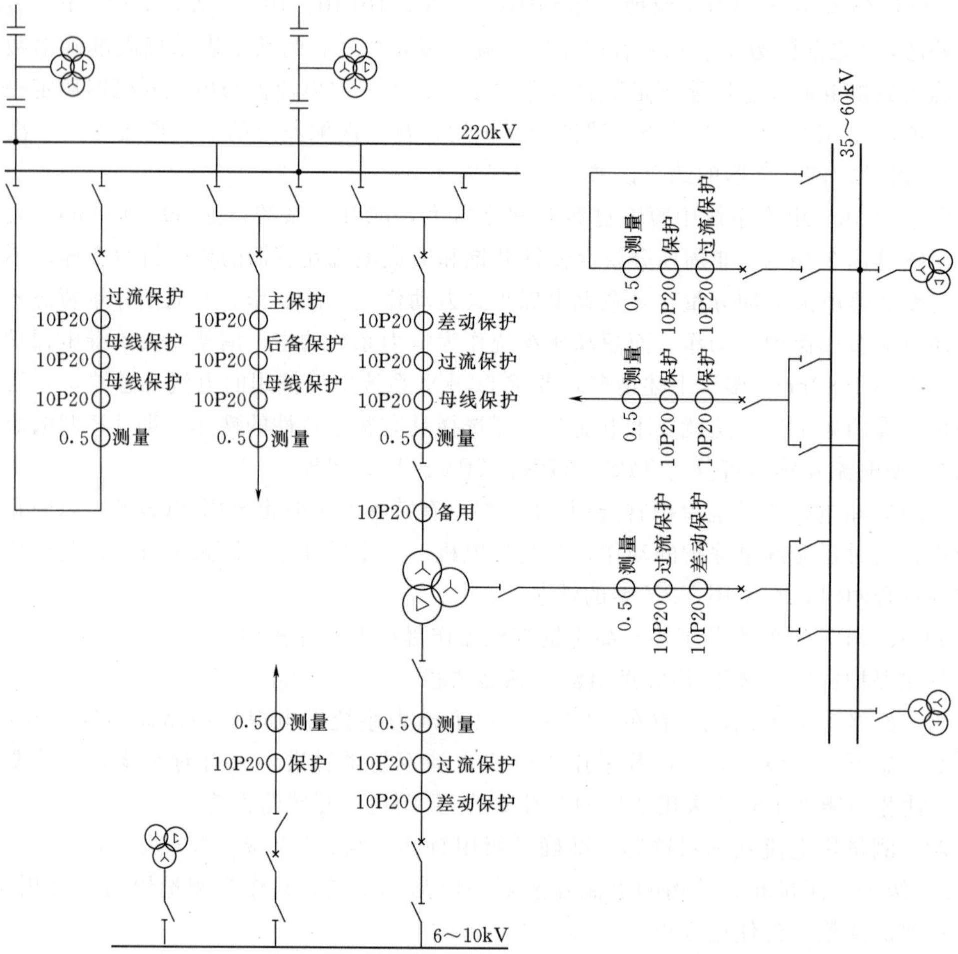

图 4-10　220 kV 变电所电流、电压互感器典型配置图

（3）对中性点直接接地系统，电流互感器应采用三相式（三相都装电流互感器），以取得零序电流；对中性点非直接接地系统，一般为两相式（装于 A、C 两相上）以保护相间短路，对重要回路（如发电机），为防止两点异相接地或需提高灵敏度时，则电流互感器可为三相式。

（4）当采用一个半断路器接线时，对独立式电流互感器每串宜配置三组。

（5）用于自动调整励磁装置时，应布置在发电机定子绕组的出线侧。而不应布置于发电机中性点侧以防止发电机内部短路并跳闸后产生误强励。

（6）用于变压器差动保护的各侧电流互感器铁芯，宜具有相同的铁芯形式；用于同一母线差动保护的电流互感器铁芯，宜具有相同的铁芯形式。目的是减小外部短路时的不平衡电流。

220kV变电所电流、电压互感器典型配置图如图4-10所示。

（三）电流互感器的二次回路接线

电流互感器二次回路的接线方式，由测量仪表、继电保护及自动装置或变电站监控系统、综合自动化系统等装置的要求以及电流互感器的配置情况而确定。电流互感器常见的接线方式按照不同的电压等级及不同的保护、测量对象有着不同的分类，在选择电流互感器的接线方式时应加以注意。

1. 电流互感器接线方式

电流互感器接线方式的分类，如表4-5所示。

（1）单相式接线，如表4-5中第1项。这种接线主要用于变压器中性点和6～10kV电缆线路的零序电流互感器，只反映单相或零序电流。

表4-5　　　　电流互感器接线方式分类表

序号	接线方式及二次回路	接　线　特　点
1	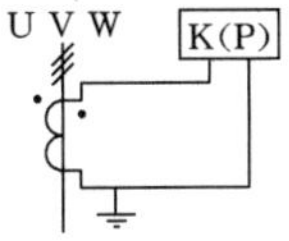	一只电流互感器，反应零序电流，一次绕组可能是三相电缆或变压器中性线，图中“K（P）”代表“继电器（测量元件）”
2	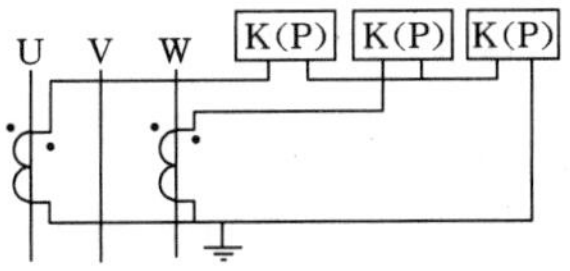	两只电流互感器，一般装在U相（A相）和W相（C相），图中为两相三继电器式接线，用以反应“负B”相电流
3	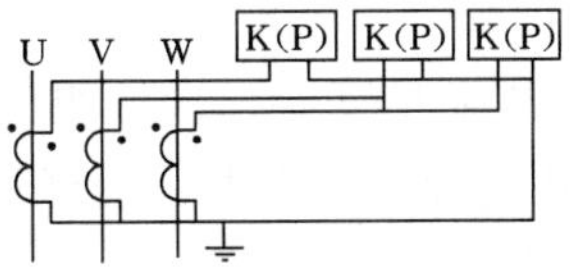	三相电流互感器，二次负荷为星形接线
4	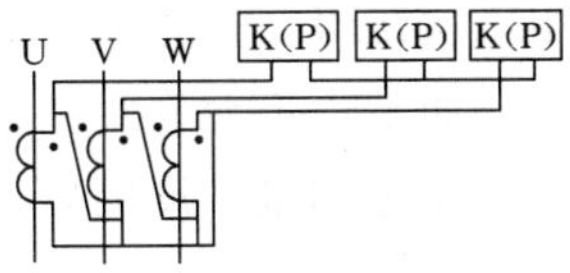	三相电流互感器，按极性首尾相串，这种接法一般和星形接线配合使用，如在y，d11型变压器差动保护中
5	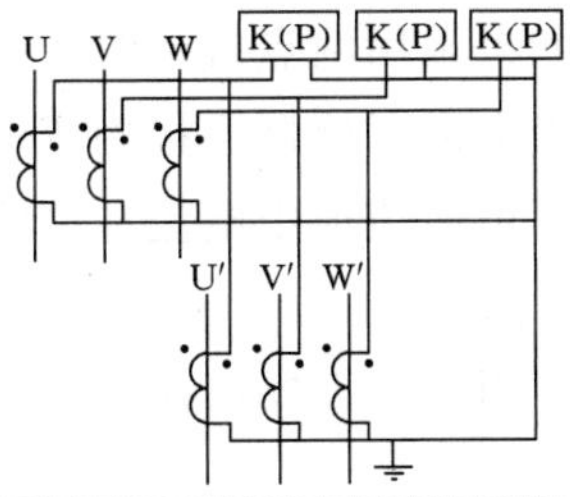	此种接线不是简单的两个星形接线的叠加，因为这两组互感器的一次绕组并不属于同一元件

(2) 两相星形接线，见表 4-5 中第 2 项。这种接线主要用于 6～10kV 小电流接地系统的测量和保护回路接线，可以测量三相电流、有功功率、无功功率、电能等。反映相间故障电流，不能完全反映接地故障。

(3) 三相星形接线，见表 4-5 中第 3 项。这种接线用于 110～500kV 直接接地系统的测量和保护回路接线。可以测量三相电流、有功功率、无功功率和电能等。反映相间及接地故障电流。

(4) 三角形接线，见表 4-5 中第 4 项。这种接线的测量表计电流回路一般不采用三角形接线。这种接线主要用于 Y，d 接线变压器差动保护回路。接入继电器的电流为二相电流互感器电流之差，故继电器回路无零序电流分量，并且流入继电器的电流为相电流的 $\sqrt{3}$倍。

(5) 和电流接线，见表 4-5 中第 5 项。这种接线用于一个半断路器接线、角形接线、桥形接线的测量和保护回路。

2. 测量仪表的电流回路接线

同一次回路的各种测量仪表的电流回路应串联在一起，供测量仪表电流回路的电流互感器按不完全星形或完全星形方式接线。串联的顺序应考虑使电流回路的电缆最短。一般的顺序是电流表、功率表、电度表、记录型仪表、变送器。

测量仪表用的电流互感器二次侧中性点在配电装置处一点接地。各回路的测量表计电流回路通常用一根专用电缆，由配电装置的电流互感器端子箱引至表计屏。

3. 保护用电流互感器的二次回路接线

保护用电流互感器的二次回路接线要根据继电保护装置的要求而确定。一般来说，过电流保护、阻抗保护、高频保护、母线差功保护、变压器差动保护的三角形侧电流互感器都采用星形或不完全星形接线。而变压器差动保护为了使各侧电流相位匹配，要求星形侧的电流互感器二次侧接成三角形。在某情况下为了滤掉零序电流，也采用三角形接线。为提高主保护的可靠性，220～500kV 线路主保护，220～500kV 变压器差动保护、220～500kV 母线保护都用单独的电流互感器或单独的电流互感器二次绕组供电，尽可能不与其他保护共用电流互感器的二次绕组。当需要共用电流互感器时，要经过中间电流互感器在回路上隔离。

一般情况下不允许将继电保护装置接在测量用二次绕组。这是因为在短路情况下，测量用铁芯很快饱和，有可能引起继电保护装置拒动。通常也不允许将测量仪表接在保护用二次绕组。这是因为保护用的二次绕组误差大，不能满足测量精度的要求，且在一次系统故障时还有可能使测量仪表损坏。

保护用电流互感器二次侧应设一个接地点，如果采用两点接地时，会引入地电位差电流。接地点一般在配电装置经端子排接地。有几组电流互感器连接构成的保护用电流互感器二次回路应在保护屏上设一个公用的接地点，即可避免地中电流和电流互感器二次回路电流的耦合引起保护误动作。

电流互感器二次回路一般不应设置切换回路，当确实需要切换时，应确保在切换时电流互感器二次回路不能开路。

二、电压互感器的选择、配置与接线

（一）电压互感器的选择

1. 一次和二次电压的选择与配置

电压互感器的一次绕组额定电压有 3kV、6kV、20kV、35kV、110kV、220kV、500kV 各级，电压互感器二次绕组分主二次绕组及辅助二次绕组两类，即主二次绕组的额定电压是按下述原则设计的：①一次绕组接于线电压时；二次绕组额定电压为 100V；②一次线路接于相电压时，二次绕组的额定电压为 $100/\sqrt{3}$V。辅助二次绕组的额定电压按下列原则设计：①中性点直接接地的系统中，二次绕组额定电压为 100V；②中性点不接地或经消弧线圈接地的系统中，二次绕组额定电压为 100/3V。

2. 相数和接线的选择

在 3～35kV 变电所中，广泛采用三相电磁式电压互感器或三个单相电磁式电压互感器，一般选用三绕组型电压互感器，即一组一次绕组，接于母线取得一次电压；一组（三相）主二次绕组，供仪表测量和继电保护装置；一组（三相）辅助二次绕组接成开口三角形，用于绝缘监视装置。

110kV 电压等级的母线电压互感器一般采用三个单相电磁式电压互感器。电压互感器选用三绕组型（两个二次绕组）。二次设一组主二次绕组供仪表测量和继电保护，一组辅助二次绕组接成开口三角形，用于向继电保护装置提供零序电压。

220～500kV 电压等级的母线电压互感器选用单相电容式电压互感器。220kV 选用三绕组或四绕组型（三个二次绕组）电压互感器，三绕组的情况与 110kV 电压互感器相同。采用四绕组，主要是为保护双重化考虑的。

（二）电压互感器二次回路接线原则

（1）电压互感器的负荷应尽量分配均匀，使得三相平衡，以免因一相负荷过大而影响负载端仪表、保护和自动装置的准确性。

（2）电压互感器应按母线数量设置，即每一组主母线装设一组电压互感器。接在同一母线上的所有元件的测量仪表、继电保护和自动装置都由一组电压互感器二次侧取得电压。为减少电缆联系，采用了电压小母线，各电气设备所需要的二次电压由电压小母线上引接。

（3）对于中性点非直接接地系统，电压互感器星形接线的二次绕组宜采用 B 相一点接地方式，也可采用中性点一点接地方式。图 4－11 示出了 B 相一点接地的电压互感器二次回路接线示意图。采用 B 相接地时应注意的事项是：

1）B 相接地应设在熔断器 FU2 之后，以防中性点接地时烧毁 B 相绕组。二次绕组的中性点经击穿保险器 JS 接地，在正常情况下，中性点处于绝缘状态，当 B 相绕组 FU2 熔断时，中性点电位升高，将间隙 JS 击穿。

2）为防止电压互感器停电或检修时由二次侧向一次侧的电压反馈，A、C 相和中性线 N 都经电压互感器一次侧隔离开关辅助触点 QS 分别引至电压小母线 A630、B630、N600。因中性线上辅助触点接触不良现象难以发现，故采用两对 QS 触点并联，以增加其接触的可靠性。

（4）对中性点直接接地系统，电压互感器星型接线的二次绕组应采用中性点一点接地方式（中性线接地）。中性点接地线中不应串接有可能断开的设备。图 4－12 示出了中性

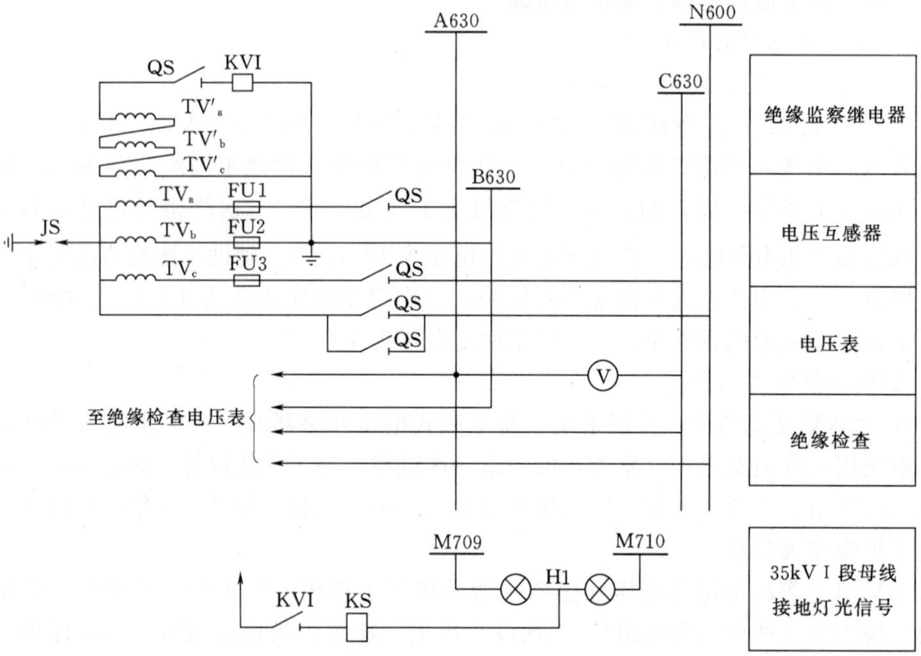

图 4-11　B相接地的电压互感器二次回路接线示意图

TV_a、TV_b、TV_c—电压互感器二次绕组；TV'_a、TV'_b、TV'_c—电压互感器第三绕组；V—电压表；KVI—绝缘监察继电器；KS—信号继电器；FU1～3—熔断器；JS—击穿保险；QS—隔离开关辅助接点；H1—光字牌

点接地的电压互感器二次回路接线图。需注意有如下几点：

1）二次侧的中性线不经过隔离开关的辅助触点。

2）采用自动空气开关QF1代替了熔断器，使在离电压互感器二次绕组较远的电压回路中发生故障时，仍能快速断开故障相，以防二次回路故障造成的保护和自动装置发生误动或拒动。

3）应设有防止电压反馈的闭锁接线（图中4-12的QS、QS1、QS2、QS3）。

4）开口三角绕组及零序电压小母线L630的设立，主要是向继电保护装置提供零序电压。在接线时要注意极性。

5）电压互感器开口三角绕组应抽取试验芯。抽取的试验芯要考虑同步系统的接线要求，并注意与零序方向保护的极性相配合。

6）为防止三相同时断线时断线闭锁装置拒绝动作，在三相的任一相上并联一个电容器C，以便由电容器储能供电，给断线闭锁装置一个不对称电压。

此外，当主接线为双母线以及一次元件由一条母线切换到另一条母线时，其测量仪表及保护装置必须切换到相应母线电压互感器的电压小母线上。电压互感器二次侧互为备用的切换，应由在电压互感器控制屏上的切换开关控制，切换后，在控制屏上应有信号指示。中性点非直接接地系统的母线电压互感器，应设有绝缘监察信号装置及抗铁磁谐振措施。

需要指出，当主接线为一台半断路器接线（多用于500kV）时，线路和变压器回路宜分别装设三相电压互感器；母线只要装设一相电压互感器即可。由于这样就免去了复杂

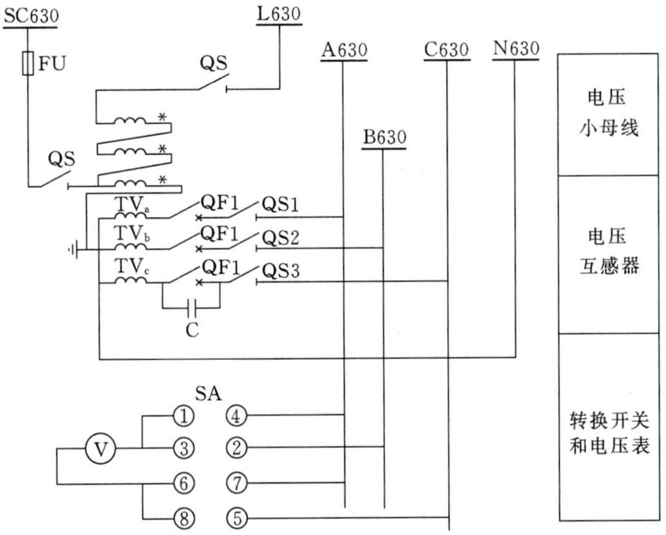

图 4－12　中性点接地的电压互感器二次回路接线示意图

的电压切换，有利于提高保护可靠性和测量的准备性。110～220kV 双母线接线的电压互感器也可按线路装设三相电压互感器，保护不要设切换装置。

第四节　发电厂、变电所的计算机监控设计简介

一、分散控制系统 DCS 简介

分散控制系统的诞生于 1975 年。分散控制系统是生产过程监视、控制技术发展和计算机与网络技术应用的产物。20 多年来，分散控制系统已经在工业生产过程控制中迅速普及，成为过程控制系统的核心。分散控制系统的应用大幅度地提高了生产过程的安全性、经济性、稳定性和可靠性。

国外称分散控制系统为 4C 技术的产物。这种技术就是指控制（Control）技术、计算机（Computer）技术、通信（Communication）技术和 CRT（Cathode Ray Tube）显示技术。分散控制系统就是以大型工业生产过程及其相互关系日益复杂的控制对象为前提，从生产过程综合自动化的角度出发，按照系统工程中分解与协调的原则研制开发出来的，以微处理机为核心，结合了控制技术、通信技术和 CRT 显示技术的新型控制系统。

最近几年，在分散控制系统日臻成熟的基础上，以新的控制和管理理论为基础的运行优化软件，在生产过程中逐渐推广使用，使分散控制系统逐渐变成一个集安全经济运行、控制和管理的网络。

分散控制系统是纵向分层、横向分散的大型综合控制系统。它以多层计算机网络为依托，将分布在全厂范围内的各种控制设备与数据处理设备连接在一起，实现各部分的信息共享和协调工作，共同完成各种控制、管理及决策功能。

图 4－13 为一个分散控制系统的典型结构，系统中的所有设备分别处于四个不同的层次，自下而上分别是现场级、控制级、监控级和管理级。对应着这四层结构，分别由四层

计算机网络即现场网络 Fnet（Field Network）、控制网络 Cnet（Control Network）、监控网络 Snet（Supervision Network）和管理网络 Mnet（Management Network）把相应的设备连接在一起。

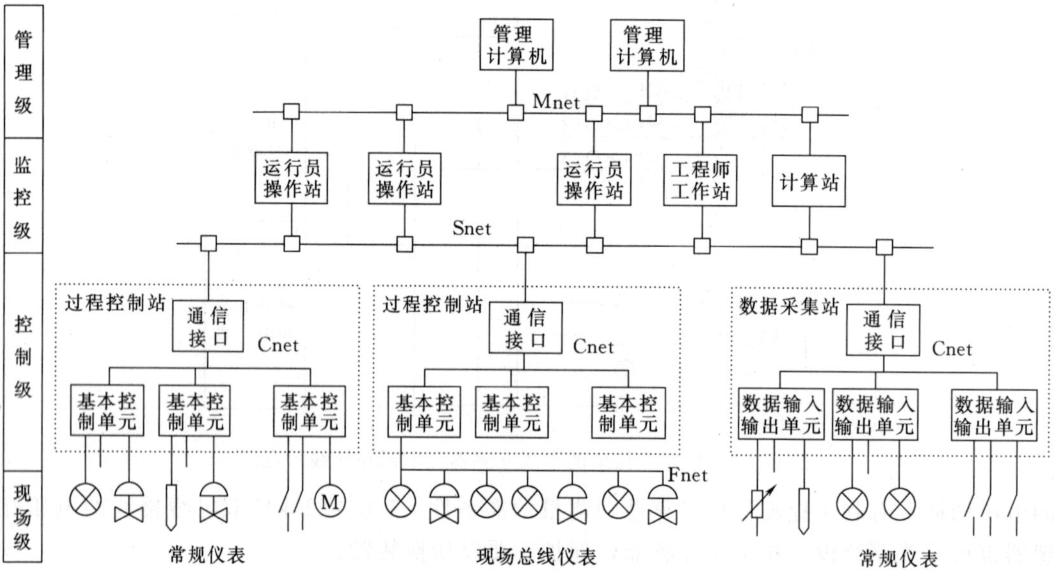

图 4-13 分散控制系统的典型结构示意图

现场级设备一般位于被控生产过程的附近。典型的现场级设备是各类传感器、变送器和执行器，它们将生产过程中的各种物理量转换为电信号。

控制级主要由过程控制站和数据采集站构成。一般在电厂中，把过程控制站和数据采集站集中安装在于电子设备室中。过程控制站接收由现场设备，如传感器、变送器来的信号，按照一定的控制策略计算出所需的控制量，并送回到现场的执行器中去。过程控制站可以同时完成连续控制、顺序控制或逻辑控制功能，也可能仅完成其中的一种控制功能。数据采集站与过程控制站类似，也接收由现场设备送来的信号，并对其进行一些必要的转换和处理之后送到分散型控制系统中的其他部分，主要是监控级设备中去。数据采集站接收大量的过程信息，并通过监控级设备传递给运行人员。数据采集站不直接完成控制功能，这是它与过程控制站的主要区别。

监控级的主要设备有运行员操作站、工程师工作站和计算站。其中运行员操作站安装在控制室，工程师工作站和计算站一般安装在电子设备室。运行员操作站是运行员与分散型控制系统相互交换信息的人——机接口设备，运行人员通过运行员操作站来监视和控制整个生产过程。运行人员可以在运行员操作站上观察生产过程的运行情况，读出每一个过程变量的数值和状态，判断每个控制回路是否工作正常，并且可以随时进行手动自动控制方式的切换，修改给定值，调整控制量，操作现场设备。以实现对生产过程的干预。另外还可以打印各种报表，拷贝屏幕上的画面和曲线等。为了实现以上功能，运行员操作站是由一台具有较强图形处理功能的微型机，以及相应的外部设备组成，一般配有 CRT 显示器、大屏幕显示装置、打印机、拷贝机、键盘、鼠标等。

工程师工作站是为了控制工程师对分散控制系统进行配置、组态、调试、维护所设置的工作站。工程师工作站的另一个作用是对各种设计文件进行归类和管理，形成各种设计文件，例如，各种图纸、表格等。工程师工作站一般由PC机配置一定数量的外部设备所组成，例如打印机、绘图机等。

计算站的主要任务是实现对生产过程的监督控制，例如机组运行优化和性能计算，先进控制策略的实现等，由于计算站的主要功能是完成复杂的数据处理和运算功能，因此对它的主要要求是运算能力和运算速度。一般计算站由超级微型机或小型机构成。机组运行优化也可以由一套独立的控制计算机和优化软件构成，只是在机组控制网络上设有接口，利用优化软件的计算结果去改变控制系统的给定值。

管理级包含的内容比较广泛，一般来说，它可能是一个发电厂的厂级管理计算机，也能是若干个机组的管理计算机。它所面向的使用者是厂长、经理、总工程师、值长等行政管理或运行管理人员。厂级管理系统的主要任务是监测企业各部分的运行情况，利用历史数据和实时数据预测可能发生的各种情况，从企业全局利益出发辅助企业管理人员进行决策，帮助企业实现其规划目标。

二、发电厂电气系统的计算机监控

限于专业与时间的关系，在毕业设计时可对DCS系统的现场级、控制级、监控级和管理级中的现场级、控制级进行设计，主要侧重于通过二次回路设计学习电气系统的监控范围；通过计算机软件的设计学习计算机监控系统的数据采集与处理过程；掌握电气装置与DCS系统的接口方法；学习设计实时CRT画面等。

单元控制室的计算机监控系统为电气、热控公用。继电保护、自动准同步、自动调整励磁、高压厂用电源自动切换等一般采用专门的独立装置，并不纳入DCS范围。

在对电厂单元控制室进行计算机监控系统设计时应注意：

1. 监控的范围

（1）发电机变压器组或发电机变压器线路组。

（2）发电机励磁系统。

（3）厂用高压电源，包括单元工作变压器和起动/备用或公用/备用变压器。

（4）单元低压变压器及低压母线分段。

（5）单元程控电动机。

（6）单元机组用柴油发电机程控起动命令。

（7）消防水泵程控起动命令等。

2. 采集的数据类型

（1）开关量：监控所涉及的全部开关量，包括程控、连锁、报警、动态画面等信号所需的开关量。

（2）模拟量：监测所涉及全部模拟量。

（3）脉冲量：单元机组范围内电能脉冲量。

（4）事件顺序记录量（SOE）：单元机组范围内的断路器跳闸和继电保护动作开关量。

3. 操作与监视

在控制室，设有操作员站和CRT。操作员站主要供电气操作用，CRT主要对计算机所监控的设备进行画面和模拟量的显示。

为了保证紧急事故情况下可人为手动操作实现安全停机，同时为方便值班人员直观发电机主要运行状态，控制室内应保留部分硬件手动操作设备、光字牌、常规仪表。其中：

(1) 硬件手动操作设备。控制屏（柜）上宜保留发电机变压器组断路器紧急跳闸按钮、发电机灭磁开关紧急跳按钮、柴油发电机起动按钮等。

(2) 光字牌。辅助屏上宜保留下列光字牌：①发电机变压器组主保护动作；②发电机变压器组后备保护动作；③单元机组异常总信号，包括瓦斯、温度、过负荷、失磁、接地、冷却器设备故障、电压回路断线、断路器机构异常及控制回路断线等；④厂用电源或厂用分支故障信号；⑤备用电源切换信号；⑥备用电源或备用分支故障信号；⑦柴油发电机自起动失败；⑧UPS故障总信号；⑨直流系统故障总信号。

(3) 常规仪表。辅助屏上应保留反映发电机定子AC线电压、发电机定子B相电流、发电机的励磁电流的常规仪表。

发电机变压器组数据输入/输出（I/O）量见附录六，设计时可作为参考。

三、变电所和发电厂网络部分的计算机监控

该部分的毕业设计形式与发电厂电气系统的相同，并注意有如下几点。

1. 计算机监控系统的功能

(1) 数据采集和处理。采集必要的模拟量、开关量（数字量）、脉冲量并进行数据处理。

(2) 事件顺序记录（SOE）。记录断路器事故跳闸和继电保护动作顺序。

(3) 远方集中和就地控制操作。计算机正常运行时在操作员站进行集中监控；计算机系统故障或对电气设备进行调试时，可在就地监控单元进行操作。

(4) “四遥”（即遥测、遥信、遥控、遥调）调度和通信。满足调度自动化的需要。

(5) 电压和无功功率的调节和控制。对变压器分接头、低压并联电容器、电抗器、高压并联电抗器进行自动或键盘调控。

(6) 防误操作闭锁。用于防止误操作（“五防”）。计算机监控系统应兼有防误操作电气闭锁功能，或具备与防误操作装置接口。

(7) 同步鉴定。对同步条件下才可合闸的断路器的合闸回路设同步闭锁。

(8) 人机对话。人机界面，包括画面提示，汉字显示和操作简便等。

2. 计算机监控范围

(1) 主变压器和联络变压器。

(2) 输电线、母线设备及330～500kV并联电抗器。

(3) 所用电系统。

(4) 消防水泵的起动命令。

3. 实时画面及实时参数显示

(1) 主接线画面及不同电压等级子画面应能显示断路器、隔离开关、接地刀闸等的实时位置，模拟量实时参数及潮流方向等。

(2) 所用电画面主要显示电源进线开关、分段开关的实时位置和所用电模拟量的实时参数等。

(3) 直流系统画面宜显示充电器及蓄电池组的工作状态，充放电电流和直流母线电压等实时参数。

除此之外，还可根据实际情况增加一些在监控、监测范围内的其他实时画面和实时参数显示，如运行趋势图、模拟量棒图、成组报警画面等。

220kV 及以上的线路、主变压器的继电保护和安全自动装置应采用专门的独立装置，110kV 及以下的线路、主变压器的继电保护可考虑采用保护、测控一体化装置。

图 4－14 为 110kV 变电所计算机监控系统网络结构图。图中 GPS 为卫星对时装置、AAT 为备用电源自动投入装置，VQC 为电压无功自动控制装置（系统）。

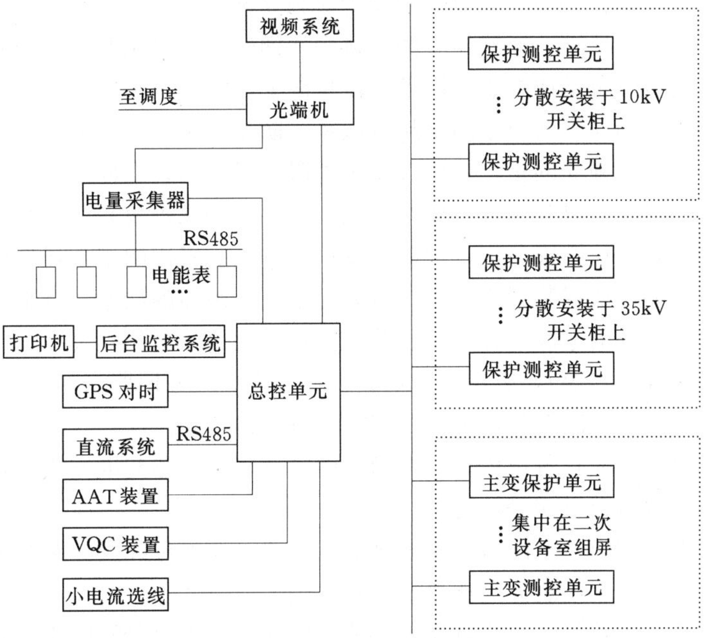

图 4－14　110kV 变电所自动化系统网络结构图

变电所及发电厂电网计算机监控系统应采集的数据量类型与发电厂电气系统计算机监控的相同，变电所及发电厂电网部分数据输入/输出（I/O）量见附录七，设计时可作为参考。

第五节　其他二次部分设计

一、直流系统

直流系统是发电厂、变电所内各种设备的操作、控制、信号、保护及自动装置、通信及远动装置、交流不停电电源装置、自动化系统、事故照明的供电电源，由于该电源特别重要，一般都专门设置。结合计算机技术和电力电子技术而设计的新型电力工程用直流电源。已广泛适用于大型发电厂、水电厂、超高压变电站、无人值守变电站。

设计时可参照 DL/T 5044—95《火力发电厂、变电所直流系统设计技术规定》进行直流电源系统、蓄电池组、直流系统接线、设备的选择、设备布置等方面的设计，在设计时应注意：

（1）直流系统电压宜采用220V或110V，蓄电池容量宜选择在100～3000Ah范围内。

（2）直流系统的充电装置优先采用高频开关电源，每套充电装置设2～3台10A的充电模块，充电模块具备自动均流功能。

（3）通信装置可不设专用的蓄电池，采用AC/DC电源变换装置。

（4）直流屏主回路及馈线回路的操作设备和保护设备宜采用直流自动空气小开关，应考虑上下级保护的配合。每套线路、变压器的主保护（含后备保护）、母线保护及断路器失灵保护起动元件与操作回路的直流熔断器均应独立配置，并要注意与上一级熔断器的配合。为实现保护双重化要求，断路器有两个跳闸线圈时，宜分别装设熔断器，各自接于不同蓄电池组供电的直流母线或接于不同的分段母线上。

（5）不同的直流回路之间应采用空接点联系，防止出现寄生回路。不同设备的保护装置应尽可能配置在各自独立的柜上，因客观条件限制只能安装在同一面柜上时，其安装必须明确分区，标示界线，以利于分别停用、检修。对一个保护单元的各套独立保护装配置在一块柜上，其布置也应明确分区。控制、保护及自动装置用的熔断器均应加以监视，一般用断路器控制回路的监视装置来完成。对装有单独熔断器的回路，宜采用继电器进行监视，其信号应接至另外的电源。每个安装单位的信号回路（包括隔离开关的位置信号、事故和预告信号、指挥信号等），宜用一组熔断器。公用的信号回路（如中央信号等），应装设单独的熔断器。所有熔断器的监视信号应能具备上传功能。

（6）直流充电装置应具备微机自动控制功能，正常以全浮充电方式运行，并具有自动均恒充电、交流电源自动投切等功能。

（7）直流屏上应装设独立的微机型绝缘监察装置，监察母线及分路的绝缘状况。

（8）直流蓄电池屏上应装设电池巡检装置。

（9）直流系统应远传直流母线电压及直流系统接地，直流母线电压异常，充电装置故障和蓄电池出口开断设备的故障断开等信号，并具备远传接口。

在设计时，可参照所选用产品说明书，结合所设计发电厂、变电所的实际情况，画出直流系统接线图，并合理配置熔断器、自动空气小开关。

二、厂（所）用电系统

发电厂的厂用电，是指发电厂在生产电能过程中，电厂自身所使用的电能，也可称为自用电。厂用电供电安全与否，将直接影响电厂的安全、经济运行。为此，发电厂的厂用电源、电气设备和接线等，应考虑运行、检修和施工的需要，以满足确保机组安全、技术先进、经济合理的要求。变电所所用变压器是供本变电所使用的低压交流电源，对其供电可靠性要求较高，所用电要保证硅整流电源和主变压器潜油泵和冷却风扇的电源，以防一旦失去所用电影响变电所的安全运行。

与厂（所）用电二次部分设计有关的主要是厂（所）用电的继电保护、控制、信号、测量及自动装置的设计，其中值得一提的是有关备用电源自动投入装置的配置与接线的设计。

1. 备用电源自动投入装置的装设原则

当发电机出口不装设断路器，机组起动时，利用起动变压器给辅机供电，机组起动成功并网后要求手动并列切换到高压工作变压器供电。在运行中或解列停机时，也要求手动使工作、备用电源并列切换。所以，高压厂用工作电源和起动/备用电源之间宜设有带同步闭锁的手动切换装置。当发电机出口装设断路器时，其备用电源仅作为瞬时安全停机电源，该备用电源应设有同步闭锁的自动和手动切换装置。

发电厂同一级电压的厂用母线有两个及以上的备用电源时，宜各装设独立的备用电源自动投入装置，两个备用电源的二次回路可不相互切换。当高压厂用电系统由DCS控制时，事故切换应采用专门的自动装置来完成。

变电所内如设有专用的备用变压器，为提高切换的可靠性应设自动投入装置。如变电所内只有两台所用变压器时，分段断路器不能设计为自动投入，以防止自投不成功，引起两段母线失电造成更严重的危害。

2. 备用电源自动投入装置的接线原则

（1）中、小容量机组电厂的备用电源采用慢速自动投入，大容量机组电厂的备用电源同时应具有快速及慢速投入。要注意的是，为满足快速切换的要求，必须采用快速断路器。200MW及以上容量发电机的厂用备用电源快速自动投入接线，应具有相位差及电压差的同步鉴定装置。装置的整定原则应使备用电源尽快自动投入，以不对电动机产生有害的冲击。

（2）任何原因引起运行的工作电源消失时，备用电源自动投入装置均应尽快动作。

（3）工作电源供电侧断路器跳闸时，应联动其负荷侧断路器跳闸。

（4）装设专门的低电压保护，当厂用工作母线电压降低至0.25倍额定电压以下，而备用电源电压在0.7倍额定电压以上时应自动断开工作电源负荷侧断路器。

（5）备用电源自动投入装置应能保证只动作一次。

（6）当工作母线故障，即当厂用母线速动保护动作或工作分支断路器限时速断或过电流保护动作时，应闭锁备用电源自动投入装置。

（7）应设有投入或切除备用电源自动投入功能的选择开关。

（8）工作电源断路器由手动跳闸（或由DCS跳闸）时，应闭锁备用电源自动投入装置。

（9）工作电源恢复供电后，切换回路应由人工复归。

（10）自动投入装置动作后，应发预告信号。当高压厂用电系统由DCS控制时，自动切换装置的状态信号，事故信号及预告信号应进DCS。

三、常规测量系统

常规测量系统的设计可参照DL/T5137—2001《电测量及电能计量装置设计技术规程》进行设计，在设计时要注意以下几点：

（1）当采用变送器时，应兼顾常规测量仪表、计算机及遥测三方面的技术要求，宜共用变送器。

（2）当发电机和变压器装设在线监测装置时，宜装设在电气屏上。在线监测可包括发电机铁芯局部过热、漏氢、轴系扭振及铁芯气体离子分析仪等。这些装置与继电保护和电力系统密切相关，宜集中装设在电气屏上，可使系统更为协调。

（3）测量回路的电流回路额定电流一般选1A，计量用与保护用、测量用的电流互感器二次绕组应各自独立，电压回路额定电压为100V。

（4）当电流互感器二次侧接有常规测量仪表与选测表计时，宜先按常规测量仪表，后接选测表计。

(5) 按线损和计量管理的有关规定，变电所应装设完善的电能计量装置，完成所内各级电能平衡和关口表采集功能。中低压专线用户应具备收费计量功能，其计量用电压互感器可采用 V 形接线装设在线路侧，并具备电压互感器断线报警功能。电能表应选用带通信口的多功能智能表。

(6) 主站端装有电量采集系统时，变电所应装设相应的电量采集器。关口电能表应满足电量采集器接口的要求，电量采集器应满足主站电量采集系统通信接口的要求。

四、常规信号系统

常规信号系统是相对于计算机监控系统而言的。中央信号装置由事故信号和预告信号组成，一般设在控制室内。有人值班的变电所，应装设能重复动作，延时自动或手动解除音响的事故和预告信号装置。无人值班的变电所，只装设简单的音响信号装置，该信号装置仅在变电所就地控制时才投入。单元控制室的预告信号装置宜与热控专业协调一致。

中央信号接线应简单、可靠，应有反应中央信号电源熔断器熔断的监视装置。中央信号装置应具备下列功能：

(1) 对音响监视接线能实现亮屏或暗屏运行。

(2) 断路器事故跳闸时，能瞬时发出音响信号及相应的灯光信号。

(3) 发生故障时，能瞬时发出预告音响，并以光字牌显示故障性质。

(4) 能进行事故和预告信号及光字牌完好性的试验。

(5) 能手动或自动复归音响，而保留光字牌信号。

(6) 试验遥信事故信号时，不应发出遥信信号。

(7) 事故音响动作时，应停事故时钟。但在事故音响信号试验时，不应停钟。

为方便设计，应尽量采用由制造厂成套供应的闪光报警装置，并通过厂家资料详细了解中央信号装置如何具备上述功能。信号系统设计的主要内容包括：

1. 控制屏、保护屏的屏顶信号小母线的布置

为使接线清晰，减少电缆迂回，提高可靠性，信号回路电源小母线（XM）、事故音响信号小母线（SYM）、预告信号信号小母线（YBM）、控制回路断线预告信号小母线（KDM）、闪光小母线［(＋) SM］、“信号未复归”光字牌小母线（FM、PM）等小母线敷设在控制屏和保护屏的顶部。通过设计确定各控制屏、保护屏项应有何种信号小母线。

2. 各种信号小母线与其他二次设备的连接

(1) 事故音响信号与其他二次设备的连接，例如，事故音响信号小母线（SYM）与断路器控制回路的连接。

(2) 预告信号与其他二次设备的连接，例如，如何向其他二次设备提供信号正电源，传送到控制室的预告信号如何处理等。

(3) 断路器位置信号，例如，闪光电源与断路器控制回路的接口。

五、二次回路设备的选择与配置

二次回路设备的选择及配置是发电厂、变电所设计的一项重要内容，主要包括：控制和信号设备的选择、二次回路保护设备（熔断器与自动开关）的配置与参数的选择、小母线的配置、端子排的配置、控制电缆的敷设和选型等。如采用成套设备如控制屏、保护

屏，厂家对于某些二次回路设备的选择与配置的设计已基本完成，毕业设计时，只需按有关技术规程要求对其配置合理性及某些技术参数进行校验计算即可。

（一）控制和信号设备的选择

1. 控制开关

控制开关的选择应符合该二次回路额定电压、额定电流、分断电流、操作频繁率、电寿命和控制接线的要求。

2. 位置指示灯及其附加电阻

（1）为满足跳、合闸回路的可靠性，防止由于附加电阻过小造成误跳闸或误合闸，附加电阻的选择应满足当母线电压为1.1倍额定值且灯泡短路时，附加电阻限定的电流应不大于跳、合闸绕组或合闸接触器绕组的最小动作电流及长期热稳定电流。

（2）为保证位置灯的亮度，位置灯工作的最低电压应满足母线电压为0.95倍额定值时，灯泡上的电压降应不小于灯泡额定电压的60%～70%。

3. 跳、合闸位置继电器

（1）为满足跳、合闸回路的可靠性，防止由于跳、合闸继电器选择的电阻过小造成误跳、合闸，继电器的选择应满足母线电压为1.1倍额定值时，通过跳、合闸绕组或合闸接触器绕组的电流应不大于其最小动作电流和长期热稳定电流。

（2）为保证跳、合闸继电器能可靠动作，母线电压为0.85倍额定值时，加于位置继电器线圈的电压应不小于其额定电压的60%～70%。

4. 断路器的跳、合闸继电器及电流起动电压保持的防跳继电器

（1）电压线圈的额定电压可等于供电母线额定电压。

（2）额定电压工况下，电流线圈的额定电流的选择，应与跳、合闸绕组或合闸接触器绕组的额定电流相配合，继电器的电流自保持线圈的额定电流宜不大于跳、合闸线圈的额定电流的50%。

（3）跳、合闸中间继电器电流自保持线圈的电压降应不大于额定电压的5%；电流起动电压保持“防跳”继电器的电流起动线圈的电压降应不大于额定电压的10%。

此外，为保证具有电流和电压线圈的中间继电器（如某些防跳继电器、出口中间继电器等）动作后能可靠地自保持，其电流和电压线圈应采用正极性接线（某一线圈励磁时对另一线圈有助磁作用）。由于具有电流、电压线圈的中间继电器的电流线圈多与跳、合闸回路相联系，易产生过电压造成中间继电器的电流与电压线圈之间的绝缘击穿，要求线圈间的耐压水平不低于1000V，1min标准。

串联信号继电器与跳闸出口中间继电器并联电阻的选择、重瓦斯保护回路并联信号继电器或附加电阻的选择原则见DL/T5136—2001《火力发电厂、变电所二次接线设计技术规程》。

（二）二次回路的保护设备

二次回路的保护设备用于切除二次回路的短路故障，并作为回路检修、调试时断开交、直流电源之用，保护设备采用熔断器或自动开关。

1. 控制、保护和自动装置供电回路熔断器或自动开关

（1）控制、保护和自动装置供电回路熔断器或自动开关的配置。其中：

1）各独立安装单位二次回路的操作电源，应经过专用的熔断器或自动开关。当本安装单位仅含一台断路器时（如馈线断路器），其继电保护及自动装置回路可与断路器控制回路合用一组单独的熔断器或自动开关。

对具有两个跳闸线圈和采用双重快速保护的安装单位（如 220kV 断路器），其继电保护及自动装置回路及控制回路宜分设独立的熔断器或自动开关，并由双电源分别向双重化主保护供电。两电源间不应有电路上的联系。

2）当一个安装单位含几台断路器时（如主变压器），应设总熔断器或自动开关，并按断路器设分熔断器或自动开关，分熔断器或自动开关应经总熔断器或自动开关供电；公用保护和公用自动装置应接于总熔断器或自动开关之下。

两个及以上安装单位公用的保护或自动装置（如母线保护、断路器失灵保护、同步装置等）的供电回路，应装设专用的熔断器或自动开关。

3）本安装单位含几台断路器且各断路器无单独运行可能或断路器之间有程序控制要求时，保护和各断路器控制回路可共用一组熔断器或自动开关。

4）发电机出口断路器和自动灭磁装置控制回路可合用一组熔断器或自动开关。发电机出口不装设断路器时，自动灭磁装置控制回路应单独装设熔断器或自动开关。

（2）控制、保护和自动装置供电回路的熔断器或自动开关的监视，当电源消失时应有报警信号。可用断路器控制回路的监视装置进行监视。如保护或自动装置单独装设熔断器或自动开关时，宜采用继电器进行监视，其信号应接至另外的电源（如控制回路断线小母线）。

2. 信号回路熔断器或自动开关

（1）信号回路熔断器或自动开关的配置。其中：

1）每个安装单位的信号回路（包括隔离开关位置信号、事故和预告信号、指挥信号等），宜用一组熔断器或自动开关。

2）公用信号（如中央信号、闪光报警器等），应装设单独的熔断器或自动开关。

3）厂用电源及母线设备信号回路，宜分别装设公用的熔断器或自动开关以便于分区发信号。

4）小母线的分支线上，不宜装设熔断器或自动开关。因为闪光回路平时不带电，仅在断路器位置与控制开关不对应时才有闪光正电源。如设熔断器，平时无法监视；熔断器熔断还会拒发信号。

（2）信号回路的熔断器或自动开关监视。信号回路的熔断器或自动开关应加以监视，可使用隔离开关位置指示器，也可用继电器或信号灯来监视，当采用继电器监视时，信号应接至另外的电源。

3. 电压互感器

电压互感器二次回路保护的配置有如下几点：

（1）电压互感器回路中，除接成开口三角的剩余绕组（辅助二次绕组）和另有规定者（如电磁式自动调整励磁装置用电压互感器）外，应在其出口装设熔断器或自动开关；当二次回路发生故障可能使保护或自动装置不正确动作时，宜装设自动开关。

（2）0.5 级电能表电压回路，宜由电压互感器出线端装设单独熔断器或自动开关供电。

（3）电压互感器二次侧中性点引出线上，不应装设保护设备；当采用B相接地方式时，B相熔断器或自动开关应接在绕组出线端和接地点之间。

（4）电压互感器接成开口三角的剩余绕组（辅助绕组）的试验芯出线端（试验电压小母线之前），应装设熔断器或自动开关。

4. 熔断器及自动开关的额定电流

（1）熔断器额定电流。其中：

1）熔断器额定电流应按回路最大负荷电流选择，并应满足选择性的要求。干线上的熔断器的额定电流应比支线上的大2～3级。

2）电压互感器二次回路的最大负荷电流应考虑仅一组母线运行时，两组电压互感器的全部负荷由一组电压互感器供给的情况。

（2）自动开关额定电流。其中：

1）自动开关的额定电流应按大于回路的最大负荷电流选择，并满足选择性的要求；干线上自动开关的额定电流应比支线上的大2～3级。

2）电压互感器二次侧自动开关的选择应满足：①自动开关瞬时脱扣器的动作电流，应按大于电压互感器二次回路的最大负荷电流来整定；②当电压互感器运行电压为90%额定电压时，二次电压回路末端两相经过渡电阻短路，而加于继电器线圈上的电压低于70%额定电压时，自动开关应瞬时动作；③瞬时脱扣器断开短路电流的时间应不大于0.02s；④自动开关应附有用于闭锁有关保护误动的常开辅助触点和自动开关跳闸时发报警信号的常闭辅助触点。

（三）小母线

1. 控制、信号小母线

各安装单位的控制、信号电源，宜由电源屏或电源分屏的馈线以环状或辐射状供电，在控制屏上宜敷设控制或信号小母线。厂用电源和母线设备控制屏上还可分别敷设公用的辅助信号小母线。

当以辐射方式向继电保护和自动装置供电时，供电线应设保护和监视设备。当采用环状供电方式时，控制和信号小母线应为单母线，按屏组分段，双侧供电，于适当地点以刀开关分段，开环运行。同时每块控制屏（包括电源屏）上装设一个为本屏内各安装单位共用的电源切换开关或刀开关，以便寻找直流系统接地故障时使用。

2. 电压小母线

电压小母线有两种敷设方式：一种是每个安装单位的二次电压经隔离开关辅助触点切换后引至主控制室。另一种是将电压小母线敷设在控制室，由隔离开关辅助触点起动中间继电器触点切换后供给安装单位的二次电压。设计时宜采用后一种方式。

3. 控制屏、保护屏顶小母线

装设小母线可简化二次接线，该方式在我国广泛采用，如控制台或柜不便于安装小母线时，也可采用端子排构成公共连接点。控制屏及保护屏顶上的小母线条数应根据屏深有所限制，不宜超过28条，最多不应超过40条，小母线宜采用直径为6～8mm的绝缘铜棒。

小母线新旧文字符号及其回路标号见附录三。

(四)端子排

1. 端子排的配置

端子排应由阻燃材料构成，安装于屏上每侧的端子距地不宜低于350mm。端子排配置应满足运行、检修、调试的要求，并适当与屏上设备的位置相对应。每个安装单位应有其独立的端子排。同一屏上有几个安装单位时，各安装单位端子排的排列应与屏面布置相配合。

针对发电机变压器组等二次设备多，接线复杂的安装单位，可将端子排成组地布置在屏的两侧。对二次设备不多，接线不复杂的安装单位，不应将端子排布置在屏的两侧，以免引起电缆芯分线时的复杂性。

2. 端子排的排列

各个安装单位的端子排，可按下列回路分组，并由上而下（或由左至右）按下列顺序排列。其中：

(1) 交流电流回路（自动调整励磁装置回路除外）按每相电流互感器分组，同一保护方式的电流回路宜排在一起。

(2) 交流电压回路（自动调整励磁装置回路除外）按每相电压互感器分组。

(3) 信号回路按预告、位置、事故及指挥信号分组；当光字牌布置在屏的上部时，可将信号回路端子排排在上部，其余顺序同上。

(4) 控制回路按熔断器或自动开关配置的原则分组。

(5) 其他回路按励磁保护、自动调整励磁装置的电流和电压回路、远方调整及联锁回路等分组。

(6) 转接端子排排列顺序为：本安装单位端子、其他安装单位的转接端子、小母线兜接用的转接端子。

3. 屏上二次回路经过端子排连接

屏上二次回路经过端子排连接的原则如下：

(1) 屏内与屏外二次回路的连接，同一屏上各安装单位之间的连接以及转接回路等，均应经过端子排。

(2) 屏内设备与直接接在小母线上的设备，如熔断器、电阻、刀开关等的连接宜经过端子排。

(3) 各安装单位主要保护的正电源应经过端子排。保护的负电源应在屏内设备之间接成环形，环的两端应分别接至端子排；其他回路均可在屏内连接。

(4) 电流回路应经过试验端子，预告及事故信号回路和其他需断开的回路（试验时断开的仪表、至闪光小母线的端子等），宜经过特殊端子或试验端子。

4. 其他要求

(1) 为方便施工、运行检查及技术改造，每个安装单位的端子排应编有顺序号，以罗马数字编排，并宜在最后留2～5个端子作为备用。当条件许可时，各组端子排之间宜留有1～2个备用端子。在端子排两端应有终端端子。

(2) 为防止重要回路误碰造成短路或误操作，正负电源之间以及经常带电的正电源与合闸或跳闸回路之间的端子排，宜以一个空端子隔开。

（3）为保证接线的可靠性，设计中不应将一个端子排的任一端接两根导线，导线截面不宜超过 $6mm^2$。

（4）每组电流互感器的二次侧，宜在配电装置端子箱内经过端子连接成星形或三角形等接线方式以提高接线的可靠性，同时可减少电缆芯。

（5）为方便施工，强电设备与强电端子的连接和端子与电缆芯的连接应用插接或螺丝连接，弱电设备与弱电端子间的连接可采用焊接。屏内弱电端子与电缆芯的连接宜采用插接或螺丝连接。

（五）控制电缆

控制电缆的敷设和选型应符合 GB50217—1994《电力工程电缆设计规范》的有关规定，并满足如下几点。

1. 控制电缆

发电厂和变电所应采用铜芯控制电缆和绝缘导线。强电控制回路导体截面应不小于 $1.5mm^2$，弱电控制回路导体截面应不小于 $0.5mm^2$。

控制回路电缆截面的选择，应保证最大负荷时，控制电源母线至被控设备间连接电缆的电压降不超过额定二次电压的 10%。

控制电缆宜采用多芯电缆，应尽可能减少电缆根数。当芯线截面为 $1.5mm^2$ 时，电缆芯数不宜超过 37 芯。当芯线截面为 $2.5mm^2$ 时，电缆芯数不宜超过 24 芯。当芯线截面为 $4mm^2$ 及以上时，电缆芯数不宜超过 10 芯。弱电控制电缆不宜超过 50 芯。

为保证双重化保护通道的独立性，达到可靠跳闸的要求，对双重化保护的电流回路、电压回路、直流电源回路、双套跳闸绕组的控制回路等应分别敷设电缆。

控制电缆的绝缘水平可采用 0.45/0.75kV 级，330～500kV 开关站的控制电缆宜用 0.63/1kV 级。

2. 电流互感器二次回路电缆

继电保护用电流互感器二次回路电缆截面的选择，应保证互感器误差不超过规定值，计算条件应为系统最大运行方式下最不利的短路形式，并应计及电流互感器二次绕组接线方式、电缆阻抗换算系数、继电器阻抗换算系数及接线端子接触电阻诸因素。对系统最大运行方式如无可靠根据，可按断路器的断流容量确定最大短路电流。

测量仪表用电流互感器二次回路截面的选择，按照一次设备额定运行方式下电流互感器的误差不超过规定值。计算条件应为电流互感器一次电流为额定值，一次电流三相对称平衡，并应计及电流互感器二次绕组接线方式、电缆阻抗换算系数、仪表阻抗换算系数及接线端子接触电阻及仪表保安系数诸因素。

3. 电压互感器的二次电缆

继电保护和自动装置用电压互感器的二次回路电缆截面的选择，应保证最大负荷时，电缆的电压降不超过额定二次电压的 3%。

电测量仪表用电压互感器二次回路电缆截面的选择，应符合：

（1）指示性仪表回路的电缆的电压降，应不大于额定二次电压的 1%～3%。

（2）用户计费用 0.5 级电能表电缆的压降，应不大于额定二次电压的 0.25%。

（3）电力系统内部的0.5级电能表电缆的压降，应不大于额定二次电压的0.5%。

（4）对0.5级以下电能表二次回路的电压降，宜不大于额定二次电压的0.25%。

（5）当不能满足上述要求时，电能表、指示仪表电压回路可由电压互感器端子箱单独引接电缆，也可将保护和自动装置与仪表回路分别接自电压互感器的不同二次绕组。

第六节 电 气 制 图

电气图是一种简图，主要用图形符号、线框或简化外形表示电气设备或系统中各有关组成部分的连接关系。发电厂、变电所二次回路图（也称二次电路图）属于电气图范畴，二次电路图是电气图纸的重要组成部分，与其他电气图纸相比，往往显得比较复杂。其复杂性主要表现在二次设备多、二次接线复杂。在图纸设计时，应采用电气制图及图形符号的国家标准。

一、电气图的表示方法

（一）图形符号与文字符号

1. 图形符号

电气图用图形符号是电气图的主体，是用于表示电气图中电气设备、装置、元器件的一种图形和符号。目前已发布的电气图用图形符号国家标准共13个，标准编号为GB4728系列。毕业设计时应多学习并参照符合新标准要求并被广为接受的图形符号表达方式，如典型设计图中的表达方式。电气常用新旧图形符号见附录一，图形符号的选用与绘制应注意以下几点。

（1）标准注明其中的某种符号为“优选形”时，应于优先选用。例如，电阻器和电容器的一般符号中就有“优选形”供优先选用。

（2）在满足表达需要的前提下，尽量采用最简单的形式。有的是按两种并列的方式给出为“形式1”和“形式2”，例如，变压器和开关的一般符号等。

（3）同一张图样中，只能选定一种图形形式进行表达。图形符号的大小和线条的组细应该基本一致，符号用线和连接用线的线宽也应该基本一致。

（4）标准给出的图形符号，都是按无电压、无外力作用的正常状态画成的。在电气图中，设备、器件和元件等的可动部分都应表示为相应的非激励或不工作的状态或位置。例如，继电器和接触器在非激励的状态（此时，所有被驱动的常开触点都在断开位置，常闭触点都在闭合位置）；断路器和隔离开关在断开位置。

（5）在不致引起错误理解的前提下，符号的图形可以根据布图需要，旋转或成镜像放置，不改变符号的含义，但是各种字符和指示方向均不得倒置，以免读图困难。

（6）标准给出的图形符号一般都画有引线（连接线），但多数情况下仅作为示例用。在不改变符号含义的前提下，符号的引线可以取不同的方向，如图4-15（a）所示；当引线符号的位置影响符号的含义时，必须按规定绘制，如图4-15（b）所示。

2. 文字符号

文字符号与图形符号一样具有同等重要地位的一种字符代码，是电气图中的电气设备、装置、元器件的种类字母代码和功能字母代码。文字符号的字母应采用大写的拉丁字母。文字符号分为基本文字符号和辅助文字符号两种，国家标准 GB7159 对它们的编制方法作了规定。文字符号组成方式应符合以下规定：

（1）基本文字符号。基本文字符号可采用单字母或双字母符号。单字母符号是按电气设备、装置、元器件的种类划分为 24 大类，每个大类都用一个特定的大写拉丁字母作代号（字母 I、J、O 除外）称为基本文字符号的单字母代号。例如，“C”表示电容器大类；“R”表示电阻器大类等。

单字母代号应该优先采用。当单字母代号不能满足要求，需要将大类作进一步的分类时，可采用双字母代号，双字母符号是由一个表示种类的单字母符号与另一个表示功能或状态或特性的辅助文字符号组成，其排列顺序是单字母符号在前，辅助文字符号在后。基本文字符号不应超过两个字母。例如，“K”表示继电器大类，若必须说明是延时继电器时，应该用“KT”表示。

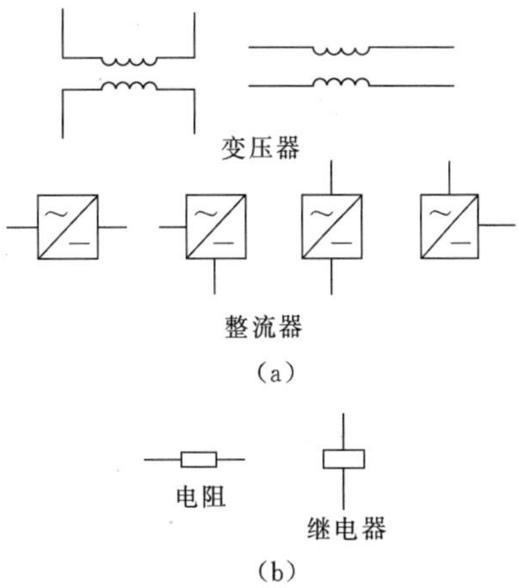

图 4-15　图形符号的引线位置

(a) 引线可在不同位置；

(b) 引线位置不可改变

（2）辅助文字符号。辅助文字符号即可用来组成基本文字符号，也可以单独使用。单独使用时不应超过两个字母。例如，“B”表示制动，“ST”表示起动，“CCW”表示逆时针等。

辅助文字符号中的第一位字母可以与上述基本文字符号中表示大类的单字母代号组合，成为新的双字母代号，以表示较细的分类。例如，“G”表示发电机大类，是基本文字符号中的一个单字母代号，“SYN”表示同步，是辅助文字符号，可以将两者组合成“GS”表示同步发电机。某些辅助文字符号本身具有独立的、确切的意义，也可以单独使用。例如，“N”表示交流电的中性线，“DC”表示直流电，“AUT”表示自动等。

根据需要，可以采用单一的字母代号或数字代码表达方式，也可以采用字母与数字组合的表达方式，以表示某个确定的项目的确切意义。

电气常用新旧文字符号及其回路标号对照表见附录二；小母线新旧文字符号及其回路标号见附录三；二次直流回路新旧数字标号见附录四；二次交流回路新旧数字标号见附录五。

（二）电路的表示方法

1. 多线表示法

多线表示法是指每根连接线或导线在图上各用一条图线表示的方法，如图 4-16 所示。

2. 单线表示法

单线表示法是指两根或两根以上的连接线或导线在图上只用一条图线表示的方法，如图 4-17 所示。

3. 单线和多线表示法

在同一图中，必要时单线表示法和多线表示法可组合使用，如图 4-18 所示。

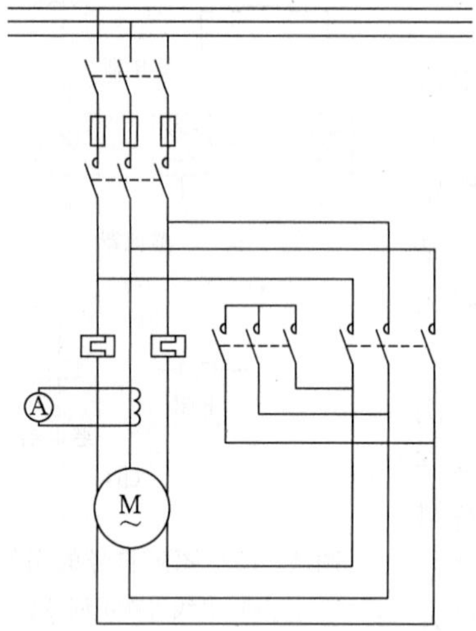

图 4-16　多线表示法图

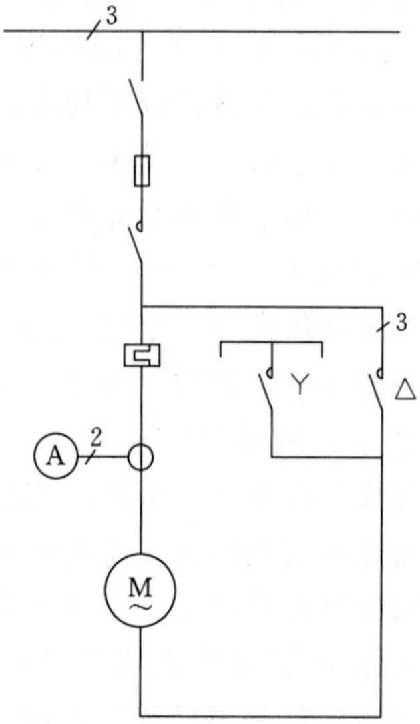

图 4-17　单线表示法图

（三）元器件的表示方法

对于在驱动部分和被驱动部分之间具有机械连接的器件和元件，特别是被驱动部分包含有多组触点的继电器、接触器等，在电气图中可以将各相关的部分集中表示、半集中表示、分开表示。

1. 元器件的集中表示法

集中表示法是把一个元件各组成部分的图形符号，在图上绘制在一起的方法，如图 4-19 所示。

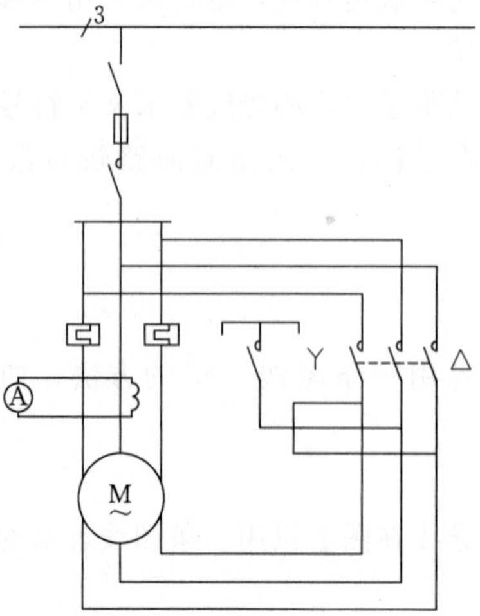

图 4-18　单线表示法和多线表示法图

示例	集中表示法	名　称	附　　注
1	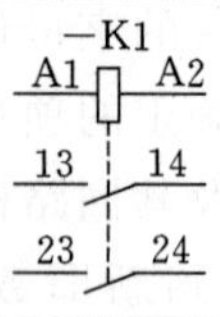	继电器	半集中表示法如图 4-21所示；分开表示法如图4-20所示
2	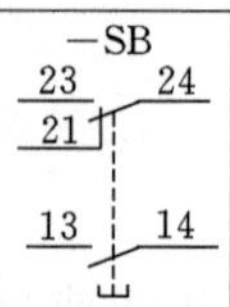	按钮开关	半集中表示法如图 4-21所示；分开表示法如图4-20所示
3	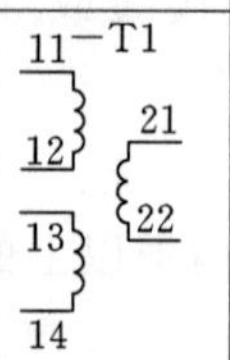	三绕组变压器	可用分开表示法如图4-20所示

图 4-19　集中表示法图

2. 元器件的分开表示法

分开表示法是把一个元件各组成部分的图形符号，在图上分开布置，并用项目代号表示它们之间关系的方法，其目的是得到清晰的电路布局，如图 4-20 所示。

3. 元器件的半集中表示法

半集中表示法是把一个元件某些组成部分的图形符号，在图上分开布置，并用机械连接线表示它们之间关系的方法，其目的也是为了得到清晰的电路布局，如图 4-21 所示。

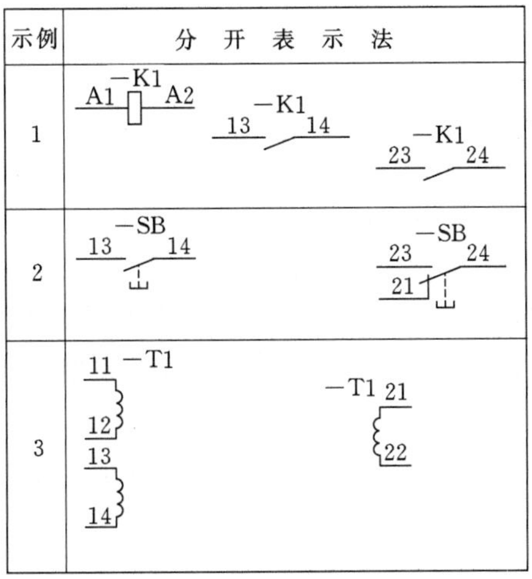

图 4-20　分开表示法图

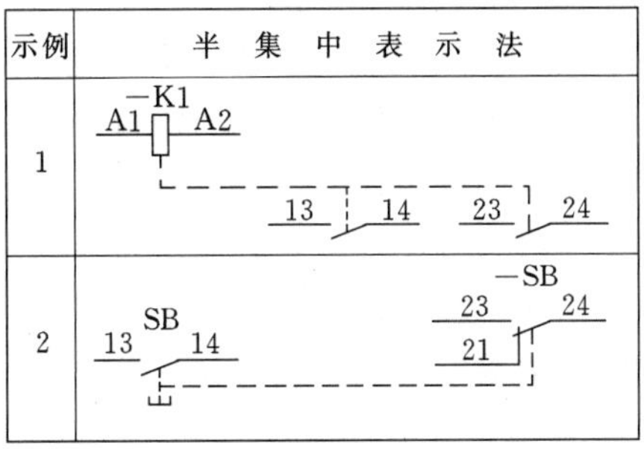

图 4-21　半集中表示法图

（四）电气图的布局

1. 功能布局法

功能布局法是指简图中元件符号的布置，只考虑它们之间的功能关系，而不考虑实际位置的布局方法，如系统图和框图、电路图、逻辑图均采用这种布局。

功能布局法的布局原则是按照信号流或能源流的因果关系由左向右或由上至下布局。如果信号流或能源流是由右至左或由下至上以及流向不明显时，应在连接线上加开口箭头。开口箭头不应与其他符号相靠近。

在闭合回路中，前向通路上的信号流方向应由左至右或由上至下，反馈通路上的方向由与此相反。

2. 位置布局法

位置布局法是指简图中的元器件符号是按照元器件的实际位置布置的布局方法，如布置图和安装图等就是采用这种布局法。

二、项目代号

项目代号是电气技术中应用最广泛，也是最重要的一种代号。这种代号以一个系统、成套设备或设备的依次分解为基础，用以识别图、图表、表格或说明书等形式的技术文件中和实际设备上的项目种类，并提供项目的层次关系、实际位置等较多信息的一种特定代码。以图 4-22 所示的某电厂除灰系统的清水泵装置为例，说明项目代号的构成及标注方法。

（一）代号段

1. 项目代号的型式

一个完整的项目代号包括 4 个代号段，各个代号段以规定的前缀符号区分，一般情况下，各代号段的注写顺序是固定的，结合图 4-22 举例如下：

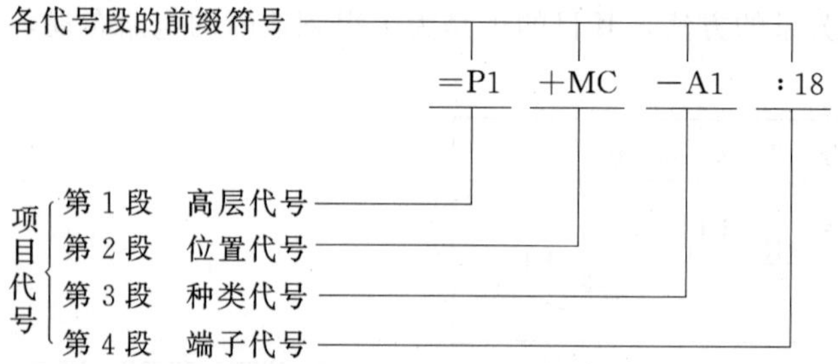

第 1 段为高层代号，其前缀符号为“＝”，例如，＝P1，代表为第 1 号清水泵装置；

第 2 段为位置代号，其前缀符号为“＋”，例如，＋MC，代表为 6kV 配电装置室；

第 3 段为种类代号，其前缀符号为“－”，例如，－A1，代表为 1 号开关柜；

第 4 段为端子代号，其前缀符号为“：”，例如，18，代表为第 18 号端子。

每个代号段的代码，可由字母（如＋MC）或阿拉伯数字（如：18）构成，也可由字母和阿拉伯数字组成构成（如－A1）。

2. 高层代号的构成

高层代号的前缀符号“＝”为一个等号，其后的字符代码由字母和数字组合而成。一个完整的系统或成套设备可以依次分为几部分，其中每个较高层次的部分都可以分别给出高层代号，从而可清楚地表明某个项目在系统中属于哪一部分，或者表明项目和包括在内的更大单元之间的关系。例如，一个发电厂可以分解为若干发电机组，一个机组内又可分解出发电机、升压变压器、厂用电高压变压器、辅机等设备，还可以再往下逐级进行分解。如图 4-22 下端的“＝S2＝A2＝P1”表示“某发电厂 2 号单元系统的 2 号除灰系统的 1 号清水泵”。此例表明 P1、A2、S2 均为较高层次项目，并且 P1 隶属于 A2，A2 隶属于 S2。

由于高层在各类系统或成套设备中的划分方法不一，名称各异，国家标准没有规定字母的代码（即哪个字母代表什么意义），可以按习惯自行确定。设计人员应在电气图的施工图设计阶段，将自行确定的字母代码列表加以说明，作为设计说明中的一个内容提供给施工单位和建设单位，以利读图。

3. 位置代号的构成

对于复杂的系统、成套设备可通过位置代号迅速找到项目。位置代号的前缀符号“十”为一个加号，其后的字符代码可以是字母．或者是数字，或者是字母与数字的组合。国家标准没有规定字母的代码，所以可根据实际情况，按项目所在区室的简化名称选定英文缩写字母，并用英文缩写字母或数字构成。如图 4-22 中的＋MC、＋L、＋C 等。

4. 种类代号的构成

在电气图中种类代号的主要作用是识别项目的种类，种类代号的前级符号“－”为一

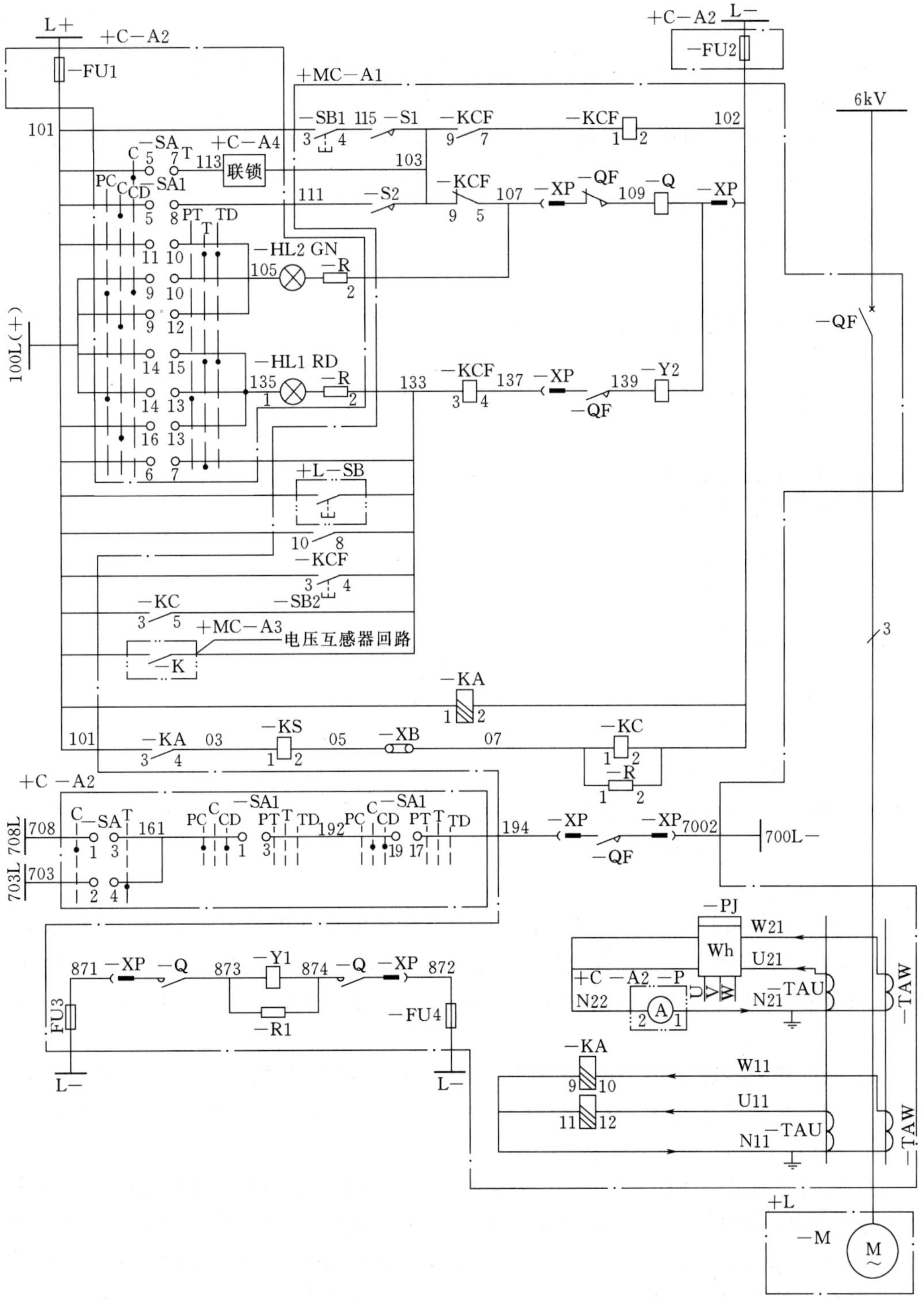

图 4-22 清水泵电动机控制、保护电路图（=S2=A2=P1）

个减号。其后的字符代码最为常见的是用字母代号加数字序号作字符代码。这种表达形式中的字母代号一般都是单个字母，而且必须用基本文字符号中的单字母。例如，各种继电器的单字母代号均为“K”。不得已而采用多个字母时，方可采用双字母，并不允许超过两个字母。举例如“－KT2”代表第 2 号时间继电器。

在电气图中种类代号应用得最广泛，出现得最多。如图 4－22 中，共有下列项目：

－A1　6kV 开关柜

－A2　控制室 2 号控制台

－M　电动机

－SB　事故按钮

其中，6kV 开关柜 A1 复合项目，由下列项目组成：

－QF　断路器

－Y1　断路器合闸线圈

－Y2　跳路器跳闸线圈

－Q　合闸接触器

－KCF　防跳继电器

－KA　反时限电流继电器

－KS　信号继电器

－KC　中间继电器

－R、－R1　电阻

－PJ　有功电度表

－TA　电流互感器

－FU3、－FU4 熔断器

－S1、－S2　开关柜的位置开关

－SB1、－SB2　按钮开关

关于种类代号的构成，需注意以下三点：

（1）同一项目相似部分的代号表示法。在一张图上分开表示的同一项目的相似部分（如继电器和接触器触点）可在种类代号之后用圆点（·）隔开的数字为区分。例如在一张图上继电器－K1 有三个分开布置的触点，则三个触点分别表示为－K1·1、－K1·2、－K1·3。

（2）功能代号的表示法，在一张图上需要说明某项目的功能，可在其种类代号后面补充一个后缀。该后缀是代表项目功能的字母代码，例如在继电器－K3 后加一字母 M 即－K3M，M 表示－K3 为测量继电器。

（3）复合项目的种类代号表示法。在系统图或电路图中，由若干项目组成的复合项目（如组件或部件）都用虚线或点划线围框包围起来，同时在各个围框外说明其种类代号，如图 4－22 中的－A1。对于复合项目内的项目，则按各自的顺序分别编写种类代号，而与其他复合项目中的项目无关。采用这种方法可清楚反映了项目之间的层次关系。

5. 端子代号的构成

端子代号是项目代号的一部分，常用于表示接线端子，插头、插座、连接片等类元件上的端子。端子代号的前缀符号为“：”号。其后的字符代码可以是数字，如“：1”、“：2”等；或者是一个大写拉丁字母，如“：A”、“：B”等；或者是数字和字母的组合，如“：2wl”、“：2w2”等，例如，在图 4-22 中

=S2=A2=P1-A1：3

表示第 2 号单元的除灰系统 1 号清水泵 6kV1 号开关柜的第 3 号端子。

电气图中端子代号的字母必须大写，且不得使用字母“I”、“O”，以免与数字“1”、“0”混淆。当项目端子有标记时，端子代号必须与此标记相一致；例如，三相交流电器的接线端子若与相位有关系时，字母代号必须用“U”、“V”、“W”并且与交流三相的相序“L1”、“L2”、“L3”一一对应。若没有端子的规定标记，端子代号（包括字母代码与数字序号）可以按以下原则进行标注：

（1）单个元件的两个端点可以用连续的两个数字来标志，但要从“1”或者“11”、“21”…开始序数。

（2）单个元件的中间各端点用自然递增数序的数字来标志，并应注意从靠近较小数字的端点处接续按序标注。

（3）排列成组的几个相似元件，各个元件的端点可在数字前冠以规定的标记字母。

（二）项目代号的构成

1. 只用一个代号段

单一的高层代号段可用于层次较高的各类电气图上，特别是各种系统图和框图，标注在表示该高层的围框或图形符号的近旁（通常是轮廓外的左上角）。对于层次较低的电气图，因全图所示即为该高层，或者只是该高层中的一个部分，如有必要标注高层代号时，可将其标注在图的标题栏上方，或在技术要求栏内注明。

单一的位置代号段一般只用于接线图中，高层次的电缆接线图中要与高层代号组合，它们都可注写在表示单元的围框近旁。在其他电气图中，确有必要时，位置代号可以单一代号段的方式或与高层代号组合后，标注在标题栏的上方。任何情况下都不必为每一项目注出其位置代号。

单一的种类代号段适用于大部分电路图，通常是在项目的图形将号或围框边就近注写，但接线图中要注意尽量避免注写在有端子的连接线或引线的一边。在一些高层次的各种电气图中，种类代号可与高层代号组合，或再组合进位置代号（包括设计后期添加的），注写在项目的图形符号或单元的围框近旁。

单一的端子代号段一般只用于接线图中，必要时也可用于画出全部端子（包括未画出，表示端子小圆的较简形式）的电路图中。在一些采用各种简化方式画成的图中，单一的端子代号段可以只在图中的局部标注，如端子功能图、电路图中各个被简化的功能单元或结构单元围框等。以上各种需要标注单一的端子代号段的场合，端子代号可以注写在端子符号的近旁；没有专门画出端子符号的，注写位置应靠近端子所属项目的图形符号。端子代号和种类代号组合后可用于接线图中，作为连接线的本端标记或远端标记在连接线的上方，或者在连接线的中断处。

以上各个代号段单独标注时，除端子代号的前缀符号“:”规定不标外，其他各代号段的前缀符号“=”、“+”、“-”都可标可不标，但在标题栏的上方注写时，以加注前缀

符号并附简短文字说明为好。例如，在某电路图的标题栏上方加注“本电路属＝G1系统”字样。

2. 用两个或两个以上的代号段

（1）第1段高层代号和第3段种类代号组合。设备中任一项目均可用第1段和第3段代号组合成一个项目代号。例如，图4-22中的防跳继电器可表示为

＝S2＝A2＝P1－A1－KCF

代表2号单元系统的2号除灰系统的1个清水泵的6kV开关柜A1的防跳继电器KCF。

（2）第2段位置代号和第3段种类代号组合，设备的项目也可用第2段和第3段代号组合成一个项目代号。例如，图4-22中的控制开关可表示为

＋C－A2－SA

代表除灰控制室C的2号控制台A2的控制开关SA1。

（3）第1段高层代号和第3段种类代号及第2段位置代号组合。对于复杂的系统和成套设备，先将第1段和第3段组合，用于识别项目，在其后再加上第2段，以提供关于位置的信息，从而组合成包括三段的项目代号。例如图4-22中控制开关的完整形式为

＝S2＝A2＝P1－A2－SA＋C

（4）第3段种类代号和第4段端子代号组合（或第1段加第3段再和第4段组合；或第2段加第3段再和第4段组合）。

在接线图中，多有这种组合表示项目的端子代号。例如：－X1∶1、＝P1－KCF∶9等。

（三）项目代号在电气图的标注

项目代号层次多，排列长，在电气图上标注时不可能也不必要将每个项目的完整代号四段全部标注出来。通常情况下，可按“针对项目，分层说明，适当组合，符合规范，就近注写，有利读图”的原则，有目的地进行选注。具体地说，各段代号及它们间的组合是按以下归纳的各点考虑选注的。

1. 项目代号的标注

在大多数情况下，项目代号不必注写齐全，可以就项目本身的情况省略注写其中的某一段或某几段。例如，所指项目为继电器时，就可以省略注写第1、2、4段，即只注出种类代号，再如所指项目为继电器的某个端子时，可以根据图的分类和表达需要，省略注写第1、2段，或者省略注写第1、2、3段，即端子代号为必注。省略注写后的某段或某几段代号仍可统称为项目代号。

在电气图上，项目代号原则上只标注一次。当电路图中采用分开表示法时，则应在元件各个组成部分的符号处标注。

项目代号应标注在图形符号近旁。当电路水平布置时，应标在符号的上方；垂直布置时，标在符号的左方。对以上两种情况，项目代号都应水平标注，且第3段种类代号应靠近符号。

在一张图上，全部或大多数项目代号中的共同代号段只需在标题栏内或上方标注，而不一一列在符号旁，如图4-22所示。

2. 端子代号的标注

端子代号应标注在端子的近旁，当连接线水平布置时，标在线的上方；当垂直布置时，标在线的左方。代号的方向一般应与线的方向一致。但当连接线垂直布置时，代号也可以水平标注。

3. 功能单元和结构单元的项目代号和端子代号的标注

对画有围框的功能单元或结构单元，当进出单元的连接线水平布置时，项目代号应标在围框的上方；当垂直布置时，标在围框的左方。当单元内既有水平布置的电路，又有垂直布置的电路时，则任选一种标注方法。对于进出单元的连接线端子，其端子代号应标在围框内以免发生误解。如图 4－23 所示。

总之，在设备的项目代号中，种类代号用得最多，它既可单独使用，又可组合使用。在图 4－22 中，首先给每个基本件和复合组件编定了种类代号；再根据它们的构成，用点划线围框表示了四个组件，并分别编定了相应的代号（－A1、－A2、－SB、－M），同时这四个代号和相应组件的位置代号组合（如＋C－A2），标注在框的上部；最后在图下方空白处加了一个注，说明图中所有项目的高层代号均为＝S2＝A2＝P1。此外，在图中有一项目（－K）用双点划线围框围起来，表明该项目功能上属于该单元但结构上不属于本单元，它是 6kV 母线电压互感器二次回路的低电压中间继电器的常开触点。整个图简洁、清晰地表明了项目的层次关系，使人对整个设备一目了然。

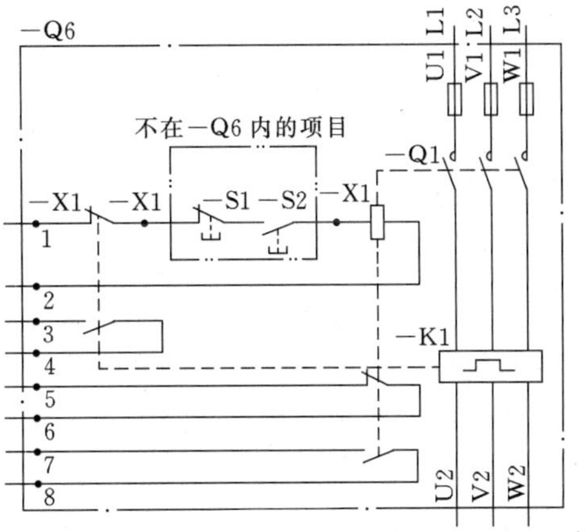

图 4－23 双点划线围框及项目代号和端子代号的标注

三、电气图的画法规则

电气图虽然只是一种简图，但是为了正确地表达设计意图和技术思想，特别是为了使读图者能够清楚、正确、完整、迅速地理解图的全部内容，弄清电气系统或设备中各组成部分之间、各元器件间以及它们相互间的连接关系，从而进一步了解其原理、功能和动作顺序，要求电气图的画法必须遵照一定的规则。

（一）一般规定

1. 图幅分区

对于幅面大而内容复杂的电气图，在读图过程中，为了迅速找到图上的内容，需利用图幅分区法确定图上的位置。

图幅分区法即上各种幅面的图纸上分区，如图 4－24 所示。

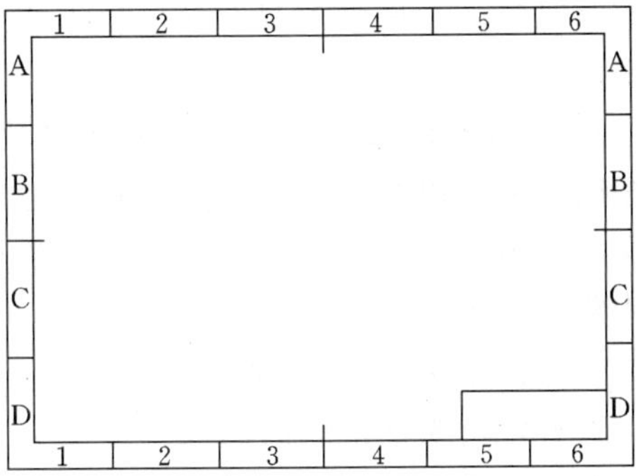

图 4－24 图幅分区法示例

图中将图纸两对边各自等分加以区分，分区的数目应为偶数。每一分区的长度一般在25～75mm之间。每个分区的竖边用大写拉丁字母，横边方向用阿拉伯数字分别编号。编号的顺序应从标题栏相对的左上角开始。分区代号用字母和数字表示，如B3、C5等。

2. 图线

绘制电气图所用的各种线条称为图线，图线形式如表4-6所示。

表4-6　图线形式

图线名称	图线形式	一般应用
实线	——	基本线，简图主要用线，可见轮廓线，可见导线
虚线	……	辅助线，屏蔽线，机械连接线，不可见轮廓线，不可见导线，计划扩展内容用线
点划线	—·—	分界线，结构围框线，功能围框线，分组围框线
双点划线	—··—	辅助围框线

图线的宽度一般从以下系数中选取：0.25、0.35、0.5、0.7、1.0、1.4mm。

通常，在一张图上只先其中两种宽度的图线，并且粗线为细线的两倍。当在某些需要两种宽度以上的图线时，线的宽度应以2倍数依次递增。例如，选0.35、0.7、1.4mm。

图线的间距规定最小间距不小于粗线宽度的两倍。

3. 箭头

在电气图中，通常使用两种箭头：实心箭头和开口箭头。凡在指引线上表示可变性或运动方向的箭头应是实心的，如图4-25(a)所示；凡在连接线上表示能量、信号传播方向的箭头应是开口箭头，如图4-25(b)所示。

指引线用来指示注释的对象。它应为细的实线，并在其末端加注如下标记：

如末端在轮廓线内，加一黑点，如图4-25(c)所示；如末端在轮廓线上，加一实心箭头，如图4-25(d)所示；如末端在连接线上，加一短斜线，如图4-25(e)所示。

（二）电气图的布图原则

电气图的布图原则是“布局合理，排列均匀，图面清晰，便于看图”。这一原则是由国家标准GB6988系列明确规定的，应该体现在电气图中对每一个图形符号、每一根连接线的布局安排上，其目的是“便于看图”。此外，对电气图的整体布局来说，应尽量做到紧凑、美观、图线密集度相对均衡、适当留有余地以便插入文字、波形图、插图、简表、检测数据等。具体要求如下：

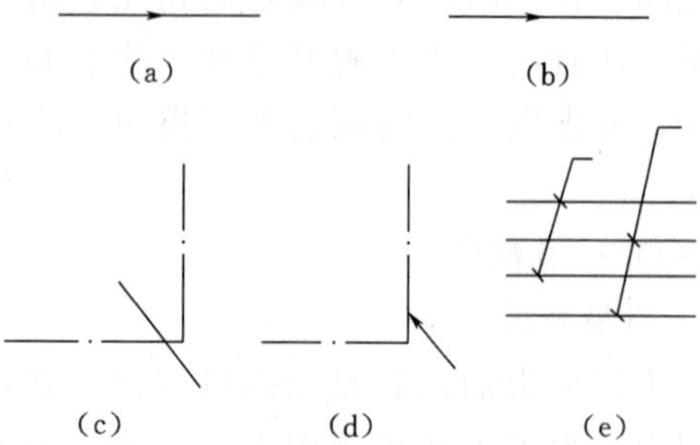

图4-25　箭头和指引线标记

(a)实心箭头；(b)开口箭头；(c)末端在点划线内；(d)末端在轮廓线上；(e)末端在连接线上

(1) 图的各部分的间隔要均匀。

(2) 表示导线或连接线的图线都应是交叉和折弯最少的直线。图线可水平布置，也可垂直布置。只有当需要把相应的元件连接成对称的布局时，才允许采用斜的交叉线。如图 4-26 所示。

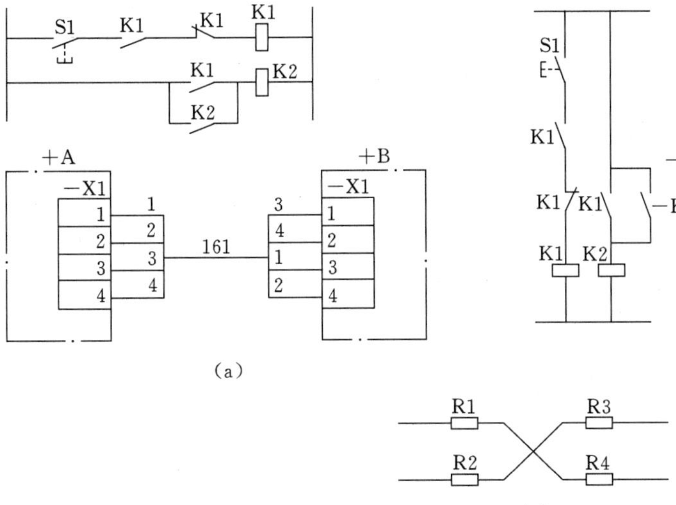

(a)　(b)

(c)

图 4-26 连接线的布置示例

(a) 水平布置；(b) 垂直布置；(c) 交叉线

(3) 表示设备功能和原理的简图，应采用功能布局法；表示设备实际结构的简图，应采用位置布局法。

图中的引入线和引出线，最好画在图纸边框附近，以便清楚地看出具有输入输出关系的各图纸间的衔接关系。

(三) 连接线的画法

1. 连接线

电气图中的连接线通常都是指实线。为了突出或区分某些电路、功能等，导线符号、信号通路、连接线等可以采用不同粗细的线条来表示。例如，以较粗的线表示电源和主要连接线，用较细的线绘成测量和控制方面的连接线。

2. 中断线

(1) 当穿越图面的连接线较长或穿越稠密区域时，允许将连接线中断，且在中断处加相应标记，如图 4-27 (a) 所示。

(2) 去向相同的线组，可中断，且在中断处加适当标记，如图 4-27 (b) 所示。

(3) 连到另一张图上的连接线，应中断，且在中断处注明图号、张次、图幅分区代号等标记，如图 4-27 (c) 所示。

3. 围框

围框是用点划线画成的封闭线框，常见于系统图或框图、电路图、功能图等类电气图中，一般在以下几种情况时使用：

(1) 要显示出图中的某一部分所表示的是具有某种确定功能的功能单元。

(2) 要显示出图中的某一部分是一个完整的结构单元。

(3) 要显示出图中的某一部分是一个相互有密切关联的项目组，如继电器装置、电器组等。

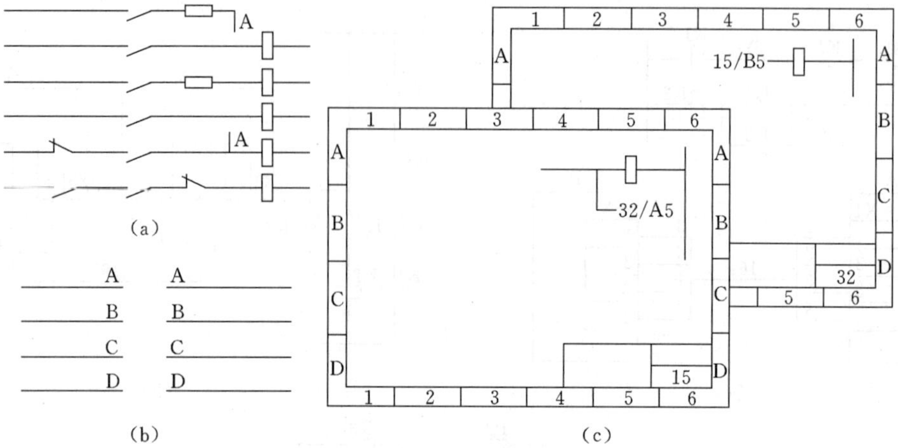

图 4-27 中断线标记

(a) 中断线一；(b) 中断线二；(c) 中断线三

(4) 若干相同电路采用简化画法时，不论是详细画出的一组电路，还是用简化画法画出的其余各组电路，都要分别一一画出围框。

加画围框的目的是为有利于读图。围框有两种形式：点划线围框和双点划线围框，围框的具体画法规则如下：

(1) 当表示功能单元或结构单元时，用点划线围框。在复杂电路中，为使图面清晰，往往把其中的独立单元电路用简代形式表示，并用点划线围框围起来，而该单元的详细电路通过标记去查找。

(2) 围框线不应与元件符号相交，但端子符号可以位于围框线上，如图 4-28 (a) 所示；或将端子符号画于围框线内，如图 4-28 (b) 所示；或省略端子符号，如图 4-28 (c)、图 4-28 (d) 所示，其中图 4-28 (d) 改用端子代号表示。

(3) 在表示一个单元的围框内，对于在电路功能上属于本单元而结构上不属于本单元的项目，可用双点划线围框围起来，并在框内加注代号或予以注释，如图 4-22、图 4-23 所示。

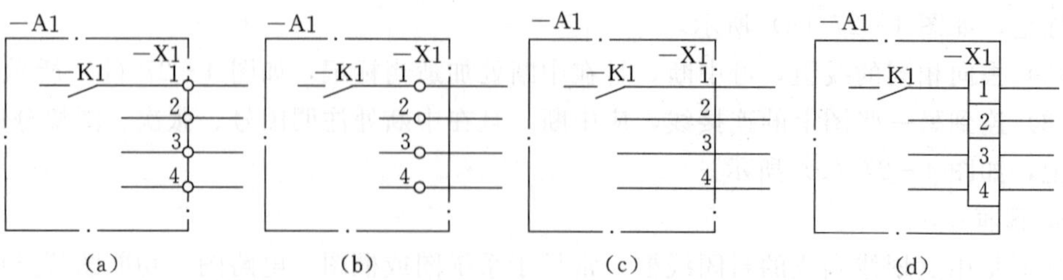

图 4-28 带端子板的单元围框示例

(a) 端子符号位于围框上；(b) 端子符号位于围框内；

(c) 省略端子符号；(d) 加端子代号

（四）注释和标志、技术数据以及符号或元器件在图上的位置

1. 注释

当设备或元件的含义不便于用图示形式表示清楚时，可采用注释。注释可直接放在所需说明的对象附近；也可加标记，将注释放在其他位置。

2. 技术数据的表示方法

技术数据（如设备和元器件的数据）可直接标在图形符号旁，即连接线水平布置时，数据标在图形符号下方，垂直布置时，标在图形符号右方，如图 4－29 所示。技术数据也可标注在如继电器线圈那样的矩形符号内，或者以表格形式给出，如表 4－7 所示。

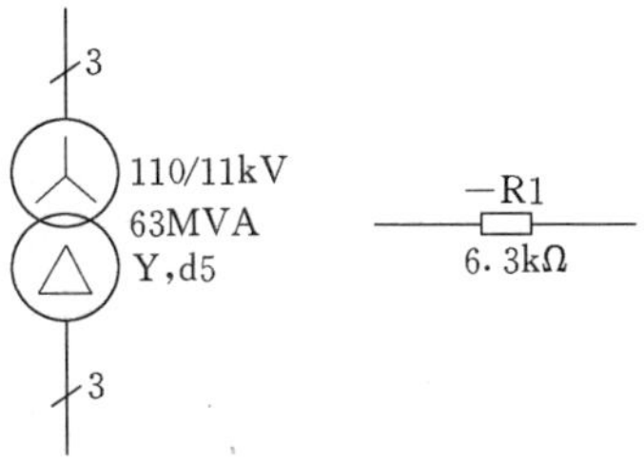

图 4－29 技术数据的标注示例

表 4－7 设 备 表

项目代号	名 称	型号、技术数据	数 量	备 注
R1	电阻器	RT14 6.3kΩ±5% 0.25W	1	
R2	电阻器	RT14 620Ω±5% 0.25W	1	
…		…	…	

3. 符号或元器件在图上的位置

对符号或元器件在图上的位置，可采用图幅分区法，如表 4－8 所示。

表 4－8 符号或元器件在图上位置表示法

符号或元件的位置	标记写法	符号或元件的位置	标记写法
同一张图纸上的 B 行	B	图号为 4568 单张图的 B3 区	图 4568/B3
同一张图纸上的 3 列	3	图号为 5796 的第 34 张图上的 B3 区	图 5796/34/B3
同一张图纸上的 B3 区	B3	＝S1 系统单张图上的 B3 区	＝S1/B3
具有相同图号的第 34 张图上的 B3 区	34/B3	＝S1 系统多张图第 34 张的 B3 区	＝S1/34/B3

四、电气图的种类及画法图例

（一）系统图与框图

用符号或带注释的框概略地表示系统、分系统、成套装置或设备等的基本组成、相互关系及其主要特征的一种简图，称为系统图或框图，其用途是为进一步编制详细的技术文件提供依据，供操作和维修时参考。这里所谓的技术文件，包括电气图本身，因此系统图和框图是绘制较其层次为低的其他各种电气图（如电路图、逻辑图）的主要依据。

系统图和框图两者间原则上没有区别。在实际使用中，系统图通常用于系统或成套设备，框图则用于分系统或设备。

装有两台 300MW 发电机的发电厂系统图如图 4－30 所示，此图概略地反映了发电厂的全貌，即全厂分为 1 单元系统（＝S1），2 单元系统（＝S2）及公用系统（＝P）。1、2 单元系统又分别包括锅炉（＝B）、汽机（＝T）、电气（＝E）、热控（＝HC）、直流（＝

D）和除灰（=A）等系统。

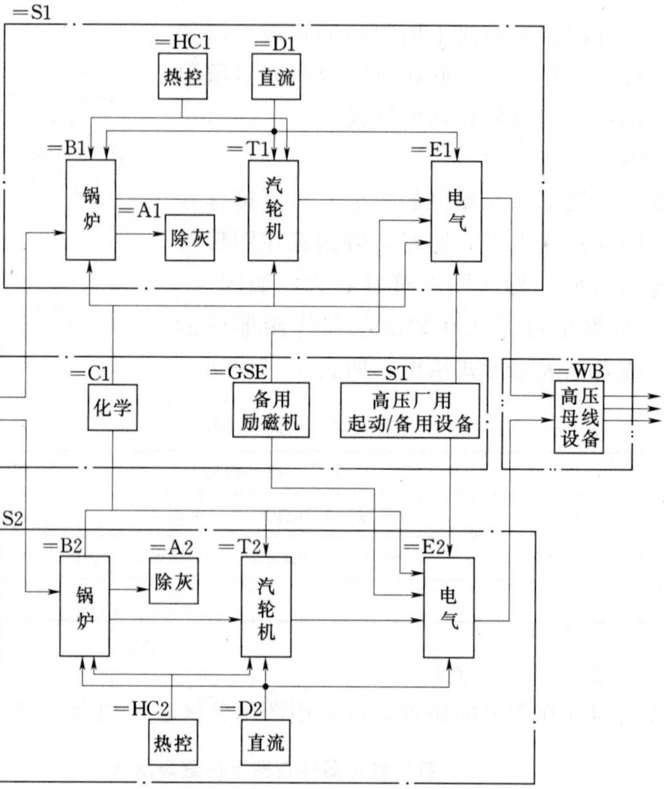

图 4-30 2×300MW 发电厂系统图

（二）逻辑图

逻辑图是用二进制逻辑单元符号绘制的一种简图。它分为纯逻辑图和详细逻辑图。纯逻辑图只表示功能而不涉及其实现方法，因此是一种功能图；详细逻辑图不仅表示功能，而且表示实现方法，因此是一种电路图。在电气工程图中常见的逻辑图如保护逻辑图和控制逻辑图。单电源 110kV 线路三相一次重合闸装置（APR）逻辑图如图 4-31 所示。

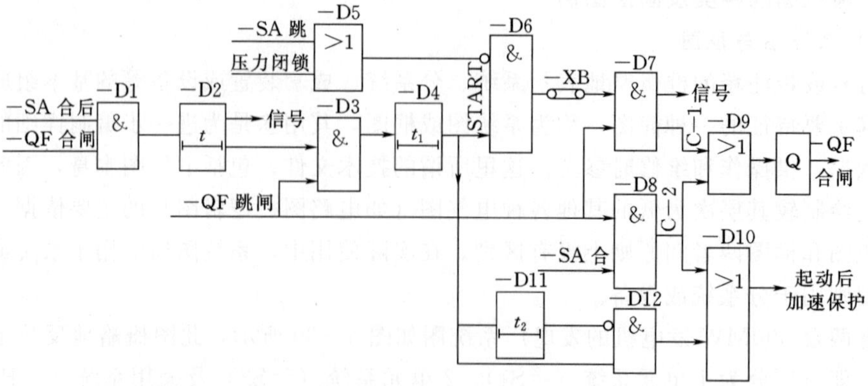

图 4-31 单电源 110kV 线路三相一次重合闸装置（APR）逻辑图

图中，当控制开关－SA处于“合闸后”位置，断路器－QF处于合闸状态时，与门－D1输出“1”态，时间元件－D2将－D1的输出信号延时 t s后，表明自动重合闸装置APR处于准备动作阶段，并发出APR完好信号。此时，若线路故障，断路器－QF自动跳闸，与门－D3输出“1”态，经延时 t_1 后－D4输出“1”态，该输出信号START即为重合闸起动信号。在或门－D5输出“0”的情况下，START信号起动与门－D6，使其输出“1”态，并经压板－XB使与门－D7输出“1”态，一方面发重合闸动作信号；一方面发出重合指令C－1，该指令经或门－D9起动合闸接触器－Q使断路器－QF合闸。与此同时，START信号瞬时起动后加速保护，并经延时 t_2 后经与门－D12闭锁后加速保护。若断路器自动重合于永久性故障，加速保护动作（动作时限小于 t_2s），使断路器无延时跳闸。由于断路器第一次重合后－QF处于合闸状态的时间短（即小于 t s），时间元件－D2输出“0”态，故不能实现第二次自动重合。

当断路器处于跳闸位置，利用－SA进行手动合闸时，－D8输出合闸信号C－2，一方面使断路器合闸，另一方面起动重合闸后加速保护，在线路为永久性故障时，加速保护动作，断路器自动跳闸。

当利用－SA手动跳闸，或者断路器气压（或液压）降低到要求值时，或门－D5输出“1”态，与门－D6输出“0”态，闭锁重合闸装置。

（三）电路图

用图形符号绘制，并按工作顺序排列，详细表示电路、设备或成套装置的全部基本组成部分和连接关系，而不考虑其实际位置的一种简图，称为电路图。

电路图的用途很广，可以用于详细地理解电路、设备或成套装置及其组成部分的作用原理，分析和计算电路特性，为测试和寻找故障提供信息，并作为编制接线图的依据。简单的电路图还可以直接用于接线。因此，电路图是电气图中的一个大类。电路图的绘制除应遵循电气图的画法规则外，还应遵循以下的一些规定。

1. 元器件的位置表示法

（1）图幅分区法。除在前面介绍的方法外，在电路图中，还有下列的表述方法：

1）表示导线的去向。如图4－32中的标记表示三相电源线L1、L2、L3接至配电系统＝E1的第112张图的D行。

2）表示符号在图上的位置。如图4－33中，标记2/2表示43－44触点的线圈符号在第2张图纸的2列。

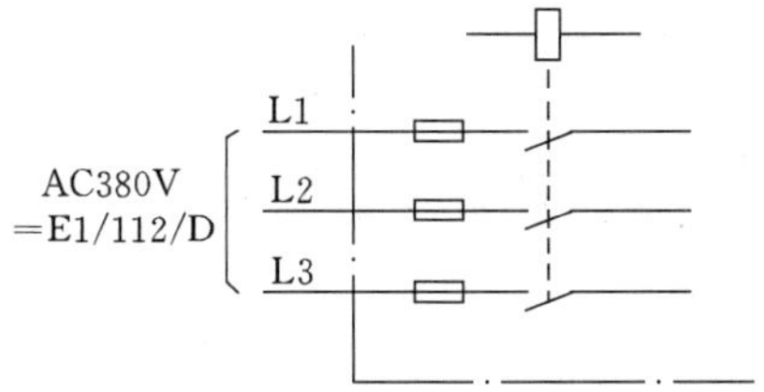

图4－32　表示导线去向的标记

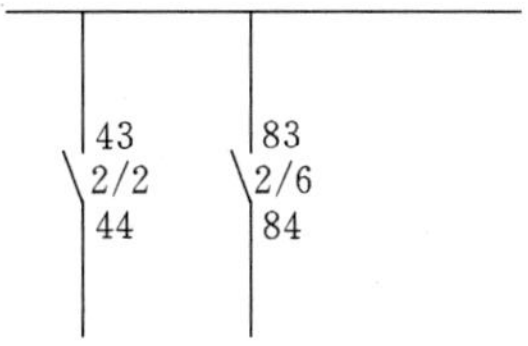

图4－33　表示符号位置的标记

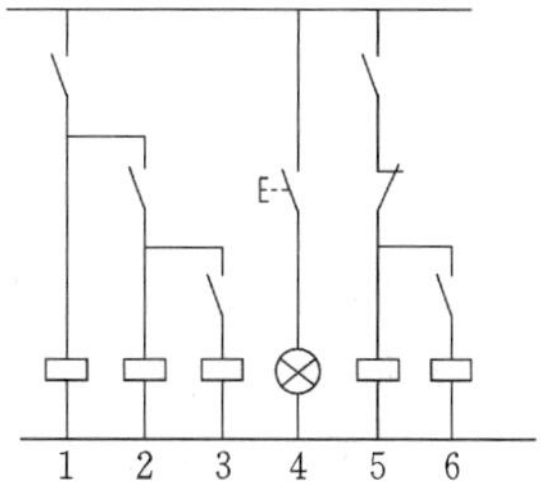

图4－34　电路编号法

3）表示注释对象在图上的位置。如在图中有下列注释：“电阻 R（D4）的阻值在调整后应予锁定”，注释中 D4 即表示电阻所在图纸区域。

（2）电路编号法。对电路或分支电路采用数字编号来表示其位置的方法称作电路编号法。当电路水平布置时，编号可以自上而下排列，当垂直布置时，可自左向右排列，如图 4－34 所示。

（3）表格法。在图的边框附近绘制一个以项目代号分类的表格称作表格法。表格中重复列出图中项目代号，且使种类代号与图中相应符号对齐，如图 4－35 所示。

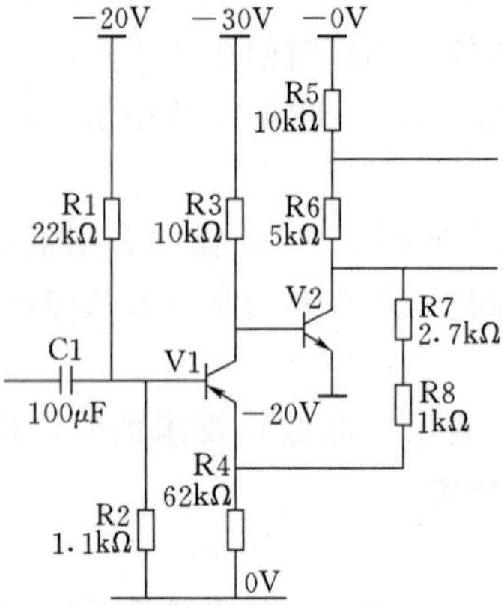

电阻器	· R1 R2 R3 R4 R5 R6 R7 R8
电容器	C1
晶体管	V1 V2

图 4－35 表格法

2. 电路表示法

（1）电源表示法。在电路图中，电源有以下几种表示法：

1）用带极性标记或相位标记的实线表示电源，如图 4－36（a）用实线表示直流电源正（L＋）与负（L－）；图 4－36（b）用实线表示交流电源第一相（L1）与第二相（L2）。

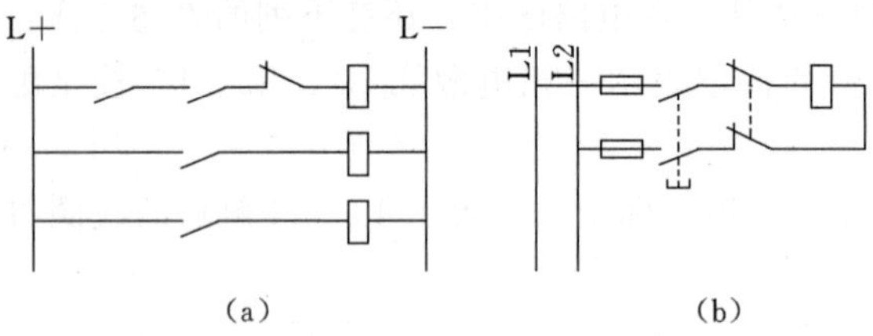

图 4－36 用实线表示电源
（a）带极性标记；（b）带相位标记

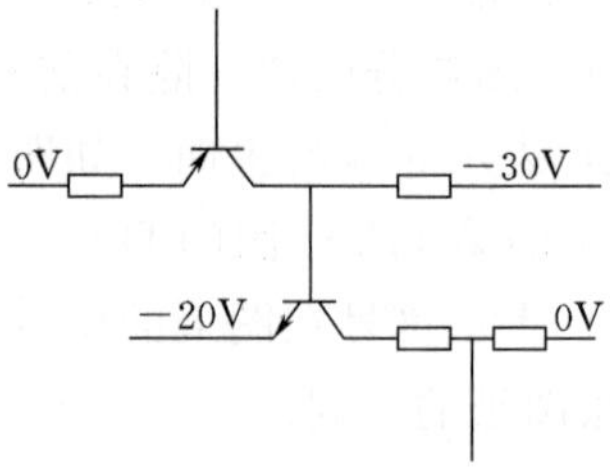

图 4－37 用符号表示电源

2）用 0、－20、－30V 以及＋、－等称号表示直流电源，如图 4－37 所示。

3）同时采用上述两种方法表示电源，如图 4－38 所示。

（2）主电路表示法。在电路图上，主电路采用何种表示方法，应以便于研究设备的功能为原则。通常，主电路用单线表示法，但在某些情况下，如需要表示互感器的接法时，则应采用多线表示法。

表示三相电路的导线符号，宜按相序从上至下或从左至右排列，中性线应排在相线的下方或右方。

（3）电路的布置方法。对于电路图中相似元件和功能上关联的元件的布局，有以下规定：

1）电路水平布置时，相似元件宜纵向对齐；垂直布置时，宜横向对齐。

2）功能上相关联元件的连接线要短，以便看清它们之间的关系。同等重要的并联支路应按主电路对称布置。

3）当机械功能与电气功能密切相关时，在图上应表示出它们之间的联系。如图 4 - 39 中，电动机与电位器旁箭头的小黑点，表示两者运动的相关性。

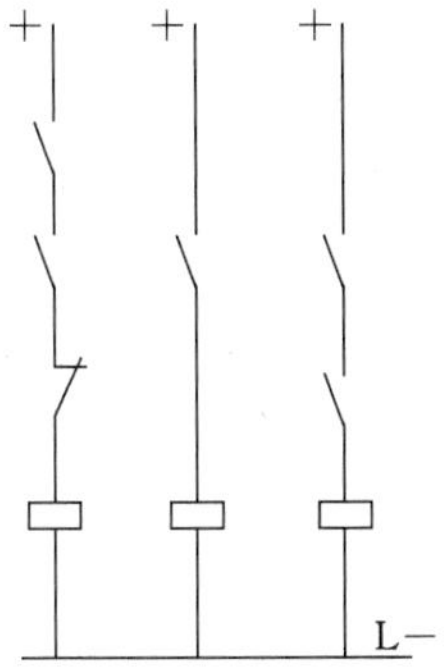

图 4 - 38　用实线和符号表示电源图

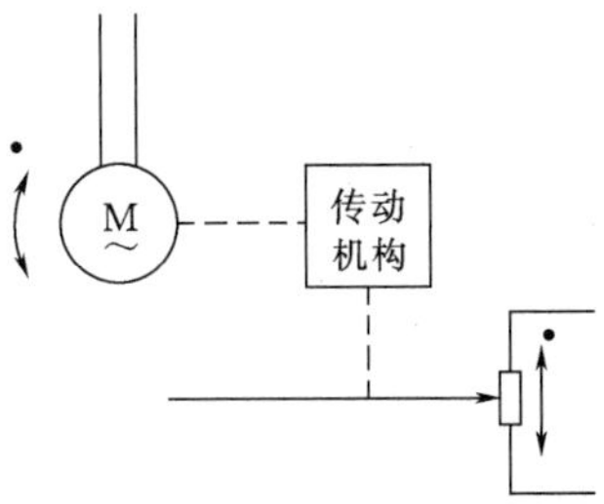

图 4 - 39　机械和电气功能相关的表示法图

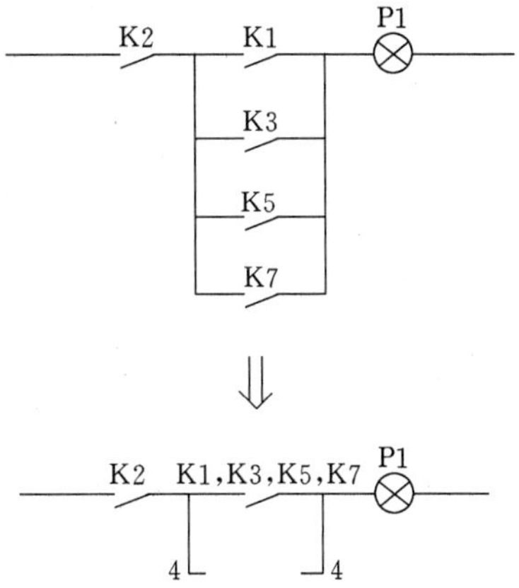

图 4 - 40　并联支路的简化画法图

（4）简化画法。其中：

1）并联电路的简化画法。对由两个或两个以上相同支路组成的并联电路，只需绘出一个支路，并在其上标出公共连接符号、支路数及关联支路项目代号，如图 4 - 40 所示。

当电路上有两个或两个以上相同电路，且这些电路又较复杂时，只需详细绘出其中一个电路，其余电路可用点划线围框来代替，同时在框内加注必要的说明，如“电路与××相同。”如图 4 - 9 所示。

2）功能单元的简化画法。随着微机型装置的不断引入，电气二次部分图纸中常常会出现端子功能图，端子功能图是指表示功能单元全部外接端子，并用功能图、图表或文字表示其内部功能的一种简图。为方便读图，电路中的某个功能（或结构）单元可以简化为端子功能图的形式，被简化的部分能够在有关的技术资料中查得，或是在另外给出的图中画出其详细的电路，通过标记就能进行对照识读。

（四）接线图

1. 单元接线图

单元接线图（表）是表示装置（或设备）中一个结构单元（即可独立运用的组件或由零件、部件和组件构成的组合体内部的连接关系。）而单元外部（即单元之间）的连接关系不包括在内，但需注明相关接线图（表）的图号，以便查阅。

单元接线图（表），除应遵循电气图的画法规则外，还应符合以下的规定：

（1）图中各项目宜大致按其相对位置排列。

（2）图中应清晰地示出各个项目的端子及其布置。

（3）设备和端子重叠放置时，可错动或延伸绘出被遮盖部分的视图，并加注说明各层接线关系。

（4）屏台内部接线图中若另有单元接线图时，可只画出该单元端子排的围框，框内标明设备名称和单元接线图的图号，该端子排至各设备的连线可用线束表示，并标注“远方标记”和导线根数。

单元接线图可用连续线表示，也可用中断线表示，对于较复杂的接线图一般用中断线表示，图 4－22 所示清水泵电动机控制、保护电路中的 6kV 开关柜－A1 单元接线图如图 4－41 所示。控制台－A2 单元接线图如图 4－42 所示。

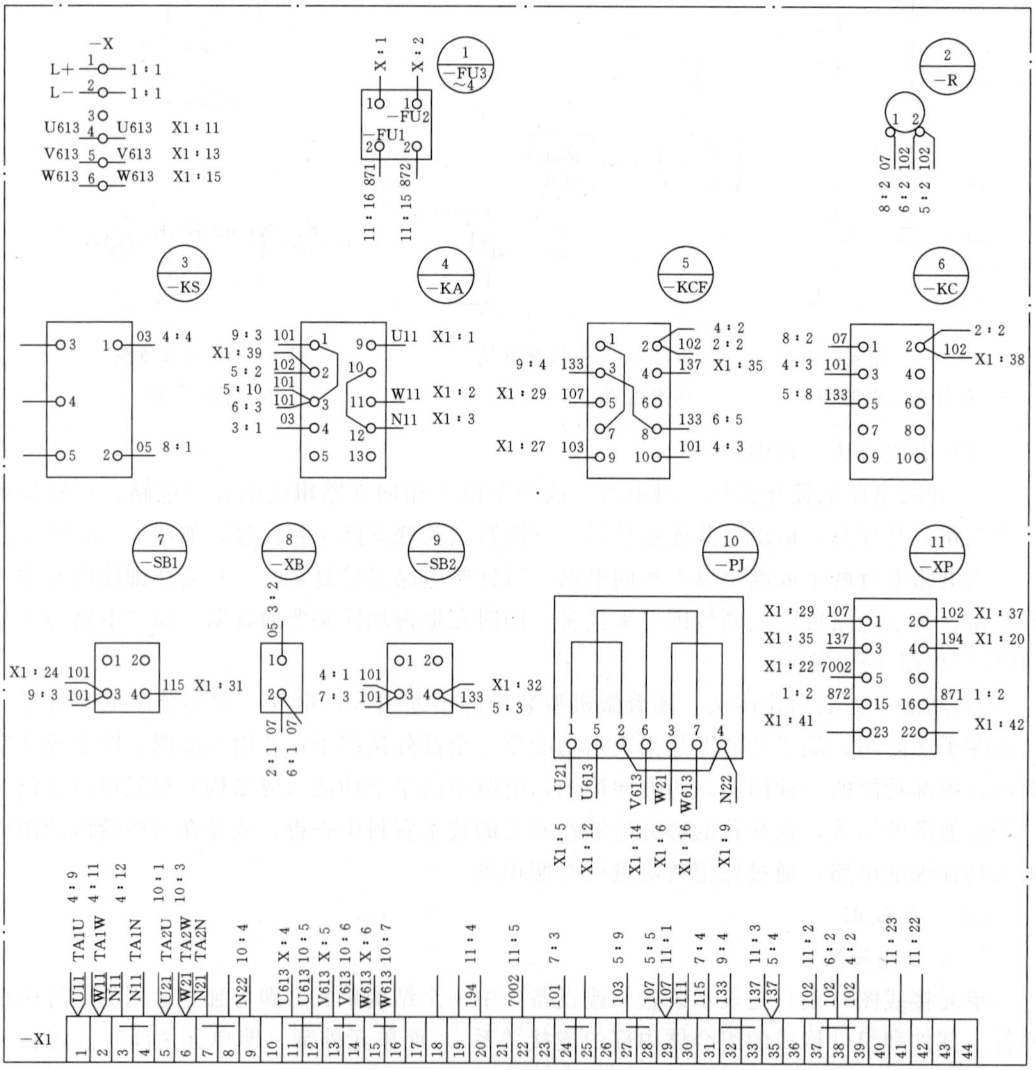

图 4－41　清水泵电动机 6kV 开关柜接线图

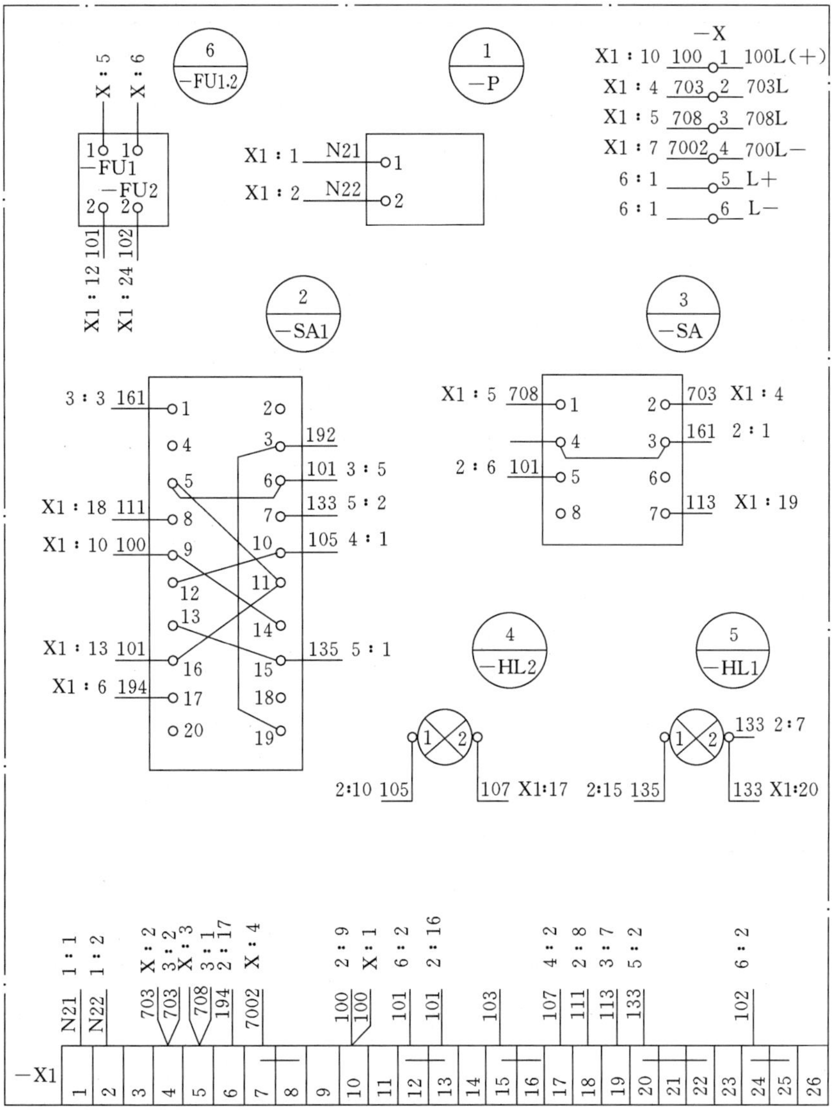

图 4-42　清水泵电动机控制台接线图

图 4-42 中，项目 1、2、3、6 和－X1 用简化的围框（长方形）表示；项目 4 和项目 5 用图形符号表示。它们在图中相对位置与项目在单元中的实际位置相对应。图中 1～6 项目上的端子都用端子符号"○"表示，并在其旁标注端子代号；端子排－X1 的端子只用端子代号表示。图中每根导线都用中断线表示，采用"远端标记"标明导线的去向，例如：连到项目 2 端子 15 上的 135 号导线，在中断处标注 5∶1，表示该导线接至项目 5 的 1 号端子；同时在项目 5 端子 1 上的同一号导线的中断处，也对应地标注 2∶15，表示该导线与项目 2 上的端子 15 相连。

单元接线表包括线缆号、线号、线缆型号及规格、连接点号（即所属项目的代号、端子号和其他说明等内容）。单元接线表 4-9 所表达的对象和图 4-42 完全相同。

表 4-9 **—A2 单元接线表**

线缆号	线号	线缆型号规格	连接点Ⅰ			连接点Ⅱ			附注
			项目代号	端子号	参考	项目代号	端子号	参考	
	N21		1	1		X1	1		
	N22		1	2		X1	2		
	101		2	16		X1	13		
	101		2	16		2	11		连线
	101		2	11		2	5		连线
	101		2	5		2	6		连线
	101		2	6		3	5		
	105		2	10		4	1		
	105		2	10		2	12		连线
	111		2	8		X1	18		
	133		2	7		5	2		
	135		2	15		5	1		
	135		2	15		2	13		连线
	161		2	1		3	3		
	194		2	17		X1	6		
	100		2	9		X1	10		
	100		2	9		2	14		连线
	192		2	3		2	19		连线
	113		3	7		X1	19		
	703		3	2		X1	4		
	161		3	3		3	4		连线
	708		3	1		X1	5		
	107		4	2		X1	17		
	133		5	2		X1	20		
	101		6	2		X1	12		
	102		6	2		X1	24		
	103		X1	15					
	100		X	1		X1	10	X为屏顶小母线端子号从里向外顺序编号	
	703		X	2		X1	4		
	708		X	3		X1	5		
	7002		X	4		X1	7		
	L+		X	5		6	1		
	L−		X	6		6	1		

2. 端子接线图

端子接线图应符合以下规定：

（1）端子接线图的视图与端子排接线面的视图一致。各端子宜按其相对位置表示。

（2）端子排一侧标明至单元内部连线的近端标记；另一侧标明至外部设备的远端标记

或回路标号。

(3) 端子的引出线宜标出线缆号、线号和线缆的去向。

以图 4-22 清水泵电动机控制、保护电路为例，说明端子接线图的绘制方法如图 4-43 所示。

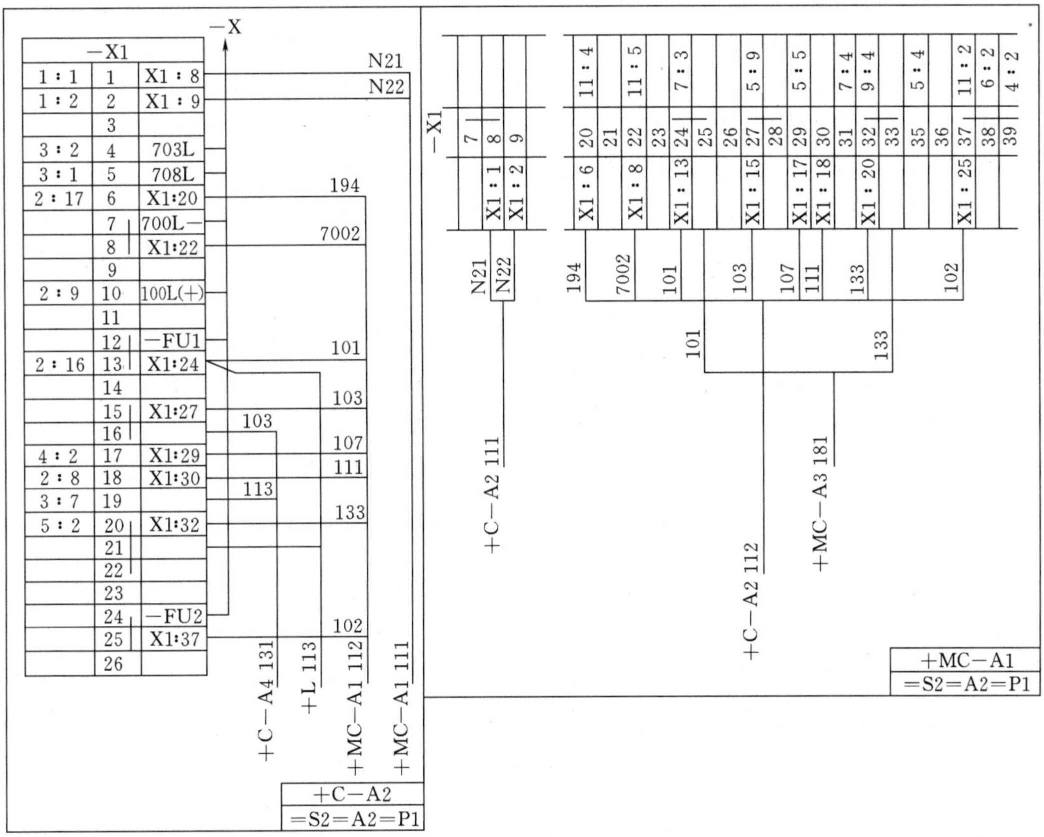

图 4-43 端子接线图示例

绘制端子接线图首先绘制端子排。图 4-22 控制台－A2 中有一个端子排－A2－X1。从图 4-22 电路图可知，电流表－P 装在控制台，其回路标号（线号）为 N21、N22，用一根电缆从 6kV 开关柜－A1 中的第二组电流互感器（－A1 的－X1 端 8 和端 9）引到－A2－X1 端子排，电缆标号为 111。－A2－X1 端子排从第 1 号端子开始向下排，1、2 号端子为交流电流回路，线号为 N21、N22，采用试验端子，其内侧接电流表－P 的端子 1 和端子 2，用近端标记 1∶1 和 1∶2 表示。3 号端子空着备用。

从 4 号端子开始排事故音响信号回路。4 号端子外侧引至台顶小母线－X 的“掉牌未复归”小母线 703L，内侧接联锁开关－SA（编号 3）的端子 2，其近端标记为 3∶2.5 号端子外侧引接台顶小母线－X 的“事故音响小母线 708L，内侧的近端标记为 3∶1（－SA 的端子），为运行方便，4、5、6 号端子采用特殊端子。7 号端子的外侧引接台顶小母线－X 的信号负电源 700L－，内侧未接线，因－A2 内部设备不接 700L－，而－A1 需要接 700L－，但－A1 单元未设 700L－小母线，所以 7 号和 8 号端子采用连接型端子（相当于

7、8号端子短接)，从8号端子外侧经控制电缆112，转至－A1－X1的22号端子引接，即8号端子外侧的远方标记为X1：22，9号端子空着备用。

从10号端子起排控制回路。先从标号100开始，内侧接控制开关－SA1的9号端子(标记为2：9)，外侧接台顶闪光小母线100L（＋)，并采用特殊端子。11号端子空着备用。12号端子接控制正电流L＋，外侧接台顶熔断器－FU1，因－A1也需正电源L＋，所以12号和13号端子采用连接型端子，由13号端子外侧引出两根导线，其一引至－A1单元；其二引至电动机就地事故按钮（＋L－SB)。14号端子空着备用。

从图4-43可以看出，从15号端子开始排控制回路，引至－A1去的单号回路从上至下按103、107、111、133的顺序排列。23号端子空着备用。从24号端子起排负电源102，为将其转至－A1，因此24号、25号端子采用连接型端子，由25号端子外侧将回路102转至－A1单元。最后留下一只端子备用。本端子排共用26只端子，不包括终端端子。

在端子排的外侧同时画出了本单元引出的电缆及其标号，并标明去向。其中标号111和112两根电缆由控制台－A2至6kV开关柜－A1，其中111用于交流电流回路，112用于直流回路，由于两者所要求的电缆芯线截面不同，因此选用两根电缆。131为本单元至联锁信号屏＋C－A4的控制电缆。113为本单元至电动机就地端子箱的控制电缆。181为6kV开关柜－A1至6kV电压互感器柜－A3的电缆。

3. 互连接线图

互连接线图（表）表示各个单元或设备之间的连接关系。不反应单元内部的连接关系。必要时可给出相关单元接线图的图号，以便查阅。

互连接线图的绘制，应遵照上述接线图的一般规定，并且各个单元的连接点不管在何位置上，都要画在同一个平面上，各个单元用点划线围框表示，其连接导线可用连续线或中断线表示。在图上标明线缆号、线号、线缆规格，如图4-44所示。

4. 电缆联系图

电缆联系图（表）提供设备各个单元之间的布缆信息。一般只示出采用何种电缆，必要时可示出电缆敷设路径。它是计划电缆敷设工作的基本依据。在电缆联系图上，各个单元用粗实线围框表示，并标出相关图号。电缆联系图中应清晰地表示各个单元之间的联系电缆，并标注电缆标号、电缆型号规格和各单元的项目代号等，如图4-45所示。

图中电缆号旁标注电缆型号、芯数和芯线截面。例如111号电缆旁标有kVV29—4×2.5，表示采用聚氯乙烯绝缘、聚氯乙烯护套、电缆内有钢带铠装的控制电缆。电缆芯数为4芯、芯线截面为2.5mm^2。

从图4-43～图4-45可看出：如果已经绘制了端子接线图，如图4-43所示，又绘制了电缆联系图（图4-45)，则这两种图所提供的信息应等于互联接线图，如图4-44所示。所以通常只绘制端子接线图和电缆联系图，而不再绘制互联接线图。

电缆联系表宜包括电缆标号、电缆型号规格、连接点的项目代号和其他说明等。

五、识图方法

在画电气二次图之间应首先学会识图，在掌握识图方法后，在指导老师的指导下再进行部分电气二次图的绘制。在做到正确识图，除应掌握电气制图的基本知识外，在识图前

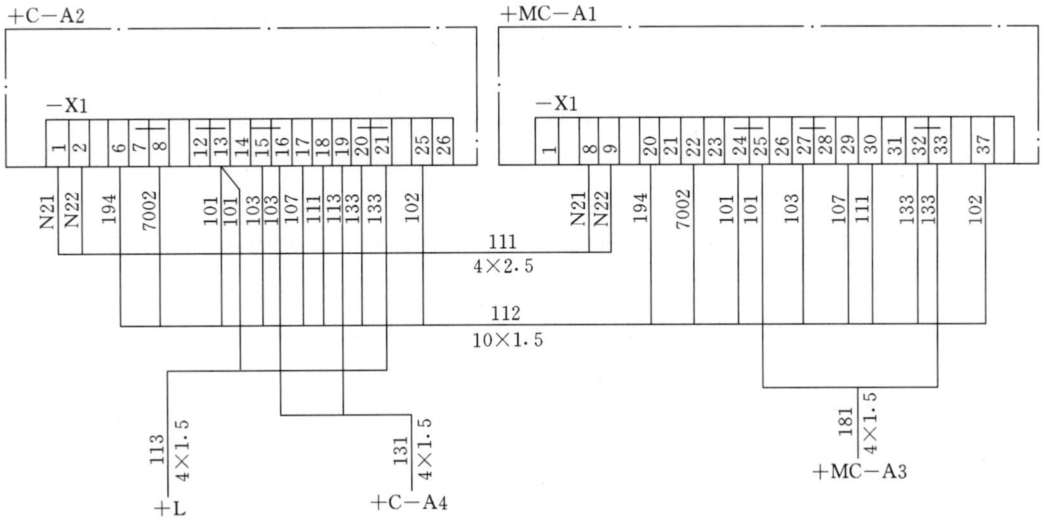

图 4-44　互联接线图示例

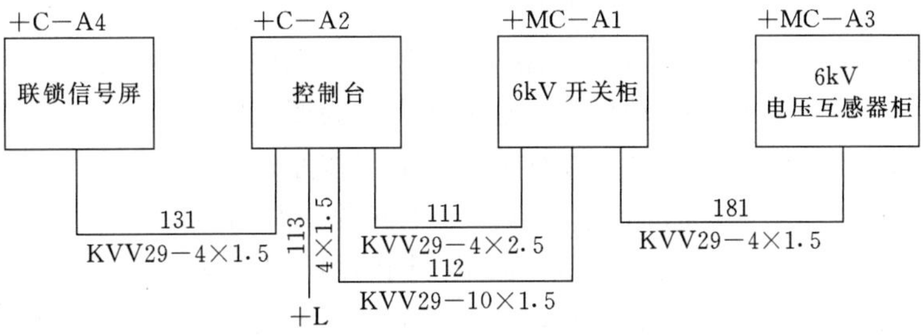

图 4-45　电缆联系图示例

还需掌握电气制图标准中的基本概念、基本要求和规则及各类电气图的基本特点等知识；要了解涉及电气图的有关标准和规程规范；要了解与电气图相关的土建图、管路图和机械图等。

1. 读图步骤

（1）仔细阅读图纸说明。阅读图纸说明如图纸目录、技术说明、设备表、施工说明书等将有助于从整体上理解图纸的概况和所要表达的重点。

（2）读系统图和框图。阅读图纸说明后，就要读系统图和框图，从而了解整个系统或分系统的概况，即它们的基本组成、相互关系及其主要特征，为进一步理解系统或分系统的工作原理打下基础。

（3）读电路图。为进一步理解系统或分系统的工作原理，需仔细阅读电路图。电路图是电气图的核心、内容丰富，阅读难度大。

（4）读接线图。如涉及设备安装接线时，需进一步阅读接线图。

2. 电路图及接线图的读图方法

（1）电路图。看电路图的基本方法可归纳为以下五点：

1）先一次，后二次。当图中一次回路和二次回路同时存在时，应先看一次部分，弄清电气设备经哪些开关设备取得电源；再看对一次部分起监控作用的二次部分的工作原理。

2）先交流，后直流。当图中有交流和直流两种回路同时存在时，应先看交流回路，再看直流回路。因交流回路一般由电流互感器和电压互感器的二次绕组引出，直接反映一次系统的情况；而直流回路则是对交流回路各参数变化产生反应。

3）先电源，后接线。无论在交流回路还是直流回路中，二次设备的动作都是由电源驱动的，所以看图时，应先找到电源。对于交流回路，应先找到电流互感器和电压互感器的二次绕组，再由此沿闭合回路依次分析设备的动作；直流从正电源沿接线找到负电源，并分析各设备的动作。

4）先线圈，后触点。看图时，应先找到继电器或装置的线圈，再找到其相应的触点。因为只有线圈通电（并达到其动作值），其相应触点才会动作。由触点的通断引起其他元件的动作，进一步分析整个回路的动作过程。

5）先上后下，先左后右。识图应符合逻辑流的常规方向。当电路水平排列时，应从左向右看图，当电路垂直排列时，应由上向下看图。

（2）在读电路图时，还应注意以下几点：

1）在电路图中，各种开关触点都是按起始状态位置画的，如按钮未按下，开关未合闸，继电器线圈未通电，触点未动作等。这种状态称为图纸的原始状态。但看图时不能完全按原始状态来分析，否则很难理解图样所表现的工作原理。

2）在电路图中，同一设备的各个元件位于不同的回路的情况比较多，在用分开表示法图中往往持各个元件画在不同的回路，甚至不同的图纸上。看图时应从整体观念上去了解各设备的作用。例如，辅助开关的开合状态就应从主开关开合状态去分析，继电器触点的开合状态就应从继电器线圈带电状态或从其他感受元件的工作状态去分析。

3）任何一个复杂的电路都是由若干基本电路、基本环节构成的。看复杂的电路图一般应将图纸分成几个部分来看，由易到难，层层深入，分别将各个部分、各个回路看懂，整个图样就能看懂。

（3）接线图。读接线图时，应注意与电路图相互对照。读图时要根据端子标志、回路标号从电源端顺次查下去，搞清线路的走向和电路的连接方式，即搞清每个元器件是如何通过连接线构成闭合回路。

第五章　继电保护及自动装置原理的MATLAB仿真概述

第一节　原理仿真所用的MATLAB软件相关功能简介

一、MATLAB软件简介

MATLAB语言是由美国的CleveMoler博士首创的，是MathWorks公司推出的一套高性能的数值计算和可视化软件。在MATLAB下，矩阵的运算变得非常容易，如求矩阵的逆矩阵，在MATLAB中只需一条语句即可实现，所以它一出现就广受欢迎，这一系统逐渐发展、完善、逐步走向成熟，形成了今天的模式。值得一提的是，目前流行的较新版本的MATLAB软件（如MATLAB6.5、MATLAB7等）中包含有Simulink及功能强大的仿真电力系统（SimPowerSystems，简称SPS）模块库，它的功能非常强大，含有电路、电力电子系统、电机系统、电力传输等电工科学中常用的基本元件和系统的仿真模型，建模只需点击和拖拉即可完成。利用MATLAB进行继电保护原理及装置的计算机仿真是当今高校及科研机构学习研究新型保护装置的重要手段之一。

二、Simulink及SimPowerSystems简介

Simulink是以工具库的形式挂接在MATLAB上的，不能独立运行，只能在MATLAB环境中运行。Simulink是一个用来对动态系统进行建模、仿真和分析的软件包，它支持连续、离散或两者混合的线性和非线性系统，也支持具有多种采样速率的多速率系统。

Simulink是由模块库、模型构造及指令分析、演示程序等几部分组成。Simulink提供了用方框图进行建模的图形接口。模块框图是动态系统的图形显示，由一组称为模块的图标组成，模块之间采用连线连接。每个模块代表了动态系统的某个单元，并且产生一定的输出。模块之间的连线表明模块的输入端口与输出端口之间的信号联接。模块的类型决定了模块输出与输入、状态和时间之间的关系。一个模块框图可以根据需要包含任何类型的模块。

模块代表了动态系统的某个功能单元，每个模块一般包括一组输入、状态和一组输出等几个部分。

Simulink模块的基本特点是参数化的，许多模块都具有独立的属性对话框，在对话框中用户可以定义模块的各种参数。Simulink包含Sinks（输出方式）、Source（输入源）、Continuous（连续环节）、Nonlinear（非线性）、Discrete（离散环节）、Signals&System（信号与系统）、Math（数学模块）和Functions&Tables（函数和查询表）等子模型库。Simulink在诸如Communication Toolbox，Nonlinear Control Design Blockset，Power System Blockset等工具箱的配合下，还可以完成对诸如通行系统、非线性控制系统、电力系统的建模、分析和仿真。

设计常用的模块位于Sim Power Systems模块库和Simulink模块库中。

1. SimPowerSystems 模块库中常用模块

（1）三相断路器（Three - Phase Breaker）。

（2）三相电压——电流测量器（Three - Phase V - I Measurement）。

（3）三相变压器（双绕组）[Three - Phase Transformer（Two Windings）]。

（4）三相电源（Three - Phase Soure）。

（5）三相串联 RLC 负载（Three - Phase Series RLC Load）。

（6）三相故障（Three - Phase Fault）。

（7）傅立叶变换（Fourier block）。

（8）发电机（Simplified Synchronous Machine）。

（9）Powergui（Powergui）。

2. Simulink 模块库中常用模块

（1）到工作空间（To Workspace）。

（2）输入端口（In1）。

（3）输出端口（Out1）。

（4）分路器（Demux）。

（5）示波器（Scope）。

（6）常数（Constant）。

（7）乘法（Product）。

（8）数据记忆（Data store）。

（9）增益（Gain）。

（10）子系统（Subsystem）。

（11）显示（Display）。

三、M 文件简介

MATLAB 程序大致分为两类：M 脚本文件（M - Script）和 M 函数（M - Function），它们均是普通的 ASCII 码构成的文件。

M 脚本文件中包含一组有 MATLAB 语言所支持的语句，它类似 DOS 下的批处理文件。它的执行方式很简单，用户只需在 MATLAB 的提示符下输入该 M 文件的文件名，这样 MATLAB 就会自动执行该 M 文件中的各条语句，并将结果直接返回到 MATLAB 工作空间。使用 M 函数格式变成是 MATLAB 程序设计的主流。

MATLAB 的 M 函数是有 function 语句引导的，其基本格式为

Function [返回变量列表] ＝函数名（输入变量列表）　　(5 - 1)

四、S - function 简介

Simulink 为用户提供了许多内置的基本库模块，通过这些模块进行连接而构成系统的模型。对于那些经常使用的模块进行组合并封装可以构建出重复使用的新模块，但它依然是基于 Simulink 原来提供的内置模块。而 Simulink S - function 是一种强大的对模块库进行扩展的新工具。

（一）S - function 的概念

（1）S - function 是一个动态系统的计算机语言描述，在 MATLAB 里，用户可以选

择用 m 文件编写，也可以用 c 或 mex 文件编写，在这里只给大家介绍如何用 m 文件编写 S－function。

（2）S－function 提供了扩展 Simulink 模块库的有力工具，它采用一种特定的调用语法，使函数和 Simulink 解法器进行交互。

（3）S－function 最广泛的用途是定制用户自己的 Simulink 模块。它的形式十分通用，能够支持连续系统、离散系统和混合系统。

（二）建立 M 文件 S－function

1. 使用模板文件：sfuntmpl. m

该模板文件位于 MATLAB 根目录下 toolbox/Simulink/blocks 目录下。

模板文件里 S－function 的结构十分简单，它只为不同的 flag 的值指定要相应调用的 m 文件子函数。例如，当 flag=3 时，即模块处于计算输出这个仿真阶段时，相应调用的子函数为

$$sys=mdloutputs(t, x, u) \tag{5-2}$$

模板文件使用 switch 语句来完成这种指定，当然这并不是唯一的结构，用户也可以使用 if 语句来完成同样的功能。而且在实际运用时，可以根据实际需要来去掉某些值，因为并不是每个模块都需要经过所有的子函数调用。

模板文件只是 Simulink 为方便用户而提供的一种参考格式，并不是编写 S－function 的语法要求，用户完全可以改变子函数的名称，或者直接把代码写在主函数里，但使用模板文件的好处是，比较方便，而且条理清晰。

使用模板编写 S－function，用户只需把 S—函数名换成期望的函数名称，如果需要额外的输入参量，还需在输入参数列表的后面增加这些参数，因为前面的 4 个参数是 Simulink 调用 S—function 时自动传入的。对于输出参数，最好不做修改。接下去的工作就是根据所编 S－function 要完成的任务，用相应的代码去替代模板里各个子函数的代码即可。

2. 调用 S－function

Simulink 在每个仿真阶段都会对 S－function 进行调用，在调用时，Simulink 会根据所处的仿真阶段为 flag 传入不同的值，而且还会为 sys 这个返回参数指定不同的角色，也就是说尽管是相同的 sys 变量，但在不同的仿真阶段其意义却不相同，这种变化由 Simulink 自动完成。

3. 子函数

m 文件 S－function 可用的子函数说明如下：

（1）mdlInitializeSizes：定义 S－function 模块的基本特性，包括采样时间、连续或者离散状态的初始条件和 sizes 数组。

（2）mdlDerivatives：计算连续状态变量的微分方程。

（3）mdlUpdate：更新离散状态、采样时间和主时间步的要求。

（4）mdlOutputs：计算 S－function 的输出。

（5）mdlGetTimeOfNextVarHit：计算下一个采样点的绝对时间，这个方法仅仅是在用户在 mdlInitializeSizes 里说明了一个可变的离散采样时间。

（6）mdlTerminate：实现仿真任务必须的结束。

概括来讲，建立 S－function 可以分成两个分离的任务分别为：

（1）初始化模块特性包括输入输出信号的宽度，离散连续状态的初始条件和采样时间。

（2）将算法放到合适的 S－function 子函数中。

4．定义 S－function 的初始信息

为了让 Simulink 识别出一个 m 文件 S－function，用户必须在 S－函数里提供有关 S－函数的说明信息，包括采样时间、连续或者离散状态个数等初始条件。这一部分主要是在 mdlInitializeSizes 子函数里完成。

Sizes 数组是 S－function 函数信息的载体，它内部的字段意义为：

（1）NumContStates：连续状态的个数（状态向量连续部分的宽度）。

（2）NumDiscStates：离散状态的个数（状态向量离散部分的宽度）。

（3）NumOutputs：输出变量的个数（输出向量的宽度）。

（4）NumInputs：输入变量的个数（输入向量的宽度）。

（5）DirFeedthrough：有无直接馈入。

（6）NumSampleTimes：采样时间的个数。

如果字段代表的向量宽度为动态可变，则可以将它们赋值为－1。

注意，DirFeedthrough 是一个布尔变量，它的取值只有 0 和 1 两种，0 表示没有直接馈入，此时用户在编写 mdlOutputs 子函数时就要确保子函数的代码里不出现输入变量 u；1 表示有直接馈入。

NumSampleTimes 表示采样时间的个数，也就是 ts 变量的行数，与用户对 ts 的定义有关。

需要指出的是，由于 S－function 会忽略端口，所以当有多个输入变量或多个输出变量时，必须用 mux 模块或 demux 模块将多个单一输入合成一个复合输入向量或将一个复合输出向量分解为多个单一输出。

5．输入和输出参量说明

S－function 默认的 4 个输入参数为 t、x、u 和 flag，它们的次序不能变动，代表的意义分别为：

（1）t：代表当前的仿真时间，这个输入参数通常用于决定下一个采样时刻，或者在多采样速率系统中，用来区分不同的采样时刻点，并据此进行不同的处理。

（2）x：表示状态向量，这个参数是必须的，甚至在系统中不存在状态时也是如此。它具有很灵活的运用。

（3）u：表示输入向量。

（4）flag：是一个控制在每一个仿真阶段调用哪一个子函数的参数，由 Simulink 在调用时自动取值。

S－function 默认的 4 个返回参数为 sys、x0、str 和 ts，它们的次序不能变动，代表的意义分别为：

（1）sys：是一个通用的返回参数，它所返回值的意义取决于 flag 的值。

（2）x0：是初始的状态值（没有状态时是一个空矩阵 []），这个返回参数只在 flag

值为 0 时才有效，其他时候都会被忽略。

(3) str：这个参数没有什么意义，是 MathWorks 公司为将来的应用保留的，m 文件。

(4) S-function 必须把它设为空矩阵。

(5) ts：是一个 m×2 的矩阵，它的两列分别表示采样时间间隔和偏移。

(三) 模块的封装与测试

将该程序以文件名＊＊＊＊＊.m 存盘，编好 S 函数后，就可以进行封装和测试了，向模型编辑窗口中添加 S-function 模块，双击该模块，打开参数设置对话框，在其中输入 M 文件名和用户定义的参数。选择该模块，按 CTRL＋M 或右键单击该模块。从弹出的快捷菜单中添加用户定义的变量参数。在 Initialization 页中对变量初始化在 Documentation 页中添加模块的说明和帮助文档，其具体操作与子系统的封装类似。

可以封装该 S 函数，从而设计出相应的参数输入对话框，选择 S 函数模块，打开其封装编辑器，在 Parameters 页中添加用户定义的变量参数。

S 函数模块被封装后，双击，则有模块参数对话框，能有附加参数的一个提示。

五、MATLAB 外部接口介绍

1. 借助 DDE 技术

DDE 允许 Microsoft Windows 应用程序通过交换数据实现彼此的通信。由于 VB 支持 DDE 客户端功能，MATLAB 提供 DDE 服务功能，因而两者应用程序间通过建立一个 DDE 会话，VB 端（客户端）对会话进行初始化，而 MATLAB（服务器端）对其作出响应。初始会话时 VB 应用程序必须指明 MATLAB 的服务器名为 MATLAB，会话主题为 Engine。这样使用 MATLAB 的 Engine 主题支持的 3 种操作，VB 应用程序可以向 MATLAB 传送可执行的命令，从 MATLAB 工作空间读取、传送数据。要注意的是，MATLAB 的命令窗口必须在建立 DDE 会话之前已经运行。

2. 借助 ActiveX 部件

ActiveX 部件是 Microsoft 公司提供的一种用于模块集成的新协议。MATLAB 支持 ActiveX 部件的嵌入，它可以通过 ActiveX 技术与 VB 作接口。MATLAB 提供了一个自动化对象，其外部名称为 MATLAB. Application，它支持 COM 技术。由于 VB 支持 ActiveX 自动化控制端协议，MATLAB 支持 AciveX 自动化服务器端协议，因此只要建立了 VB 应用程序和 MATLAB 之间的 ActiveX 自动化连接，即可在一个应用程序中调用 MATLAB 命令和直接从工作空间存取矩阵等。对 MATLAB 自动化服务器的使用，必须通过服务器所提供的 3 种方法，即 Execute（用于执行一个合法的 MATLAB 命令）、PutFullMatrix（用于从 MATLAB 工作空间获取数据）和 GetFullMatrix（用于向 MATLAB 的工作空间输出一个指定名字的 mxArray 结构体）。

与 DDE 技术相比，它在运行时，不需要首先起动 MATLAB 所以功能更为强大。

第二节　仿 真 示 例 一

该仿真示例为基于 MATLAB 与 Visual Basic 数据交换的电网零序电流保护及自动重合

闸的仿真。Visual Basic 语言（简称 VB）是由微软公司开发的新一代面向对象编程工具，它既是一种编程语言，同时也是一个强大的集成开发环境，利用它可以编制出各种风格的软件产品。是 Windows 下简单、易学、高效的可视化软件平台。但如用 VB 实现复杂的算法，工作量十分庞大。以下结合零序电流保护及单相重合闸装置的继电保护仿真模型与 VB 进行接口的实例说明继电保护模型的搭建方法以及将其与 VB 进行接口的具体步骤及方法。

一、MATLAB 与 VB 的数据交换原理

MATLAB 与 VB 的集成方法有多种，本节仅介绍 VB6.0 与 MATLAB6.5 借助 ActiveX 技术进行数据交换的一种方法。其具体的使用及功能可参考相关文献。MATLAB6.5 实现了 ActiveX 自动化服务支持，在 VB6.0 下通过 MATLAB 自动化连接可将 MATLAB 作为 VB 的一个 ActiveX 部件调用。MATLAB6.5 支持 ActiveX Automation 服务器端协议，因此如果已经建立了一个 VB 应用程序与 MATLAB6.5 之间的 ActiveX Automation 连接，那么在这个 VB 程序中就可以调用 MATLAB 的命令，向 MATLAB 传送或 MATLAB 接收数据。

在 VB 程序中创建 ActiveX 对象的具体步骤为：

```
Dim MATLAB As Object
Dim Result As String
Set MATLAB=Creat Object（"MATLAB. Application"）
```

在 VB 应用程序中创建了 ActiveX 对象后，就可以使用 ActiveX 对象中所包含的方法来实现对 MATLAB 的调用。ActiveX Automation 对象中含有 5 个方法（method），它们分别是 Execute：执行 MATLAB 命令；GetFullMatrix：将 VB 应用程序中的一个数组的数值赋值给 CommandWindows 中的一个矩阵变量；GetFullMatrix：将 MATLAB 中的一个矩阵变量的值传送到 VB 应用程序的一个数组中；MinimizeCommandWindows：使 MATLAB 窗口最小化；MaxmimzeCommandWindows：使 MATLAB 窗口最大化。应用上述方法可在 VB 应用程序中实现任何 MATLAB 的功能。

二、仿真模型的建立

在与 VB 进行交互之前，用 Simulink 及 PSB 模块库先构建一简单 220kV 单侧电源供电系统的模型，模拟输电线路发生接地故障。同时，建立一零序电流保护及单相重合闸装置仿真模型，通过该系统可十分方便地进行不同接地电阻及电弧情况下的故障分析以及继电器动作特性的模拟。

1. 系统模型

单侧电源供电系统的模型，如图 5－1 所示，采样频率为 1000Hz，图中各个模块来自 PSB 与 Simulink 库，分别有：①系统：三相电源模块（Three－Phase Soure block）；②测量元件：三相电压——电流测量器模块（Three－Phase V－I Measurement block）；③断路器：三相断路器模块（Three－Phase breaker）；④三相线路：分布参数线路模块（Distributed parameter line block）；⑤负荷：三相串联 RLC 负载模块（Three－Phase SeriesRLC Load block）。

2. 保护模型

零序电流保护模型的子系统如图 5－2 所示。

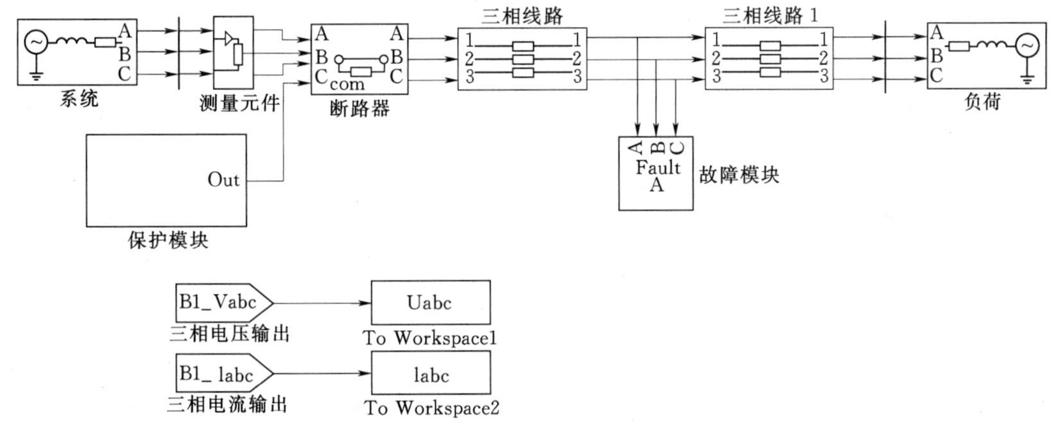

图 5-1 供电系统模型图

零序电流保护模型可分为 6 个部分：

(1) 测量模块，由万用表模块（Multimeter）采集流过图 5-1 中线路首端断路器模块的三相电流，然后通过分路器模块（Demux）、加法器模块将三相电流采样值相加，从而得到 3 倍的零序电流的采样值。

(2) 保护模块，模块主要由傅立叶变换模块（Fourier）继电器（Relay）、延迟模块（Transport Delay，本例中设入延时值为 0.05s），主要功能是将经傅立叶变换后的零序电流幅值与定值相比较，一旦大于定值，才经延时输出为“0”。

(3) 保护出口模块，该模块的主要功能是将保护模块的动作行为保持，主要由非门（NOT）、加法器和常数（constant）、使能子系统模块（Enable Subsystem）模块构成。由于使能子系统模块的特点是：使能端输入正数或零时，子系统开启；使能端输入负数时，子系统关闭，模块输出端为初始值或保持前一状态。而保护模块中延迟模块的输出为“1”或“0”，因此不能接在使能端上，否则会一直使保护出口模块始终处于使能状态，输出为“1”。由图 5-2 可见，如保护模块中延迟模块的输出为“0”，则经非门再与常数为－0.5 相加后，可使保护出口模块使能端输出为“1”。保护出口模块输出为“0”。

(4) 重合闸模块，主要功能是在第一次判断线路发生故障跳闸后，经过一段时间实现断路器重合闸。主要由非门，一个常数发生器（发出－0.5），加法器、使能子系统、延迟模块（Transport Delay，本例中设入延时值为 0.3s）组成。如保护模块输出为 0，则经整定延时后，重合闸使能出口模块输出为“1”

(5) 后加速模块，主要功能是判断断路器重合后故障是否存在。如故障依然存在，则发出跳闸命令并不再重合。如故障解除，则保持合闸状态；主要由非门（NOT）、加法器和常数（constant）、使能子系统模块（Enable Subsystem）等模块构成。后加速模块的逻辑功能基本等同于保护模块与保护出口模块的功能合成，不同的是后加速模块是在重合闸后启动的，另外，该模块要实现加速跳闸的功能，因此在本例中设定延时值为 0.01s。

(6) 执行模块，将二、三、四部分的波形相加，最终形成正确的断路器控制波形。在一个采样点处，还有子系统起名问题。

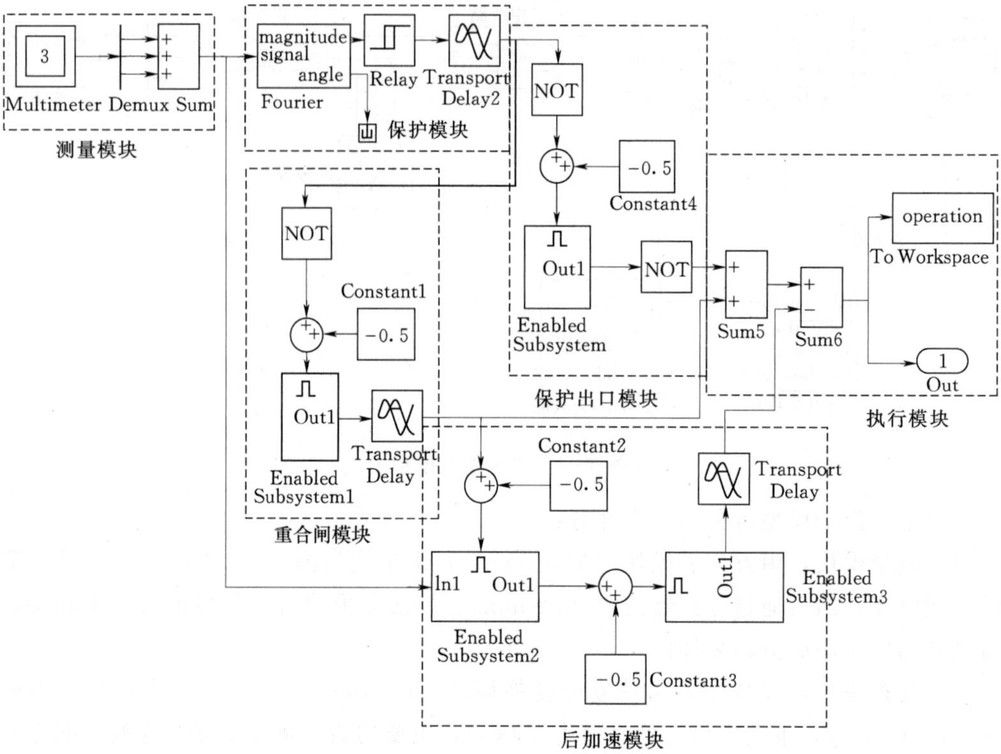

图 5-2　零序电流保护模型图

三、VB 界面设计及仿真结果

本节将采用 ActiveX 部件的方法，从 VB 中传递仿真命令给 MATLAB 执行；然后借助 DDE 技术绘制出不同情况下的仿真波形。界面由 1 个 PictureBox，1 个框架 frame，两个 Option 按钮和两个 Commend 按钮组成。PictureBox 用来显示系统仿真图形 Command1 为执行键，Command2 为系统退出键。Option 按钮组提供用户选择需要观察的发生各种故障类型过程电流、电压的波形变化。其中 Option1 则进行 A 相单相接地永久性故障的仿真，Option2 则进行 A 相单相接地瞬时性故障的仿真。具体图形界面如图 5-3 所示。

1. 程序代码

在 Command1 的双击事件中加入下面代码：

```
'创建 ActiveX 对象
Dim MATLAB As Object
Dim result As String
Set MATLAB=Create Object (" MATLAB. Application")
'选择运行 Simulink 模型
Select Case True
Case Option1. Value
result=MATLAB. execute (" sim ('PowerSystem1')")
Case Option2. Value
```

```
result=MATLAB. execute (" sim ('PowerSystem2')")
End Select
'使 MATLAB 绘制系统电压、电流以及保护动作波形
MATLAB. execute" figure (1); subplot (3, 1, 1); plot (Uabc);
axis ( [0, 4000, -700000, 700000]); title ('系统三相电压');
subplot (3, 1, 2); plot (Iabc); axis ( [0, 4000, -150000, 150000]);
title ('系统三相电流'); subplot (3, 1, 3); plot (bh);
axis ( [0, 4000, -0.1, 1.1]); title ('保护动作情况'); print-dmeta"
'获取图形
Picture1. Picture=Clipboard. GetData
```

2. 仿真结果

如果要观察线路发生单相接地永久性故障，只要选择 Option1，然后按下仿真按钮，就可轻易得到仿真波形，如图 5-3 所示。

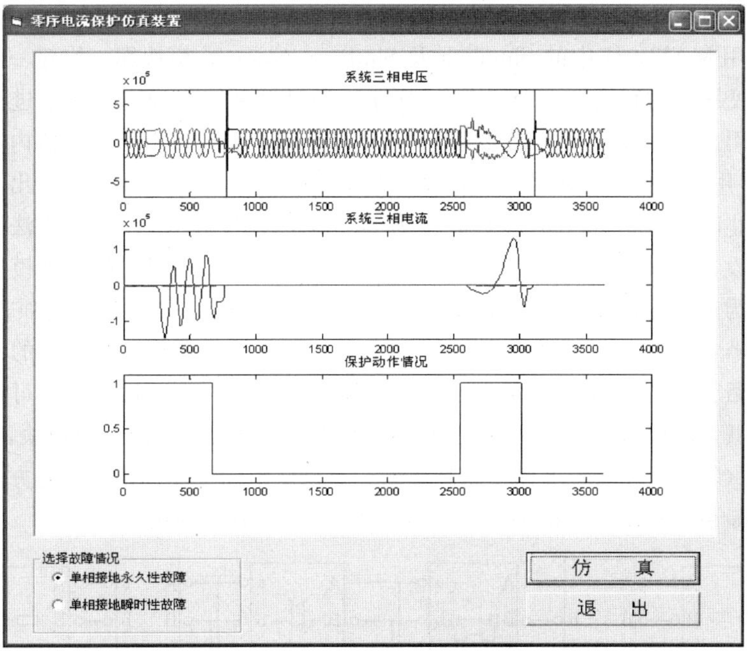

图 5-3 仿真界面及线路发生单相接地永久性故障仿真波形

由仿真波形上可以看出在 0.03s 的时候线路发生接地故障，A 相电流发生急剧变化，电压变得不对称，继电器动作后经 0.05s 保护出口跳闸，跳闸后经 0.3s 自动重合闸，此时故障仍存在，保护只用 0.01s 立即发跳闸命令。从而完成了从跳闸到重合闸再跳闸的整个过程。

同样，线路的单相接地瞬时性故障也可以容易实现仿真。

四、结论

采用 PSB 可以建立多种多样的电力系统及其继电保护仿真模型，利用 MATLAB 强大的计算功能与 VB 在图形用户界面开发方面的优势进行混合编程，能相互取长补短，使

学生在毕业设计过程中既能提高自身的计算机水平，又能加深对电力系统、数字式保护基本原理的掌握。

第三节　仿真示例二

该示例为基于S函数的数字式变压器差动保护仿真。Simulink中的S函数（S-function）是一种强大的对模块库进行扩展的新工具。利用S函数，用户可以定制自己的Simulink模块，如变压器差动保护功能模块。具有模块化、可重载、可封装、面向结构图编程及可视化等特点，可大大提高系统仿真的效率和可靠性。根据这一思路，利用MATLAB中的M文件S-function编写变压器差动保护的仿真程序（M文件），结合Simulink和SimPowerSystems工具箱，可构建出一个具有扩展功能的双绕组变压器差动保护仿真模型。

一、仿真模型的构建

（一）利用MATLAB建立变压器差动保护仿真模型

首先，利用MATLAB中的Simulink及SimPowerSystems模块库，构建一简单具有双侧电流的双绕组变压器仿真模型，如图5-4所示。通过该系统模型可方便地进行变压器双侧区内（套管及引出线）或区外故障的模拟，改变变压器模型还可进行变压器内部绕组故障的模拟（后述）。用户可根据需要灵活设置故障点及故障类型，图5-4中只画出了两处。需要指出，仿真起止时间为0～0.2s，采样频率为2kHz，采用变步长、ode15算法进行仿真。所有模块的频率设置为50Hz；图5-4中的等效三相系统1、2采用三相电源模块，三相断路器的初始信号为合闸，并选中"由外部信号控制断路器的合、分时间"选项；此时图5-4中的三相断路器将会新出现一"com"端，用于将差动保护子系统（后述）的动作输出信号接至该端；测量元件1、2采用三相电压——电流测量器模块，通过该模块可获得变压器两侧的三相电流共六路模拟量；图中双绕组变压器采用三相双绕组变压器模块，采用Y，d11型接线，Y侧（等效三相系统2侧）为高压侧。通过使用标签或直接引出的方法可以很方便地将两侧电流量引出至差动保护子系统及MATLAB的工作空间中。

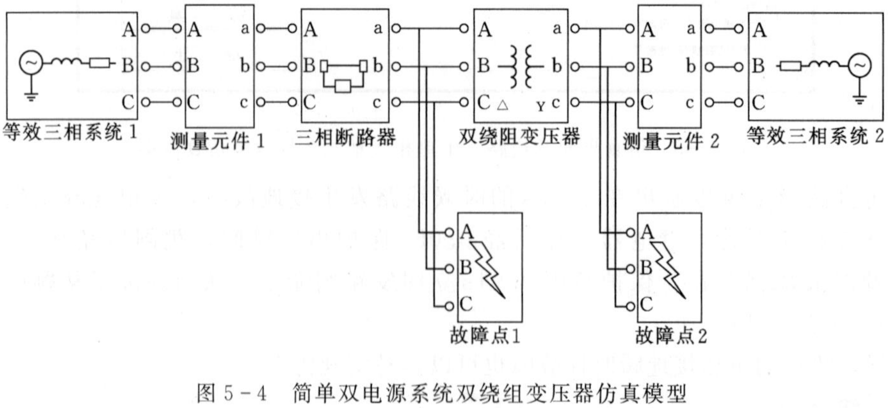

图5-4　简单双电源系统双绕组变压器仿真模型

差动保护保护子系统的内部构成如图5-5所示，测量元件1、2所测得的变压器高低压侧电流（共6路量）分别经过一放大器（"Gain"）模块，在此模块中可调整比例系数，在实现了数字式保护中的变换器功能。基波傅立叶模块及二次谐波傅立叶模块同属于 Simulink 中傅立叶模块，其作用是输出各相电流的基波（二次谐波）的幅值 I 和相角 φ。注意在 S-Function 模块中使运算中通过式（5-3）可以把电流变换成复数形式进行运算。

$$A+\mathrm{j}B=I\cos\varphi+\mathrm{j}I\sin\varphi \tag{5-3}$$

傅立叶变换输出量根据需要进入四个 S 函数模块，模块中分别封装有具有不同函数功能的 M 文件程序，分别实现的功能为比率制动、二次谐波制动、二次断线闭锁、差流速断。S 函数模块输出的数字信号进入动作逻辑模块（较简单，不再详述），决定差动保护子系统是否动作于跳闸或是否发出电流互感器（TA）断线信号。

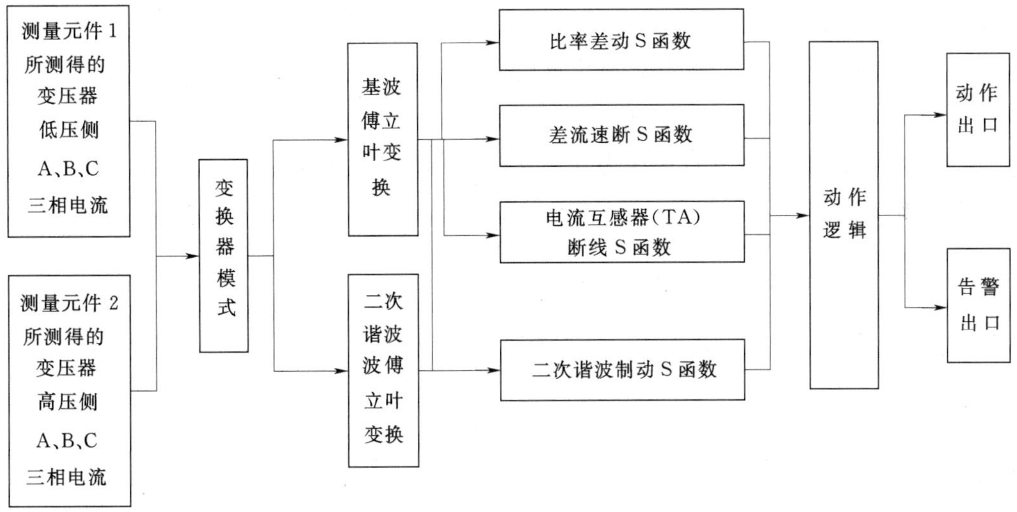

图 5-5 差动保护子系统图

（二）差动保护子系统所用 S 函数的写法

S 函数（function）是一个动态系统的计算机语言描述，提供了扩展 Simulink 模块库的有力工具，它采用一种特定的调用语法，使函数和 Simulink 解法器进行交互。本仿真模型中选择用 M 文件编写 S 函数，用于定制变压器差动保护专用的 Simulink 模块。正确使用 S 函数的关键是初始化模块特性包括输入输出信号的宽度，离散连续状态的初始条件和采样时间。为了让 Simulink 识别出一个 M 文件 S 函数，用户必须在 S-函数里提供有关 S-函数的说明信息，包括采样时间、连续或者离散状态个数等初始条件。这一部分主要是在 mdlInitialize Sizes 子函数里完成。以比率制动 S 函数为例，说明本仿真中所用 S 函数的写法。比率制动分相差动的作用是利用分相比率制动判据实现差动保护跳闸。差动元件的动作特性较多采用具有二段折线型的动作特性曲线，动作判据为：

拐点前（含拐点），见式（5-4）

$$I_{op}\geqslant I_{op.min} \qquad I_{res}\leqslant I_{res.min} \tag{5-4}$$

拐点后，见式（5-5）

$$I_{op}>I_{op.min}+K(I_{res}-I_{res.min}) \quad I_{res}>I_{res.min} \tag{5-5}$$

式中 I_{op}——差动电流的幅值；

I_{res}——制动电流幅值；

$I_{op.min}$——差动保护最小动作电流；

$I_{res.min}$——差动保护最小制动电流。

考虑该差动保护需进行相位补偿，在程序中对低压侧电流进行了"转角"

$$\dot{I}'_a = (\dot{I}_a - \dot{I}_c)/\sqrt{3} \tag{5-6}$$

以 A 相为例，其差动电流及制动电流为：

$$I_{op} = |\dot{I}_A - \dot{I}_a| \tag{5-7}$$

$$I_{res} = (|\dot{I}_A| + |\dot{I}_a|)/2 \tag{5-8}$$

式中　$\dot{I}'_A$——A 相补偿电流；

$\dot{I}_a$、$\dot{I}_c$——低压侧 A、C 相相电流相量；

$\dot{I}_A$——高压侧 A 相相电流相量。

比率制动 S 函数的 M 文件程序为（"%"后为程序注释）：

```
function [sys, x0, str, ts] =
BLCD (t, x, u, flag, Iopmin, Kres, Iresmin)%BLCD——函数名
Iopmin=2;%给出差动保护最小动作电流整定值
Kres=0.5;%给出比率制动系数
Iresmin=5;%给出差动保护最小制动电流整定值
switchflag
case0
[sys, x0, str, ts] =mdlInitializeSizes (Iopmin, Kres, Iresmin);%初始化
case2,
sys=mdlUpdate (t, x, u);%更新离散状态、采样时间和主时间同步的要求。
case3
sys=mdlOutputs (t, x, u, Iopmin, Kres, Iresmin);%计算 S-function 的输出
case9,
sys= [];%donothing
otherwise
error ( ['Unhandledflag=', num2str (flag)]);%报错
end
function [sys, x0, str, ts] =mdlInitializeSizes (Iopmin, Kres, Iresmin)
%模块初始化,
……
```

%该段定义 S-function 模块的基本特性，包括采样时间、连续或者离散状态的初始条件和 sizes 数组。注意离散状态的个数（sizes. NumDisc State）即状态向量离散部分的宽度设置为 6；此程序输入变量为 6 路电流的幅值与相角共 12 个变量；因此输入变量的个数(sizes. NumInputs) 即输入向量的宽度设置为 12。其余采用默认值，该段程序被略去。

……

function sys=mdlUpdate (t, x, u);%u 为输入量，共有 12 个输入量，其中：u1、u5、u9 分别为 A、B、C 相低压侧电流幅值；u2、u6、u10 分别为 A、B、C 相低压侧电

流相位；u3、u7、u11 分别为 A、B、C 相高压侧电流幅值；u4、u8、u12 分别为 A、B、C 相高压侧电流相位。x 为中间离散变量，共有 6 个，其中：x1、x3、x5（即程序中 sys (1)、sys (3)、sys (5)）分别为 A、B、C 相差动电流；x2、x4、x6（即程序中 sys (2)、sys (4)、sys (6)）分别为 A、B、C 相制动电流。

sys (1) =abs ((u (1) *cos (u (2)) +u (1) *i*sin (u (2)) −u (9) *cos (u (10)) −u (9) *i*sin (u (10))) /sqrt (3) −u (3) *cos (u (4)) +u (3) *i *sin (u (4)));%求 A 相差动电流，见式 (5-6)、式 (5-7)。

sys (2) =abs ((u (1) *cos (u (2)) +u (1) *i*sin (u (2)) −u (9) *cos (u (10)) −u (9) *i*sin (u (10))) /sqrt (3) +u (3) *cos (u (4)) +u (3) *i *sin (u (4)) /2)%求 A 相制动电流见式 (5-6)、式 (5-7)。

%……下略去 B、C 相差动电流及制动电流的求法……%

function sys=mdlOutputs (t, x, u, Iopmin, Kres, Iresmin)

%利用差动保护的判据进行判别得到是否动作

if (x (1) >Iopmin& (x (1) −Iopmin) >Kres* (x (2) −Iresmin)) | ((x (3) >Iopmin& (x (3) −Iopmin) >Kres* (x (4) −Iresmin)) | (x (5) >Iopmin& (x (5) −Iopmin) >Kres* (x (6) −Iresmin)))%按式 (5-4)、式 (5-5) 对三相的动作电流及制动电流进行判断。

sys=1;

else

sys=0;%sys=1 代表保护动作，该 S 函数模块输出为 1，否则输出为 0。

end%程序结束

二、变压器保护动作行为仿真

本次研究重点在于利用 S 函数实现变压器保护仿真功能，因此所图 5-4 所示仿真模型基础上先后构造了变压器油箱内部故障、油箱外部故障（包括差动保护区内、外故障）、变压器励磁涌流等仿真模型。

1. 变压器励磁涌流及保护动作行为

要仿真变压器的励磁涌流，可先将图 5-4 中变压器某一侧设置为空载，并将变压器的属性“saturable core”单选框选中。在变压器属性页中对其励磁特性参数进行相应设置即可改变励磁涌流的幅值及持续时间。利用 S 函数实现二次谐波闭锁功能即可保证变压器差动保护不动作，图 5-6 中 A、B、C 三相的电流以标么值“*I* (pu)”显示，差动保护动作行为用“op”表示。在仿真开始后 0.05s 后出现励磁涌流，仿真时间长度为 0.2s。如图 5-6 所示，保护未动作。

2. 变压器油箱内部故障及保护动作行为

进行变压器内部故障行为的仿真，可将图 5-4 中的三相变压器模型改变为三个单相线性变压器 (Linear Transformer)，在线性变压器属性框中选中“三绕组变压器”(Three windings Transformer)，从而构造出一个初级绕组，两个次级绕组的单相变压器（两个次级绕组首尾相连，当作一个次级用）。初级和次级可按三相变压器的接线组别进行连接，次级绕组的额定电压可灵活调整以便进行变压器内部故障的仿真，故障点可设置于两个次级绕组的连

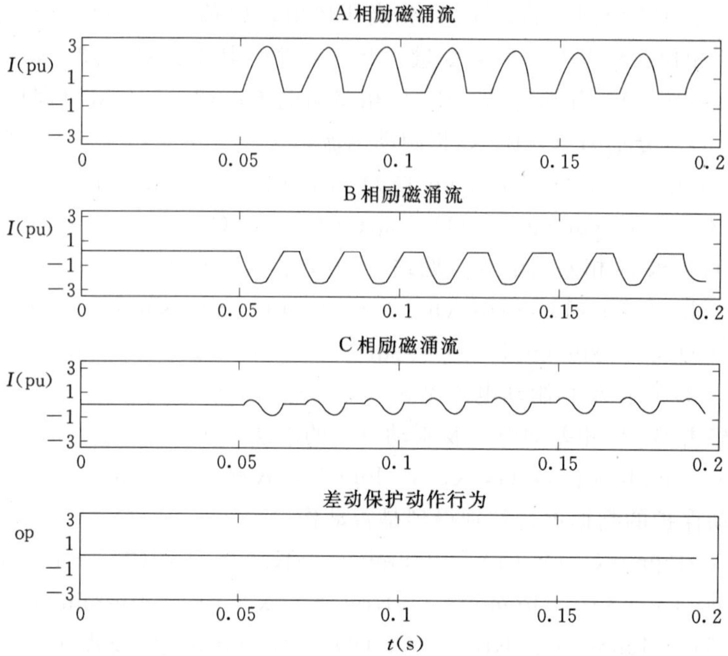

图 5-6　励磁涌流仿真波形图

接线上，也可设置于绕组首端。依次进行变压器高压侧内部整个绕组的 50%处的 A 相接地、B、C 两相短路、B、C 两相接地短路、三相短路等故障的仿真。统一设置故障时刻为仿真开始后 0.02s，对于以上四种故障类型，仿真的变压器保护都于 0.037s 发出跳闸命令（图中的“op”信号为由 0 变为 1）。断路器的“com”端接受该信号后，实现跳闸，切除故障，电流消失。图 5-7 只示出了仿真开始至 0.06s 的电流及动作行为波形。

3. 变压器油箱外故障及保护动作行为

油箱外故障可采用三相单相变压器构成的仿真模型，也可采用图 5-4 所示仿真模型进行仿真。如图 5-8 所示电流波形反映的变压器高压侧套管处发生各种故障时的标么值，与图 5-7 相比两者波形相似，但电流标么值较大。经仿真差动保护能正确动作，动作时间与油箱内部故障一致。图 5-7 只示出了仿真开始至 0.06s 的电流及动作行为波形。

可见将自编的 S 函数应用于仿真变压器的各种故障时保护的动作行为，其仿真结果是正确的。

三、结论

利用 M 文件 S 函数编写的差动保护程序，建立了变压器差动保护的仿真模型，实现了借助于 MATLAB 的数字式差动保护仿真的程序化仿真，并能配合断路器实现有选择性的动作。目前，数字式变压器保护的原理类型有很多，参数设置方法也不一样，通过该仿真，可以模拟在不同的运行方式下、不同的故障形式下不同的保护特性下的保护动作行为。显然，利用 S 函数也可以对其他保护原理进行仿真研究。其仿真原理是相通的。

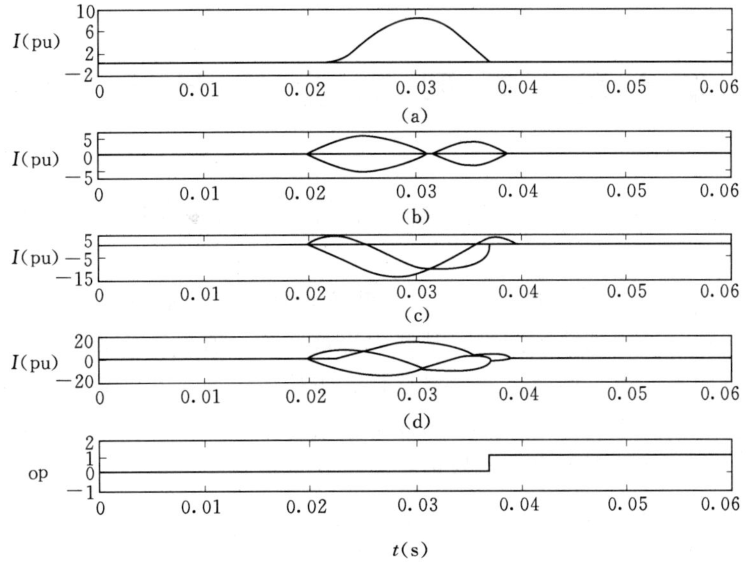

图 5-7　油箱内部故障仿真波形图

（a）A 相接地；（b）B、C 两相短路；（c）B、C 两相接地短路；

（d）三相短路；（e）差动保护动作行为

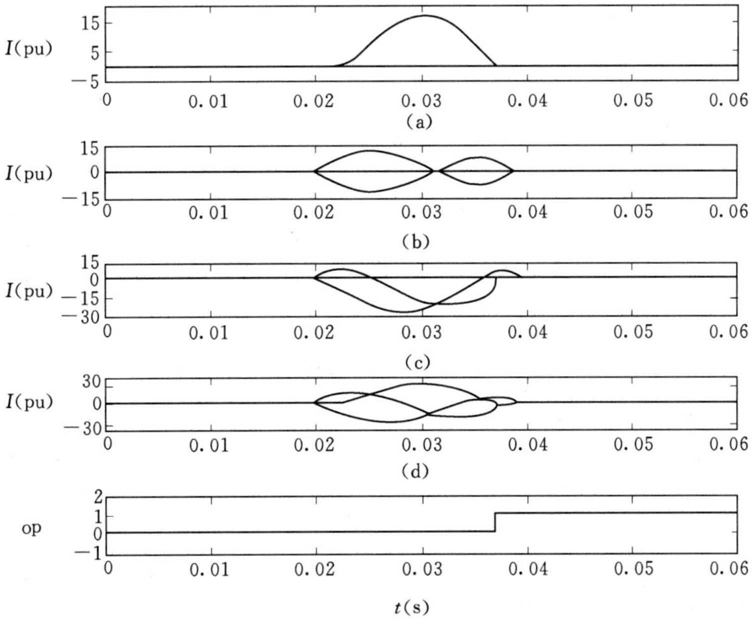

图 5-8　油箱外部故障仿真波形图

（a）A 相接地；（b）B、C 两相短路；（c）B、C 两相接地短路；

（d）三相短路；（e）差动保护动作行为

第六章　典型毕业设计示例

第一节　110kV系统继电保护及自动装置设计

本节为“某110kV系统继电保护及自动装置设计”的毕业设计任务书、毕业设计说明书以及相关点评。考虑到篇幅限制，某些内容被略去。值得注意的是，该示例为学生所做的毕业设计说明书实例，涉及主变容量选择、主接线选择、互感器选择等电气一次部分的内容，为体现完整性，在目录中标明有该部分内容，但详细计算过程不再给出，只给出结论性内容供参考。文中不是之处，敬请读者批评指正。

一、毕业设计任务

（一）系统接线示意图

系统接线示意图如图6-1所示。

（二）系统参数的相关说明

（1）各变电所负荷为最大负荷，最小负荷为其70%。

（2）发电厂G有关资料：

1）接线如图6-2所示。

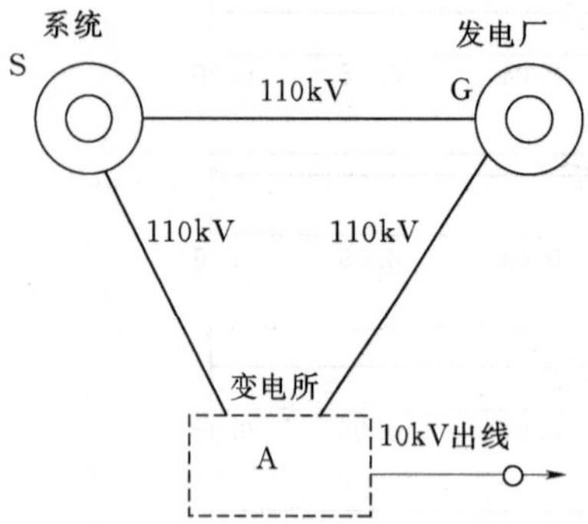

图6-1　系统接线示意图

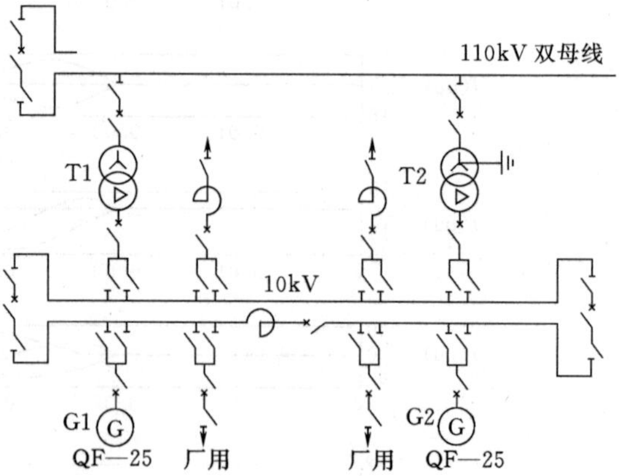

图6-2　发电厂主接线图

2）T1、T2为SFL—20000KVA；Y；d11接线，$U_K\%=10.5\%$。

3）10kV负荷（包括厂用电）为20MW，$\cos\varphi=0.8$。

4）G1、G2的$X''_d=0.13$；相应负序阻抗可查表获得。

5）最小运行方式为停用一台发电机。

（3）系统S有关资料：

1）最大运行方式：2200MW，$\cos\varphi=0.85$，$X_{s.min}=0.8$（已折算成100MVA标准容量下的标么值）。

2）最小运行方式：1800MW，$\cos\varphi=0.85$，$X_{s.max}=1.0$（已折算成100MVA标准容量下的标么值）。

3）系统的正、负序阻抗相等，零序阻抗 $X_{s.0}=0.35$ 保持不变。

（4）其他有关资料：

1）输电线零序电抗为3.5倍正序电抗。

2）变压器短路电压可取10.5%（双绕组）。

3）平行双回线间零序互阻抗忽略。

4）短路计算可不计负荷电流和输电线电阻。

（5）电网运行方式：

S—G—A开环，即A—G线路A侧开环，设置BZT。

（6）为配合毕业设计分组，以下参数为可变参数：

1）变电所A采用双绕组变压器，低压侧为10kV，近期有功负荷为16MW。

2）SA线路长度为14km，SG线路长度为9km，AG线路长度为19km。

（三）毕业设计的内容和要求

1. 工作任务

（1）选择变电所A主变压器的台数、型号、容量，确定变电所A的主接线形式。

（2）选择系统保护用的电流互感器、电压互感器型号。

（3）配置系统的保护，并画出保护配置图。

（4）对SG线路进行保护及自动装置配置及整定计算。

（5）对变电所A的主要保护进行整定计算。

（6）画出线路保护的配置及相关原理图。

2. 说明书内容要求

毕业设计说明书应包括：

（1）中、英文摘要。

（2）变电所一次主接线部分设计说明。

（3）短路电流计算公式、过程及结果。

（4）继电保护及自动装置配置的原则及结果。

（5）继电保护及自动装置整定计算的原则及结果。

（6）对保护的评价、相应配置及原理接线图等。

说明书要求文字简明扼要、结论明确、字迹清楚，图纸应整洁美观。

二、毕业设计说明书目录

以下以学生所做毕业设计说明书的目录为例，为体现真实性，未进行调整和删减。

2. 变电所设计

2.1 变压器型号、容量的选择

2.2 电气主接线的选择

3. 变电所短路电流计算

3.1 概述系统运行方式

3.2 短路计算的目的及有关假设短路点及短路形式的选择

4. 选择系统保护用的电流、电压互感器型号

4.1 互感器的用途

4.2 互感器的特点

4.3 互感器的配置

5. 继电保护及自动装置配置

5.1 主变继电保护配置

5.2 安全自动装置的配置

5.3 110kV 线路 SG 继电保护配置

6. 继电保护及自动装置整定原则

6.1 变压器保护整定原则

6.2 安全自动装置整定原则

6.3 110kV 线路距离保护整定原则

7. 继电保护及自动装置整定计算

7.1 相关参数计算

7.2 变压器保护的整定计算

7.3 备用电源自动投入装置的整定计算

7.4 110kV SG 线路保护整定

7.5 本章结论

结论

谢辞

参考文献

* *

点评：该学生所做毕业设计的内容比较丰富，与毕业设计的进行过程结合也比较紧密，但也可看出该学生对于说明书内容组织有所欠缺，如"互感器的用途"被写入毕业设计说明书中是没有必要的，而"继电保护及自动装置的配置原则"却没有考虑列入论文中。

* *

三、毕业部分内容摘录

以下节选了学生毕业设计说明书中的 2、3、5～7 节中的部分内容，并进生了分析、点评。

2. 变电所设计

2.1 变压器型号、容量选择

2.1.1 主变压器台数的确定

根据《江苏省 35～220kV 变电所设计技术导则（试行）》的要求，为了确保重要负荷的供电，确保当一台主变故障或检修时，单台主变能够满足重要负荷的容量要求，并留有一定的裕度供将来负荷发展的需要，所以选择两台变压器。

2.1.2　主变压器容量的确定计算

根据待建变电所A的实际情况分析：变电所A的10kV出线总数为16条，平均长度为5km，10kV侧最大负荷近期16MW，同时率为0.9，其中一台事故停用后，其余主变压器的容量应保持该所全部负荷的70%以上。

$$S_1=\frac{\sum P_{K0}}{\cos\varphi}\times 0.6=\frac{16\times 0.9}{0.85}\times 0.6=10.2\ (\mathrm{MVA})$$

根据南京地区容载比要求（容载比为3），则单台主变容量为$S=(10.2\times 3)/2=15.3$MVA。由此可见单台主变的容量为16MVA；考虑到本地区发展前景，为将来负荷发展留以一定裕度，且根据《江苏省35～220kV变电所设计技术导则（试行）》3.1.6的要求，同时也要考虑10～20年的发展和资金问题，选一台变压器容量为20MVA，另一台主变压器容量为31.5MVA，选择型号分别为：SFZQ7—20000/110、SFZQ7—31500/110。这两台主变压器的相关参数见表6-1。

表6-1　**所选变压器的相关参数**

型　号	SFZQ7—20000/110		SFZQ7—31500/110	
	高压侧	低压侧	高压侧	低压侧
额定电压	110±8×1.25%kV	10.5kV	110±8×1.25%kV	10.5kV
阻抗电压（%）	10.5		10.5	
连接组标号	YN，d11		YN，d11	
空载电流（%）	0.9		1.1	
空载损耗（kW）	30		42.2	
短路损耗（kW）	104		148	

2.1.3　所用变压器型号的选择

对于装有冷却或强迫油循环冷却的主变压器的变电所，均装设两台所用变压器，分别接在最低一级母线的不同分段上，对装有两台所用变压器时，采用单母线分段接线方式。由于本次设计的变电所，采用一台20MVA和一台31.5MVA的主变压器，故采用两台所用变压器，互为备用，且容量相等，一台停运时，另一台承担全部负荷。

所用变压器负荷计算采用换算系数法，不经常短路时及不经常持续运行的负荷均可不列入计算负荷。当有备用所用变压器时，其容量应与工作变压器相同。

所用变压器容量计算为

$$S\geqslant K_1(\sum P_1+\sum P_2) \tag{6-1}$$

式中　S——所用变压器容量，kVA；

$\sum P_1$——所用动力负荷之和，kW；

K_1——所用动力负荷换算系数，一般取$K_1=0.85$；

$\sum P_2$——电热及照明负荷之和，kW。

所用电的接线方式，在主接线设计中，选用为单母线分段接线，选两台所用变压器互为备用，每台变压器容量及型号相同，并且分别接在不同的母线上。

2.1.4　所用变压器容量的选择计算

第一段母线总容量为

$$\sum P_1=0.85\ (P_1+P_2+P_3)\ +P_4+P_5=0.85\ (25+20+20)\ +25+20=100.25\ (\mathrm{kVA})$$

第二段母线总容量为

$$\sum P_2=0.85\ (P_2+P_3)\ +P_4+P_5=0.85\ (25+25)\ +25+20=87.5\ (\mathrm{kVA})$$

故变电站所用变压器的总容量为

$$S=K_1\sum P_1+\sum P_2=100.25+87.5=187.75\ (kVA)$$

表 6-2　各母线容量

名　称	第一段母线容量 (kW)	第二段母线容量 (kW)	名　称	第一段母线容量 (kW)	第二段母线容量 (kW)
变压器修理动力 P_1	25		电热 P_4	25	25
其他动力 P_2	20	25	照明 P_5	20	20
变电所空调动力 P_3	20	25			

所以选择两台 DKSC—200/10.5 的接地变。其参数为：额定电压：10.5kV；阻抗电压（%）：4；连接组标号：YN，yn0。因为 10kV 为电缆出线，电容电流较大，故考虑采用接地变加小电阻接地的型式，小电阻采用象山高压电器厂生产的 ZX22—8 中值电阻。

2.2 电气主接线的选择

2.2.1 电容器型号的选择

220kV 及以下的变电所一般均应配置可投切的无功补偿设备。其补偿容量一般为该变电所主变容量的 10%～30%。

$$Q=KP_{\Sigma}=(10\%\sim30\%)51500=5150\sim15450\text{kvar}$$

考虑配置 BFM11/$\sqrt{3}$—200—1W2400＋3600kvar 电容器（有两个分支）两台，每段母线配置一台，分别接于 10kV 系统的两段母线。

2.2.2 选择接线方案

由设计方案确定的负荷情况：110kV 近期 2 回；10kV 近期 16 回，远期 8 回。

根据《江苏省 35～220kV 变电所设计技术导则（试行）》第 2.1 条“2.3.1 110kV 侧线路为 2 回时，宜采用内桥形、线路变压器组接线；110kV 侧有转供负荷时，宜采用扩大桥接线；3 台主变压器时，宜采用线路变压器组接线或双内桥接线、双外桥接线。”故本变电所 110kV 侧采用内桥形式。接线形式如图 6-3 所示。

另根据《江苏省 35～220kV 变电所设计技术导则（试行）》第 2.3.4“10kV 侧宜采用单母线分段接线；在无法构成配电线手拉手供电或不能满足供电可靠性时，宜采用单母线分段带旁路接线。”单母线分段优点占地面积小，投资低，可以将地区负荷的两条线路分布在不同母线上运行，当一条线路或母线停电或检修时，也能确保重要负荷的供电，且可以采用成套的室内配电装置。故本变电所 110kV 侧采用单母线接线方式。出线回路数为 16 回，接线形式如图 6-4 所示。

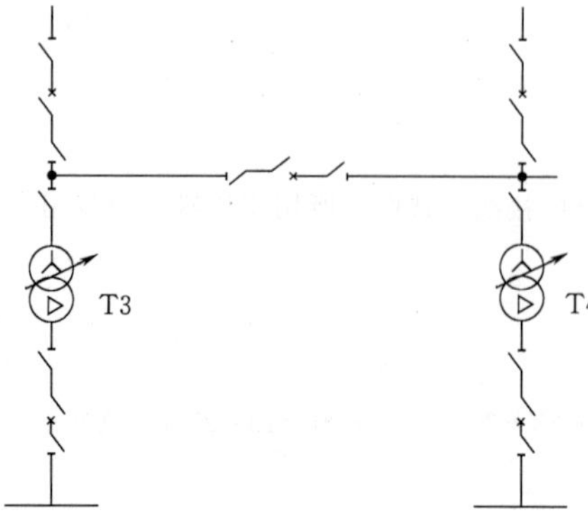

图 6-3　110kV 主接线图

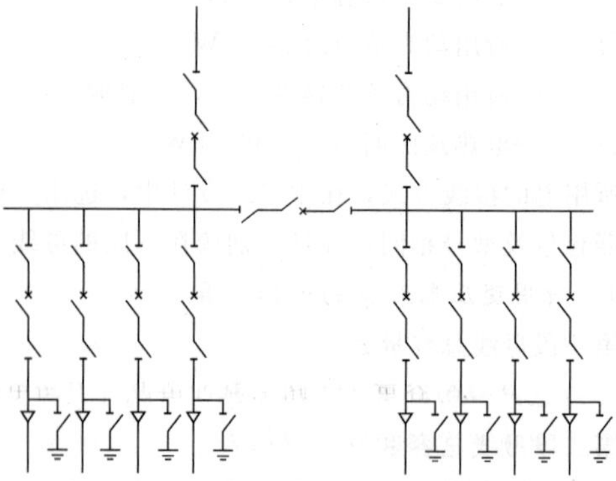

图 6-4　10kV 主接线图

3. 变电所短路电流计算

3.2　短路计算的目的及有关假设短路点及短路形式的选择

3.2.1　短路电流计算目的

（1）在选择电气主接线时，为了比较各种接线方案或确定某一接线是否需要采取限制短路电流的措施等，均需进行必要的短路电流计算。

（2）在选择电气设备时，为了保证设备在正常运行和故障情况下都能安全、可靠地工作，同时又力求节约资金，这就需要进行全面的短路电流计算。

（3）在设计屋外高压配电装置时，需按短路条件检验软导线的相间和相对地的安全距离。

（4）在选择继电保护方式和进行整定计算时，需以各种短路时的短路电流为依据。

（5）按接地装置的设计，也需计算短路电流。

3.2.2　短路电流计算的一般规定

（1）验算导体和电器动稳定、热稳定以及电器开断电流，应按工程的设计规划容量计算，并考虑电力系统的远景发展规划（一般为本期工程建成后 5～10 年）。确定短路电流计算时，应按可能发生最大短路电流的正常接线方式，而不应按只在切换过程中可能并列运行的接线方式。

（2）选择导体和电器用的短路电流，在电气连接的网络中，应考虑具有反馈作用的异步电动机的影响和电容补偿装置放电电流的影响。

（3）选择导体和电器时，对不带电抗器回路的计算短路点时，应按选择在正常接线方式时短路电流为最大的地点。

1）导体和电器的动稳定、热稳定以及电器的开断电流一般按三相短路验算。

2）短路计算基本假设：①正常工作时，三相系统对称运行；②所有电源的电动势相位角相同；③电力系统中各元件的磁路不饱和，即带铁芯的电气设备电抗值不随电流大小而发生变化；④不考虑短路点的电弧阻抗和变压器的励磁电流；⑤元件的电阻略去，输电线路的电容略去不计以及不计负荷的影响；⑥系统短路时是金属性短路。

3）短路电流计算基准值。高压短路电流计算一般只计算各元件的电抗，采用标么值进行计算，为了计算方便选取如下基准值：

基准容量：　$S_B = 100\text{MVA}$

基准电压：　$U_{B.110} = 115\text{kV}$

基准电流：　$I_{B.110} = 0.502\text{kA}$

……

3.3.3　短路电流计算的步骤

（1）计算各元件电抗标么值，并折算到同一基准容量下。

（2）给系统制订等值网络图。

（3）选择短路点。

（4）对网络进行化简，把供电系统看成为无限大系统，不考虑短路电流周期分量的衰减求出电流对短路点的电抗标么值，并计算短路电流的标么值、有名值

标么值：
$$I_{K*} = \frac{1}{X_{\Sigma *}} \tag{6-2}$$

有名值：
$$I_K = I_{K*} I_B \tag{6-3}$$

（5）计算短路容量、短路电流冲击值、短路电流全电流最大有效值。

短路电流全电流最大有效值为

$$I_K = \sqrt{1+2\ (K_U-1)^2}\,I'' = \sqrt{1+2\ (1.8-1)^2}\,I'' = 1.51 I''$$

当不计周期分量衰减时冲击电流为

$$i_{ch}=\sqrt{2}K_{ch}I''=\sqrt{2}1.8I''=2.55I''$$

短路容量为

$$S_K=\sqrt{3}U_B I_K \tag{6-4}$$

最后，列出短路电流计算并得出结果。

3.3.4 各元件参数标么值的计算表

表 6-3 各主要元件参数标么值计算结果表

名称	符号	编号	基础参数				标么值		
系统	S	X_s	方式	容量（MW）	cosφ	$X_{s.**}$	正序	负序	零序
	S	X_s	最大	2200	0.85	0.8	0.800	0.800	0.350
			最小	1800	0.85	1.0	1.000	1.000	0.350
发电机	G	X_{G*}	X_2	容量（KW）	cosφ	X_d''	正序	负序	零序
	G1	X_{G1}	0.166	25	0.8	0.13	0.416	0.531	—
	G2	X_{G2}	0.166	25	0.8	0.13	0.416	0.531	—
线路	L	X_{**}	单位长度电抗 x_1（Ω/km）		长度（km）		正序	负序	零序
	SG	X_{SG}	0.4		9		0.027	0.027	0.095
	SA	X_{SA}	0.4		14		0.042	0.042	0.148
	AG	X_{AG}	0.4		19		0.057	0.057	0.201
变压器	T	X_{T*}	短路电压百分比 U_k%		容量（MVA）		正序	负序	零序
	T1	X_{T1}	10.5		20		0.525	0.525	0.525
	T2	X_{T2}	10.5		20		0.525	0.525	0.525
	T3	X_{T3}	10.5		20		0.525	0.525	0.525
	T4	X_{T4}	10.5		31.5		0.333	0.333	0.333

3.3.5 绘制等效电路及计算

正序等效电路：如图 6-5 所示。

负序等效电路：如图 6-6 所示。

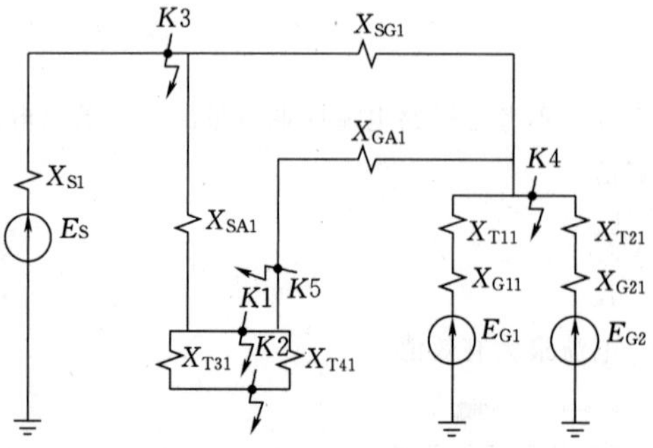

图 6-5 正序等效电路

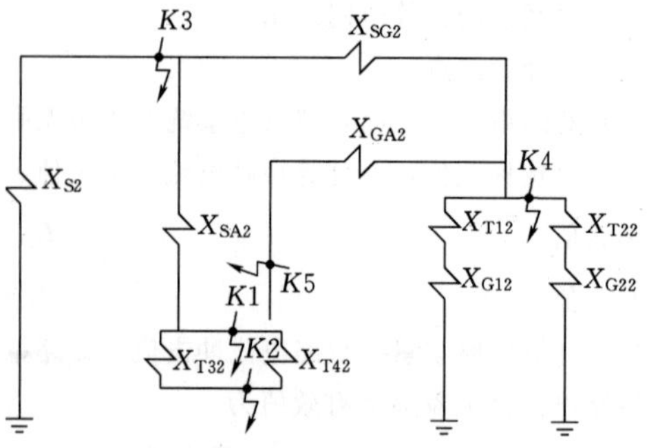

图 6-6 负序等效电路

零序等效电路：如图6－7所示。

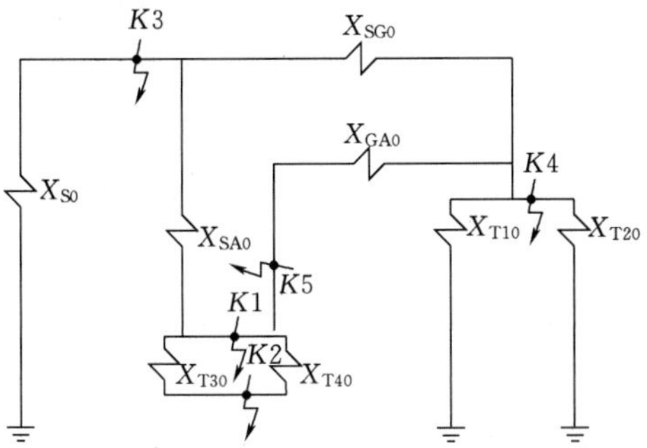

图6－7　零序等效电路

3.3.6　各短路点短路电抗计算（标幺值）

短路电抗计算结果如表6－4所示。表中“最大”指最大运行方式，最大方式为系统S在最大运行方式下；发电厂两台发电机均在发电，厂内只有一台主变中性点接地；变电站两台主变并列运行，只有一台主变中性点接地。

表6－4中“最小”指最小运行方式，最小方式为系统S在最小运行方式下；发电厂的一台发电机均在发电，厂内只有运行的主变中性点接地；变电站两台主变独自运行，变电站也只有一台主变中性点接地。

表6－4中“T3接地”是指T3中性点接地，而T4中性点不接地；“T4接地”是指T4中性点接地，而T3中性点不接地的运行方式。

表6－5计算出了在三相短路时，系统、发电机对短路点的转移阻抗，根据表6－5可以计算出发电机的计算电抗，通过查发电机的运算曲线，可计算出在短路后的不同时刻，发电机所提供的短路电流，使计算结果更为准确。

表6－4　　**短路电抗计算结果表**

名称及方式		符　号	正　序	负　序	零序 T3接地	零序 T4接地
$K1$点电抗	最大	X_{K1}	0.349	0.370	0.218	0.1758
	最小		0.534	0.562	0.218	0.1758
$K2$点电抗	最大	X_{K2}	0.553	0.574	0.000	0.000
	T3最小		1.059	1.087	0.000	0.000
	T4最小		0.868	0.896	0.000	0.000
$K3$点电抗	最大	X_{K3}	0.307	0.328	0.168	0.1528
	最小		0.492	0.520	0.168	0.1528
$K4$点电抗	最大	X_{K4}	0.300	0.322	0.201	0.1901
	最小		0.491	0.521	0.201	0.1901
$K5$点电抗	最大	X_{K5}	0.357	0.380	0.402	0.3912
	最小		0.549	0.578	0.402	0.3912

表6－5　　**三相短路时相关电抗计算结果表**

系统对短路点三相短路时的转移电抗	$K1$	$X_{\Sigma(K1).S}$	最大	0.910
			最小	1.086
	$K2$	$X_{\Sigma(K2).S}$	最大	1.442
			T3最小	2.153
			T4最小	1.764
系统对短路点三相短路时的转移电抗	$K3$	$X_{\Sigma(K3).S}$	最大	0.800
			最小	1.000
	$K4$	$X_{\Sigma(K4).S}$	最大	0.827
			最小	1.027
	$K5$	$X_{\Sigma(K5).S}$	最大	0.986
			最小	1.031

续表

发电机对短路点三相短路时的转移电抗	$K1$	$X_{\Sigma(K1).S}$	最大	1.133	发电机对短路点三相短路时的计算电抗	$K1$	$X_{\Sigma(K1).S}$	最大	0.354
			最小	1.181				最小	0.369
	$K2$	$X_{\Sigma(K2).S}$	最大	1.794		$K2$	$X_{\Sigma(K2).S}$	最大	0.561
			T3 最小	2.341				T3 最小	0.732
			T4 最小	1.918				T4 最小	0.599
	$K3$	$X_{\Sigma(K3).S}$	最大	1.052		$K3$	$X_{\Sigma(K3).S}$	最大	0.329
			最小	0.968				最小	0.303
	$K4$	$X_{\Sigma(K4).S}$	最大	0.941		$K4$	$X_{\Sigma(K4).S}$	最大	0.294
			最小	0.941				最小	0.294
	$K5$	$X_{\Sigma(K5).S}$	最大	1.121		$K5$	$X_{\Sigma(K5).S}$	最大	0.350
			最小	1.173				最小	0.366

* *

点评：如果毕业设计的任务中并未要求计算发电机所提供的短路电流或不需要选择一次设备，可不考虑发电机的计算电抗及相应的计算。

* *

3.3.7 各短路点短路电流计算

各短路点短路电流计算结果如表 6-6、表 6-7 所示。

表 6-6　　三相短路电流计算结果表

短路点的编号	基准电压 U_B (kV)	稳态短路电流有名值 I_d'' (kA)	短路电流冲击值 (kA)	短路全电流最大有效值 (kA)	短路容量 S (MVA)
$K1$	115.00	1.527	3.895	2.306	304.216
$K2$	10.50	10.343	26.375	15.618	188.098
$K3$	115.00	1.638	4.177	2.473	326.250
$K4$	115.00	1.740	4.436	2.627	346.512
$K5$	115.00	1.485	3.787	2.243	295.823

注　计算短路电流冲击值时，冲击系数取 1.8。

表 6-7　　不对称短路电流计算结果表

名　称	方　式	短路类型	电流 标幺值 T3 接地	电流 标幺值 T4 接地	电流 有名值 (kA) T3 接地	电流 有名值 (kA) T4 接地
$K1$ 点短路电流	最大	单相	3.202	3.352	1.607	1.683
	最小		2.283	2.358	1.146	1.184
	最大	两相	2.408		1.209	
	最小		1.579		0.793	
	最大	两相接地	3.119	3.270	1.566	1.642
	最小		2.240	2.345	1.124	1.177

续表

名　称	方　式	短路类型	电　流			
			标　么　值		有　名　值（kA）	
			T3接地	T4接地	T3接地	T4接地
K2点短路电流	最大	两相	1.537		0.772	
	最小		0.807	0.982	0.405	0.493
	最大	两相接地	1.537		0.772	
	最小		0.807	0.982	0.405	0.493
K3点短路电流	最大	单相	3.738	3.810	1.877	1.913
	最小		2.543	2.576	1.277	1.293
	最大	两相	2.729		1.370	
	最小		1.712		0.859	
	最大	两相接地	3.651	3.729	1.833	1.872
	最小		2.527	2.578	1.269	1.294
K4点短路电流	最大	单相	3.644	3.693	1.830	1.854
	最小		2.474	2.496	1.242	1.253
	最大	两相	2.783		1.397	
	最小		2.729		1.370	
	最大	两相接地	3.572	3.615	1.793	1.815
	最小		2.434	2.464	1.222	1.237
K5点短路电流	最大	单相	2.633	2.659	1.322	1.335
	最小		1.962	1.976	0.985	0.992
	最大	两相	2.350		1.180	
	最小		1.537		0.772	
	最大	两相接地	2.714	2.727	1.363	1.369
	最小		1.919	1.930	0.964	0.969

点评： 表6-6、表6-7中的部分数值经核算，存在错误，但误差不大。另外，表6-6、表6-7中尚未计算出在某点发生故障时，流过相应线路、变压器、发电机的电流数值，因此在实际整定计算时，不能直接用该数值进行整定计算，应根据实际的情况及整定的需要，借助于转移阻抗或分布系数进行计算。

……

5. 继电保护及自动装置配置

5.1　主变继电保护装置

待建变电所主变的保护配置图如图6-8所示，高压侧为内桥接线。主保护为主变纵差保护、非电量保护。主变压器后备和异常运行保护为复合电压过流保护、零序电流保护、间隙保护、过负荷等。

保护配置说明

保护类型		保护代号	保护及自动装置具备功能
变压器	主保护	1—1	差动保护，动作后跳变压器变二侧、相应进线及内桥开关
	后备保护	1—2	1. 110kV 侧设复合电压（电压取 10kV 侧电压）闭锁过电流保护，t_1 跳 10kV 分段，t_2 跳变二侧、相应进线及内桥开关； 2. 110kV 零序保护、间隙保护跳变二侧、相应进线及内桥开关； 3. 过负荷保护设：起动风冷、过负荷动作后发信号、过负荷闭锁调节有载调压装置
	本体保护	1—3	1. 主变本体及有载调压开关重瓦斯动作、压力释放阀动作、冷控失电动作跳变二侧、相应进线及内桥开关； 2. 变压器本体及有载调压开关轻瓦斯动作、变压器油温高、变压器油位高（本体及有载调压）、变压器油位低（本体及有载调压）动作发信号
110kV 进线及内桥		2	设置备自投，备自投具有进线和桥备自投的双重功能。
10kV 出线保护		3	瞬时电流速断保护、限时电流速断保护、过流保护、后加速保护、零序带方向电流保护、低频减载、三相一次重合闸等功能
10kV 电容器		4	瞬时电流速断保护、限时电流速断保护、过流保护、后加速保护、低电压保护、过电压保护、两个不平衡电压保护等功能
10kV 接地变		5	瞬时电流速断保护、限时电流速断保护、过流保护、后加速保护、两段零序电流保护（t_1 跳相应的接地变中电阻开关，t_2 跳相应的接地变开关）等功能
10kV 分段及主变二侧		6	设置备自投，备自投具有进线和桥备自投的双重功能

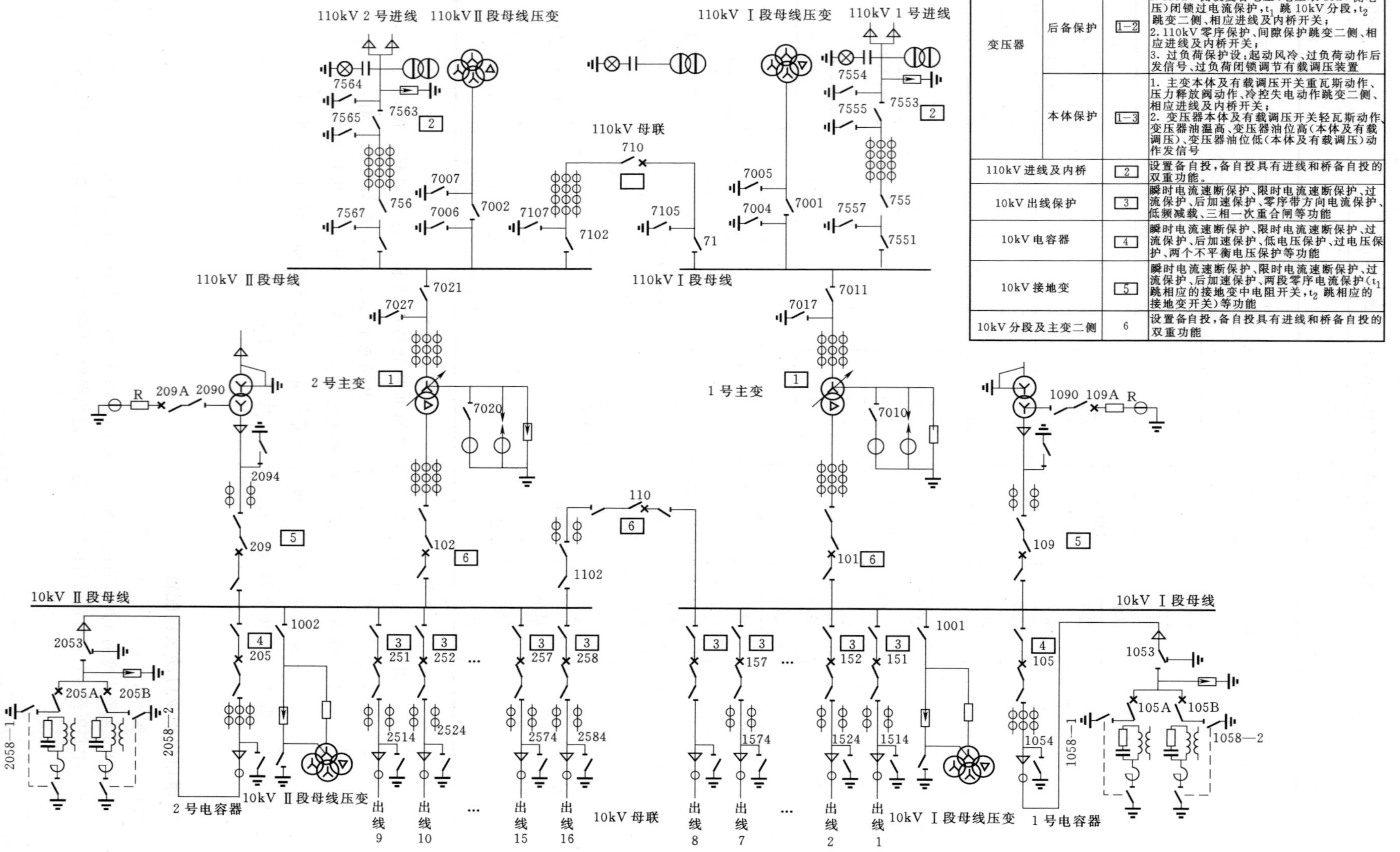

图 6－8　A 变电站保护配置图

本设计采用南瑞城乡DSA2322、DSA2326、DSA2302D微机型主变保护装置。DSA2322装置是专门为解决变电站的内桥接线形式的双绕组变压器差动保护而研制的，可避免高压侧穿越性电流造成差动保护误动的需求，本装置具有差动速断保护、二次谐波制动的比率差动保护、TA断线告警并闭锁保护、差流越限告警、故障录波等功能；DSA2326装置是专门针对大接地系统变压器高压侧后备保护而研制的，本装置具有复合电压闭锁方向过流保护、限时速断保护、零序电压保护、零序电流保护、间隙零序电流保护、过负荷告警、过负荷闭锁有载调压、过负荷启动风冷等功能；DSA2302A装置是变压器本体保护和各断路器操作回路完全独立的装置专门针对大接地系统变压器高压侧后备保护而研制的，本装置具有独立工作电源、独立重动出口、独立信号接点、断路器操作等功能。

5.2 安全自动装置配置

对于10kV用户由于其故障所引起的严重后果，必须加强变电站的供电可靠性。但对变电站来讲，采用环网供电，往往使变电站的运行及其继电保护装置更加复杂化，反而会造成严重的事故，因而多采用所谓辐射型的供电网络。为了提高其供电可靠性，往往采用备用电源自动投入装置（BZT）。本设计采用南瑞城乡DSA2361、DSA2364微机型备用电源自投装置。DSA2361装置是专门为解决变电站的进线及桥开关安全运行而研制的，可避免电源侧各种运行方式的需求，具体如下：

（1）当两条进线分别带一段母线运行，桥开关断开时，两段母线处于相互暗备用状态，这时备自投是作为桥备自投使用。

（2）当一条进线同时带两段母线运行，桥开关合上，另一条进线开关断开，处于明备用状态，这是备自投是作为进线备自投使用。

5.3 110kV线路SG继电保护配置

本次设计采用南瑞继保RCS—941A高压输电线路保护装置。本装置可用作110kV输电线路的主保护及后备保护。具有三段接地和相间距离保护、四段零序方向过流保护、低周保护、自动重合闸功能。

6. 继电保护及自动装置整定原则

6.1 变压器保护整定原则

6.1.1 变压器纵差动保护

变压器纵差动保护，是变压器内部及引出线上短路故障的主保护，它能反应变压器内部及引出线上的相间短路、变压器内部匝间短路及大电流系统侧的单相接地短路故障。另外，尚能躲过变压器空载投入变压器及外部故障切除后的励磁涌流。

（1）整定原则及取值建议：

1）比率制动系数 K_{res}（曲线斜率）：比率制动系数 K_{res} 整定原则，按躲过变压器出口三相短路时产生的最大暂态不平衡差流来整定，即过拐点的斜线通过出口区外故障最大差流对应点的上方，一般取0.2～0.5。

2）启动电流 $I_{k.op.0}$：整定原则为能可靠躲过变压器正常运行时的最大不平衡差流。即

$$I_{op.0.min}=(0.2\sim0.5)I_N/n_a \tag{6-5}$$

式中 I_N——变压器的额定电流一次值；

n_a——变压器差动保护用电流互感器变比。

在计算 I_N/n_a 时，如采用变压器某侧（如高压侧）额定电流，则 n_a 取该侧差动保护用电流互感器的变比。

3）拐点电流 $I_{k.res.0}$：变压器连接组和变比不同，电力变压器在运行时，各侧电流大小及相位也不相同。现在的数字变压器保护装置，都利用数字的方法对变比与相位进行补偿。因此，数字变压器保护装置已自动整定好拐点电流。

4）二次谐波制动比 K_2：空投变压器时，励磁涌流的大小、二次谐波分量的多少或波形畸变程度，与变压器的容量、结构、所在系统中的位置及合闸角等因素有关。为了使差动保护能可靠地躲过变压器

空投时的励磁涌流，又能确保在变压器内部故障时故障电流波形有畸变（含有二次谐波分量）时，差动保护能可靠动作，应根据被保护变压器的容量、结构及在系统中的位置，整定出适当的二次谐波制动比，一般取 0.15～0.2。

5）差动速断倍数 $I_{k.op}$：变压器差动速断倍数的整定原则，应按躲过变压器空投时的励磁涌流或外部短路时最大不平衡差流来整定。而变压器励磁涌流的大小与变压器的容量、结构、所在系统中的位置等均有关系，对于大容量变压器，该保护整定值一般按额定电流的倍数整定。即

$$I_{k.op}=(3\sim6)\ I_N \tag{6-6}$$

6）TA 回路异常判别元件：为了变压器在正常运行时判别 TA 回路状况，发现异常情况发告警信号，并可由控制字投退来决定是否闭锁差动保护，建议不投。

7）平衡系数：TA 二次以星形接线接入。

高压侧进线平衡系数 $K_{b.H}$，通常同为基准，取 1；

高压侧桥平衡系数 $K_{b.H.B}$的计算为

$$K_{b.H.B}=\frac{n_{TA.HB}U_{NH}}{n_{TA.H}U_{NH}} \tag{6-7}$$

低压侧平衡系数 $K_{b.L}$的计算为

$$K_{b.L}=\frac{\sqrt{3}n_{TA.L}U_{NL}}{n_{TA.H}U_{NH}} \tag{6-8}$$

式中 U_{NH}——高压侧额定线电压；

U_{NL}——高压侧额定线电压；

$n_{TA.H}$——高压侧差动 TA 变比；

$n_{TA.HB}$——高压侧桥差动 TA 变比；

$n_{TA.L}$——低压侧差动 TA 变比。

（2）灵敏度校验。按有关技术规程，纵差动保护的灵敏度必须满足低压两相金属性短路时，差动保护的灵敏系数，即

$$K_{sen}\geqslant2$$

其中，灵敏系数 K_{sen}为机端两相金属性短路时，短路电流与差动保护动作电流之比值，K_{sen}越大，保护动作越灵敏，可靠性就越高。

6.1.2 变压器复合电压过流保护

变压器复合电压过流保护主要作为变压器安全的最后一级跳闸保护，同时兼作无电源侧母线和出线故障的后备保护。在变压器内部故障时起近后备保护的作用，在外部相间故障是起远后备保护的作用。

6.1.3 变压器零序电流保护

变压器零序电流保护，反映变压器 Y0 侧零序电流的大小，是变压器接地短路的后备保护。保护的接入电流可取变压器中性点 TA 二次电流。当零序电流大于整定值时，经延时作用于信号及出口。对整定原则及取值建议为零序电流定值 $I_{0.op}$应按照相邻线路下一级线路接地故障时变压器提供的零序电流来整定，且与相邻线路接地保护的后备段相配合。

动作延时 t_{I0}应与相邻线路接地保护 II 段的动作延时相配合，即

$$t_{I0}=t'_2+\Delta t \tag{6-9}$$

式中 t'_2——相邻线路接地保护 II 段动作延时。

6.1.4 变压器间隙零序保护

作为变压器接地后备保护，当系统中发生单相接地故障，有关中性点直接接地变压器均与故障点分离后，而带电源的中性点不直接接地变压器仍保留在故障电网内时，为防止变压器过电压，可采用零序过电压保护或间隙零序电流保护。

（1）间隙零序电流定值 $I_{0.op.gap}$，按 DL/T 584—95《3～110kV 电网继电保护装置运行整定规程》中的 4.2.5.4“110kV 变压器中性点放电间隙零序电流保护的一次电流一般可整定为 40～100A，保护动作后带 0.3～0.5s。延时跳主变各侧断路器。”规定间隙零序电流定值 $I_{0.op.gap}$ 可整定为 40～100A。

（2）间隙零序电流延时定值 $t_{0.gap}$，按 DL/T 584—95《3～110kV 电网继电保护装置运行整定规程》中的 4.2.5.4 的规定间隙零序电流定值 $t_{0.gap}$ 可整定为 0.3～0.5s。

6.1.5　零序电压保护

（1）零序电压定值 $U_{k.0.op}$，按 DL/T 584—95《3～110kV 电网继电保护装置运行整定规程》中的 4.2.5.5“中性点经放电间隙接地的半绝缘的 110kV 变压器的零序电压保护，其 $3U_0$ 定值一般整定为 150～180V（额定值为 300V），保护动作后带 0.3～0.5s。延时跳主变各侧断路器。”规定零序电压定值 $U_{k.0.op}$ 可整定为 150～180V。

（2）零序电压延时定值 t_{u0}，按 DL/T 584—95《3～110kV 电网继电保护装置运行整定规程》中的 4.2.5.5 的规定间隙零序电流定值 t_{u0} 可整定为 0.3～0.5s。

6.1.6　变压器过负荷保护

（1）启动风扇保护：

1）启动风扇定值，通常情况下按照主变额定电流的 0.6 倍整定。

2）关闭风扇定值，通常情况下按照起动风扇定值的 0.8 倍整定，以防负荷电流在起动风扇定值附近时风扇频繁启动。

（2）过负荷告警保护：

1）过负荷告警定值 $I_{op.OL}$，由于过负荷信号是预告性质的，故可按变压器正常运行情况下允许过负荷倍数来考虑，即

$$I_{op.OL}=\frac{K_{rel}}{K_r n_a}I_N \tag{6-10}$$

式中　K_{rel}——可靠系数，采用 1.05；

K_r——返回系数，0.85～0.95；

I_N——变压器的额定电流一次值；

n_a——变压器差动保护用电流互感器变比。

2）过负荷告警时限 t_{OL}，由于过负荷信号是预告性质的，故可按变压器正常运行情况下允许过负荷倍数与连续运行时间来考虑，同时应比同一设备过电流保护的最长动作时间长。一般取 5～10s。

（3）过负荷闭锁有载调压：

1）过负荷闭锁有载调压定值，由于过负荷闭锁有载调压是为了保护有载调压装置的，故通常情况下其定值可按 $I_{op.OL}$ 整定。

2）过负荷闭锁有载调压时间，由于过负荷闭锁有载调压是为了保护有载调压装置的，故通常情况下其定值应比同一设备过电流保护的最长动作时间长。

6.2　安全自动装置整定原则

为提高对用户供电的可靠性，可采用备用电源自动投入装置，使系统自动装置与继电保护装置相结合。

（1）检无压定值。为了避免系统发生短路并在短时间内使工作母线电压降低时误将备用电源投入，必须正确选择低电压元件的电压整定值和自动投入装置的动作时间。为了不使备用电源和自投装置的动作时间过长（因为时间过长将使自动投入装置效果降低），应尽可能将电压元件的动作时间整定的低一些，以使其反应短路的范围缩小。同时，还应避免因负荷自起动引起的电压降低而使 AAT 装置误动。其整定值可计算为

$$U_{op}=\frac{U_N}{K_{rel}} \tag{6-11}$$

式中 U_N——母线的额定电压；

K_{rel}——可靠系数，可取3～4。

（2）检有压定值。过电压继电器用以判断备用母线（备用电源）是否有电压，即确定备用母线正常情况下是否有电压的元件，要求备用母线的电压能处于正常的范围之内。当母线电压低于允许的电压范围时，则不允许自动投入装置动作。其整定值可计算为

$$U_{op}=\frac{0.9U_N}{K_{rel}K_r n_{TV}} \tag{6-12}$$

式中 U_N——母线的额定电压；

K_{rel}——可靠系数，可取1.1；

K_r——返回系数，可取1.2。

（3）时间定值。按系统接线方式不同，有时需要装设时间继电器。其时间整定原则，可按大于在低电压继电器所反应的范围内，系统中其他设备的继电保护切除短路的时间计算，即

$$t_{op}=t'_{op}+\Delta t \tag{6-13}$$

式中 t_{op}——备用电源自动投入装置时间元件的动作时间；

t'_{op}——系统中其他设备继电保护切除短路的最长时间；

Δt——时间级差，取0.5～0.6。

若要求备用电源自动投入装置与有关的线路自动重合闸配合使用，即由重合闸重合一次，重合失败，再进行备用电源自动投入，以充分发挥两者的作用。此时，BZT装置的动作时间应满足上述条件外，还应大于重合周期的时间。

（4）检无流定值。为了避免电压回路突然断线，而非系统真正的失电，备自投装置误动作，故需要在备自投上装设检有流闭锁元件。其整定原则，可按相关设备的最小电流整定。其整定值可计算为

$$I_{op}=K_{rel}I_{N.2} \tag{6-14}$$

式中 $I_{N.2}$——电流互感器的二次额定电流；

K_{rel}——可靠系数，可取0.02～0.08。

（5）主变额定电流，为了避免主变低压侧分段备自投在动作时主变过载，使备自投动作后主变过载造成更大的负荷损失，故需要在备自投上装设检合流放电。其整定原则，可按相关主变的额定电流整定。其整定值可计算为

$$I_{op}=I_{N.2} \tag{6-15}$$

式中 $I_{N.2}$——主变的二次侧电流互感器二次额定电流。

（6）主变系数。主变的二次侧电流互感器可能变比不一样，这就需要检合流时将相应电流折算成对应主变的电流值。其整定值可计算为

$$n_{小}=I_{N.小}/I_{N.大} \tag{6-16}$$

$$n_{大}=1$$

式中 $I_{N.小}$、$I_{N.大}$——容量较小、较大变压器的额定电流；

$n_{小}$、$n_{大}$——容量较小、较大变压器的主变系数。

6.3 110kV线路距离保护整定原则

6.3.1 110kV线路保护启动量及补偿系数

（1）电流变化量起动。当相间电流变化量大于整定值时该元件动作并展宽7s，去开放出口继电器正电源，按躲正常符合电流波动最大值整定。其整定值可计算为

$$I_{op}=K_{rel}I_{N.2} \tag{6-17}$$

式中 $I_{N.2}$——电流互感器的二次额定电流；

K_{rel}——可靠系数，可取0.10～0.50。

(2) 零序过流元件起动。当外接和自产零序电流均大于整定值时，且无交流电流断线时，该元件动作并展宽 7s，去开放出口继电器正电源，按躲最大零序不平衡电流整定。其整定值可计算为

$$I_{op}=K_{rel}I_{N.2} \tag{6-18}$$

式中　$I_{N.2}$——电流互感器的二次额定电流；

K_{rel}——可靠系数，可取 0.10～0.50。

(3) 负序过流元件起动。当负序电流大于整定值时，经 40ms 延时，该元件动作并展宽 7s，去开放出口继电器正电源，按躲最大负序不平衡电流整定。其整定值可计算为

$$I_{op}=K_{rel}I_{N.2} \tag{6-19}$$

式中　$I_{N.2}$——电流互感器的二次额定电流；

K_{rel}——可靠系数，可取 0.10～0.50。

(4) 零序补偿系数。按零序补偿系数计算，建议采用实测值；如无实测值，则将计算值减去 0.05 作为整定值。即

$$K=\frac{Z_{L.0}-Z_{L.1}}{3Z_{L.1}} \tag{6-20}$$

6.3.2　110kV 线路距离保护及零序电流保护

(1) 相间距离Ⅰ段、Ⅱ段、Ⅲ段（内容略）。

(2) 接地距离Ⅰ段、Ⅱ段、Ⅲ段（内容略）。

(3) 零序过流Ⅰ段、Ⅱ段、Ⅲ段、Ⅳ段（内容略）。

6.3.3　TV 断线过流整定值

(1) TV 断线过流Ⅰ段保护：

1) TV 断线过流整定值 $I_{op.Ⅰ}$，按相邻线路被配合段保护区末端故障时，该保护应具有选择性，其定值应为

$$I_{op.Ⅰ}=K_{rel}K_{br}I_{op.Ⅰ}' \tag{6-21}$$

式中　$I_{op.Ⅰ}'$——相邻下一段线路的电流保护Ⅰ段整定值；

K_{rel}——可靠系数，可取 1.1～1.2；

K_{br}——分支系数。

2) 接地距离保护时间定值 $t_Ⅰ$，即

$$t_Ⅰ=t_Ⅰ+\Delta t \tag{6-22}$$

(2) TV 断线过流Ⅱ段保护：

1) TV 断线过流整定值 $I_{op.Ⅱ}$，按躲开本线路最大负荷电流整定，即

$$I_{op.Ⅱ}=K_{rel}I_{L.max}/K_{br} \tag{6-23}$$

式中　$I_{L.max}$——本线路最大负荷电流；

K_{rel}——可靠系数，可取 1.15～1.25；

K_{br}——返回系数，可取 0.85。

2) 接地距离保护时间定值 $t_Ⅱ$，即

$$t_Ⅱ=t_Ⅱ+\Delta t \tag{6-24}$$

7　继电保护及自动装置整定计算

7.1　相关参数计算

变压器各主要参数：

额定功率：　$S_{N.T3}=20MVA$，$S_{N.T4}=31.5MVA$

额定电压：　$U_{N.T}=110kV$

变一侧额定电流：
$$I_{N.T3}=\frac{S_N}{\sqrt{3}U_{N.T}}=\frac{20\times10^3}{\sqrt{3}\times110}=104.98\text{（A）}$$
$$I_{N.T4}=\frac{S_N}{\sqrt{3}U_{N.T}}=\frac{31.5\times10^3}{\sqrt{3}\times110}=165.3\text{（A）}$$

电流互感器变比：
$$n_{TA1}=\frac{300}{5}=60$$

变二侧电流互感器变比：
$$n_{TA2}=\frac{2500}{5}=500$$

变压器变一侧二次额定电流：
$$I_{N.2.T3}=\frac{I_{N.T}}{n_{TA1}}=\frac{104.98}{60}=1.75\text{（A）}$$
$$I_{N.2.T4}=\frac{I_{N.T}}{n_{TA1}}=\frac{165.3}{60}=2.755\text{（A）}$$

7.2 变压器保护的整定计算

7.2.1 变压器纵差动保护

TA 二次以星形接线接入。具体的整定参数如下：

（1）比率制动系数 K_{res}（曲线斜率）取 0.5。

（2）起动电流 $I_{k.op.0}$ 按式（6-5）整定，取 $I_{k.op.0}=0.5\sqrt{3}I_{N.2}$（$I_{N.2}$ 为变压器额定电流二次值），即

$$I_{k.op.0.T3}=0.5\sqrt{3}I_{N.2.T3}=0.5\times\sqrt{3}\times1.75=1.52\text{（A）}$$
$$I_{k.op.0.T4}=0.5\sqrt{3}I_{N.2.T4}=0.5\times\sqrt{3}\times2.755=2.385\text{（A）}$$

校验灵敏度：
$$I_{K.T3}^{(2)}=407/120=3.4\text{（A）}$$
$$I_{res1.T3}=(I_{k.op.0.T3}/2+1.5)=2.26\text{（A）}$$
$$I_{op.T3}=I_{k.op.0.T3}+(I_{K.T3}^{(2)}+I_{res1.T3})\times0.5=2.09\text{（A）}$$
$$K_{sen.T3}=6.8/2.09=3.25$$
$$I_{K.T4}^{(2)}=496/120=4.13\text{（A）}$$
$$I_{res1.T4}=(I_{k.op.0T4}/2+1.5)=2.69\text{（A）}$$
$$I_{op.T4}=I_{k.op.0.T4}+(I_{K.T4}^{(2)}+I_{res1.T4})\times0.5=3.105\text{（A）}$$
$$K_{sen.T4}=8.26/3.105=2.66$$

（3）二次谐波制动比 K_2 取 0.15。

（4）差动速断倍数 $I_{k.op}$ 取 6 倍。即

$$I_{k.op.T3}=6\sqrt{3}I_{N.2.T3}=6\times\sqrt{3}\times1.75=18.186\text{（A）}$$
$$I_{k.op.T4}=6\sqrt{3}I_{N.2.T4}=6\times\sqrt{3}\times2.755=28.63\text{（A）}$$

（5）平衡系数 K_b，高压侧进线平衡系数 $K_{b.H}$，通常同时为基准，取 1。

高压侧桥平衡系数 $K_{b.H.B}$，可按式（6-25）计算，即

$$K_{b.H.B}=\frac{n_{TA.H.B}U_{NH}}{n_{TA.H}U_{NH}}=1 \tag{6-25}$$

低压侧平衡系数 $K_{b.L}$，可按式（6-26）计算，即

$$K_{b.L}=\frac{\sqrt{3}n_{TA.L}U_{NL}}{n_{TA.H}U_{NH}}=\frac{\sqrt{3}\times500\times10.5}{120\times110}=0.69 \tag{6-26}$$

7.2.2 变压器复合电压过流保护

（1）过流定值 I_{op}，动作电流 I_{op} 应按躲过正常运行时变压器的额定电流来整定。即

$$I_{op.T3}=\frac{K_{rel}I_{N.2.T3}}{K_r}=\frac{1.2\times1.75}{0.85}=2.47\text{（A）}$$

$$I_{op.T4}=\frac{K_{rel}I_{N.2.T4}}{K_r}=\frac{1.2\times 2.755}{0.85}=3.9\ (A)$$

式中 K_{rel}——可靠系数，取1.2；

K_r——返回系数，取0.85；

$I_{N.2}$——变压器额定电流（TA二次值）。

（2）低电压定值U_{op}，低电压定值U_{op}，按躲过变压器正常运行时可能出现的最低电压来整定。即

$$U_{op}=\frac{U_{N.min}}{K_{rel}K_r}=\frac{0.9\times 100}{1.25\times 1.2}=60\ (V) \tag{6-27}$$

式中 $U_{N.min}$——系统最低运行电压，取$0.9U_N$（U_NTV二次值）；

K_{rel}——可靠系数，取1.25；

K_r——返回系数，取1.2。

（3）负序电压$U_{2.op}$，$U_{2.op}$的整定原则是，按躲过正常运行时最大不平衡电压计算，前面系数取0.06。即

$$U_{2.op}=0.06U_N=0.06\times 100=6\ (V) \tag{6-28}$$

（4）动作延时t_{11}及t_{12}，保护的动作延时t_{11}及t_{12}，应按与相邻元件后备保护的动作时间相配合整定。动作延时t_{11}，应与出线保护最大动作时间相配合，通常出线最大动作时间为1.5s。即式(6-29)

$$t_{11}=1.5+0.3=1.8\ (s) \tag{6-29}$$

动作延时t_{12}，应与t_{11}相配合。即

$$t_{12}=1.8+0.3=2.1\ (s)$$

7.2.3 变压器零序电流保护

零序电流定值$I_{0.op}$在本地区通常一次值设为120A，即

$$I_{0.op}=120/40=3\ (A) \tag{6-30}$$

动作延时$t_{0.op.1}$应与相邻线路接地保护II段的动作延时相配合。通常整定为2.5s，即

$$t_{0.op.1}=2.5s \tag{6-31}$$

7.2.4 变压器间隙保护

（1）零序电流保护：

1）间隙零序电流定值$I_{0.op.gap}$，按DL/T 584—95《3～110kV电网继电保护装置运行整定规程》中的4.2.5.4规定间隙零序电流定值$I_{0.op.gap}$一次值可整定为100A。即

$$I_{0.op.gap}=100/40=2.5\ (A) \tag{6-32}$$

2）间隙零序电流延时定值$t_{0.gap}$，按DL/T 584—95《3～110kV电网继电保护装置运行整定规程》中的4.2.5.4的规定间隙零序电流定值$t_{0.gap}$可整定为0.3～0.5s。即

$$t_{0.gap}=0.5s \tag{6-33}$$

（2）零序电压保护：

1）零序电压定值$U_{k.0.op}$，按DL/T 584—95《3～110kV电网继电保护装置运行整定规程》中的4.2.5.5的规定整定为150V。即

$$U_{k.0.op}=150V \tag{6-34}$$

2）零序电压延时定值t_{u0}，按DL/T 584—95《3～110kV电网继电保护装置运行整定规程》中的4.2.5.5的规定间隙零序电流定值t_{u0}可整定为0.3～0.5s。即

$$t_{u0}=0.5s \tag{6-35}$$

7.2.5 变压器过负荷保护

（1）启动风扇保护：

1）启动风扇定值。通常情况下按照主变额定电流的0.6倍整定。即

$$I_{op.T3}=0.6I_{N.2.T3}=0.6\times1.75=1.05\ (A)$$

$$I_{op.T4}=0.6I_{N.2.T4}=0.6\times2.755=1.653\ (A)$$

2）关闭风扇定值。通常情况下按照启动风扇定值的0.8倍整定，以防负荷电流在启动风扇定值附近时风扇频繁启动。即

$$I_{re.T3}=0.8I_{op.T3}=0.8\times1.05=0.84\ (A)$$

$$I_{re.T4}=0.8I_{op.T4}=0.8\times1.653=1.324\ (A)$$

（2）过负荷告警保护：

1）过负荷告警定值 $I_{op.OL}$，由于过负荷信号是预告性质的，故可按变压器正常运行情况下允许过负荷倍数来考虑。即

$$I_{op.OL.T3}=\frac{K_{rel}I_{N.2.T3}}{K_r}=\frac{1.05\times1.75}{0.85}=2.16\ (A)$$

$$I_{op.OL.T4}=\frac{K_{rel}I_{N.2.T4}}{K_r}=\frac{1.05\times2.755}{0.85}=3.4\ (A)$$

式中　K_{rel}——可靠系数，取1.05；

K_r——返回系数，取0.85；

$I_{N.2}$——发电机额定电流（TA二次值）。

2）过负荷告警时限 t_{OL}，由于过负荷信号是预告性质的，故可按变压器正常运行情况下允许过负荷倍数与连续运行时间来考虑，同时应比同一设备过电流保护的最长动作时间长。一般取5～10s。即

$$t_{OL}=5s$$

（3）过负荷闭锁有载调压：

1）过负荷闭锁有载调压定值。由于过负荷闭锁有载调压是为了保护有载调压装置的，故通常情况下其定值可按 $I_{op.OL}$ 整定。即

$$I_{bl.Tap.T3}=\frac{K_{rel}I_{N.2.T3}}{K_r}=\frac{1.05\times1.75}{0.85}=2.16\ (A)$$

$$I_{bl.Tap.T4}=\frac{K_{rel}I_{N.2.T4}}{K_r}=\frac{1.05\times2.755}{0.85}=3.4\ (A)$$

2）过负荷闭锁有载调压时间。通常整定为5s，即

$$T_{bl.Tap}=5s$$

7.3　备用电源自动投入装置的整定计算

7.3.1　110kV备自投有关元件的整定计算

（1）检无压定值。其整定值可计算为

$$U_{op}=\frac{U_N}{K_{rel}}=\frac{100}{4}=25\ (V) \tag{6-36}$$

换算至相电压为

$$U_{op}'=U_{op}/\sqrt{3}=14.43\ (V)$$

式中　U_N——母线的额定电压；

K_{rel}——可靠系数，可取4。

（2）检有压定值。其整定值可计算为

$$U_{op}=\frac{0.9U_N}{K_{rel}K_r}=\frac{0.9\times100}{1.1\times1.2}=68\ (V) \tag{6-37}$$

换算至相电压为

$$U_{op}'=U_{op}/\sqrt{3}=39.26\ (V)$$

式中　U_N——母线的额定电压；

K_{rel}——可靠系数，可取 1.1；

K_r——返回系数，可取 1.2。

（3）时间定值。其时间整定原则，可按大于在检无压所反应的范围内，系统中其他设备的继电保护切除短路的时间计算，即

$$t_{op}=t'_{op}+\Delta t=2.1+0.6=2.7\ (s) \tag{6-38}$$

式中　t_{op}——备用电源自动投入装置时间元件的动作时间；

t'_{op}——系统中其他设备继电保护切除短路的最长时间，110kV 线路取 2.1s；

Δt——时间级差，取 0.5～0.6。

（4）检无流定值。其整定值可计算为

$$I_{op}=K_{rel}I_{N.2}=0.04\times5=0.2\ (A)$$

式中　$I_{N.2}$——电流互感器的二次额定电流，取 5A；

K_{rel}——可靠系数，可取 0.04。

7.3.2　10kV 备自投有关元件的整定计算

（1）检无压定值。其整定值可计算为

$$U_{op}=\frac{U_N}{K_{rel}}=\frac{100}{4}=25\ (V) \tag{6-39}$$

换算至相电压为

$$U_{op}'=U_{op}/\sqrt{3}=14.43\ (V)$$

式中　U_N——母线的额定电压；

K_{rel}——可靠系数，可取 4。

（2）检有压定值。其整定值可计算为

$$U_{op}=\frac{0.9U_N}{K_{rel}K_r n_{TV}}=\frac{0.9\times100}{1.1\times1.2}=68\ (V) \tag{6-40}$$

换算至相电压为

$$U_{op}'=U_{op}/\sqrt{3}=39.26\ (V)$$

式中　U_N——母线的额定电压；

K_{rel}——可靠系数，可取 1.1；

K_r——返回系数，可取 1.2。

（3）时间定值。其时间整定原则，可按大于在检无压反应的范围内，系统中其他设备的继电保护切除短路的时间计算，即

$$t_{op}=t'_{op}+\Delta t=2.7+0.6=3.3\ (s) \tag{6-41}$$

式中　t_{op}——备用电源自动投入装置时间元件的动作时间；

t'_{op}——系统中其他设备继电保护切除短路的最长时间，110kV 线路取 2.1s；

Δt——时间级差，取 0.5～0.6。

（4）检无流定值。其整定值可计算为

$$I_{op}=K_{rel}I_{N.2}=0.04\times5=0.2\ (A) \tag{6-42}$$

式中　$I_{N.2}$——电流互感器的二次额定电流，取 5A；

K_{rel}——可靠系数，可取 0.04。

（5）Ⅰ变额电电流。其整定值可计算为

$$I_{op}=I_{N.3}=2.2A \tag{6-43}$$

（6）Ⅱ变额电电流。其整定值可计算为

$$I_{op}=I_{N.4}=3.46A \tag{6-44}$$

（7）Ⅰ变系数。其整定值可计算为

$$n=1$$

（8）Ⅱ变系数。其整定值可计算为

$$n=1$$

7.4 SG线路保护整定

7.4.1 S侧距离保护

（1）电流变化量起动。其整定值可计算为

$$I_{op}=K_{rel}I_{N.2}=0.2\times5=1\ (\mathrm{A}) \tag{6-45}$$

式中 $I_{N.2}$——电流互感器的二次额定电流；

K_{rel}——可靠系数，取0.2。

（2）零序过流元件起动。其整定值可计算为

$$I_{op}=K_{rel}I_{N.2}=0.3\times5=1.5\ (\mathrm{A}) \tag{6-46}$$

式中 $I_{N.2}$——电流互感器的二次额定电流；

K_{rel}——可靠系数，取0.3。

（3）负序过流元件起动。其整定值可计算为

$$I_{op}=K_{rel}I_{N.2}=0.2\times5=1\ (\mathrm{A}) \tag{6-47}$$

式中 $I_{N.2}$——电流互感器的二次额定电流；

K_{rel}——可靠系数，取0.2。

（4）零序补偿系数为

$$K=\frac{Z_{L.0}-Z_{L.1}}{3Z_{L.1}}=(0.099-0.028)/(3\times0.028)=0.845 \tag{6-48}$$

（5）相间距离Ⅰ段。相间距离保护整定阻抗 $Z_{op.Ⅰ}$ 为

$$Z_{op.Ⅰ}=K_{rel}Z_{x.1}=0.85\times9\times0.416=3.18\ (\Omega) \tag{6-49}$$

最大灵敏角为

$$\theta_{x.1}=74°$$

式中 $Z_{x.1}$——被保护线路的正序阻抗；

K_{rel}——可靠系数，取0.85。

相间距离保护时间定值 t_1 按 $t_1=0\mathrm{s}$ 整定。

（6）接地距离Ⅰ段。接地距离保护整定阻抗 $Z_{op.Ⅰ}$，即

$$Z_{op.Ⅰ}=K_{rel}Z_{x.1}=0.85\times9\times0.416=3.18\ (\Omega) \tag{6-50}$$

最大灵敏角为

$$\theta_{x.1}=74°$$

式中 $Z_{x.1}$——被保护线路的正序阻抗；

K_{rel}——可靠系数，可取0.80～0.85。

接地距离保护时间定值 t_1，保护动作时间同相间距离公用一个定值。

（7）相间距离Ⅱ段。相间距离保护整定阻抗 $Z_{op.Ⅱ}$，按与相邻线路相间距离保护Ⅰ段配合整定，并考虑分支系数对测量阻抗的影响，即

$$Z_{op.Ⅱ}=K_{rel}(Z_{x.1}+K_{br}Z_{op.Ⅰ})=0.7\times(9\times0.416+1.88\times0.85\times19\times0.416)=11.46\ (\Omega) \tag{6-51}$$

则 $$K_{br}=1+(0.8+0.028)/(0.416+0.525)=1.88$$

式中 $Z_{x.1}$——被保护线路的正序阻抗；

K_{br}——分支系数；

$Z_{op.I}$——下一段线路距离Ⅰ段整定值；

K_{rel}——可靠系数，可取0.7。

校验灵敏度为

$$K_{sen}=11.46/(9\times0.416)=3.06$$

按躲开线路末端变电所变压器低压母线上的短路故障整定，即

$$Z_{op.II}=K_{rel}(Z_{x.1}+K_{br}Z_T)$$
$$=47.09\ (\Omega) \tag{6-52}$$

式中　$Z_{x.1}$——被保护线路的正序阻抗；

K_{br}——分支系数，$K_b=1$；

Z_T——线路末端变压器阻抗；

K_{rel}——可靠系数，可取0.7。

校验灵敏度为

$$K_{sen}=47.09/(9\times0.416)=12.58$$

其中选取

$$Z_{op.II}=11.46\Omega;\ K_{sen}=3.06$$

相间距离保护时间定值 t_2，即

$$t_2=t_1+\Delta t=0.3\ (s) \tag{6-53}$$

(8) 接地距离Ⅱ段。接地距离保护整定阻抗 $Z_{op.II}$，按与相邻线路接地距离保护Ⅰ段配合整定，并考虑分支系数对测量阻抗的影响，即

$$Z_{op.II}=K_{rel}(Z_{x.1}+K_{br}Z_{op.I})=0.7\times(9\times0.416+1.88\times0.85\times19\times0.416)$$
$$=11.46\ (\Omega) \tag{6-54}$$
$$K_{br}=1+(0.8+0.028)/(0.416+0.525)=1.88$$

式中　$Z_{x.1}$——被保护线路的正序阻抗；

K_{br}——分支系数；

$Z_{op.I}$——下一段线路距离Ⅰ段整定值；

K_{rel}——可靠系数，可取0.7。

校验灵敏度为

$$K_{sen}=11.46/(9\times0.416)=3.06$$

按躲开线路末端变电所变压器低压母线上的三相短路故障整定，即

$$Z_{op.II}=K_{rel}(Z_{x.1}+K_{br}Z_T)/K$$
$$=55.73\ (\Omega) \tag{6-55}$$

式中　$Z_{x.1}$——被保护线路的正序阻抗；

K_{br}——分支系数，$K_{br}=1$；

Z_T——线路末端变压器阻抗；

K_{rel}——可靠系数，可取0.7。

校验灵敏度为

$$K_{sen}=55.73/(9\times0.416)=14.89$$

选取

$$Z_{op.II}=11.46\Omega;\ K_{sen}=3.06$$

接地距离保护时间定值 t_2，即

$$t_2=t_1+\Delta t=0.3\ (s)$$

(9) 相间距离Ⅲ段。相间距离保护整定阻抗 $Z_{op.IIp}$按躲过线路最大负荷试的负荷阻抗整定，即

$$Z_{op.ⅢP}=\frac{(0.9\sim0.95)\ U_N/\sqrt{3}}{I_{L.max}K_{rel}K_r\cos\ (\varphi_L-\varphi_{set})}$$

$$=0.95\times110\times110/\ [91.5\times3\times1.2\times1.1\times\cos\ (78°-25°)]\ =19.1\ (\Omega) \tag{6-56}$$

式中　$I_{L.max}$——被保护线路的最大负荷电流；

K_{rel}——可靠系数，可取1.2～1.25；

K_r——返回系数，可取1.1～1.15；

φ_L——负荷阻抗角，可取25°；

φ_{set}——整定阻抗角。

校验灵敏度为

$$K_{sen}=19.1/\ (9\times0.416)\ =5.1$$

相间距离保护时间定值 t_3，即

$$t_3=t_2+\Delta t=2+0.5=2.5\ (s) \tag{6-57}$$

(10) 接地距离Ⅲ段。接地距离保护整定阻抗 $Z_{op.Ⅲp}$ 按躲开下一线路（即GA线路）末端变电所变压器低压母线上的三相短路故障整定，即

$$Z_{op.Ⅲp}=K_{rel}\ (Z_{x.1}+K_{br}Z_n+Z_T)\ /K$$

$$=78.16\ (\Omega)$$

$$K_{br}=1+\ (0.8+0.028)\ /\ (0.416+0.525)\ =1.88$$

式中　$Z_{x.1}$——被保护线路的正序阻抗；

K_{br}——分支系数；

Z_T——线路末端变压器阻抗；

Z_n——下一线路阻抗；

K_{rel}——可靠系数，可取0.7。

校验灵敏度为

$$K_{sen}=78.163/\ (9\times0.416)\ =20.9$$

按与相邻线路接地距离保护Ⅱ段配合整定，并考虑分支系数对测量阻抗的影响，即

$$Z_{op.Ⅲp}=K_{rel}\ (Z_{x.1}+K_{br}Z_{op.Ⅱ})\ /K$$

$$=0.7\times\ (9\times0.416+1.88\times0.7)\ \times\ (19\times0.416+0.85\times14\times0.416)$$

$$/0.845)\ /0.845=19.686\ (\Omega) \tag{6-58}$$

$$K_{br}=1+\ (0.8+0.028)\ /\ (0.416+0.525)\ =1.88$$

式中　$Z_{x.1}$——被保护线路的正序阻抗；

K_{br}——分支系数；

$Z_{op.Ⅱ}$——下一段线路距离Ⅱ段整定值；

K_{rel}——可靠系数，可取0.7；

K——补偿系数。

校验灵敏度为

$$K_{sen}=19.686/\ (9\times0.416)\ =5.26$$

其中选取　　$Z_{op.Ⅲp}=19.686\Omega$；$K_{sen}=5.26$

保护时间定值 t_3，即

$$t_3=t_2+\Delta t=2+0.5=2.5\ (s)$$

(11) 零序过流Ⅰ段。零序过流整定值 $I_{0.op.Ⅰ}$ 按躲开本线路末端接地断路的最大短路电流整定，即

$$I_{0.op.Ⅰ}=K_{rel}3I_{0.max}=1.25\times1872\times0.614=1436.76\ (A) \tag{6-59}$$

式中　$I_{0.max}$——线路末端接地短路时流过保护的最大零序电流；

K_{rel}——可靠系数，可取1.25～1.3。

保护时间定值t_1，即

$$t_1=0s$$

（12）零序过流Ⅱ段。零序过流整定值$I_{0.op.Ⅱ}$按相邻与AG线路的零序电流保护Ⅰ段配合整定，即

$$I_{0.op.Ⅱ}=K_{rel}K_{br}I'_{0.op.Ⅰ}=1.15\times0.614\times1.25\times1329=1173\ (A) \tag{6-60}$$

$$K_{br}=0.525/\ (0.35\times0.679/1.029+0.099+0.525)\ =0.614$$

式中　$I'_{0.op.Ⅰ}$——相邻下一段线路的零序电流保护Ⅰ段整定值；

K_{rel}——可靠系数，可取1.15～1.2；

K_{br}——分支系数。

校验灵敏度为

$$K_{sen}=0.614\times1253/1173=0.66$$

不满足要求。

选取　$I_{0.op.Ⅱ}=0.614\times1253/1.15=669\ (A)$

保护时间定值t_2的整定，即

$$t_2=t_1+\Delta t=0.3\ (s) \tag{6-61}$$

（13）零序过流Ⅲ段。零序过流整定值$I_{0.op.Ⅱ.}$，按躲过AG相间短路的最大不平衡电流整定，即

$$I_{0.op.Ⅰ}=K_{ap}K_{cc}K_{er}I_{K.max}=2\times1\times0.1\times1481=296.2\ (A) \tag{6-62}$$

式中　$I_{K.max}$——相邻AG线路的三相最大短路电流整定；

K_{ap}——非周期分量系数，可取1～2；

K_{cc}——同型系数，同型号取0.5，否则取1；

K_{er}——电流互感器误差，取0.1。

校验灵敏度为

$$K_{sen}=0.614\times1253/296.2=2.6 \tag{6-63}$$

保护时间定值t_3，即

$$t_3=t_2+\Delta t=0.3+0.3=0.6\ (s)$$

（14）零序过流Ⅳ段。零序过流整定值$I_{0.op.Ⅰ}$按本线路末端高阻接地故障有足够的灵敏度整定，即

$$I_{0.op.Ⅰ}=51500/\ (110\times1.732)\ =270.3\ (A) \tag{6-64}$$

保护时间定值t_4，即

$$t_4=t_3+\Delta t=0.6+0.4=1\ (s) \tag{6-65}$$

（15）TV断线过流Ⅰ段保护。TV断线过流整定值$I_{op.Ⅰ}$按相邻线路被配合段保护区末端故障时，该保护应具有选择性，其定值应为，即

$$I_{op.Ⅰ}=K_{rel}K_{br}I'_{op.Ⅰ}=1.1\times0.614\times0.85\times1481=850.22\ (A) \tag{6-66}$$

式中　$I'_{op.Ⅰ}$——相邻下一段线路的电流保护Ⅰ段整定值；

K_{rel}——可靠系数，可取1.1～1.2；

K_{br}——分支系数。

保护时间定值t_1，即

$$t_1=t'_1+\Delta t=0.3\ (s)$$

（16）TV断线过流Ⅱ段保护。TV断线过流整定值$I_{op.Ⅱ}$按躲开本线路最大负荷电流整定，即

$$I_{op.Ⅱ}=K_{rel}I_{L.max}/K_r=1.15\times71500/\ (110\times1.732)\ /0.85=507.7\ (A) \tag{6-67}$$

式中　$I_{L.max}$——本线路最大负荷电流；

K_{rel}——可靠系数，可取1.15～1.25；

K_r——返回系数，可取0.85。

保护时间定值 t_2，即

$$t_2=t'_2+\Delta t=1.2+0.3=1.5\ (\mathrm{s}) \tag{6-68}$$

7.4.2 G侧距离保护

（1）电流变化量起动。其整定值可计算为

$$I_{op}=K_{rel}I_{N.2}=0.2\times5=1\ (\mathrm{A}) \tag{6-69}$$

式中 $I_{N.2}$——电流互感器的二次额定电流；

K_{rel}——可靠系数，取0.2。

（2）零序过流元件起动。其整定值可计算为

$$I_{0.op}=K_{rel}I_{N.2}=0.3\times5=1.5\ (\mathrm{A}) \tag{6-70}$$

式中 $I_{N.2}$——电流互感器的二次额定电流；

K_{rel}——可靠系数，取0.3。

（3）负序过流元件起动。其整定值可计算为

$$I_{2.op}=K_{rel}I_{N.2}=0.2\times5=1\ (\mathrm{A}) \tag{6-71}$$

式中 $I_{N.2}$——电流互感器的二次额定电流；

K_{rel}——可靠系数，取0.2。

（4）零序补偿系数，即

$$K=\frac{Z_{L.0}-Z_{L.1}}{3Z_{L.1}}=(0.099-0.028)/(3\times0.028)=0.845 \tag{6-72}$$

（5）相间距离Ⅰ段。相间距离保护整定阻抗 $Z_{op.Ⅰ}$，即

$$Z_{op.Ⅰ}=K_{rel}Z_{x.1}=0.85\times9\times0.416=3.18\ (\Omega) \tag{6-73}$$

最大灵敏角为

$$\theta_{x.1}=78^\circ$$

式中 $Z_{x.1}$——被保护线路的正序阻抗；

K_{rel}——可靠系数，取0.85。

相间距离保护时间定值 t_1，按 $t_1=0\mathrm{s}$ 整定。

（6）接地距离Ⅰ段。接地距离保护整定阻抗 $Z_{op.Ⅰ}$，即

$$Z_{op.Ⅰ}=K_{rel}Z_{x.1}/K=0.85\times9\times0.416/0.845=3.76\ (\Omega) \tag{6-74}$$

最大灵敏角为

$$\theta_{x.1}=58^\circ$$

式中 $Z_{x.1}$——被保护线路的正序阻抗；

K_{rel}——可靠系数，可取0.80～0.85。

接地距离保护时间定值 t_1，保护动作时间同相间距离公用一个定值。

（7）相间距离Ⅱ段。相间距离保护整定阻抗 $Z_{op.Ⅱ}$，按与相邻线路相间距离保护Ⅰ段配合整定，并考虑分支系数对测量阻抗的影响，即

$$Z_{op.Ⅱ}=K_{rel}(Z_{x.1}+K_{br}Z'_{op.Ⅰ})=0.7\times(9\times0.416+2.21\times0.85\times14\times0.416)=10.28\ (\Omega) \tag{6-75}$$

$$K_{br}=1+(0.416+0.525+0.028)/0.8=2.21$$

式中 $Z_{x.1}$——被保护线路的正序阻抗；

K_{br}——分支系数；

$Z'_{op.Ⅰ}$——下一段线路距离Ⅰ段整定值；

K_{rel}——可靠系数，可取0.7。

校验灵敏度为

$$K_{sen}=10.28/(9\times0.416)=2.75$$

相间距离保护时间定值 t_2，即

$$t_2 = t_1 + \Delta t = 0.3\ (s)$$

(8) 接地距离Ⅱ段。接地距离保护整定阻抗 $Z_{op.Ⅱ}$，按与相邻线路接地距离保护Ⅰ段配合整定，并考虑分支系数对测量阻抗的影响，即

$$\begin{aligned} Z_{op.Ⅱ} &= K_{rel}\ (Z_{x.1} + K_{br} Z'_{op.Ⅰ})\ /K \\ &= 0.7 \times\ (9 \times 0.416 + 2.21 \times 0.85 \times 19 \times 0.416)\ /0.845 = 12.17\ (\Omega) \end{aligned} \tag{6-76}$$

$$K_{br} = 1 +\ (0.416 + 0.525 + 0.028)\ /0.8 = 2.21$$

式中 $Z_{x.1}$——被保护线路的正序阻抗；

K_{br}——分支系数；

$Z'_{op.Ⅰ}$——下一段线路距离Ⅰ段整定值；

K_{rel}——可靠系数，可取0.7；

K——零序补偿系数，见式（6-48）。

校验灵敏度为

$$K_{sen} = 12.17/\ (9 \times 0.416)\ = 3.25$$

接地距离保护时间定值 t_2 为

$$t_2 = t_1 + \Delta t = 0.3\ (s)$$

(9) 相间距离Ⅲ段。相间距离保护整定阻抗 $Z_{op.Ip}$ 按躲过线路最大负荷试的负荷阻抗整定，即

$$\begin{aligned} Z_{op.Ip} &= \frac{(0.9 \sim 0.95)\ U_N/\sqrt{3}}{I_{L.max} K_{rel} K_r \cos\ (\varphi_L - \varphi_{set})} \\ &= 0.95 \times 110 \times 110/\ [51.5 \times 3 \times 1.2 \times 1.1 \times \cos\ (78° - 25°)] \\ &= 33.93\ (\Omega) \end{aligned} \tag{6-77}$$

式中 $I_{L.max}$——被保护线路的最大负荷电流；

K_{rel}——可靠系数，可取1.2～1.25；

K_r——返回系数，可取1.1～1.15；

φ_L——负荷阻抗角，可取25°；

φ_{set}——整定阻抗角。

校验灵敏度为

$$K_{sen} = 33.93/\ (9 \times 0.416)\ = 9.06$$

相间距离保护时间定值 t_3，即

$$t_3 = t_2 + \Delta t = 2 + 0.5 = 2.5\ (s) \tag{6-78}$$

(10) 接地距离Ⅲ段。接地距离保护整定阻抗 $Z_{op.Ip}$ 按躲开下一线路末端（即SA线路末端）变电所变压器低压母线上的三相短路故障整定，即

$$Z_{op.Ip} = K_{rel}\ [Z_{x.1} + K_{br}\ (Z_n + Z_T)]\ /K = 87.53\ (\Omega) \tag{6-79}$$

$$K_{br} = 1 +\ (0.416 + 0.525 + 0.028)\ /0.8 = 2.21$$

式中 $Z_{x.1}$——被保护线路的正序阻抗；

K_{br}——分支系数；

Z_T——下一段线路末端变压器阻抗；

Z_n——下一线路阻抗；

K_{rel}——可靠系数，可取0.7；

K——零序补偿系数，见式（6-48）。

校验灵敏度为

$$K_{sen} = 87.53/\ (9 \times 0.416)\ = 23.4$$

按与相邻线路接地距离保护Ⅱ段配合整定，并考虑分支系数对测量阻抗的影响，即

$$Z_{op.IIp}=K_{rel}（Z_{x.1}+K_{br}Z'_{op.II}）/K$$
$$=0.7×（9×0.416+2.21×0.7×14×0.416×1.5/0.845）/0.845$$
$$=16.35（\Omega） \qquad (6-80)$$
$$K_{br}=1+（0.416+0.525+0.028）/0.8=2.21$$

式中 $Z_{x.1}$——被保护线路的正序阻抗；

K_{br}——分支系数；

$Z'_{op.II}$——下一段线路距离Ⅱ段整定值；

K_{rel}——可靠系数，可取0.7；

K——零序补偿系数，见式（6-48）。

校验灵敏度为

$$K_{sen}=16.35/（9×0.416）=11.35$$

其中选取 $Z_{op.IIIp}=16.35（\Omega）$；$K_{sen}=11.35$

保护时间定值 t_3，即

$$t_3=t_2+\Delta t=2+0.5=2.5（s） \qquad (6-81)$$

（11）零序过流Ⅰ段。零序过流整定值 $I_{0.op.I}$，按躲开本线路末端接地断路的最大短路电流整定，即

$$I_{0.op.I}=K_{rel}3I_{0.max}=1.25×1638×0.359=735（A） \qquad (6-82)$$

式中 $I_{0.max}$——线路末端接地短路时流过保护的最大零序电流；

K_{rel}——可靠系数，可取1.25～1.3。

保护时间定值 t_1，即

$$t_1=0s$$

（12）零序过流Ⅱ段。零序过流整定值 $I_{0.op.II}$，按相邻与SA线路的零序电流保护Ⅰ段配合整定，即

$$I_{0.op.II}=K_{rel}K_{br}I'_{0.op.I}=1.15×0.359×1.25×1525=787（A） \qquad (6-83)$$
$$K_{br}=0.35/（0.35+0.099+0.525）=0.359$$

式中 $I'_{0.op.I}$——相邻下一段线路的零序电流保护Ⅰ段整定值；

K_{rel}——可靠系数，可取1.15～1.2；

K_{br}——分支系数。

校验灵敏度为

$$K_{sen}=0.359×1267/787=0.58$$

不满足要求。

保护时间定值 t_2，即

$$t_2=t_1+\Delta t=0.3（s） \qquad (6-84)$$

（13）零序过流Ⅲ段。零序过流整定值 $I_{0.op.I}$ 按躲AS相间短路的最大不平衡电流整定，即

$$I_{0.op.II}=K_{ap}K_{cc}K_{er}I_{K.max}=2×1×0.1×3849×0.359=276.3（A） \qquad (6-85)$$

式中 $I_{K.max}$——相邻AG线路的三相最大短路电流整定；

K_{ap}——非周期分量系数，可取1～2；

K_{cc}——同型系数，同型号取0.5，否则取1；

K_{er}——流互误差，取0.1。

校验灵敏度为

$$K_{sen}=0.359×1267/276.3=1.65$$

保护时间定值 t_3，即

$$t_3=t_2+\Delta t=0.3+0.3=0.6（s） \qquad (6-86)$$

（14）零序过流Ⅳ段。零序过流整定值 $I_{0.op.Ⅳ}$，按本线路末端高阻接地故障有足够的灵敏度整定，即

$$I_{0.op.Ⅳ}=51500/(110\times1.732)=270.3\ (A) \tag{6-87}$$

保护时间定值 t_4，即

$$t_4=t_3+\Delta t=0.6+0.4=1\ (s) \tag{6-88}$$

（15）TV断线过流Ⅰ段保护。TV断线过流整定值 $I_{op.Ⅰ}$，按相邻线路被配合段保护区末端故障时，该保护应具有选择性，其定值应为，即

$$I_{op.Ⅰ}=K_{rel}K_{br}I'_{op.Ⅰ}=1.1\times0.359\times0.85\times1525=511.9\ (A) \tag{6-89}$$

式中　$I'_{op.Ⅰ}$——相邻下一段线路的电流保护Ⅰ段整定值；

K_{rel}——可靠系数，可取1.1～1.2；

K_{br}——分支系数。

保护时间定值 t_1，即

$$t_1=t'_1+\Delta t=0.3\ (s) \tag{6-90}$$

（16）TV断线过流Ⅱ段保护。TV断线过流整定值 $I_{op.Ⅱ}$，按躲开本线路最大负荷电流整定，即

$$I_{op.Ⅱ}=K_{rel}I_{L.max}/K_r=1.15\times71500/(110\times1.732)/0.85=507.7\ (A) \tag{6-91}$$

式中　$I_{L.max}$——本线路最大负荷电流；

K_{rel}——可靠系数，可取1.15～1.25；

K_r——返回系数，可取0.85。

保护时间定值 t_2，即

$$t_2=t'_2+\Delta t=1.2+0.3=1.5\ (s) \tag{6-92}$$

7.5　本章结论

所有整定计算结果汇总到表6-8～表6-15中。

* *

点评： 该学生所做的保护整定所考虑问题比较全面，但没有合理利用阻抗计算及短路电流之计算结果，建议学生合理利用表6-3～表6-7。

* *

表6-8　　1号主变（T3）差动保护定值单

版本号：V1.01 日期：2005-04-01 校验码：FB4FH

保护型号：DSA2113

序　号	代　码	保　护　名　称	定　值	定值范围
保护定值投退				
1	D041	差动电流速断投退	ON	ON/OFF
2	D040	比率差动电流投退	ON	ON/OFF
3	D032	TA断线闭锁投退	OFF	ON/OFF
保护定值整定				
序　号	代　码	保　护　名　称	定　值	定值范围
1	D042	差动电流速断定值（A）	18.18	5.00～120.00
2	D045	比率差动电流定值（A）	1.52	1.00～2.50
3	D044	二次谐波制动比	0.15	0.10～0.20
4		高压侧差动平衡系数	1	0.25～4
5		低压侧差动平衡系数	0.69	0.25～4
6		桥侧差动平衡系数	1	0.25～4

表 6-9　　2号主变（T4）差动保护定值单

版本号：V1.01 日期：2005-04-01 校验码：FB4FH				
保护型号：DSA2113				
保护定值投退				
序号	代码	保护名称	定值	定值范围
1	D041	差动电流速断投退	ON	ON/OFF
2	D040	比率差动电流投退	ON	ON/OFF
3	D032	TA断线闭锁投退	OFF	ON/OFF
保护定值整定				
序号	代码	保护名称	定值	定值范围
1	D042	差动电流速断定值（A）	28.63	5.00～120.00
2	D045	比率差动电流定值（A）	2.38	1.00～2.50
3	D044	二次谐波制动比	0.15	0.10～0.20
4		高压侧差动平衡系数	1	0.25～4
5		低压侧差动平衡系数	0.69	0.25～4
6		桥侧差动平衡系数	1	0.25～4

表 6-10　　1号主变（T3）后备保护定值单

保护型号：DSA 2326				
保护定值投退				
序号	代码	保护名称	定值	定值范围
1	限时电流速断投退			
	D010	限时速断 t_1 投退	OFF	ON/OFF
	D202	限时速断 t_2 投退	OFF	ON/OFF
2	复合电压过流投退			
	D122	低电压闭锁投退	ON	ON/OFF
	D121	负序电压闭锁投退	ON	ON/OFF
	D079	IN1.复压闭锁投退	ON	ON/OFF
	D120	IN2.复压闭锁投退	ON	ON/OFF
	D196	方向保护投退	OFF	ON/OFF
	D066	复压过流 t_1 投退	ON	ON/OFF
	D069	复压过流 t_2 投退	ON	ON/OFF
	D169	复压过流 t_3 投退	OFF	ON/OFF
3	零序过流投退			
	D126	零序电压闭锁投退	ON	ON/OFF
	D014	零序过流 t_1 投退	ON	ON/OFF
	D125	零序过流 t_2 投退	OFF	ON/OFF
4	零序过电压投退			

续表

保护型号：DSA 2326

保护定值投退				
序　号	代　码	保　护　名　称	定　值	定值范围
	D028	零序过电压投退	ON	ON/OFF
	D119	自投退	ON	ON/OFF
5	间隙零序过流投退			
	D152	间隙零序过流投退	ON	ON/OFF
	D119	自投退	ON	ON/OFF
6	D029	过载闭锁调压投退	ON	ON/OFF
7	D059	过负荷告警投退	ON	ON/OFF
8	D037	过载启动风冷投退	ON	ON/OFF
9	TV 断线投退			
	D098	TV 断线告警投退	ON	ON/OFF
	D108	TV 断线闭锁保护	OFF	ON/OFF
10	限时速断 t_3 投退			
	D211	限时速断 t_3 投退	OFF	ON/OFF
	D244	网络母线闭锁投退	OFF	ON/OFF
保护定值整定				
序　号	代　码	保　护　名　称	定　值	定值范围
1	限时电流速断整定			
	D000	限时电流速断定值（A）	—	1.00～120.00
	D001	限时速断 t_1 延时（s）	—	0.00～10.00
	D201	限时速断 t_2 延时（s）	—	0.00～10.00
2	复合电压过流整定			
	D048	低电压闭锁定值（V）	60	10.00～90.00
	D067	负序电压闭锁定值（V）	6	2.00～50.00
	D049	复合电压过流定值（A）	2.47	0.50～120.00
	D050	复压过流 t_1 延时（s）	1.8	0.00～10.00
	D068	复压过流 t_2 延时（s）	2.1	0.00～10.00
	D170	复压过流 t_3 延时（s）	—	0.00～10.00
3	零序过流整定			
	D004	零序过流定值（A）	3	1.00～20.00
	D124	零序电压闭锁定值（V）	—	2.00～200.00
	D005	零序过流 t_1 延时（s）	2.5	0.00～10.00
	D123	零序过流 t_2 延时（s）	—	0.00～10.00
4	零序过电压整定			

续表

保护型号：DSA 2326				
保护定值整定				
序号	代码	保护名称	定值	定值范围
	D024	零序过电压定值（V）	150	2.00～200.00
	D025	零序过电压延时（s）	0.5	0.00～10.00
5	间隙零序过流整定			
	D150	间隙零序过流定值（A）	2.5	0.50～100.00
	D151	间隙零序过流延时（s）	0.5	0.00～10.00
6	过负荷告警整定			
	D060	过负荷告警定值（A）	2.16	0.50～20.00
	D061	过负荷告警延时（s）	5	0.00～10.00
7	过载启动风冷整定			
	D039	过载启动风冷定值（A）	1.05	0.50～20.00
	D038	过载关闭风冷定值（A）	0.84	0.50～20.00
8	过载闭锁调压整定			
	D030	过载闭锁调压定值（A）	2.16	0.50～20.00
	D031	过载闭锁调压延时（s）	5	0.00～10.00
9	限时速断 t_3 整定			
	D212	速断保护电流定值（A）	—	1.00～120.00
	D213	限时速断 t_3 延时（s）	—	0.10～10.00
	D243	网络母线闭锁延时（s）	—	0.00～10.00

表 6-11　1号主变（T_4）后备保护定值单

保护型号：DSA 2326				
保护定值投退				
序号	代码	保护名称	定值	定值范围
1	限时电流速断投退			
	D010	限时速断 t_1 投退	OFF	ON/OFF
	D202	限时速断 t_2 投退	OFF	ON/OFF
2	复合电压过流投退			
	D122	低电压闭锁投退	ON	ON/OFF
	D121	负序电压闭锁投退	ON	ON/OFF
	D079	IN1. 复压闭锁投退	ON	ON/OFF
	D120	IN2. 复压闭锁投退	ON	ON/OFF
	D196	方向保护投退	OFF	ON/OFF
	D066	复压过流 t_1 投退	ON	ON/OFF

续表

保护型号：DSA 2326

序　号	代　码	保　护　名　称	定　值	定值范围
保护定值投退				
2	复合电压过流投退			
	D069	复压过流 t_2 投退	ON	ON/OFF
	D169	复压过流 t_3 投退	OFF	ON/OFF
3	零序过流投退			
	D126	零序电压闭锁投退	ON	ON/OFF
	D014	零序过流 t_1 投退	ON	ON/OFF
	D125	零序过流 t_2 投退	OFF	ON/OFF
4	零序过电压投退			
	D028	零序过电压投退	ON	ON/OFF
	D119	自投退	ON	ON/OFF
5	间隙零序过流投退			
	D152	间隙零序过流投退	ON	ON/OFF
	D119	自投退	ON	ON/OFF
6	D029	过载闭锁调压投退	ON	ON/OFF
7	D059	过负荷告警投退	ON	ON/OFF
8	D037	过载启动风冷投退	ON	ON/OFF
9	TV断线投退			
	D098	TV断线告警投退	ON	ON/OFF
	D108	TV断线闭锁保护	OFF	ON/OFF
10	限时速断 t_3 投退			
	D211	限时速断 t_3 投退	OFF	ON/OFF
	D244	网络母线闭锁投退	OFF	ON/OFF
保护定值整定				
序　号	代　码	保　护　名　称	定　值	定值范围
1	限时电流速断整定			
	D000	限时电流速断定值（A）	—	1.00～120.00
	D001	限时速断 t_1 延时（s）	—	0.00～10.00
	D201	限时速断 t_2 延时（s）	—	0.00～10.00
2	复合电压过流整定			
	D048	低电压闭锁定值（V）	60	10.00～90.00
	D067	负序电压闭锁定值（V）	6	2.00～50.00
	D049	复合电压过流定值（A）	3.9	0.50～120.00
	D050	复压过流 t_1 延时（s）	1.8	0.00～10.00

续表

保护型号：DSA 2326

序　号	代　码	保　护　名　称	定　值	定值范围
保护定值整定				
2	复合电压过流整定			
	D068	复压过流 t_2 延时（s）	2.1	0.00～10.00
	D170	复压过流 t_3 延时（s）	—	0.00～10.00
3	零序过流整定			
	D004	零序过流定值（A）	3	1.00～20.00
	D124	零序电压闭锁定值（V）	—	2.00～200.00
	D005	零序过流 t_1 延时（s）	2.5	0.00～10.00
	D123	零序过流 t_2 延时（s）	—	0.00～10.00
4	零序过电压整定			
	D024	零序过电压定值（V）	150	2.00～200.00
	D025	零序过电压延时（s）	0.5	0.00～10.00
5	间隙零序过流整定			
	D150	间隙零序过流定值（A）	2.5	0.50～100.00
	D151	间隙零序过流延时（s）	0.5	0.00～10.00
6	过负荷告警整定			
	D060	过负荷告警定值（A）	3.4	0.50～20.00
	D061	过负荷告警延时（s）	5	0.00～10.00
7	过载起动风冷整定			
	D039	过载起动风冷定值（A）	1.65	0.50～20.00
	D038	过载关闭风冷定值（A）	1.32	0.50～20.00
8	过载闭锁调压整定			
	D030	过载闭锁调压定值（A）	3.4	0.50～20.00
	D031	过载闭锁调压延时（s）	5	0.00～10.00
9	限时速断 t_3 整定			
	D212	速断保护电流定值（A）	—	1.00～120.00
	D213	限时速断 t_3 延时（s）	—	0.10～10.00
	D243	网络母线闭锁延时（s）	—	0.00～10.00

表 6-12　110kV 内桥及进线备自投定值单

保护型号：DSA2361

序　号	代　码	定　值　名　称	定　值	定值范围	分级菜单项目
备自投投退					03
1	D094	分段开关备用投退	OFF	ON 或 OFF	3—00

续表

保护型号：DSA2361

序 号	代 码	定 值 名 称	定 值	定值范围	分级菜单项目
备 自 投 投 退					
2	D095	进线Ⅰ备自投投退	ON	ON 或 OFF	3—01
3	D096	进线Ⅱ备自投投退	ON	ON 或 OFF	3—02
4	D118	线路检无流	ON	ON 或 OFF	3—03
	D110	线路检有压投退	ON	ON 或 OFF	3—04
5	D099	开关拒动告警	ON	ON 或 OFF	3—05
6	D093	全所无压告警	ON	ON 或 OFF	3—06
	D098	母线 TV 断线告警	ON	ON 或 OFF	3—07
	D097	母线绝缘监视投退	ON	ON 或 OFF	3—08
7	D117	线路 TV 断线告警	ON	ON 或 OFF	3—09
备 自 投 整 定					04
1	D089	检有压定值（V）	40	10.00～90.01	4—00
2	D090	检无压定值（V）	14	0.00～80.00	4—01
3	D091	检无流定值（A）	0.2	0.00～5.00	4—02
4	分段开关备用延时				4—03
	D083	Ⅰ母备用延时（s）	—	0.00～10.00	4—3—00
	D084	Ⅱ母备用延时（s）	—	0.00～10.00	4—3—01
5	进线开关备用延时				4—04
	D085	进线Ⅰ备用延时（s）	2.7	0.00～10.00	4—4—00
	D086	进线Ⅱ备用延时（s）	2.7	0.00～10.00	4—4—01

表 6-13　　10kV 母联保护及备自投定值

保护型号：DSA2364

序 号	代 码	定 值 名 称	定 值	定值范围	分级菜单项目
单 元 定 值 整 定					02
		控制回路断线	ON	ON 或 OFF	2—06
备 自 投 投 退					03
1	D094	分段开关备用投退	ON	ON 或 OFF	3—00
2	D118	线路检无流	ON	ON 或 OFF	3—01
3	D099	开关拒动告警	ON	ON 或 OFF	3—02
4	D093	全所无压告警	ON	ON 或 OFF	3—03
5	D098	母线 TV 断线告警	ON	ON 或 OFF	3—04
备 自 投 整 定					04
1	D089	检有压定值（V）	40	10.00～90.01	4—00
2	D090	检无压定值（V）	14	0.00～80.00	4—01

续表

保护型号：DSA2364					
序　号	代　码	定　值　名　称	定　值	定值范围	分级菜单项目
备　自　投　整　定					
3	D091	检无流定值（A）	0.2	0.00～5.00	4—02
4	分段开关备用延时				4—03
	D083	Ⅰ母备用延时（s）	3.3	0.00～10.00	4—3—00
	D084	Ⅱ母备用延时（s）	3.3	0.00～10.00	4—3—01
5	D235	Ⅰ变额定电流（A）	2.2	0.00～5.00	4—04
6	D236	Ⅱ变额定电流（A）	3.46	0.00～5.00	4—05
7	D167	Ⅰ变系数	1	0.00～1.00	4—06
8	D168	Ⅱ变系数	1	0.00～1.00	4—07
保　护　定　值　投　退					05
1	瞬时电流速断投退				5—00
	D034	电流保护投退	OFF	ON 或 OFF	5—0—00
	D119	充电保护投退	OFF	ON 或 OFF	5—0—01
2	D010	限时电流速断投退	OFF	ON 或 OFF	5—01
3	D012	过电流保护投退	OFF	ON 或 OFF	5—02
4	D059	过负荷告警投退	OFF	ON 或 OFF	5—03
保　护　定　值　整　定					06
1	瞬时电流速断整定				6—00
	D019	瞬时电流速断定值（A）	—	5.00～120.00	6—0—00
	D033	瞬时电流速断延时（s）	—	0.00～10.00	6—0—02
2	限时电流速断整定				6—01
	D000	限时电流速断定值（A）	—	2.00～120.00	6—1—00
	D001	限时电流速断延时（s）	—	0.00～10.00	6—1—01
3	过电流保护整定				6—02
	D002	过电流保护定值（A）	—	1.00～120.00	6—2—00
	D003	过电流保护延时（s）	—	0.00～20.00	6—2—01
4	过负荷告警整定				6—03
	D060	过负荷告警定值（A）	—	0.50～100.00	6—3—00
	D061	过负荷告警延时（s）	—	0.00～10.00	6—3—01

表 6-14　　110kV SG 线路 S 测定值单

保护型号：DSA2132				
序　号	代　码	定　值　名　称	定　值	备用定值
1		电流变化量起动值（A）	120/1.00	
2		零序起动电流（A）	180/1.50	
3		负序起动电流（A）	120/1.00	

续表

保护型号：DSA2132

序　号	代　码	定　值　名　称	定　值	备用定值
4		零序补偿系数	0.845	
5		振荡闭锁过流（A）	600/5.00	
6		接地距离Ⅰ段定值（Ω）	3.18/0.347	
7		接地距离Ⅰ段时间（s）	0	
8		接地距离Ⅱ段定值（Ω）	11.46/1.25	
9		接地距离Ⅱ段时间（s）	0.3	
10		接地距离Ⅲ段定值（Ω）	19.69/2.15	
11		接地Ⅲ段四边形（Ω）	19.69/2.15	
12		接地距离Ⅲ段时间（s）	2.5	
13		相间距离Ⅰ段定值（Ω）	3.18/0.347	
14		相间距离Ⅱ段定值（Ω）	11.46/1.25	
15		相间距离Ⅱ段时间（s）	0.3	
16		相间距离Ⅲ段定值（Ω）	19.1/2.08	
17		相间Ⅲ段四边形（Ω）	19.1/2.08	
18		相间距离Ⅲ段时间（s）	2.5	
19		正序灵敏角（°）	78	
20		零序灵敏角（°）	58	
21		接地距离偏移角（°）	30	
22		相间距离偏移角（°）	15	
23		零序过流Ⅰ段定值（A）	1436/11.96	
24		零序过流Ⅰ段时间（s）	0	
25		零序过流Ⅱ段定值（A）	660/5.5	
26		零序过流Ⅱ段时间（s）	0.3	
27		零序过流Ⅲ段定值（A）	295/2.46	
28		零序过流Ⅲ段时间（s）	0.6	
29		零序过流Ⅳ段定值（A）	270/2.25	
30		零序过流Ⅳ段时间（s）	1.0	
31		零序过流加速段（A）	295/2.46	
32		相间过负荷定值（A）	450/3.75	
33		相间过负荷时间（s）	5.0	
34		低周滑差闭锁定值	—	
35		低周低压闭锁定值	—	
36		低周保护低频定值	—	
37		低周保护时间定值	—	
38		TV 断线过流Ⅰ段定值（A）	850/7.08	
39		TV 断线过流Ⅰ段时间（s）	0.3	
40		TV 断线过流Ⅱ段定值（A）	500/4.17	

续表

保护型号：DSA2132

序　号	代　码	定　值　名　称	定　值	备用定值
41		TV 断线过流Ⅱ段时间（s）	1.5	
42		重合闸时间	停用	
43		同期合闸角	—	
44		线路正序电抗（Ω）	0.416/0.06	
45		线路正序电阻（Ω）	0.21/0.02	
46		线路零序电抗（Ω）	1.456/0.21	
47		线路零序电阻（Ω）	0.735/0.19	
48		线路总长度（km）	9	
49		线路编号	SG	

开 关 型 定 值 单

位号	定值	备用定值	描述	
1	0		投振荡闭锁	
2	1		投Ⅰ段接地距离	
3	1		投Ⅱ段接地距离	
4	1		投Ⅲ段接地距离	
5	1		投Ⅰ段相间距离	
6	1		投Ⅱ段相间距离	
7	1		投Ⅲ段相间距离	
8	1		重合加速Ⅱ段距离	
9	0		重合加速Ⅲ段距离	
10	0		双回线相继速动	
11	0		不对称相继速动	
12	1		投Ⅰ段零序方向	
13	1		投Ⅱ段零序方向	
14	1		投Ⅲ段零序方向	
15	1		投Ⅳ段零序方向	
16	1		投相电流过负荷	
17	0		投低周保护	
18	0		投低周滑差闭锁	
19	0		投重合闸	
20	0		投检同期方式	
21	0		投检线路无压	
22	0		投检母线无压	
23	1		投重合闸不检	
24	1		TV 断线留零序Ⅰ段	
25	0		TV 断线闭锁重合	

续表

保护型号：DSA2132				
序　号	代　码	定　值　名　称	定　值	备用定值
26	0		Ⅲ段及以上闭重	
27	0		多相故障闭重	
28	0		投内部压板有效	
29	1		投内部距离压板	
30	0		内部不对称压板	
31	0		内部双回线压板	
32	0		投内部低周压板	
33	1		内部零序Ⅰ段压板	
34	1		内部零序Ⅱ段压板	
35	1		内部零序Ⅲ段压板	
36	1		内部零序Ⅳ段压板	
37	1		投内部闭重压板	

表6-15　110kV SG线路S测定值单

保护型号：DSA2132				
序　号	代　码	定　值　名　称	定　值	备用定值
1		电流变化量起动值（A）	120/1.00	
2		零序起动电流（A）	180/1.50	
3		负序起动电流（A）	120/1.00	
4		零序补偿系数	0.845	
5		振荡闭锁过流（A）	600/5.00	
6		接地距离Ⅰ段定值（Ω）	3.18/0.347	
7		接地距离Ⅰ段时间（s）	0	
8		接地距离Ⅱ段定值（Ω）	10.28/1.12	
9		接地距离Ⅱ段时间（s）	0.3	
10		接地距离Ⅲ段定值（Ω）	16.35/1.78	
11		接地Ⅲ段四边形（Ω）	16.35/1.78	
12		接地距离Ⅲ段时间（s）	2.5	
13		相间距离Ⅰ段定值（Ω）	3.18/0.347	
14		相间距离Ⅱ段定值（Ω）	10.28/1.12	
15		相间距离Ⅱ段时间（s）	0.3	
16		相间距离Ⅲ段定值（Ω）	33.93/3.7	
17		相间Ⅲ段四边形（Ω）	33.93/3.7	
18		相间距离Ⅲ段时间（s）	2.5	
19		正序灵敏角（°）	78	
20		零序灵敏角（°）	58	
21		接地距离偏移角（°）	30	

续表

保护型号：DSA2132

序　号	代　码	定　值　名　称	定　值	备用定值
22		相间距离偏移角（°）	15	
23		零序过流Ⅰ段定值（A）	730/6.08	
24		零序过流Ⅰ段时间（s）	0	
25		零序过流Ⅱ段定值（A）	450/3.75	
26		零序过流Ⅱ段时间（s）	0.3	
27		零序过流Ⅲ段定值（A）	275/2.29	
28		零序过流Ⅲ段时间（s）	0.6	
29		零序过流Ⅳ段定值（A）	270/2.25	
30		零序过流Ⅳ段时间（s）	1.0	
31		零序过流加速段（A）	275/2.29	
32		相间过负荷定值（A）	450/3.75	
33		相间过负荷时间（s）	5.0	
34		低周滑差闭锁定值	—	
35		低周低压闭锁定值	—	
36		低周保护低频定值	—	
37		低周保护时间定值	—	
38		TV断线过流Ⅰ段定值（A）	510/4.25	
39		TV断线过流Ⅰ段时间（s）	0.3	
40		TV断线过流Ⅱ段定值（A）	500/4.17	
41		TV断线过流Ⅱ段时间（s）	1.5	
42		重合闸时间	停用	
43		同期合闸角	—	
44		线路正序电抗（Ω）	0.416/0.06	
45		线路正序电阻（Ω）	0.21/0.02	
46		线路零序电抗（Ω）	1.456/0.21	
47		线路零序电阻（Ω）	0.735/0.19	
48		线路总长度（km）	9	
49		线路编号	SG	

开 关 型 定 值 单

位　号	定　值	备　用　定　值	描　述	
1	0		投振荡闭锁	
2	1		投Ⅰ段接地距离	
3	1		投Ⅱ段接地距离	
4	1		投Ⅲ段接地距离	
5	1		投Ⅰ段相间距离	
6	1		投Ⅱ段相间距离	

续表

保护型号：DSA2132

序　号	代　码	备　用　定　值	描　述	
7	1		投Ⅲ段相间距离	
8	1		重合加速Ⅱ段距离	
9	0		重合加速Ⅲ段距离	
10	0		双回线相继速动	
11	0		不对称相继速动	
12	1		投Ⅰ段零序方向	
13	1		投Ⅱ段零序方向	
14	1		投Ⅲ段零序方向	
15	1		投Ⅳ段零序方向	
16	1		投相电流过负荷	
17	0		投低周保护	
18	0		投低周滑差闭锁	
19	0		投重合闸	
20	0		投检同期方式	
21	0		投检线路无压	
22	0		投检母线无压	
23	1		投重合闸不检	
24	1		TV 断线留零序Ⅰ段	
25	0		TV 断线闭锁重合	
26	0		Ⅲ段及以上闭重	
27	0		多相故障闭重	
28	0		投内部压板有效	
29	1		投内部距离压板	
30	0		内部不对称压板	
31	0		内部双回线压板	
32	0		投内部低周压板	
33	1		内部零序Ⅰ段压板	
34	1		内部零序Ⅱ段压板	
35	1		内部零序Ⅲ段压板	
36	1		内部零序Ⅳ段压板	
37	1		投内部闭重压板	

……

第二节　600MW 发电机组继电保护自动装置的整定计算

本节为以一个学生完成的“600MW 发电机组继电保护自动装置整定计算”的毕业设计任务书、毕业设计说明书为典型案例，节选了几个部分进行相关点评和指导。

一、毕业设计任务

1. 毕业设计的原始数据

(1) 600MW 发电机组一次接线及运行方式的说明。某发电厂的接线如图 6-8 所示，该发电厂有两台型号为 QFSN—600—ZYH 的 600MW 发电机通过两台 SSPL—800000/500 主变压器升压至 500kV，由 3 条输电线与 3 个系统相连。系统 1 在最大运行方式下短路功率为 5000MVA，在最小运行方式下短路功率为 4000MVA；系统 2 在最大运行方式下短路功率为 4000MVA，在最小运行方式下短路功率为 3000MVA；系统 3 在最大运行方式下短路功率为 2500MVA，在最小运行方式下短路功率为 2000MVA；为降低毕业设计难度，在短路电流计算时，只考虑发电机 G1、G2 同时投入运行的运行方式。

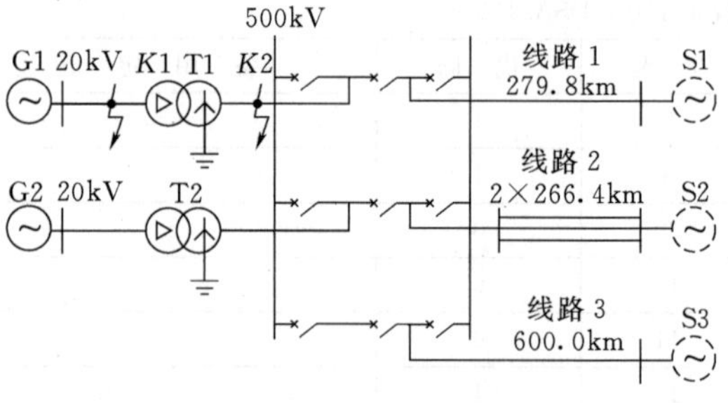

6-9　某发电厂接线图

(2) 各元件主要参数见表 6-16～表6-18。

表 6-16　　600MW 发电机主要参数

X''_d (%)	功率 (MW)	功率因数	额定定子电压 (kV)
20	600	0.9	20

表 6-17　　主变压器主要参数

短路电压百分值 (%)	容量 (MVA)	变比	连接组别
10	800	525±2×2.5%/20	YN，d11

表 6-18　　输电线路主要参数

线路名称	导线型号	线路长度	线路形式	X_1 (Ω/km)	X_1 (Ω)
线路 1	LGJ—400/50	279.8	单回线	0.276	77.2
线路 2	LGJ—500/45	266.4	双回线	0.275	36.6
线路 3	LGJ—630/55	600	单回线	0.273	163.8

2. 毕业设计的内容和要求

(1) 给出 600MW 发电机组继电保护及自动装置的配置及整定的说明。

(2) 论文要求采用 Word 进行编辑，说明书要求文字简明扼要、行文流畅、结论明确，公式、插图、表格的格式应规范。

(3) 要求按进度完全分阶段任务，并有相应的计算结果文件。

3. 毕业设计应完成的技术文件

(1) 毕业设计开题报告。

(2) 600MW 发电机组继电保护自动装置技术发展的说明（含英文文献翻译）。

(3) 本次毕业设计的设计思路，工作方法的说明。

(4) 600MW 发电机组继电保护自动装置配置原则、配置方法、整定计算过程及整定结果。

（5）毕业工作结果的总结。

二、毕业设计说明书目录

以学生所做毕业设计说明书的目录为例，为体现真实性，未进行调整和删减。

5.9 发电机失磁保护（阻抗原理）
5.10 发电机基波零序电压式定子接地保护
5.11 发电机三次谐波电压式定子接地保护
5.12 发电机注入式转子一点接地保护
5.13 发电机转子两点接地保护
5.14 发电机频率异常保护
5.15 阻抗保护
5.16 变压器零序电流保护
5.17 低电压起动的过电流保护
5.18 备用电源自动投入装置有关元件的整定计算
5.19 PSS—660 数字式自动准同期装置整定计算
5.20 WBKQ—01B 微机型备用电源快速切换装置整定计算
5.21 本章结论

6. 结论

谢辞

参考文献

附录 1：外文资料翻译

A1.1 译文：PowerStation 软件对变压器的模拟

A1.2 原文：PowerStation model for transformers

附录 2：短路电流计算书

* *

点评： 该设计紧密结合 600MW 发电机组的工程实行，完成了部分保护及自动装置的配置与整定工作。但部分内容的计算存在错误，为保护论文原貌，文中只加了相应的点评，论文结构清晰，但整个设计缺乏创新性，对于问题的理解相对浅显。

* *

三、毕业部分内容摘录

节选了学生毕业设计说明书中的 3、4 两节和 5 中的 5.1、5.19、5.20 几部分内容，并进行分析点评。

3. 继电保护及自动装置配置

电力系统继电保护及自动装置是指在电网中发生故障或异常运行时起控制作用的自动装置。电力系统中装设自动装置，用于防止系统稳定破坏或事故扩大而造成大面积停电或对重要用户的供电长时间中断。

3.1 继电保护保护配置

图 6-10 是 600MW（300MW），500kV 发变组单元的保护配置图，保护装置选用 DGT—801 型数字式发电机变压器组保护装置，高压侧为 3/2 断路器。主保护为发电机纵差、发电机匝间（横差保护）、主变纵差保护。发电机后备和异常运行保护为对称过负荷（反时限）保护、不对称过负荷（反时限）保护、复合电压过流保护、过电压保护、失磁保护、失步保护、100%定子接地保护、转子一点和两点接地保护、低频保护。主变压器后备和异常运行保护为主变阻抗保护、零序电流保护。

3.2 发电机组安全自动装置的配置

（1）备用电源和备用设备自动投入装置。对于发电厂用电系统，由于其故障所引起的严重后果，必须加强厂用电的供电可靠性。但对厂用电来讲，采用环网供电，往往使厂用电系统的运行及其继电保护装置更加复杂化，反而会造成严重的事故，因而多采用所谓辐射型的供电网络。为了提高其供电可靠

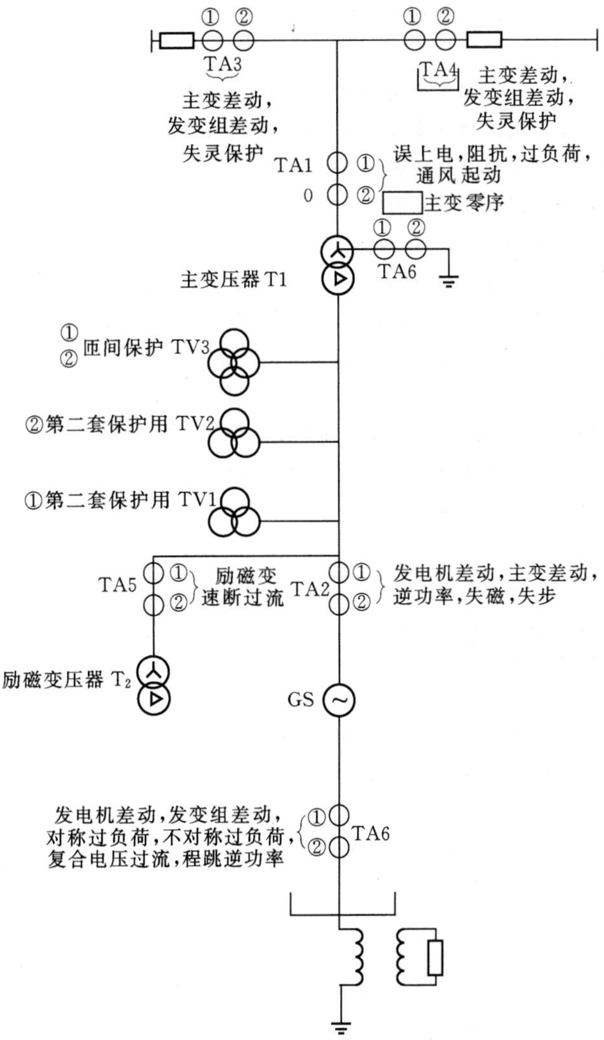

图6-10　600MW，500kV发电机组保护配置图

注　①—第一套保护用TA/TV；②—第二套保护用TA/TV

性，往往采用备用电源自动投入装置BZT。

发电机准同期并列是发电厂一项很频繁的日常操作，如果操作错误，导致冲击电流过大，可能使机组的大轴扭曲及引起发电机的绕组线圈变形、撕裂、绝缘损坏，严重的非同期并列会造成机组和电网事故，所以电力部门将并网自动化列为电力系统自动化的一项重要任务。另外，随着计算机技术的发展和电力系统自动化水平的不断提高，对同期设备的可靠性、可操作性等性能也提出了更高的要求。

(2) PSS—660型数字式自动准同期装置。PSS—660型数字式自动准同期装置主要实现数目可配置的1～16个对象的线路型同期或机组型自动准同期。PSS—660型适用于各种场合的发电机或线路并网。

(3) WBKQ—01B微机型备用电源快速切换装置。在发电厂中，厂用电的安全可靠直接关系到发电机组、发电厂乃至整个电力系统的安全运行。以前厂用电切换基本采用工作电源的辅助接点直接或经低压继电器、延时继电器起动备用电源投入。这种方式未经同步检定，电动机易受冲击。合上备用电源时，母线残压与备用电源电压之间的相角差已接近180°，将会对电动机造成过大的冲击。若经过延时待母线残压衰减到一定幅值后再投入备用电源，由于断电时间过长，母线电压和电机的转速均下降过大，备用电源合上后，电动机组的自起动电流很大，母线电压将可能难以恢复，从而对发电厂的锅炉系统的稳定性带来严重的危害。

本设计采用南自 WBKQ—01B 微机型备用电源快速切换装置。该装置是专门为解决厂用电的安全运行而研制的，可避免备用电源电压与母线残压在相角、频率相差过大时合闸而对电机造成冲击，如失去快速切换的机会，则装置自动转为同期判别或判残压及长延时的慢速切换，同时在电压跌落过程中，可按延时甩去部分非重要负荷，以利于重要辅机的自起动。提高厂用电切换的成功率。

WBKQ—01B 是在原有 WBKQ—01 的基础上改进、完善的新一代备用电源快速切换装置。该装置改进了测频、测相回路，运用 32 位单片机强大的运算功能，采用软件进行测量，提高了装置在切换暂态过程中测频、测相的准确性和可靠性。该装置采用了先进的软件算法，保证了工作电源或备用电源与母线电源不同频率时的采样、计算的准确性。装置采用免调整理念设计，所有的补偿采用软件进行调整，重要参数采用密码锁管理，大屏幕中文图形化显示，使得用户对厂用电源的各种运行参数一目了然。厂用电源故障时采用实时测量相角差速度及加速度实现同期判别功能。内置独立的通信、打印机管理单元使得多台装置可共享一台打印机，也具有与 DCS 系统或监控系统通信功能。

4. 继电保护及自动装置的整定原则

4.1 比率制动式纵差保护

整定原则及取值建议有如下几点：

（1）比率制动系数 K_Z（曲线斜率）。K_Z 应按躲过区外三相短路时产生的最大暂态不平衡差流来整定，通常对发电机完全纵差，即

$$K_Z = 0.3 \sim 0.5 \tag{6-93}$$

（2）起动电流 I_q。按躲过正常工况下最大不平衡差流来整定。不平衡差流产生的原因主要是差动保护两侧 TA 的变比误差，保护装置中通道回路的调整误差，即

$$I_q = (0.3 \sim 0.4) I_e \tag{6-94}$$

（3）拐点电流 I_g。I_g 的大小，决定保护开始产生制动作用的电流大小，建议按躲过外部故障切除后的暂态过程中产生的最大不平衡差流整定，即

$$I_g = (0.5 \sim 0.8) I_e \tag{6-95}$$

（4）负序电压 U_2。解除循环闭锁的负序电压（二次值），即

$$U_2 = 9 \sim 12\text{V} \tag{6-96}$$

（5）差动保护灵敏度校验。按有关技术规程，发电机纵差动保护的灵敏度必须满足机端两相金属性短路时，差动保护的灵敏系数，即

$$K_{lm} \geqslant 2 \tag{6-97}$$

其中，灵敏系数 K_{lm} 为机端两相金属性短路时，短路电流与差动保护动作电流之比值，K_{lm} 越大，保护动作越灵敏，可靠性就越高。

4.2 发电机横差保护

发电机横差保护，是发电机定子绕组匝间短路（同分支匝间短路及同相不同分支之间的匝间短路）、线棒开焊的主保护，也能保护定子绕组相间短路。整定原则及取值建议如下：

（1）动作电流 I_g。在发电机单元件横差保护中，有专用的滤过三次谐波的措施。因此，单元件横差保护的动作电流，应按躲过系统内不对称短路或发电机失磁失步时转子偏心产生的最大不平衡电流，即

$$I_g = (0.3 \sim 0.4) I_e \tag{6-98}$$

式中 I_e——发电机二次额定电流。

（2）动作延时 t_1。与转子两点接地保护动作延时相配合。一般取 0.5～1.0s。

4.3 变压器纵差动保护

变压器纵差动保护，是变压器内部及引出线上短路故障的主保护，它能反应变压器内部及引出线上

的相间短路、变压器内部匝间短路及大电流系统侧的单相接地短路故障。另外，且能躲过变压器空充电及外部故障切除后的励磁涌流。

（1）整定原则及取值建议：

1）比率制动系数 K_Z（曲线斜率）。比率制动系数 K_Z 整定原则，按躲过变压器出口三相短路时产生的最大暂态不平衡差流来整定，即过拐点的斜线通过出口区外故障最大差流对应点的上方。一般取0.4～0.5。

2）启动电流 I_q。整定原则为能可靠躲过变压器正常运行时的最大不平衡差流。一般为

$$I_q=(0.4\sim0.5)I_e \tag{6-99}$$

3）拐点电流 I_g。变压器各侧差动TA的型号及变比不可能相同。因此，各侧TA的暂态特性的差异较大。为躲过区外远处故障或近区故障切除瞬间产生较大不平衡差流的影响，建议拐点电流为

$$I_g=(0.5\sim0.7)I_e \tag{6-100}$$

4）二次谐波制动比 η。空投变压器时，励磁涌流的大小、二次谐波分量的多少或波形畸变程度，与变压器的容量、结构、所在系统中的位置及合闸角等因素有关。为了使差动保护能可靠地躲过变压器空投时的励磁涌流，又能确保在变压器内部故障时故障电流波形有畸变（含有二次谐波分量）时，差动保护能可靠动作，应根据被保护变压器的容量、结构及在系统中的位置，整定出适当的二次谐波制动比。一般取0.13～0.2。

5）差动速断倍数 I_s。变压器差动速断动作倍数的整定原则，应按躲过变压器空投时的励磁涌流或外部短路时最大不平衡差流来整定。而变压器励磁涌流的大小与变压器的容量、结构、所在系统中的位置等均有关，对于大容量变压器一般为

$$I_s=4\sim6\text{（倍）}$$

6）解除TA断线功能差流倍数 I_{ct}。差流大于 I_{ct} 整定值时，解除TA断线判别环节。一般TA断线引起的差流小于最大负荷电流，故

$$I_{ct}=0.8\sim1.3\text{（倍）}$$

TA二次回路开路是危险的，特别是大容量变压器TA二次开路，会造成TA绝缘损坏、保护装置或二次回路着火，还会危及人身安全。因此，建议删掉TA断线判别功能，即

$$I_{ct}=0.1\sim0.2\text{（倍）}$$

7）变压器额定电流 I_e。基准侧差动TA二次电流的计算为

$$I_e=I_N=\frac{S_e}{\sqrt{3}U_{ej}n_a} \tag{6-101}$$

式中 S_e——变压器额定容量；

U_{ej}——基准侧额定相间电压；

n_a——基准侧差动TA变比。

（2）灵敏度校验。变压器差动保护的灵敏度要求为

$$K_{sen}\geqslant2$$

满足灵敏度要求，才能保证在区内发生各类型故障（有各种各样暂态过程）时保护动作的可靠性。

4.4 发电机反时限对称过负荷保护

发电机反时限对称过负荷保护，是发电机定子的过热保护，主要用于内冷式大型汽轮发电机。整定原则及取值建议如下：

（1）定时限整定值 I_{g1}。按躲过发电机的额定电流来整定，即

$$I_{g1}=\frac{K_{rel}I_e}{0.95} \tag{6-102}$$

式中 K_{rel}——可靠系数取1.05；

I_e——发电机额定电流（TA二次值）。

（2）定时限动作延时 t_{11}，通常取6～9s。

（3）反时限下限启动电流 I_s。按与过负荷保护动作电流相配合整定。

$$I_s = 1.15I_e \tag{6-103}$$

（4）反时限下限长延时 t_s。按照发电机允许过负荷能力曲线上 $1.15I_e$ 对应时间的0.8～0.9倍来整定。通常取300～600s。

（5）反时限上限电流 I_{up}。按照发电厂高压母线三相短路时发电机提供的短路电流来整定。一般为其1.05倍。即

$$I_{up} = 1.05I_G \tag{6-104}$$

（6）反时限上限动作延时 t_{up}。上限动作延时应按与发电厂高压母线出线的纵联保护或距离Ⅰ段保护动作时间相配合整定。一般取0.3～0.5s。

（7）散热系数 K_2。散热系数 K_2 之值一般为1～1.1之间。

4.5 发电机反时限不对称过负荷保护

发电机反时限不对称过负荷保护，适用于大型内冷式汽轮发电机。是发电机的转子过热保护，也叫转子表层过热保护。整定原则及取值建议如下。

（1）定时限整定值 I_{2gl}。电流整定值 I_{2gl} 按发电机长期允许的负序电流 $I_{2\infty}$ 来整定。即

$$I_{2gl} = K_{rel}\frac{I_{2\infty}}{0.95} \tag{6-105}$$

式中 K_{rel}——可靠系数取1.2；

$I_{2\infty}$——发电机长期运行允许的负序电流。

（2）定时限动作延时 t_{11}，通常取6～9s。

（3）反时限下限启动电流 I_{2s}。反时限下限启动电流 I_{2S}，可按定时限动作电流的1.05～1.1倍来整定。即

$$I_{2s} = (1.05 \sim 1.1)\ I_{2gl} \tag{6-106}$$

（4）反时限下限长延时 t_s。通常取300～600s。

（5）反时限上限电流 I_{2up}。上限动作电流 I_{2up}，应按发电厂主变高压侧母线上发生两相短路时发电机所提供的负序电流的1.05倍来整定。

（6）反时限上限动作延时 t_{up}。上限动作时间 t_{up} 应按与电厂高压母线出线纵联保护或距离保护Ⅰ段的动作延时配合整定。通常取0.3～0.5s。

（7）热值系数 K_1 及散热系数 K_2。热值系数 K_1，应按发电机制造厂家提供的转子表层允许的负序过负荷能力确定。若无厂家提供的数据，可按发电机的容量取值。

对于容量为200～300MW的内冷式汽轮发电机，可取 $K_1=8\sim10$（通常取 $K_1=10$）。对于容量为300～600MW的汽轮发电机，可取 $K_1=6\sim8$。容量越大，K_1 的取值应越小。散热系数 K_2，根据发电机的长期允许负序电流能力来确定。通常 K_2 值不大于0.01。

4.6 复合电压过流保护

发电机复合电压过流保护主要作为发电机相间短路的后备保护。当发电机为自并励方式时，过流元件应有电流记忆功能。整定原则及取值建议如下：

（1）过流定值 I_g。动作电流 I_g 应按躲过正常运行时发电机的额定电流来整定。即

$$I_g = \frac{K_{rel}I_e}{0.95} \tag{6-107}$$

式中 K_{rel}——可靠系数，取1.2；

I_e——发电机额定电流（TA二次值）。

(2) 低电压定值U_l。低电压定值U_l，按躲过发电机正常运行时可能出现的最低电压来整定，另外，对于发电机复合电压过流保护还应考虑强行励磁动作时的电压。通常为

$$U_l=(0.7\sim0.75)U_e \tag{6-108}$$

式中　U_e——发电机额定电压（TV二次值）。

(3) 负序电压U_{2g}。U_{2g}的整定原则，是躲过正常运行时发电机机端最大负序电压。即

$$U_{2g}=(8\%\sim10\%)U_e \tag{6-109}$$

(4) 动作延时t_{11}及t_{12}。保护的动作延时t_{11}及t_{12}，应按与相邻元件后备保护的动作时间相配合整定。

(5) 电流记忆时间t_0。t_0应略大于t_{12}延时。

4.7　发电机过电压保护

保护反映发电机定子电压。其输入电压为机端TV二次相间电压（例如U_{CA}），动作后经延时切除发电机。整定原则及取值建议如下：

(1) 动作电压U_g。对于200MW及以上的汽轮发电机，动作电压U_g为

$$U_g=(1.3\sim1.35)U_e \tag{6-110}$$

式中　U_e——发电机额定电压（TV二次值）。

(2) 动作延时t。动作延时t可取0.3～0.5s。

4.8　发电机失磁保护（阻抗原理）

正常运行时，若用阻抗复平面表示机端测量阻抗，则阻抗的轨迹在第一象限（滞相运行）或第四象限（进相运行）内。发电机失磁后，机端测量阻抗的轨迹将沿着等有功阻抗圆进入异步边界圆内。整定原则及取值建议如下：

(1) 系统低电压动作定值U_{hl}。按发电机失磁后不破坏系统稳定来整定。通常为

$$U_{hl}=(0.85\sim0.9)U_{he} \tag{6-111}$$

式中　U_{he}——系统母线额定电压（TV二次值）。

(2) 机端低电压动作定值U_{gl}。按照以下两个条件来整定：躲过强行励磁启动电压及不破坏厂用电的安全。一般为

$$U_{gl}=0.8U_e \tag{6-112}$$

式中　U_e——发电机额定电压（TV二次值）。

(3) 阻抗圆圆心X_c。X_c一般为负值，当阻抗圆为过坐标原点的下抛园时，通常取

$$X_c=-0.6X_d \tag{6-113}$$

(4) 阻抗圆半径X_r。当阻抗圆为过坐标原点的下抛圆时，可取

$$X_r=0.6X_d \tag{6-114}$$

(5) 转子低电压特性曲线系数K_{fd}。即

$$K_{fd}=\frac{K_{rel}}{X_{d\Sigma}}\frac{125\times S_e}{U_{fd0}\times866} \tag{6-115}$$

式中　K_{rel}——可靠系数，取1.1～1.4；

S_e——发电机二次额定视在功率；

U_{fd0}——发电机空载转子电压。

$$X_{d\Sigma}=X_d+X_S\text{（标么值）}$$

(6) 转子低电压初始动作定值U_{fdl}。一般取发电机空载励磁电压的0.6～0.8倍，即

$$U_{fdl}=(0.6\sim0.8)U_{fd0} \tag{6-116}$$

(7) 发电机反应功率P_t（也称凸极功率），即

$$P_t=\frac{1}{2}\left(\frac{1}{X_{q\Sigma}}-\frac{1}{X_{d\Sigma}}\right)S_e \tag{6-117}$$

$$X_{d\Sigma}=X_d+X_s$$
$$X_{q\Sigma}=X_q+X_s$$

式中 X_d、X_q——发电机 d 轴和 q 轴的电抗标么值。

(8) 发电机过功率定值 P_g。按发电机过载异步功率整定，一般取 0.4～0.5 倍的额定功率（二次值），即

$$P_g=(0.4\sim0.5)P_e \tag{6-118}$$

式中 P_e——发电机二次额定有功功率。

(9) 动作延时 t_1、t_2。根据汽轮机和水轮机失磁异步运行能力，及失磁时对机组过流，机端电压及系统电压的影响而定。

4.9 发电机基波零序电压式定子接地保护

基波零序电压式定子接地保护，保护范围为由机端至机内 90%左右的定子绕组单相接地故障。可作小机组的定子接地保护。也可与三次谐波定子接地保护合用，组成大、中型发电机的 100%定子接地保护。整定原则及取值建议如下。

(1) 动作电压 $3U_{0g}$。在保护装置中，设置有性能良好的三次谐波滤过器，因此，$3U_{0g}$ 应按躲过正常运行时 TV 开口三角绕组或中性点单相 TV 二次可能出现的最大基波零序电压来整定。

当发电机定子引出线不是封闭式母线，而经穿墙套管引自室外时，可取 10～13V。当发电机出线为封闭母线时，可取 5～10V。

(2) 动作延时。应大于主变高压侧接地短路时后备保护最长动作时间来整定。若简化计算，一般取 6～9s。

4.10 发电机三次谐波电压式定子接地保护

三次谐波电压式定子接地保护范围是：反映发电机中性点向机内 20%左右定子绕组或机端附近定子绕组单相接地故障，与零序基波电压式定子接地保护联合构成 100%的定子接地保护。整定原则及取值建议如下。

(1) 幅值系数 K_1 和相位系数 K_2。幅值及相位系数 K_1 及 K_2 的整定，应在发电机空载额定电压下进行自整定。

(2) 制动系数 K_3。制动系数 K_3 的整定有两种方法。一种是在发电机小负荷工况下，设置一接地电阻，使 3ω 保护刚刚动作后，确定并写入 K_3 值；另一种方法，是在发电机空载额定电压，操作界面键盘，输入 K_3 值。

对于汽轮发电机，接地电阻一般选 2～5kΩ，K_3 一般为 0.4～0.8。

(3) 动作延时 t_1，即

$$t_1=(6\sim9)\text{s} \tag{6-119}$$

4.11 发电机注入式转子一点接地保护

在 DGT801 系列装置中，转子一点接地保护的注入直流电源系装置自产。因此，在发电机运行及不运行时，均可监视发电机励磁回路的对地绝缘。该保护动作灵敏、无死区。整定原则及取值建议如下：

(1) 动作电阻 R_{g1} 及 R_{g2} 的整定：

1) R_{g1} 为高定值：当转子对地绝缘电阻大幅度降低时，发出信号。R_{g1} 取 8～10kΩ 是适宜的。

2) R_{g2} 为低定值：动作后作用于切机。考虑转子两点接地的危害，R_{g2} 取 0.5～1kΩ 较为合理。

(2) 动作时间 t_1 及 t_2 可取 6～9s。

4.12 发电机转子两点接地保护

二次谐波电压动作值可按式（6-51）整定

$$U_{2\omega g}=K_{rel}U_{2\omega 2He\delta} \tag{6-120}$$

式中 K_{rel}——可靠系数，取 8～10；

$U_{2\omega 2He\delta}$——发电机额定工况下测得最大的二次谐波负序电压，一般为 0.1～0.2。

动作延时 t，可取 0.5～1.0s，以防外部故障暂态过程中保护误动。

4.13 发电机频率异常保护

汽轮机叶片有自己的自振频率。并网运行的发电机，当系统频率异常时，汽轮机叶片可能产生共振，从而使叶片发生疲劳，长久下去可能损坏汽轮机的叶片。发电机频率异常保护，是保护汽轮机安全的。发电机频率异常保护的定值清单如表 6-19 所示。

表 6-19　　频率异常保护定值单

名称	低频保护/高频保护		频率积累保护		
	频率动作值（Hz）	延时（s）	频率积累下限（Hz）	频率积累上限（Hz）	频率积累时间（s）
符号	F_1、F_2、F_3	t_1、t_2、t_3	F_{l1}、F_{l2}、F_{l3}、F_{l4}	F_{h1}、F_{h2}、F_{h3}、F_{h4}	$\sum t_1$、$\sum t_2$、$\sum t_3$、$\sum t_4$
整定范围	40～60	0.1～100	40～60	40～60	0.1～5000

目前，电力系统中的装机容量越来越多，各系统之间的联系也越来越紧密。长期低频或高频运行的可能性几乎等于零。因此，当频率异常保护作用于切除发电机时，其各段频率及累计时间，应与低频减载或高周切机装置相配合。

各段频率的取值及累计时间，应根据汽轮机制造厂提供的数据乘以可靠系数再进行整定。

工程应用时，可根据需要选择为低频、高频、或频率积累保护。应按要求选择保护出口段数。

4.14 阻抗保护

变压器低阻抗保护，主要作为变压器相间短路的后备保护，有时还兼作相邻设备（母线、线路等）相间短路的后备保护。整定原则及取值建议如下。

（1）向阻抗 Z_F 及反向阻抗 Z_B 的整定。对于发电机变压器组的阻抗保护，当阻抗保护的输入电压及电流取自机端时，阻抗圆应整定为具有偏移度的方向阻抗圆。此时为

$$Z_F = Z_T \tag{6-121}$$

$$Z_B \approx (3 \sim 4) Z_T \tag{6-122}$$

式中 Z_T——变压器的二次阻抗。

当阻抗保护的输入电压及电流取自主变高压侧时，阻抗圆应整定为过原点的下抛圆。此时为

$$Z_F \approx 0$$

$$Z_B = (4 \sim 5) Z_T$$

（2）动作延时 t_1 及 t_2。阻抗保护的动作延时，应大于相邻线路保护距离 I 段的动作时间，而小于相邻线路对侧距离 II 段的动作时间。考虑到系统振荡的影响，t_1 取 1.5s、t_2 取 2s 是为合理的。

（3）过电流动作值 I_g。按躲过发电机或变压器最大负荷电流来整定，即

$$I_g = (1.1 \sim 1.15) I_e \tag{6-123}$$

式中 I_e——发电机或变压器的额定电流。

（4）负序电流动作值 I_{2g}。按躲过正常运行时最大的不平衡负序电流来整定，即

$$I_{2g} = (0.1 \sim 0.2) I_e \tag{6-124}$$

对于降压变压器或联变阻抗保护的整定应参照有关规程的规定。

4.15 变压器零序电流保护

变压器零序电流保护，反映变压器 Y0 侧零序电流的大小，是变压器接地短路的后备保护，也兼作相邻设备接地短路的后备保护。保护的接入电流可取变压器中性点 TA 二次电流或引出端 TA 二次零序电流或由 TA 二次三相电流进行自产。当零序电流大于整定值时，经延时作用于信号及出口。整定原则

及取值建议如下。

(1) 零序Ⅰ段的整定。动作电流 $3I_{0g1}$ 应按照相邻线路首端接地故障时变压器提供的零序电流来整定，且考虑与相邻线路接地保护的Ⅰ段定值相配合。

动作延时 t_{11} 应与相邻线路接地Ⅰ段保护最长动作延时相配合，即

$$t_{11}=t'_1+\Delta t \tag{6-125}$$

式中 t'_1——相邻线路各接地保护中Ⅰ段的最长动作时间；

Δt——时间级差，取0.3～0.5s。

动作延时为

$$t_{12}=t_1+\Delta t \tag{6-126}$$

另外，要求 t_{12} 不大于2s。

(2) 零序Ⅱ段的整定。零序过流Ⅱ段的动作电流 $3I_{0g2}$，应按照相邻线路下一级线路接地故障时变压器提供的零序电流来整定，且与相邻线路接地保护的后备段相配合。

动作延时 t_{21} 应与相邻线路接地保护Ⅱ段的动作延时相配合。即

$$t_{21}=t'_2+\Delta t \tag{6-127}$$

式中 t'_2——相邻线路接地保护Ⅱ段动作延时。

4.16 低电压起动的过电流保护

(1) 动作电流的整定原则按变压器额定电流整定，即

$$I_{dz}=\frac{K_K}{K_f}I_e \tag{6-128}$$

式中 K_K——可靠系数，取1.2；

I_e——变压器额定电流（TA二次值）。

(2) 灵敏度校验：按变压器低压母线故障时的最小短路电流二次值校验要求灵敏度大于2。

(3) 动作电压整定原则：按躲过正常运行时母线的最低工作电压整定，根据经验可取

$$U_{dz}=0.7U_e$$

式中 U_e——变压器额定电压（TV二次值）。

(4) 电压灵敏度校验：按后备保护范围末端三相短路时，保护安装处的最大电压要求大于2。

* *

点评：以上继电保护及自动装置的整定原则考虑较全面，但未对保护所采用的原理加以理解与相应的说明，参考的内容偏多。

* *

5. 继电保护及自动装置的整定计算

5.1 相关参数计算

5.1.1 相关阻抗（只考虑电抗，用 X 表示）参数计算

(1) 正序阻抗、零序阻抗计算结果见表6-20。

表6-20 **正序电抗值计算结果表**

名称	符号	电抗编号	基础参数	标么值
发电机1	G1	X_{1G1}	$P_{GN}=600$MW $\cos\varphi=0.9$，$X''_d=0.2$	$X^*_{1G1}=0.300$
发电机2	G2	X_{1G2}	$P_{GN}=600$MW $\cos\varphi=0.9$，$X''_d=0.2$	$X^*_{1G2}=0.300$

续表

名称	符号	电抗编号	基　础　参　数	标么值
变压器1	T1	X_{1T1}	$S_{TN}=800MW$ $U_K=10\%$	$X_{1T1}^*=0.125$
变压器2	T2	X_{1T2}	$S_{TN}=800MW$ $U_K=10\%$	$X_{1T2}^*=0.125$
线路1	L1	X_{1L1}	279.8km，0.276Ω/km，单回线	$X_{1L1}^*=0.309$
线路2	L2	X_{1L2}	266.4km，0.275Ω/km，双回线	$X_{1L2}^*=0.146$
线路3	L3	X_{1L3}	600km，0.273Ω/km，单回线	$X_{1L3}^*=0.655$
系统1	S1	X_{1S1}	$S_{1max}=5000MVA$ $S_{1min}=4000MVA$	$X_{1S1.min}^*=0.2$ $X_{1S1.max}^*=0.25$
系统2	S2	X_{1S2}	$S_{2max}=4000MVA$ $S_{2min}=3000MVA$	$X_{1S2.min}^*=0.25$ $X_{1S2.max}^*=0.33$
系统3	S3	X_{1S3}	$S_{3max}=2500MVA$ $S_{3min}=2000MVA$	$X_{1S3.min}^*=0.4$ $X_{1S3.max}^*=0.5$

＊＊＊＊＊＊＊＊＊＊＊＊＊＊＊＊＊＊＊＊＊＊＊＊＊＊＊＊＊＊＊＊＊＊＊

点评：①此处只给出计算结果表，需要指出的是，以上结果是按标么值近似计算求得的，SB=1000MVA，该学生在进行计算时，标准电压取值为500kV，而近似计算法中所用的标准电压为525kV，造成线路标么值阻抗存在误差；②系统阻抗也需折算成标准标么值。

＊＊＊＊＊＊＊＊＊＊＊＊＊＊＊＊＊＊＊＊＊＊＊＊＊＊＊＊＊＊＊＊＊＊＊

(2) 零序电抗值的计算结果，见表6-21。

表6-21　零序电抗值的计算结果表

名称	符号	电抗编号	基　础　参　数	标么值
发电机1	G1	X_{0G1}	$P_{GN}=600MW$ $\cos\varphi=0.9$，$X''_d=0.2$	$X_{0G1}^*=0.300$
发电机2	G2	X_{0G2}	$P_{GN}=600MW$ $\cos\varphi=0.9$，$X''_d=0.2$	$X_{0G2}^*=0.300$
变压器1	T1	X_{0T1}	$S_{TN}=800MW$ $U_K=10\%$	$X_{0T1}^*=0.125$
变压器2	T2	X_{0T2}	$S_{TN}=800MW$ $U_K=10\%$	$X_{0T2}^*=0.125$
线路1	L1	X_{0L1}	279.8km，0.828Ω/km，单回线	$X_{0L1}^*=0.927$
线路2	L2	X_{0L2}	266.4km，0.825Ω/km，双回线	$X_{0L2}^*=0.438$
线路3	L3	X_{0L3}	400km，0.819Ω/km，单回线	$X_{0L3}^*=1.965$
系统1	S1	X_{0S1}	$S_{1max}=5000MVA$ $S_{1min}=4000MVA$	$X_{0S1.min}^*=0.5$ $X_{0S1.max}^*=0.625$

续表

名称	符号	电抗编号	基础参数	标么值
系统 2	S2	X_{0S2}	$S_{2max}=4000MVA$ $S_{2min}=3000MVA$	$X^*_{0S2.min}=0.625$ $X^*_{0S2.max}=0.825$
系统 3	S3	X_{0S3}	$S_{3max}=2500MVA$ $S_{3min}=2000MVA$	$X^*_{0S3.min}=1.0$ $X^*_{0S3.max}=1.25$

点评：①发电机、变压器的正序阻抗和零序阻抗相同，线路的零序阻抗是正序阻抗的 3 倍。系统的零序阻抗是正序阻抗的 2.5 倍；②以上结果是按标么值近似计算所求，SB＝1000MVA，该学生在进行计算时，标准电压取值为 500kV，而近似计算法中所用的标准电压为 525kV，造成线路标么值阻抗存在的误差。

(3) 画出 $K1$ 点故障时各序阻抗的简化图，如图 6－11 所示。

1) 系统最大运行方式下的正序阻抗：

$$X^*_{1LS\Sigma min}=(X^*_{1L1}+X^*_{1S1min})//(X^*_{1L2}+X^*_{1S2min})//(X^*_{1L3}+X^*_{1S3min})$$
$$=(0.309+0.2)//(0.146+0.25)//(0.655+0.4)=0.184$$
$$X^*_{1GT2}=X^*_{1G2}+X^*_{1T2}=0.3+0.125=0.425$$
$$X^*_{1K_1.\Sigma.min}=(X^*_{1LS\Sigma min}//X^*_{1GT2}+X^*_{1T1})//X^*_{1G1}$$
$$=(0.184//0.425+0.125)//0.3=0.137$$

2) 系统最小运行方式下的正序阻抗（略）为

$$X^*_{1K_1.\Sigma.max}=(X^*_{1LS\Sigma.max}//X^*_{1GT2}+X^*_{1T1})//X^*_{1G1}$$
$$=(0.210//0.425+0.125)//0.3=0.141$$

3) 系统最大运行方式下的零序阻抗。由于 $K1$ 点所在为变压器的角形侧，因为零序阻抗为无穷大。

(4) 画出 $K2$ 点故障时各序阻抗的简化图，如图 6－12 所示。

1) 系统最大运行方式下正序阻抗（过程略）。

2) 系统最小运行方式下正序阻抗（过程略）。

3) 系统最大运行方式下零序阻抗。

$$X^*_{0LS\Sigma min}=(X^*_{0L1}+X^*_{0S1min})//(X^*_{0L2}+X^*_{0S2min})//(X^*_{0L3}+X^*_{0S3min})$$
$$=(0.309+0.5)//(0.146+0.625)//(0.655+1.0)=0.505$$
$$X^*_{0K_2.\Sigma.min}=X^*_{0SL\Sigma min}//X^*_{0T\Sigma}=0.505//0.0625=0.0556$$

4) 系统最小运行方式下零序阻抗（过程略）的计算结果如表 6－22 所示。

表 6－22　　综合阻抗值计算结果表

名　称	标　么　值	名　称	标　么　值
$K1$ 点正序等值阻抗(系统最大运行方式)	$X^*_{1.K_1.\Sigma.min}=0.137$	$K2$ 点正序等值阻抗(系统最大运行方式)	$X^*_{1.K_2.\Sigma.min}=0.0987$
$K1$ 点正序等值阻抗(系统最小运行方式)	$X^*_{1.K_1.\Sigma.max}=0.141$	$K2$ 点正序等值阻抗(系统最小运行方式)	$X^*_{1.K_2.\Sigma.max}=0.106$
$K1$ 点零序等值阻抗(系统最大运行方式)	$X^*_{0.K_1.\Sigma.min}=\infty$	$K2$ 点零序等值阻抗(系统最大运行方式)	$X^*_{0.K_2.\Sigma.min}=0.0556$
$K1$ 点零序等值阻抗(系统最小运行方式)	$X^*_{0.K_1.\Sigma.max}=\infty$	$K2$ 点零序等值阻抗(系统最小运行方式)	$X^*_{0.K_2.\Sigma.max}=0.0563$

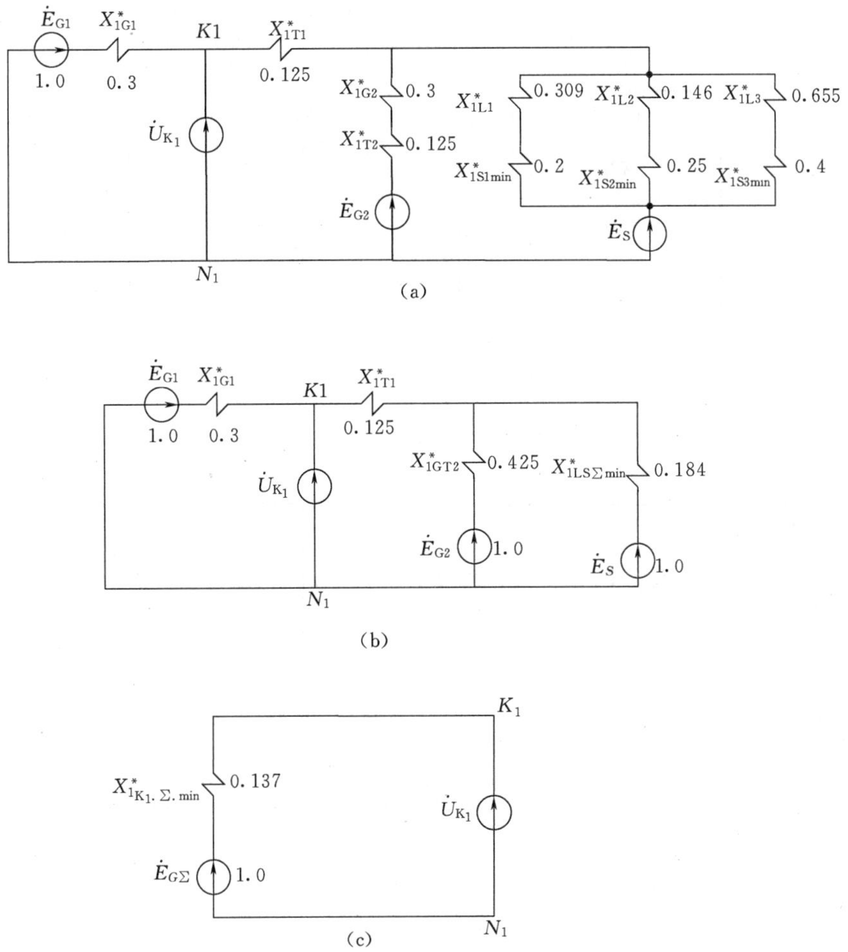

图 6-11　K1 点短路正序阻抗图

(a) K1 点短路正序阻抗图；(b) 对系统阻抗进行简化；(c) 综合阻抗图

5.1.2　额定运行参数及互感器变比

(1) 发电机各主要参数：额定功率：$P_{GN}=600\text{MW}$；功率因数：$\cos\varphi=0.9$；额定电压：$U_{GN}=20\text{kV}$；额定电流为 $I_{GN}=\dfrac{P_{GN}}{\sqrt{3}U_{GN}\cos\varphi}=\dfrac{600\times10^3}{\sqrt{3}\times20\times0.9}=19245$ (A)，电流互感器变比取为 $n_{TA1}=\dfrac{20000}{5}=4000$，发电机二次侧额定电流为 $I_e=\dfrac{I_{GN}}{n_{TA1}}=\dfrac{19245}{4000}=4.81$ (A)

点评： 电流互感器变比应考虑额定电流的 1.25 倍，故电流互感器变比应取 25000/5，这也是学生在设计中的常犯错误，额定电流应为 3.849A。

(2) 变压器各主要参数：额定功率：$S_e=800\text{MVA}$；额定电压：$U_{TN}=20\text{kV}$；额定电流为 $I_e=I_{TN}\dfrac{S_e}{\sqrt{3}U_{TN}}=\dfrac{800\times10^3}{\sqrt{3}\times20}=23094$ (A)；电流互感器变比（低压侧）为 $n_{TA2}=\dfrac{25000}{5}=5000$；变压器二次

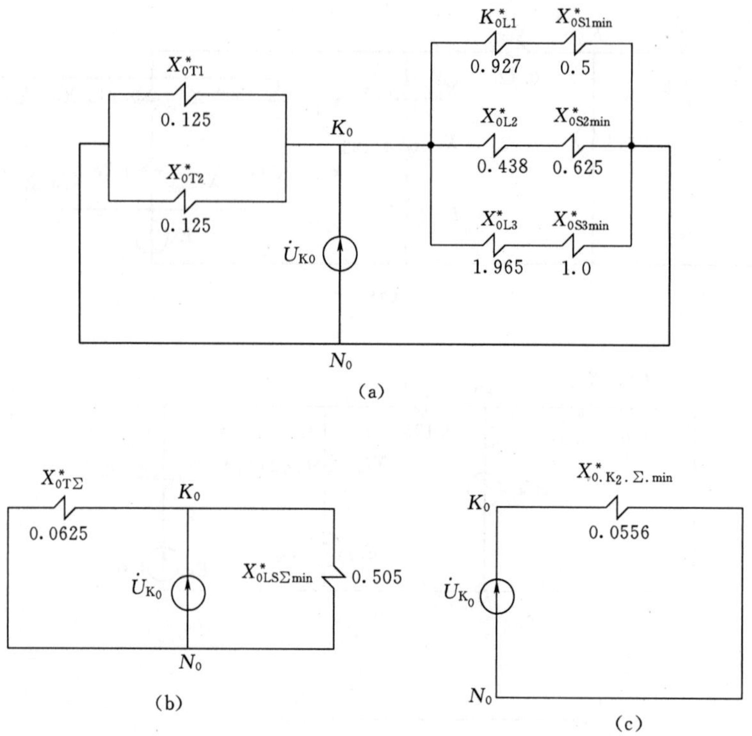

图 6-12 *K*2 点短路零序阻抗图

(a) *K*2 点短路零序阻抗图；(b) 对系统阻抗进行简化；(c) 综合阻抗图

侧额定电流为 $I_e=\frac{I_{TN}}{n_{TA2}}=\frac{23094}{5000}=4.62$（A）。

点评：对于单元制结线发变组，发电机与主变压器直接相连，中间无断路器，因此只设一组多个次级电流互感器，本处计算属巧合，以下略去各保护的具体整定过程，只给出部分结果。

5.1.3 继电保护整定计算结果

整个保护的整定计算结果见表 6-23～表 6-34。

表 6-23　　发电机纵差动保护整定值

名称	制动系数	启动电流（A）	拐点电流（A）	负序电压（V）	速断倍数（* I_e）倍数	额定电流（A）
代号	K_Z	$I_{op.0}$	$I_{res.o}$	$U_{2.0p}$	I_s	I_e
整定值	0.286	0.962	4.33	6	6	4.81

表 6-24　　发电机单元件横差动保护整定结果表

名称	动作电流（A）	动作时间（s）	名称	动作电流（A）	动作时间（s）
代号	I_g	t_1	整定范围	1.443	0.8

表 6-25　变压器二次谐波制动式差动保护定值单

名称	制动系数	谐波制动比	启动电流（A）	拐点电流（A）	速断倍数（$*I_e$）倍数	额定电流（A）
代号	K_Z	η	I_q	I_g	I_s	I_e
整定范围	0.4	0.15	1.848	2.772	5	4.62

表 6-26　反时限对称过负荷保护定值单

名称	定时限定值		反时限定值						额定电流（A）
	动作电流（A）	延时（s）	下限电流（A）	下限长延时（s）	上限电流（A）	上限时间（s）	热值系数	散热系数	
符号	I_{2g1}	t_{11}	I_{2s}	t_s	I_{2up}	t_{up}	K_1	K_2	I_e（IN）
整定范围	5.32	8	5.53	500	2.92	0.4	1.1	1	4.81

表 6-27　反时限不对称过负荷保护定值单

名称	定时限定值		反时限定值						额定电流（A）
	动作电流（A）	延时（s）	下限电流（A）	下限长延时（s）	上限电流（A）	上限时间（s）	热值系数	散热系数	
符号	I_{g1}	t_{11}	I_s	t_s	I_{up}	t_{up}	K_1	K_2	I_e（IN）
整定范围	0.442	8	0.486	450	2.66	0.4	7	0.01	4.81

表 6-28　复合电压闭锁过流保护定值单

名称	过电流（A）	低电压（V）	负序电压（V）	名称	过电流（A）	低电压（V）	负序电压（V）
符号	I_g	U_l	U_{2g}	整定范围	6.08	70	9

表 6-29　发电机过电压保护定值单

名称	动作电压（V）	动作时间（s）	名称	动作电压（V）	动作时间（s）
符号	U_g	t	整定范围	130	0.4

表 6-30　阻抗型失磁保护定值单

名称	系统低电压（V）	机端低电压（V）	阻抗圆园心（负值）（Ω）	阻抗圆半径（Ω）	转子低电压特性曲线系数	转子低电压初始动作值（V）	过功率（W）	动作延时（s）
符号	U_{hl}	U_{gl}	$-X_C$	X_r	K_{fd}	V_{fdl}	P_g	t_1，t_2，t_3，t_4，t_5
整定范围	90	80	-1.25	1.25	0.45	45	216.5	2

表 6-31　$3U_0$ 定子接地保护定值单

名称	动作电压（V）	动作时间（s）	名称	动作电压（V）	动作时间（s）
符号	$3U_{0g}$	t	整定范围	10	8

表 6-32　转子一点接地保护定值单

名称及代号	动作电阻 R_{g1}（kΩ）	动作电阻 R_{g2}（kΩ）	动作时间 t_1（s）	动作时间 t_2（s）
整定范围	9	0.6	6	8

表 6-33　转子两点接地保护的定值单

名称及符号	二次谐波电压定值 $U_{2\omega g}$（V）	动作延时 t（s）
整定范围	1.8	8

表 6-34　阻抗保护定值单

名称	正向阻抗（Ω）	反向阻抗（Ω）	过电流（A）	负序电流（A）	I 段延时（s）	II 段延时（s）
符号	Z_F	Z_B	I_g	I_{2g}	t_1	t_2
整定范围	12.5	43.75	5.29	0.72	1.5	2

……

5.19　PSS—660 数字式自动准同期装置整定计算

PSS—660 数字式自动准同期装置由于最多支持 16 个同期对象，所以系统共有 16 组定值，分别对应于每个同期对象，但系统定值只有一组。如果相应的对象选择成功，则系统会自动的把该组对象的定值调入到内存中。另外，虽然每组同期对象都有默认的定值，但是为了安全，各个对象的定值只有固化以后，才能够进行同期操作，否则系统会拒绝同期合闸的。

该模件定值如表 6-35 所示。

表 6-35　PSS—660 数字式自动准同期装置定值单

序号	定值名称	输入方式	定值范围	默认值	简要说明
1	控制字	十六进制	0×0000～0×FFFF	0×0007	
2	合闸脉冲导前时间（s）	十进制	0.000～2.000	0.100	只需考虑装置以外环节（主要是断路器动作时间）的延时。装置内部延时已由装置补偿
3	同期复归时间（s）	十进制	0.00～999.9	300	超过此时间同期不上，报超时，并退出同期捕捉过程
4	合闸输出脉宽（s）	十进制	0.000～9.999	0.120	同期合闸输出接点闭合时间
5	同频调频脉宽（s）	十进制	0.000～9.999	0.120	同频不同相时增速脉冲宽度
6	固有相角差(°)	十进制	−180.0～+180.0	0	固有转角，系统电压超前待并侧电压整定为正，滞后为负
7	允许环并合闸角(°)	十进制	0～40.0	15.0	仅在自动识别为环网并列时使用
8	允许压差高限（V）	十进制	−15.0～+15.0	5.0	这是折算到 100V 电压的值。相当于额定电压的百分数。允许压差（U_g-U_s）范围为 $\Delta U_l \leqslant U_g-U_s \leqslant \Delta U_h$
9	允许压差低限（V）	十进制	−15.0～+15.0	−5.0	
10	允许频差高限(Hz)	十进制	−0.50～+0.50	0.25	允许频差（f_g-f_s）范围：$\Delta f_l \leqslant f_g-f_s \leqslant \Delta f_h$
11	允许频差低限	十进制	−0.50～+0.50	−0.25	
12	调速周期（s）	十进制	0.1～20.0	5.0	推荐值 5

续表

序号	定值名称	输入方式	定值范围	默认值	简　要　说　明
13	调速比例因子	十进制	1～200	40	推荐值 40～50
14	调速积分因子	十进制	1～200	0	推荐值 0
15	调速微分因子	十进制	1～200	0	推荐值 0
16	调频脉冲最大宽度（s）	十进制	0.000～5.000	0	推荐值为 0 时，调压脉站宽度由装置自动计算，脉冲宽度范围限定为 0.1～2
17	调频脉冲最小宽度（s）	十进制	0.000～5.000	0	
18	调压周期（s）	十进制	0.1～20.0	2.0	推荐值 2
19	调压比例因子	十进制	1～200	20	推荐值 20～30
20	调压脉冲最大宽度（s）	十进制	0.000～2.000	0	推荐值为 0 时，调压脉冲宽度由装置自动计算
21	调压脉冲最小宽度（s）	十进制	0.000～2.000	0	

5.20　WBKQ—01B 微机型备用电源快速切换装置整定计算

WBKQ—01B 微机型备用电源快速切换装置的整定计算结果见表 6－36。

表 6－36　WBKQ－01B 微机型备用电源快速切换装置的定值

定值组	定值名称	范　围	级　差	推荐值
1. 手动并联切换定值	母线与目标电源电压差（%）	0.1～10	0.10	5
	母线与目标电源频率差（Hz）	0.02～0.5	0.01	0.2
	母线与目标电源相角差（°）	0.5～20	0.1	15
	并联切换时采用	□自动 □半自动		
	手动并联切换模块投退	□退出 □投入		
2. 手动串联切换定值	快速切换功能投退	□退出 □投入		
	同期判别切换功能投退	□退出 □投入		
	残压切换功能投退	□退出 □投入		
	长延时切换功能投退	□退出 □投入		
	手动串联切换模块投退	□退出 □投入		
3. 事故切换方式选择	切换方式	□同时 □串联		串联
	快速切换功能投退	□退出 □投入		投入
	同期判别切换功能投退	□退出 □投入		投入
	残压切换功能投退	□退出 □投入		投入
	长延时切换功能投退	□退出 □投入		投入
	事故切换模块投退	□退出 □投入		投入

续表

定值组	定值名称	范 围	级 差	推荐值
4. 母线低电压起动切换方式选	母线低电压起动定值（%）	20～80	0.10	70
	母线低电压起动延时（s）	0.5～2	0.01	1
	切换方式	□同时 □串联		串联
	快速切换功能投退	□退出 □投入		投入
	同期判别切换功能投退	□退出 □投入		投入
	残压切换功能投退	□退出 □投入		投入
	长延时切换功能投退	□退出 □投入		投入
	母线低电压起动切换模块投退	□退出 □投入		投入
5. 工作电源开关偷跳起动切换方式选择	切换方式	□同时 □串联		串联
	快速切换功能投退	□退出 □投入		投入
	同期判别切换功能投退	□退出 □投入		投入
	残压切换功能投退	□退出 □投入		投入
	长延时切换功能投退	□退出 □投入		投入
	工作电源开关偷跳起动切换模块投退	□退出 □投入		投入
6. 快速切换定值	母线与目标电源频率差（Hz）	0.5～5	0.01	3
	母线与目标电源相角差（°）	0.5～60	0.1	30
	同时切换合备用延时（s）	0.02～0.05	0.01	
7. 同期判别切换定值	母线与目标电源频率差（Hz）	5～15	0.01	10
8. 残压切换定值	残压定值（%）	20～50	0.10	30
9. 长延时切换定值	长延时定值（s）	2～10	0.01	3
10. 开关固有时间	工作低压侧开关固有合闸时间（s）	0～0.200	0.01	
	备用低压侧开关固有合闸时间（s）	0～0.200	0.01	
	备用高压侧开关固有合闸时间（s）	0～0.200	0.01	
	备用电源高压侧开关状态	□热态 □冷态		
11. 低电压减载定值	低压减载Ⅰ段电压定值（%）	70～80	0.10	
	低压减载Ⅰ段延时定值（s）	1～10	0.01	
	低压减载Ⅰ段功能投退	□退出 □投入		
	低压减载Ⅱ段电压定值（%）	40～70	0.10	
	低压减载Ⅱ段延时定值（s）	5～20	0.01	
	低压减载Ⅱ段功能投退	□退出 □投入		

续表

定值组	定值名称	范围	级差	推荐值
12. 去耦合定值	去耦合延时（s）	0.2～0.5	0.01	0.4
	去耦合投退	□退出□投入		采用同时切换时投入
13. 备用分支保护定值	备用分支速断定值（A）	0.2～100	0.01	
	备用分支速断延时定值（s）	0～1	0.01	
	备用分支过流定值（A）	0.2～100	0.01	
	备用分支过流延时定值（s）	0～60	0.01	
	备用分支速断有效时间定值（s）	0～10	0.01	
	备用分支速断投退	□退出□投入		
	备用分支过流投退	□退出□投入		
14. 目标电源低压定值	目标电源低压定值（%）	70～90		80
	目标电源低压延时（s）	0.02～0.5	0.01	0.2
	目标电源低压投退	□退出□投入		
15. 相位校准定值	工作电源电压超前母线Uab相角(°)	0～360	0.1	
	备用电源电压超前母线Uab相角(°)	0～360	0.1	
16. 工作分支TA及备用分支TA设定	工作分支TA有流定值（A）	0.2～10	0.01	15%负荷电流
	备用分支TA有流定值（A）	0.2～10	0.01	15%负荷电流
	有无工作分支TA	□无□有		
	有无备用分支TA	□无□有		
17. 母线TA断线判别	母线TA断线判别投退	□退出□投入		投入
18. 打印机参数设定	打印起动前周波数（周）	0～50	1	10
	打印起动后周波数（周）	0～200	1	50
	自动打印功能投退	□退出□投入		退出
19. 通信参数	装置通信地址	1～254	1	
	装置通信波特率	9600bit/s/19200bit/s		

附　　录

附录一　常用电气简图常用图形符号

GB/T4728—1996～2000 新版

图形符号	名称及说明
（一）符号要素	
形式 1 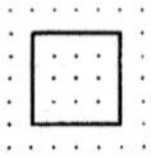 形式 2 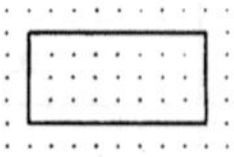 形式 3 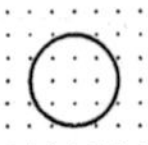	物件，例如 ——设备 ——器件 ——功能单元 ——元件 ——功能 符号轮廓内应填入或加上适当的符号或代号，以表示物件的类别。如： 步进电动机一般符号 设计需要时，可采用其他形状的轮廓，如： 电铃
形式 1 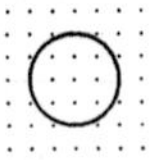 形式 2 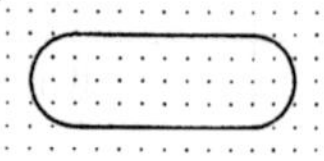	外壳（球或箱）罩 如设计需要，可以采用其他形状的轮廓 如果罩具有特殊的防护功能，可加注以引起注意 若肯定不会引起混乱，外壳可省略。如外壳与其他物件有连接，则必须示出外壳。如：  PNP 半导体管  集电极接管壳的 NPN 半导体管 必要时，外壳可断开画出
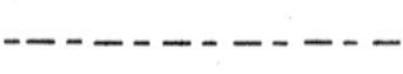	边界线 用于表示物理上、机械上或功能上相互关联的对象组的边界 短长线可任意组合 注：围框中套装的围框，需用双短长线绘制
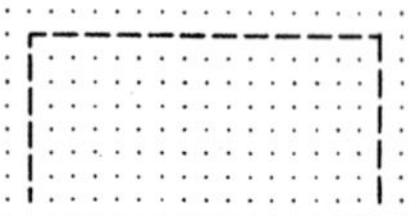	屏蔽 护罩 例如为了减弱电场或电磁场的穿透程度，屏蔽符号可以画成任何方便的形状。如： 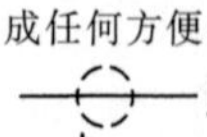屏蔽导体 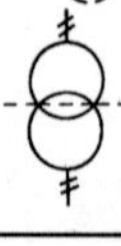绕组间有屏蔽的双绕组单相变压器
200% 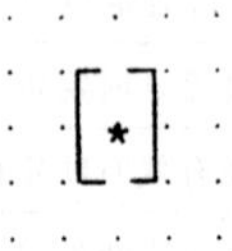	防止无意识直接接触 通用符号 星号应由具备无意识直接接触防护的设备或器件的符号代替
（二）限定符号	
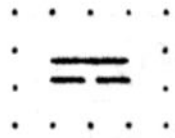	直流 电压可标注在符号右边，系统类型可标注在左边。如： 2/M ⎓ 220/110V 表示电压 220/110V 两线带中间线的直流系统
 ～50Hz ～100～600kHz 3/N～400/230V50Hz 3/N～50Hz/TN—S	交流 频率值或频率范围可标注在符号的右边，如： 交流 50Hz 交流，频率范围 100kHz 到 600kHz 电压值可标注在符号右边 相数和中性线存在时可标注在符号左边。如： 交流，三相带中性线 400V，相线和中性线间的电压为 230V，50Hz 如需要按 IEC364—3 的规定标志系统，则要在符号上加上相应标志 示例交流，三相，50Hz，具有一个直接接地点且中性线与保护导体全部分开的系统
 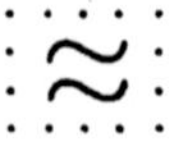 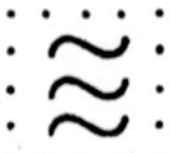	不同频率范围的交流，当需要用给定的画法区分不同的频率范围时，可用如下符号： 相对低频（工频或亚音频） 中频（音频） 相对高频（超音频、载频或射频）
	具有交流分量的整流电流（当需要与整流并滤波的电流相区别时使用）

续表

图形符号	名称及说明	图形符号	名称及说明
+	正极性	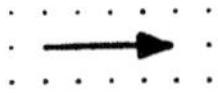	按箭头方向的单向力、单向直线运动
−	负极性		双向力，双向直线运动 示例：滑臂 3 向端子 2 移动时频率增加 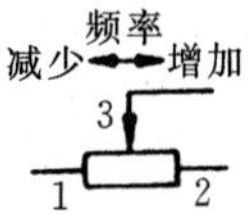
N	中性（中性线）		
M	中间线		
	可调节性，一般符号		按箭头方向的单向环形运动、单向旋转、单向扭转
	非线性可调		双向环形运动、双向旋转、双向扭转
	可变性，内在的，一般符号	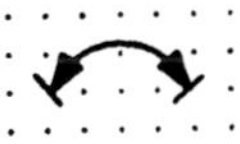	两个方向均受到限制的双向环形运动、双向旋转、双向扭转
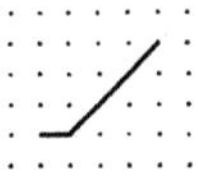	可变的、内在的、非线性		振动（摆动）
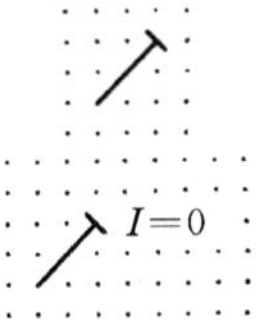	预调 允许调节的条件可标注在符号旁 示例：仅在电压等于零时才允许预调	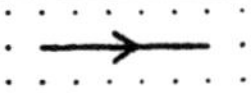	单向传送，单向流动。例如能量、信号、信息
		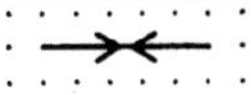	同时双向传送 同时发送和接收
		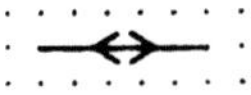	非同时双向传送 交替发送和接收
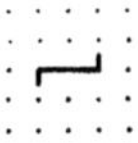	步进动作 可加注数字以表示步进数	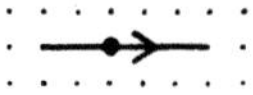	发送 与其他符号组合使用时，如箭头所表达的意思是明确的，小圆黑点可以省略，如： 无线电信标发射台 
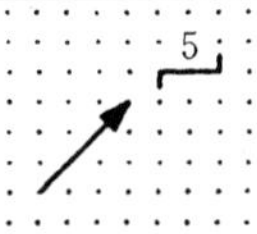	表示可步进调节 5 步		
	连续可变性 示例：连续可变的预调	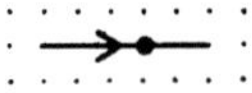	接收 与其他符号组合使用时，如箭头所表达的意思是明确的，小圆黑点可以省略，如： 测向无线电接收电台 
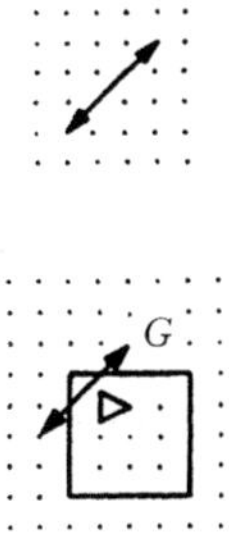	自动控制 被控制量可标注在符号旁 示例：自动增益控制放大器	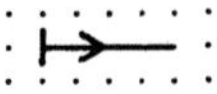	能量从母线（汇流排）输出
		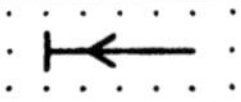	能量向母线（汇流排）输入
		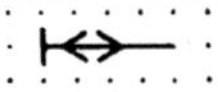	双向能量流动
		>	特征量值大于整定值时动作

续表

图形符号	名称及说明
<	特征量值小于整定值时动作
> <| 特征量值大于高整定值或小于低整定值时动作
=0	特征量值等于零时动作
≈0	特征量值近似等于零时动作
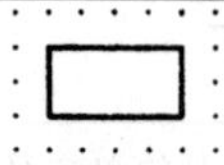	材料，未规定类型
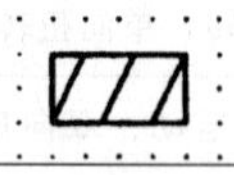	固体材料
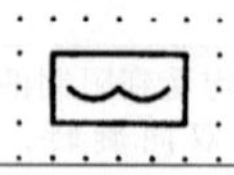	液体材料
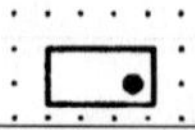	气体材料
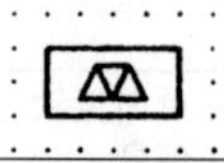	驻极体材料
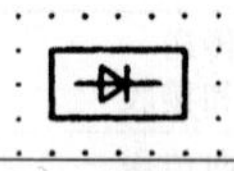	半导体材料
	绝缘材料
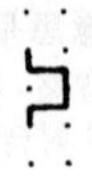	热效应
	电磁效应
	磁致伸缩效应
	磁场效应或磁场相关性
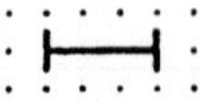	延时（延迟）
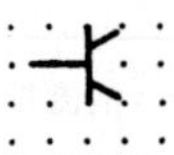	半导体效应
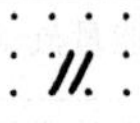	具有电隔离的耦合效应
	非电离的电磁辐射，例如无线电波或可见光 如已标明源和靶，则箭头从源指向靶 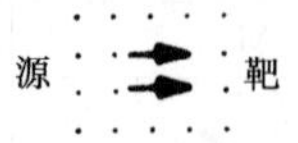 如果有靶而未明确指出源，则箭头指向右下：  如果未明确标出靶，则箭头指向右上： 
	非电离的相干辐射（例如相干光）
	电离辐射 如需标明电离辐射的具体类型，可加注下列符号或字母： α—α 粒子 β—β 粒子 γ—γ 射线 δ—氘核 ρ—质子 η—中子 π—π 介子 κ—κ 介子 μ—μ 介子 X—X 射线
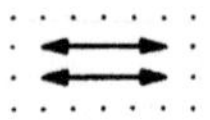	非电离的双向电磁辐射，例如由雷达或带有镜面反射器的光控继电器产生的辐射
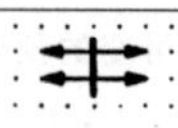	非电离的双向相干辐射
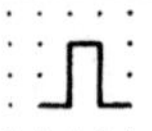	正脉冲
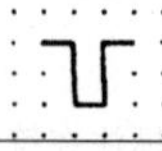	负脉冲
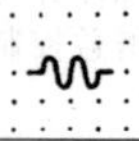	交流脉冲
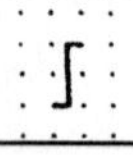	正阶跃函数

续表

图形符号	名称及说明
	负阶跃函数
	锯齿波
	纸带打印
	纸带打孔或使用打孔纸带
	在纸带上同时打印和打孔
	纸页打印
	键盘
	传真
（三）其他常用符号	
形式 1	连接，例如： ——机械的 ——气动的 ——液压的 ——光学的 ——功能的
	示例：表示力或运动方向的机械连接
	具有旋转方向指示的机械连接
形式 2	当使用形式 1 符号太受限制时，使用此符号
	处于阻塞状态的阻塞器件向左边移动被阻塞
	离合器 机械联轴器
	脱开的机械联轴器
	连接着的机械联轴器
	示例： 旋轴用的单向联轴器自由滑轮
	制动器
	示例： 带制动器并被制动的电动机
	带制动器未制动的电动机
	齿轮啮合

图形符号	名称及说明
形式 1 形式 2	延时动作 当运动方向是从圆弧指向圆心时动作被延时
	自动复位 三角指向复位方向
	自锁 非自动复位，能保持给定位置的器件
	脱开自锁
	进入自锁
	两器件间的机械联锁
	脱扣的闭锁器件
	锁扣的闭锁器件
	阻塞器件
	手动控制操作件，一般符号
	带有防止无意操作的手动控制操作件
	拉拔操作
	旋转操作
	按动操作
	接近效应操作
	接触操作
	紧急操作，“蘑菇头”式的
	手轮操作
	脚踏式操作
	杠杆操作
	用可拆卸的手柄操作
	钥匙操作

续表

图形符号	名称及说明	图形符号	名称及说明
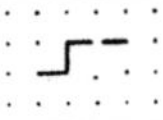	曲柄操作	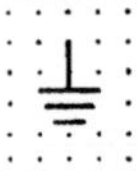	接地，一般符号 地，一般符号
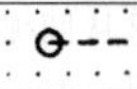	滚子操作		抗干扰接地 无噪声接地
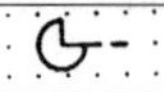	凸轮操作		保护接地
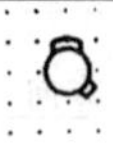	示例：仿型凸轮		接机壳 接底板 如意思已很明确，则图中的影线可省略，此时表示机壳或底板的线条应加粗，如： 
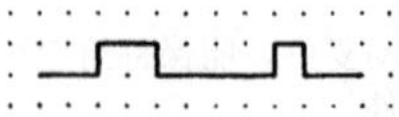	仿型样板，仿型凸轮（展开图）		等电位
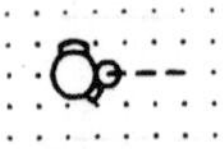	用仿型凸轮和滚子操作		理想电流源
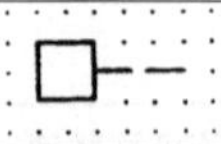	贮存机械能操作		理想电压源
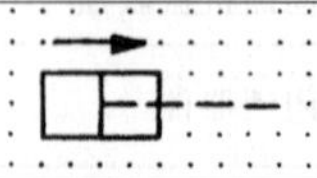	单向作用的气动或液压操作	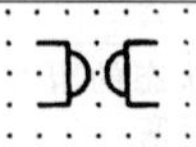	理想回转器
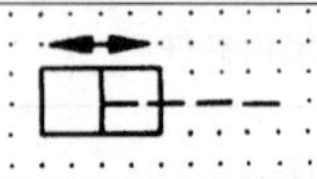	双向作用的气动或液压控制操作		故障（指明假定故障的位置）
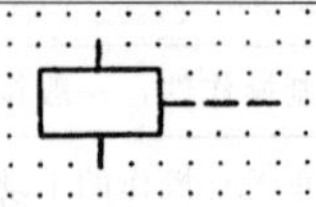	借助电磁效应操作		闪络 击穿
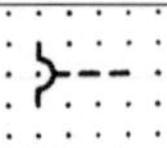	电磁器件操作，如过电流保护		永久磁铁
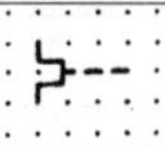	热器件操作，如过电流保护	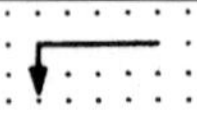	动（如滑动）触点
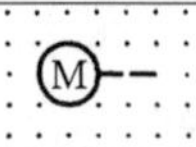	电动机操作		测试点指示符 示例： 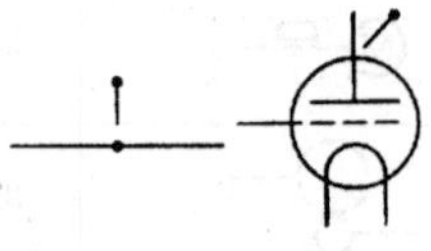
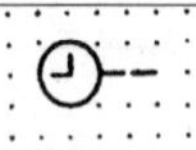	电钟操作		
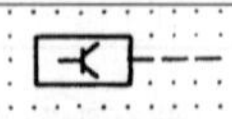	半导体操作件		
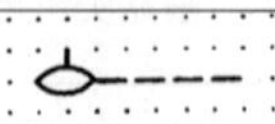	液位控制		
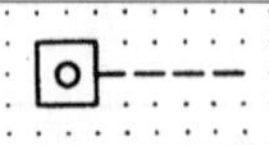	计数器控制		
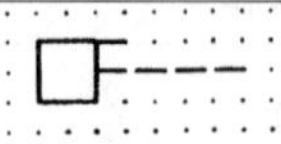	流体控制		
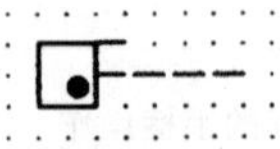	示例：气流控制		
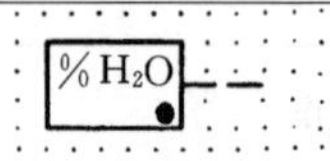	相对湿度控制		

续表

图形符号	名称及说明
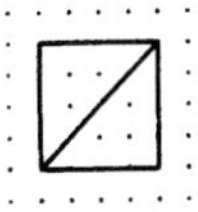	变换器，一般符号，例如： 能量转换器 信号转换器 测量用传感器 如果变换方向不明确，可以在符号的轮廓线上用箭头标明。表示输入输出和波形等的符号或代号可写进一般符号的每半部分内，以表示变换的性质。如： 整流器/逆变器  变频器，频率由 f_1 变到 f_2 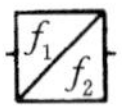
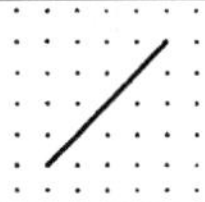	转（变）换
	模拟 仅在需要将模拟信号与其他形式的信号和连接相区别时才使用
	数字 仅在需要将数字信号与其他形式的信号和连接相区别时才使用
（四）导体和连接件	
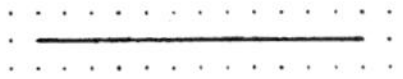 形式 1 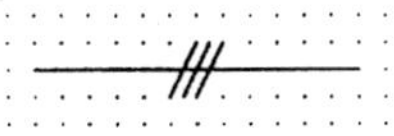 形式 2 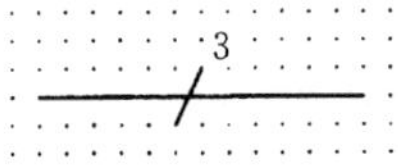	连线、连接，连线组。如： 导线、电缆、电线、传输通路等 如用单线表示一组导线时，导线的数可标以相应数量的短斜线或一个短斜线后加导线的数字 连线符号的长度取决于简图的布局 示例：三根导线 可标注附加信息，如： 电流种类、配电系统、频率、电压、导线数、每根导线的截面积、导线材料的化学符号 导线数后面标其截面积，并用“×”号隔开，若截面积不同时，应用“+”号分别将其隔开
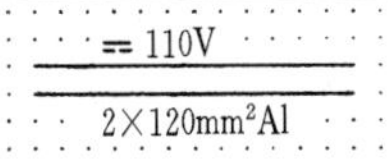 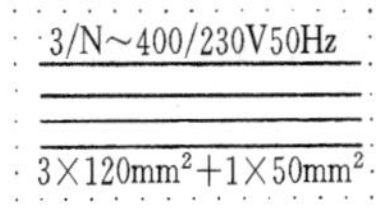	示例： 直流电路，110V，两根 120mm² 的铝导线 三相电路，400/230V，50Hz，三根 120mm² 的导线，一根 50mm² 的中性线
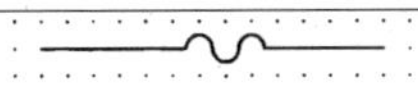	柔性连接
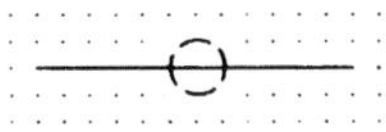	屏蔽导体 如果几根导线包含在同一屏蔽内，这些导体符号与其他导体符号混杂，可按如下画法，并用箭头指出同一屏蔽内的导体 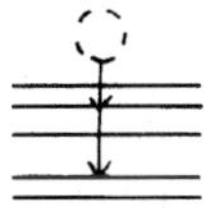
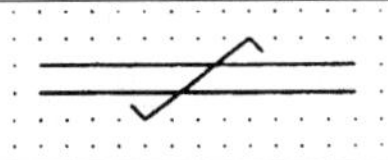	绞合导线，示出两根
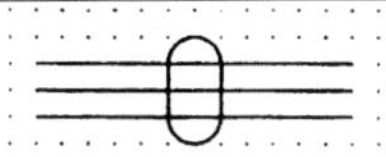	电缆中的导线，示出三根
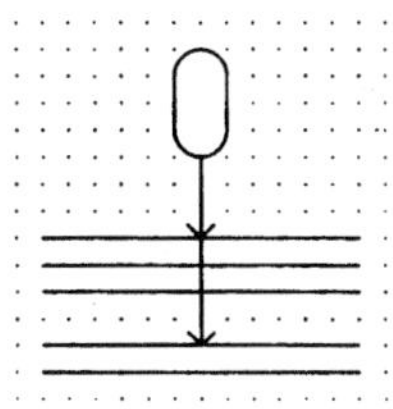	示例：五根导线，其中箭头所指的两根在同一电缆内（同 03-01-07 的规则）
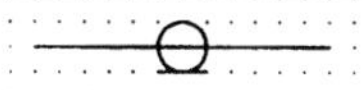 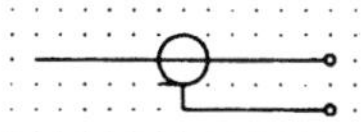	同轴对 若同轴结构不再保持，则切线只画在同轴的一侧 示例： 同轴对连到端子上
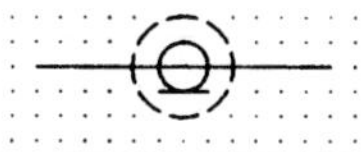	屏蔽同轴对
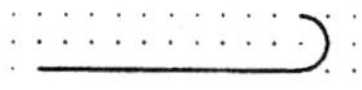	导线或电缆的终端未连接
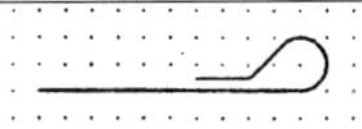	导线或电缆的终端未连接，有专门的绝缘
	连接，连接点
	端子
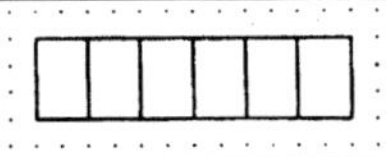	端子板 可加端子标志

续表

图形符号	名称及说明
形式 1 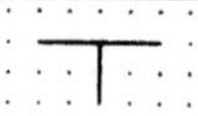	T 型连接
形式 2 	在上符号中增加连接符号
形式 1 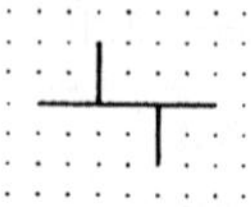	导线的双重连接
形式 2 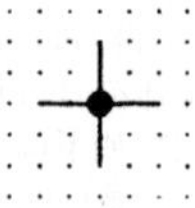	仅在设计认为必要时使用
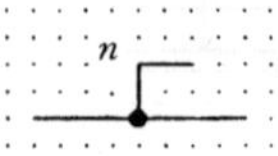	支路 一组相同并重复并联的电路的公共连接应以支路总数取代"n"。该数字置于连接符号旁。 10 个并联且等值的电阻 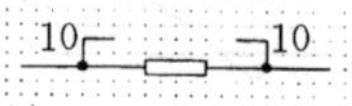 70%
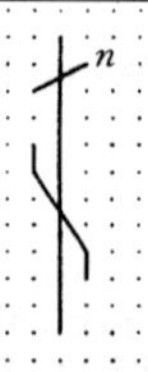	导体的换位 相序变更 极性反向
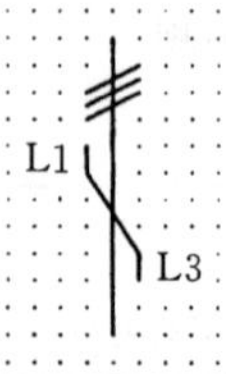	示例： 相序变更
	中性点
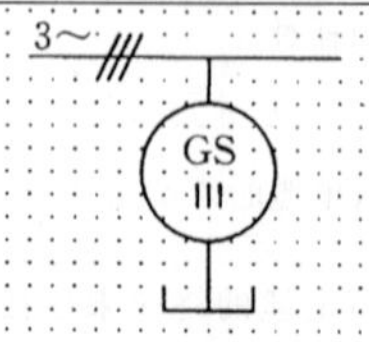	示例：三相同步发电机 绕组每相两端引出，示出外部中性点的三相同步发电机
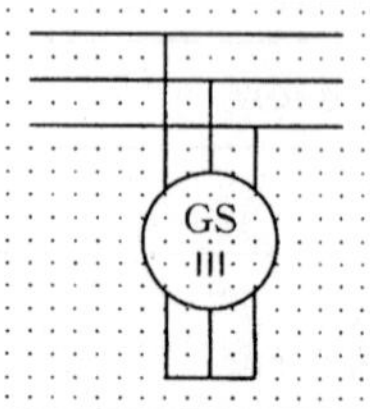	上面符号的多线表示法

图形符号	名称及说明
	不切断导线的导线抽头 短线应与未切断导线的符号平行
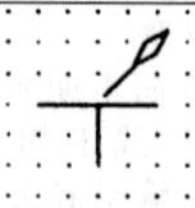	需要专门工具的连接
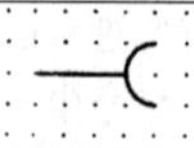	阴接触件（连接器的）插座
	阳接触件（连接器的）插头
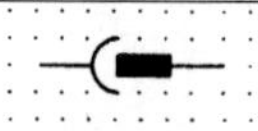	插头和插座
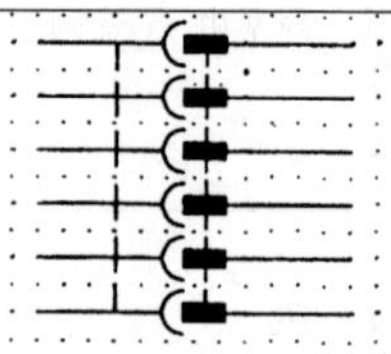	插头和插座，多极 多线表示法表示六个阴接触件和六个阳接触件的符号
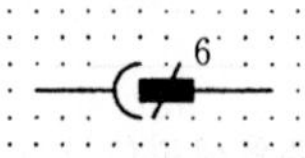	单线表示
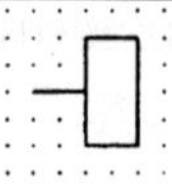	连接器，组件的固定部分
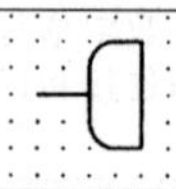	连接器，组件的可动部分
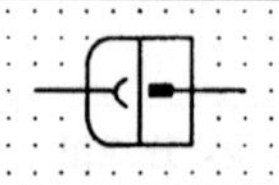	配套连接器 本符号表示插头端固定插座端可动
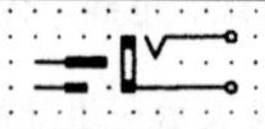	电话型插塞和塞孔示出两个极
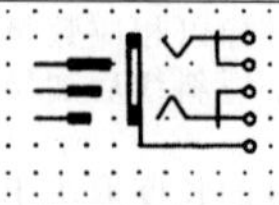	触头断开的电话型插塞和塞孔示出三个极
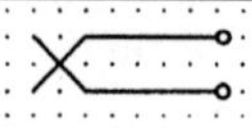	电话型断开的塞孔 电话型隔离的塞孔
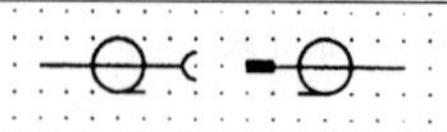	同轴的插头和插座
	对接连接器
形式 1 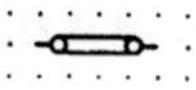 形式 2 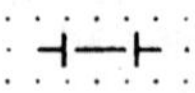	接通的连接片

续表

图形符号	名称及说明
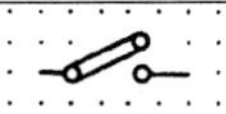	断开的连接片
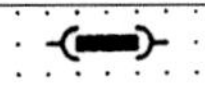	插头和插座式连接器如U型连接　阳—阳
	阳—阴
	有插座的阳—阳
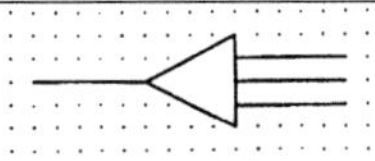	电缆密封终端，表示带有一根三芯电缆
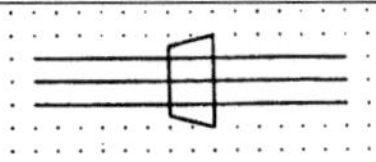	电缆密封终端，表示带三根单芯电缆
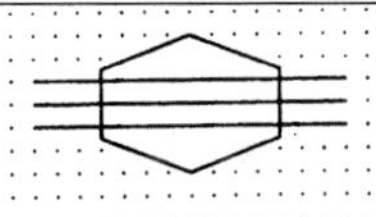	直通接线盒，表示带有三根导线 多线表示
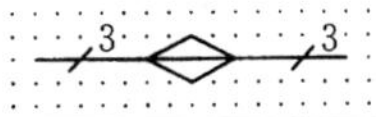	单线表示
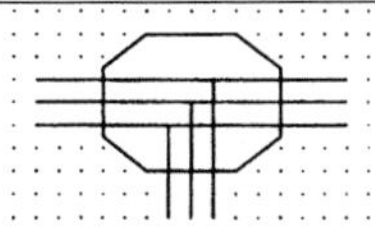	电缆接线盒，表示带T型连接的三根导线 多线表示
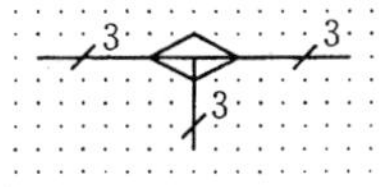	单线表示
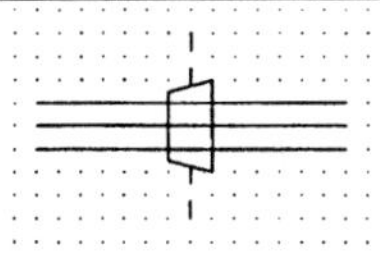	电缆气闭套管，表示带三根电缆
（五）基本无源元件	
1. 电阻器	
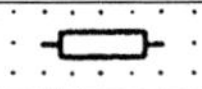	电阻器，一般符号
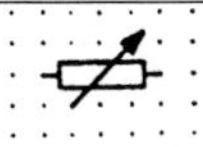	可调电阻器
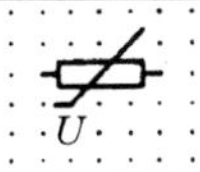	压敏电阻器 变阻器
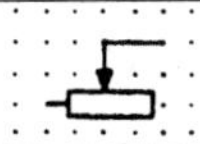	带滑动触点的电阻器
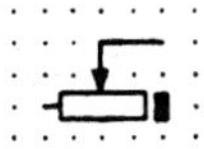	带滑动触点和断开位置的电阻器
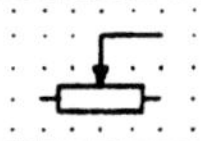	带滑动触点的电位器

图形符号	名称及说明
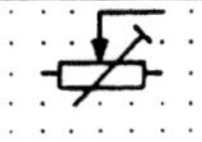	带滑动触点和预调电位器
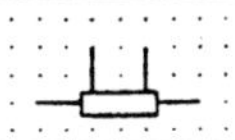	带固定抽头的电阻器示出两个抽头
	分路器 带分流和分压端子的电阻器
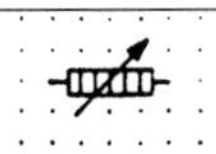	碳堆电阻器
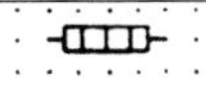	电热元件
2. 电容器	
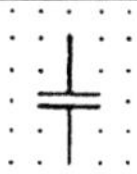	电容器，一般符号
	穿心电容器，旁路电容器
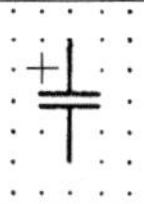	极性电容器，例如电解电容
	可调电容器
	预调电容器
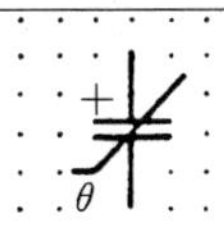	热敏极性电容器
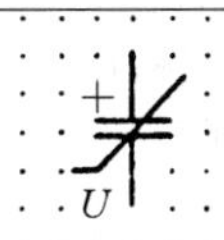	压敏极性电容器
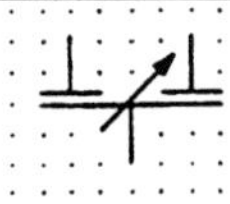	差动可调电容器
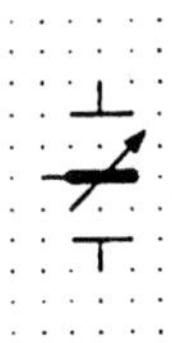	定片分离可调电容器

续表

图形符号	名称及说明
3. 电感器	
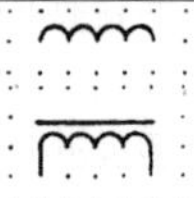	电感器，线圈，绕组，扼流圈 示例：带磁芯的电感器
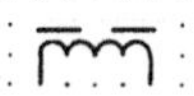	磁芯有间隙的电感器
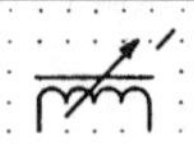	带磁芯连续可变电感器
	带固定抽头的电感器，示出两个抽头
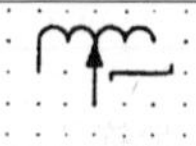	步进移动触点可变电感器
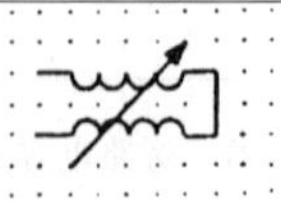	可变电感器
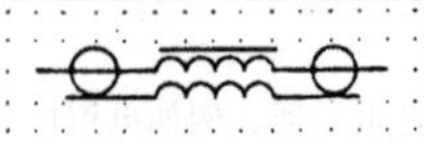	带磁芯的同轴扼流圈
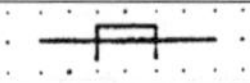	穿在导线上的铁氧体磁珠
4. 铁氧体磁芯和磁存储器矩阵	
	铁氧体磁芯
 或	磁通/电流方向指示符号 本符号表示一水平线垂直穿过磁芯，代表一个磁芯绕组，同时它还给出电流与磁通的方向关系
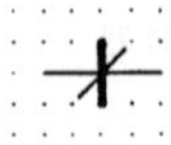	有一个绕组的铁氧体磁芯，斜线可视为反映电流与磁通方向关系的反射器，如下所示： 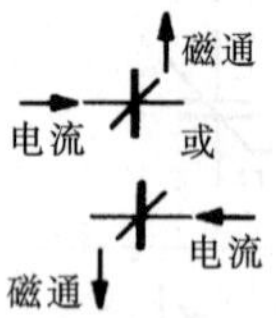 为绘图方便，即使磁路上没有绕组，也往往把表示导体的线条绘成穿过磁芯符号 除位置布局表示外，在所有情况下，一直线穿过磁芯符号表示一绕组时，必须画出斜线 示例：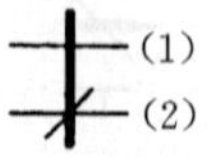 (1) 穿过铁芯符号的导体 (2) 磁芯上的绕组

图形符号	名称及说明
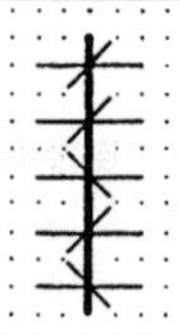	有五个绕组的铁氧体磁芯 可附加关于电流方向，电流对应的幅度及由剩磁状态所决定的逻辑状态方面的信息
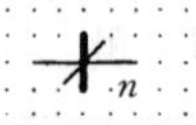	一个有 n 匝绕组的铁氧体磁芯
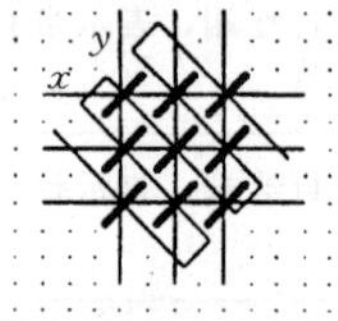	具有 x 行、y 列绕组和一个读出绕组的铁氧体磁芯矩阵 示出的铁氧体磁芯符号与水平面成 45°
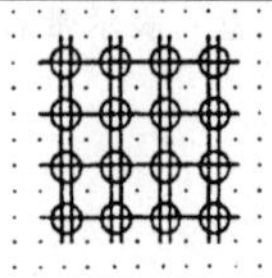	由位于两正交薄膜布线层间的薄膜磁存储构成的矩阵
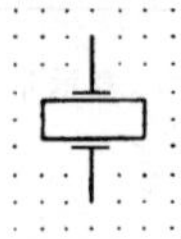	具有两个电极的压电晶体
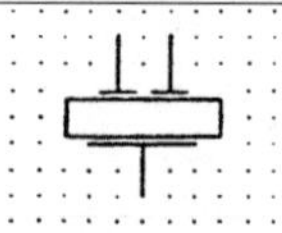	具有三个电极的压电晶体
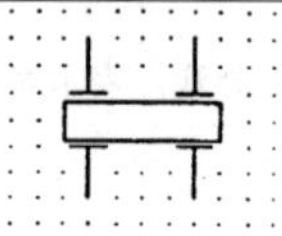	具有两对电极的压电晶体
	具有电极和连接的驻极体，较长的线表示正极
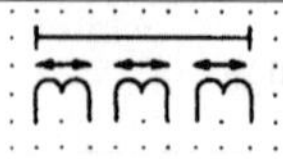	具有绕组的磁致伸缩延迟线，以集中表示法示出三个绕组
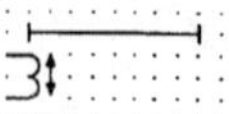 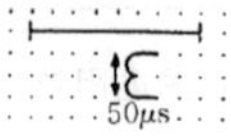 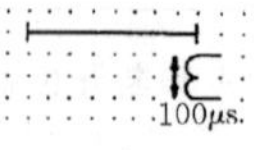	以分开表示法示出一种输入，两种输出 输入 具有 50μs 延迟的中间输出 具有 100μs 延迟的最终输出
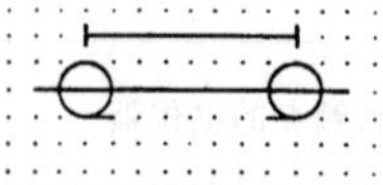	同轴延迟线

续表

图形符号	名称及说明
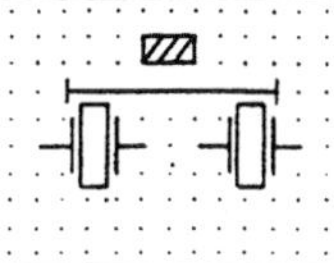	压电传感的固体材料延迟线
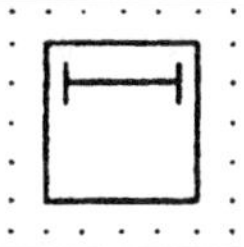	延迟线，一般符号 延迟元件，一般符号
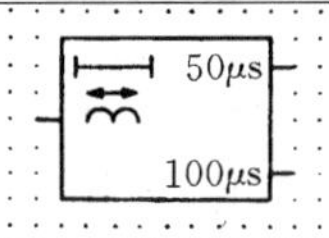	具有两个输出端的磁致伸缩延迟线，输出信号分别延迟了50μs和100μs
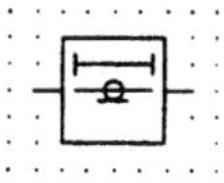	同轴延迟线
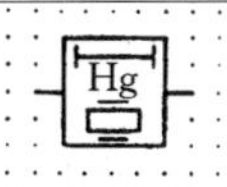	压电传感或水银延迟线
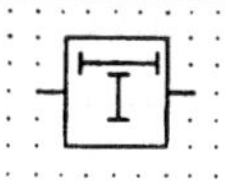	仿真延迟线
（六）半导体管器件	
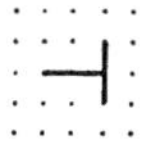	具有一处欧姆接触的半导体区，垂直线表示半导体区，水平线表示欧姆接触
形式1 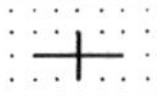 形式2 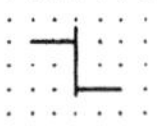 形式3 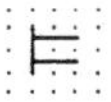	具有多处欧姆接触的半导体区示出二处欧姆接触的例子
	耗尽型器件导电沟道
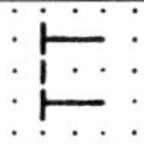	增强型器件导电沟道
	整流结
 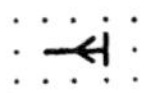	用电场影响半导体层的结，例如在结型场效应半导体管中： P区影响N层 N区影响P层

图形符号	名称及说明
	表示绝缘栅场效应半导体管(IGFET)的沟道导电型 P型衬底上的N型沟道，示出耗尽型IGFET
	N型衬底上的P型沟道，示出增强型IGFET
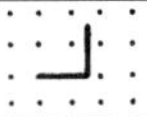	绝缘栅
	不同导电型区上的发射极 带箭头的斜线表示发射极N区上的P型发射极
	N区上的 n 个P型发射极
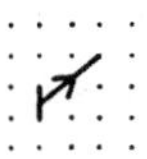	P区上的N型发射极
	P区上的 n 个N型发射极
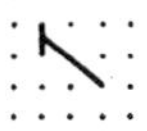	不同导电型区上的集电极 斜线表示集电极
	不同导电型区上的 n 个集电极
	不同导电型区之间的转变，P转N或N转P，短斜线表示沿垂直线从P到N，或从N到P的转变点。欧姆接触不应画在短斜线上
 	隔开不同导电型区的本征区(I区)所给出的PIN或NIP结构 本征区位于相连斜线之间，对于I区的任何欧姆接触应在短斜线之间，不应画在短斜线上 相同导电型区之间的本征区，所给出的PIP或NIN结构
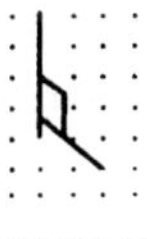	一个集电极与一个不同导电型区之间的本征区，所给出的PIN或NIP结构。长斜线表示集电极

续表

图形符号	名称及说明	图形符号	名称及说明
	一个集电极与一个相同导电型区之间的本征区，所给出的PIP或NIN结构。长斜线表示集电极		双向二极管
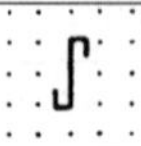	肖特基效应		反向阻断二极晶体闸流管
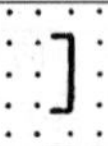	隧道效应		反向导通二极晶体闸流管
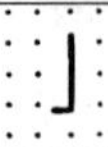	单向击穿效应 齐纳效应		双向二极晶体闸流管 双向开关二极管
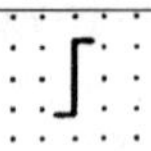	双向击穿效应	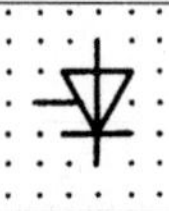	无指定形式的三极晶体闸流管
	反向效应（单隧道效应）	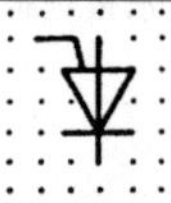	反向阻断三极晶体闸流管，N型控制极（阳极侧受控）
	半导体二极管一般符号		反向阻断三极晶体闸流管，P型控制板（阴极侧受控）
	发光二极管（LED）一般符号		可关断晶体闸流管，未指定控制板
	热敏二极管		可关断三极晶体闸流管，N型控制板（阳极侧受控）
	变容二极管		可关断三极晶体闸流管，P型控制板（阴极侧受控）
	隧道二极管 江崎二极管		反向阻断四极晶体闸流管
	单向击穿二极管 电压调整二极管 齐纳二极管		双向三极晶体闸流管 三端双向晶体闸流管
	双向击穿二极管		反向导通三极晶体闸流管 未指定控制板
	反向二极管（单隧道二极管）		反向导通三极晶体闸流管，N型控制极（阳极侧受控）

续表

图形符号	名称及说明
	反向导通三极晶体闸流管，P 型控制板（阴极侧受控）
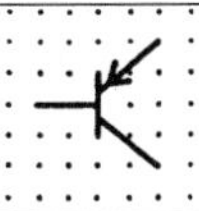	PNP 半导体管
	集电极接管壳的 NPN 半导体管
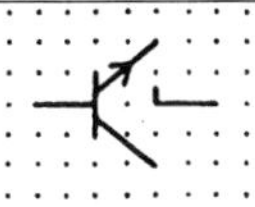	NPN 雪崩半导体管
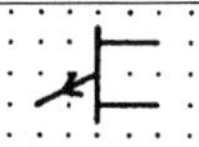	具有 P 型双基极的单结半导体管
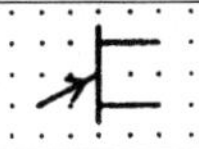	具有 N 型双基极的单结半导体管
	具有横向偏压基极的 NPN 半导体管
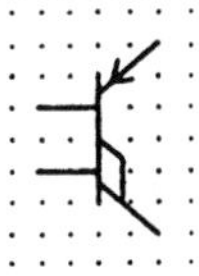	与本征区有欧姆接触的 PNIP 半导体管
	与本征区有欧姆接触的 PNIN 半导体管
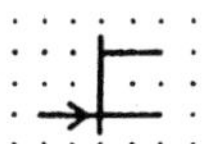	N 型沟道结型场效应半导体管栅极与源极的引线应绘在一直线上 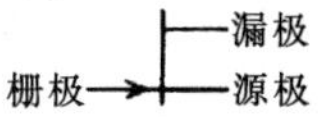
	P 型沟道结型场效应半导体管
	绝缘栅场效应半导体管(IGFET) 增强型，单栅，P 型沟道，衬底无引出线
	绝缘栅场效应半导体管(IGFET) 增强型，单栅，N 型沟道，衬底无引出线

图形符号	名称及说明
	(IGFET) 增强型，单栅，P 型沟道，衬底有引出线
	(IGFET) 增强型，单栅，N 型沟道，衬底与源极内部连接
	(IGFET) 耗尽型，单栅，N 型沟道，衬底无引出线
	(IGFET) 耗尽型，单栅，P 型沟道，衬底无引出线
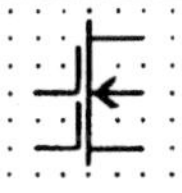	(IGFET) 耗尽型，双栅，N 型沟道，衬底有引出线
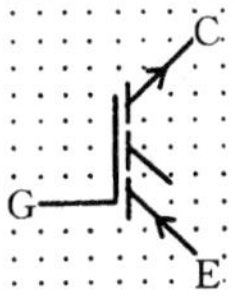	绝缘栅，双极半导体管(IGBT) 增强型，P 沟道 字母 E、G、C 分别表示发射极、栅极和集电极的端子名，若不引起混淆，可省略字母
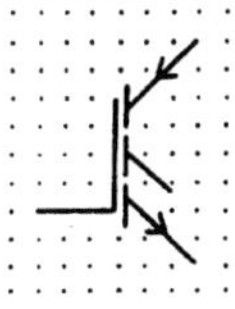	(IGBT) 增强型，N 沟道
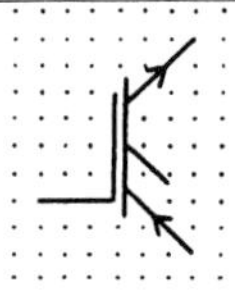	(IGBT) 耗尽型，P 沟道
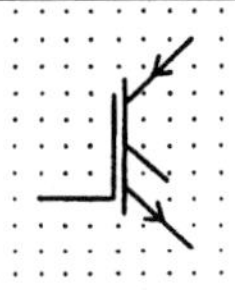	(IGBT) 耗尽型，N 沟道
	光敏电阻 光电导管 具有对称导电性的光电导器件
	光电二极管 具有非对称导电性的光电器件
	光电池

续表

图形符号	名称及说明
	光电半导体管，示出 PNP 型
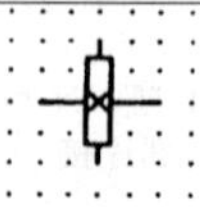	具有四根引出线的霍尔发生器
	磁敏电阻，示出线性型
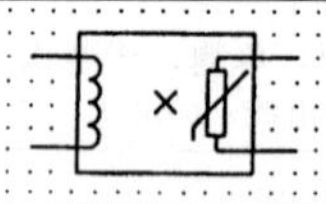	磁耦合器件 磁隔离器
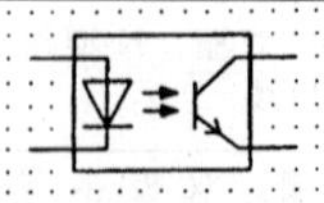	光耦合器件 光隔离器 示出发光二极管和光电半导体
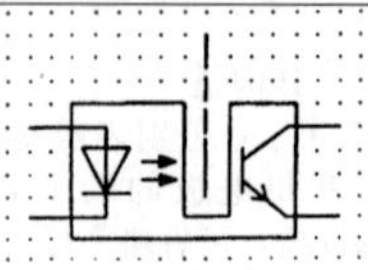	具有光阻挡槽光耦合器件，示出机械阻挡
（七）电能的发生与转换	
1. 绕组及其连接的限定符号	
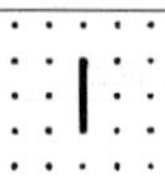  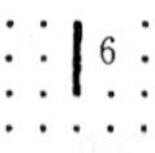 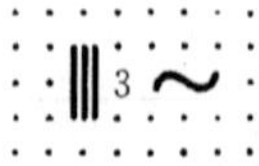 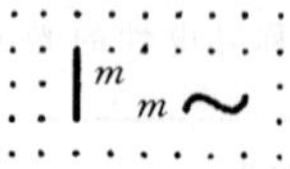	一个绕组 1. 独立绕组的个数应用短线的数目或在符号上加数字表示出来示例： 三个绕组 六个绕组 2. 符号 06-01-01 也可用于表示各种外部连接的绕组 示例： 互不连接的三相绕组 m 个互不连接的 m 相绕组
	两相四端绕组
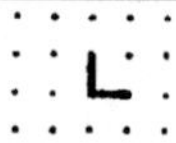	两相绕组
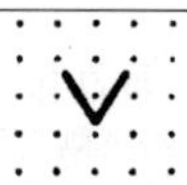	V 形（60°）连接的三相绕组
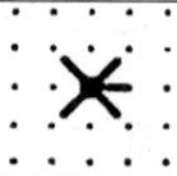	中性点引出的四相绕组
	T 形连接的三相绕组
	三角形连接的三相绕组 本符号用加注数字表示相数，可用于表示多边形连接的多相绕组
	开口三角形连接的三相绕组
	星形连接的三相绕组 本符号用加注数字表示相数，可用于表示星形连接的多相绕组
	中性点引出的星形连接的三相绕组
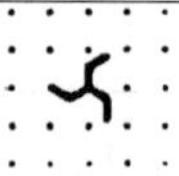	曲折形成互联星形的三相绕组
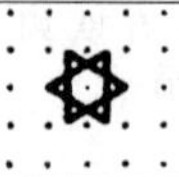	双三角形连接的六相绕组
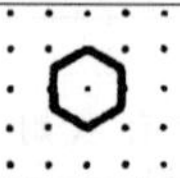	多边形连接的六相绕组
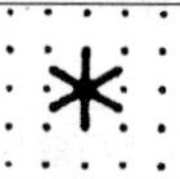	星形连接的六相绕组
	中性点引出的叉形连接的六相绕组
2. 电机	
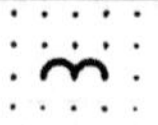  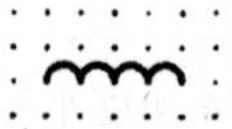	区分绕组的不同功能 换向绕组或补偿绕组 串激绕组 并励绕组或他励绕组
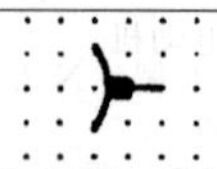	电刷（集电环或换向器上的）仅在必要时标示出电刷

续表

图形符号	名称及说明	图形符号	名称及说明
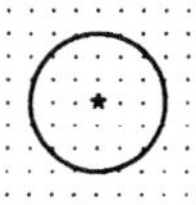	电机的一般符号 符号内的星号用下述字母之一代替： C—旋转变流机 G—发电机 GS—同步发电机 M—电动机 MG—能作为发电机或电动机使用的电机 MS—同步电动机	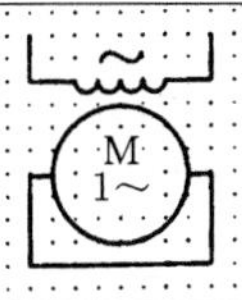	单相推斥电动机
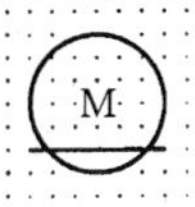	直线电动机一般符号	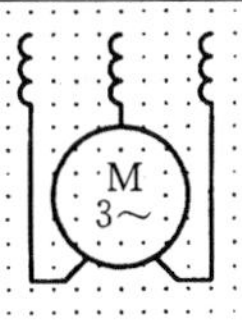	三相串励电动机
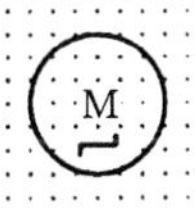	步进电动机一般符号	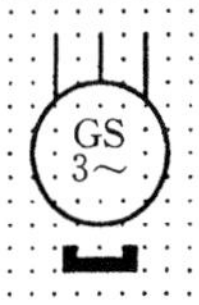	三相永磁同步发电机
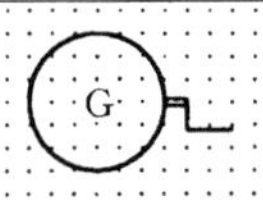	手摇发电机（磁石电话）	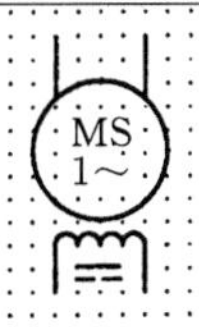	单相同步电动机
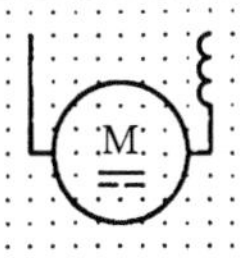	直流串励电动机		中性点引出的星形连接的三相同步发电机
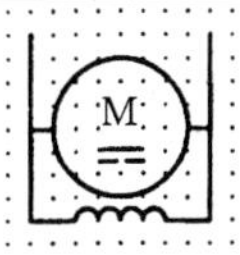	直流并励电动机	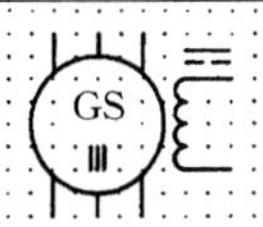	每相绕组两端都引出的三相同步发电机
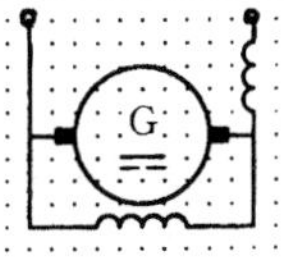	短分路复励直流发电机，示出接线端子和电刷	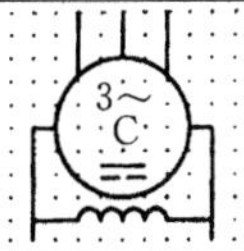	三相并励同步旋转变流机
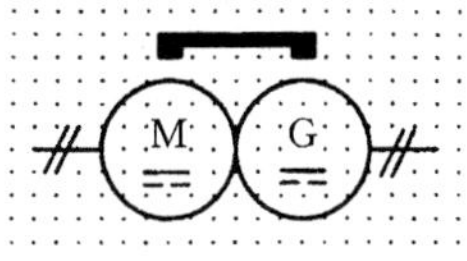	具有公共永久磁场的直流/直流旋转变流机	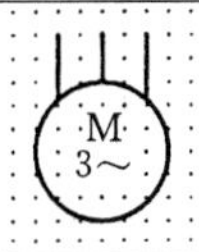	三相鼠笼式感应电动机
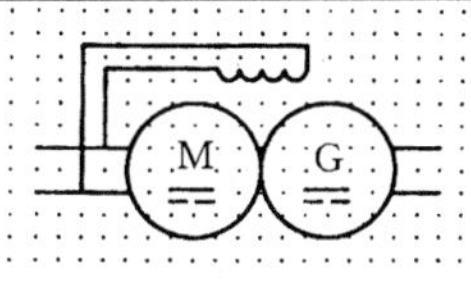	具有公共磁场绕组的直流/直流旋转变流机	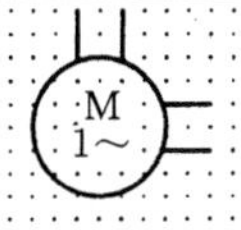	单相鼠笼式有分相绕组引出端的感应电动机
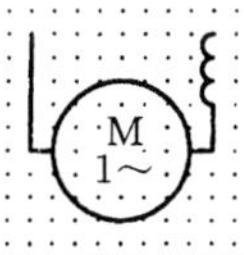	单相串励电动机	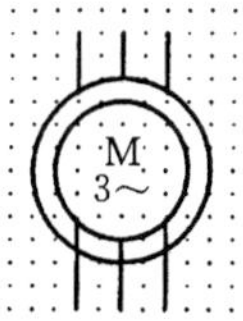	三相绕线式转子感应电动机

续表

图形符号	名称及说明
	有自动起动器的三相星形连接的感应电动机
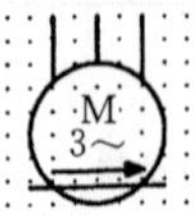	限于一个方向运动的三相直线感应电动机
3. 变压器和电抗器	
形式 1 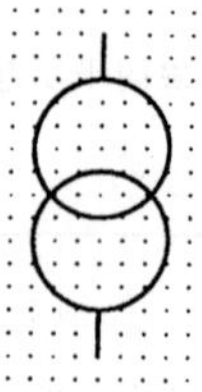	双绕组变压器
形式 2 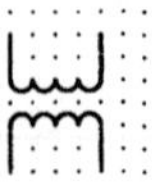	瞬时电压的极性可以在形式 2 中表示
形式 3 	示例：示出瞬时电压极性的双绕组变压器，流入绕组标记端的瞬时电流产生助磁通
形式 1 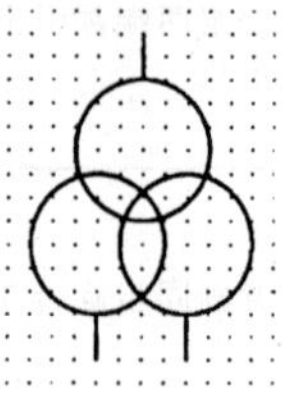 形式 2 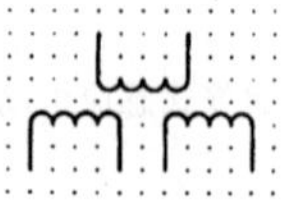	三绕组变压器
形式 1 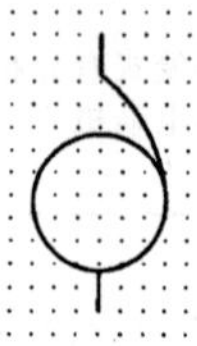 形式 2 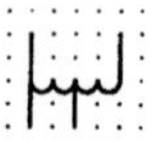	自耦变压器

图形符号	名称及说明
形式 1  形式 2　见符号 04-03-01	扼流圈 电抗器
形式 1  形式 2 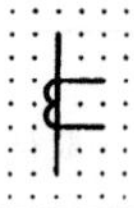	电流互感器 脉冲变压器
形式 1 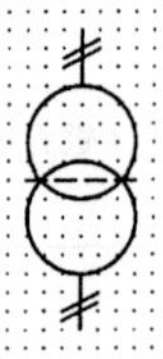 形式 2 	绕组间有屏蔽的双绕组单相变压器
形式 1 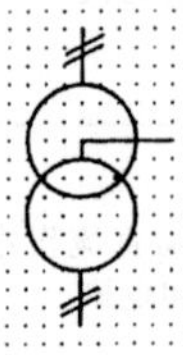 形式 2 	在一个绕组上有中心点抽头的变压器
形式 1 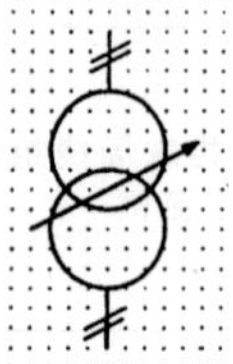 形式 2 	耦合可变的变压器

续表

图形符号	名称及说明
形式 1 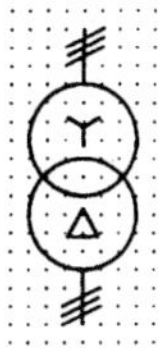 形式 2 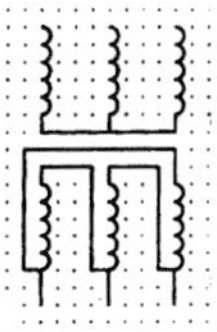	星形—三角形连接的三相变压器
形式 1 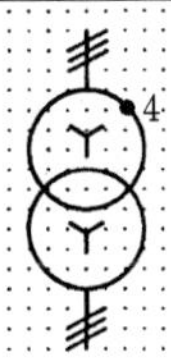 形式 2 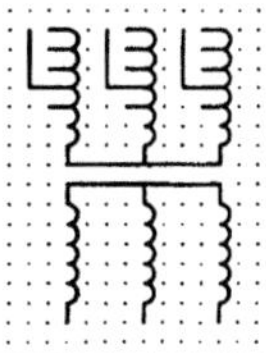	具有四个抽头的星形—星形连接的三相变压器 每个一次绕组除其端头外还示出 4 个可用的连接点
形式 1 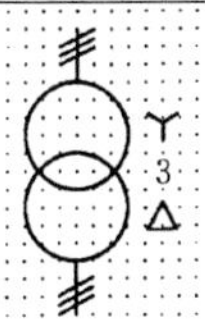 形式 2 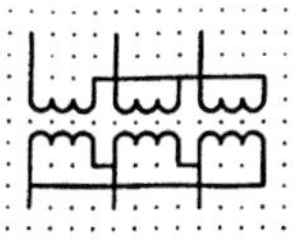	单相变压器组成的三相变压器 星形—三角形连接
形式 1 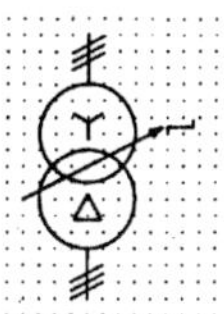 形式 2 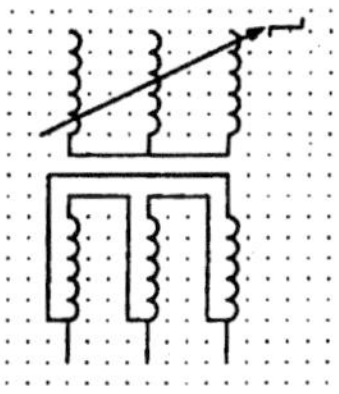	具有有载分接开关的三相变压器 星形—三角形连接
形式 1 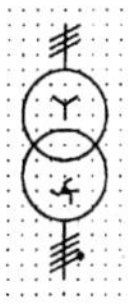 形式 2 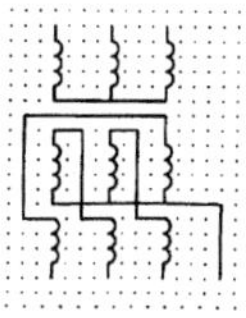	三相变压器 星形—曲折形中性点引出的连接
形式 1 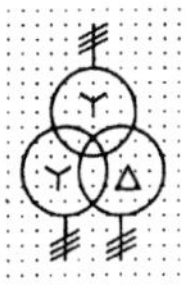 形式 2 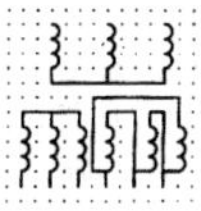	三相变压器 星形—星形—三角形连接
形式 1 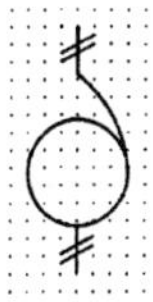 形式 2 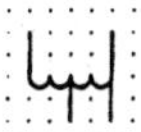	单相自耦变压器
形式 1 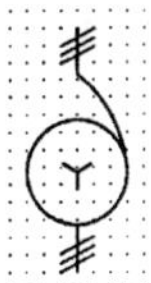 形式 2 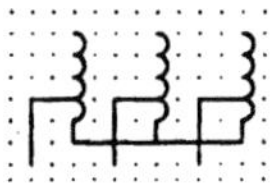	三相自耦变压器星形连接
形式 1 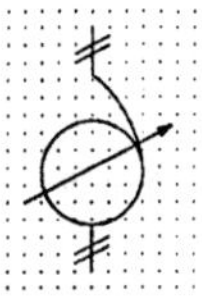 形式 2 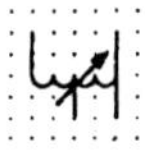	可调压的单相自耦变压器

续表

图形符号	名称及说明
形式 1 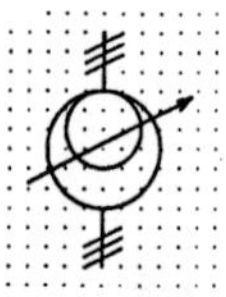 形式 2 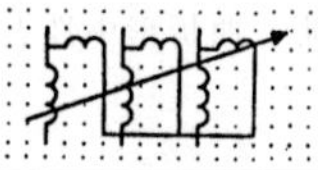	三相感应调压器
形式 1 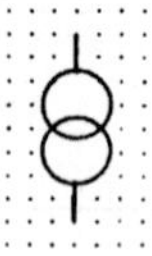 形式 2 	电压互感器
形式 1 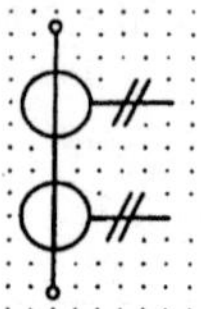 形式 2 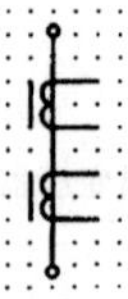	具有两个铁芯，每个铁芯有一个次级绕组的电流互感器 在一次电路每端示出端子符号表明只是一个器件，如果使用了端子代号，则端子符号可省略 铁芯符号可以省去
形式 1 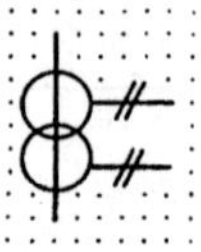 形式 2 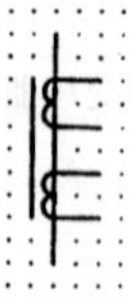	在一个铁芯上具有两个二次绕组的电流互感器 形式 2 的铁芯符号必须画出
形式 1 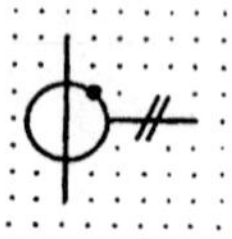 形式 2 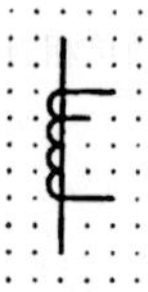	一个二次绕组带一个抽头的电流互感器
形式 1 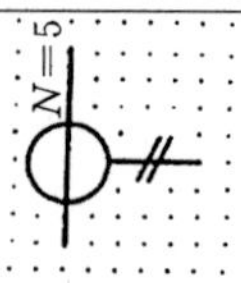	一次绕组为 5 匝导体贯穿的电流互感器
形式 2 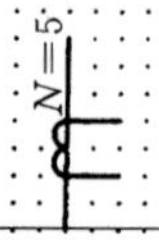	这种形式的电流互感器不带内装式初级绕组
形式 1 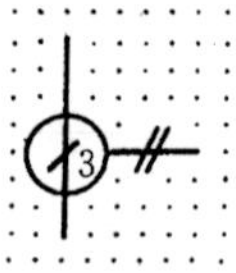 形式 2 	具有 3 条穿线一次导体的脉冲变压器或电流互感器
形式 1 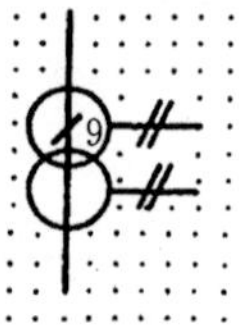 形式 2 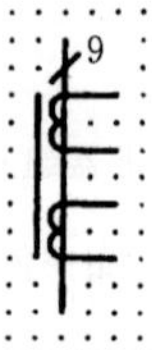	在同一个铁芯具有两个二次绕组和 9 条穿线一次导体的脉冲变压器或电流互感器
4. 电能变换器	
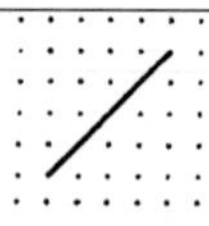	变换的一般符号
	直流/直流变换器
	整流器
	桥式全波整流器

续表

图形符号	名称及说明
	逆变器
	整流器/逆变器
5. 电能发生器	
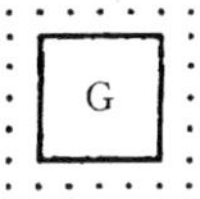	电能发生器的一般符号 旋转的电能发生器用符号圆形
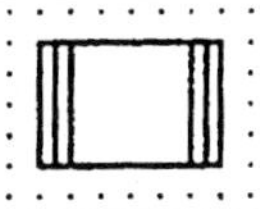	热源一般符号
	放射性同位素热源
	燃烧热源
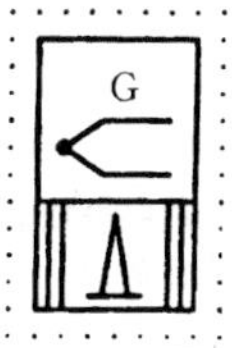	用燃烧热源的热电发生器
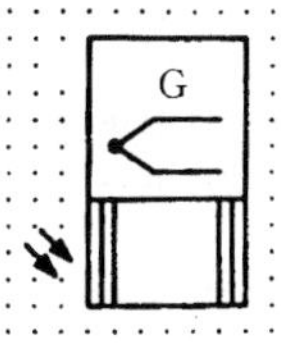	用非电离辐射热源的热电发生器
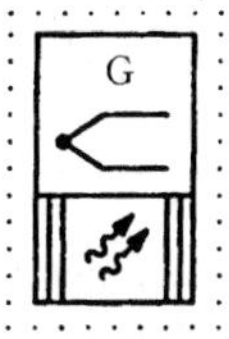	用放射性同位素热源的热电发生器
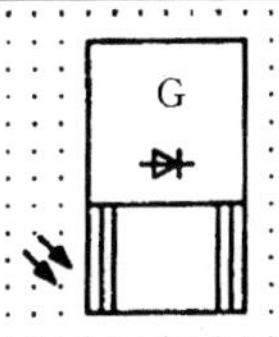	用非电离辐射热源的热离子二极管发生器

图形符号	名称及说明
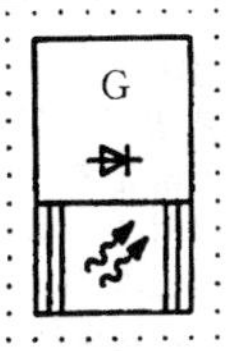	用放射性同位素热源的热离子二极管发生器
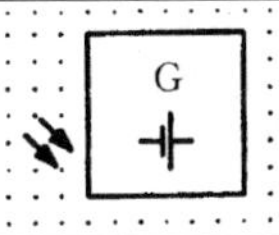	光电发生器
	闭环控制器 星号应由一种表示转换状态的字母或图形所替换，或者省略 对表示一个开环控制器时，应使用仅带一个输入的符号 示例： 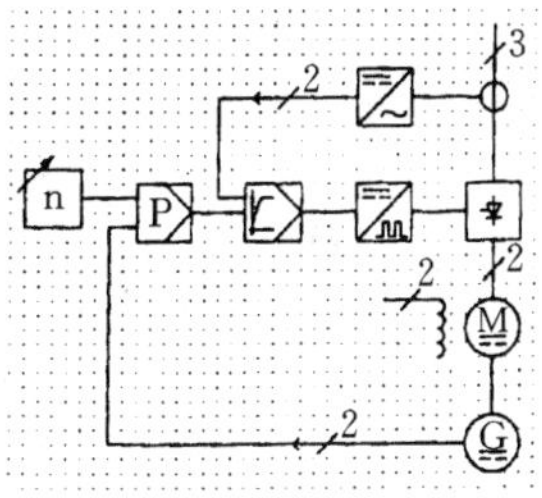 50％
6. 原电池、蓄电池和电池组	
	原电池 蓄电池 原电池或蓄电池组 长线代表阳极、短线代表阴极
（八）开关、控制和保护装置	
1. 限定符号	
	接触器功能
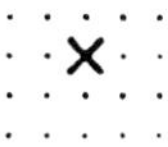	断路器功能
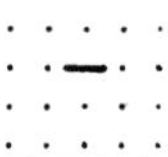	隔离开关功能
	负荷开关功能
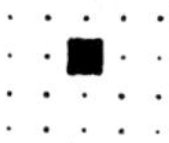	由内装的测量继电器或脱扣器起动的自动释放功能

续表

图形符号	名称及说明
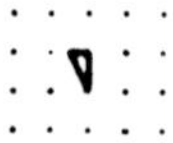	位置开关功能 1. 当不需要表示接触的操作方法时，这个限定符号可用在简单的触点符号上，以表示位置开关。如情况复杂，需要表示出操作方法，则应使用符号 2. 当在两个方向都用机械操作触点时，这个符号应加在触点符号的两边
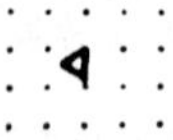	自动返回功能。例如弹性返回 1. 这个符号可用来指示自动返回，示例见后 2. 这个符号不能同限定符号接触器、断路器、隔离开关、负荷开关功能一起使用。许多情况可用自动复位符号
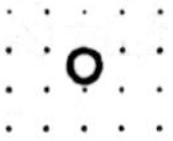	无自动返回（保持原位）功能 1. 这个符号可用来指示无自动返回功能。本规定实施时，它的使用应适当标注 2. 这个符号不能同限定符号接触器、断路器、隔离开关、负荷开关功能一起使用。许多情况可用自锁符号
	开关的正向操作 1. 此符号应该用于指明一个机动装置的正向操作方向，在所示方向上是安全的或符合要求的。它表明操作确保所有的触点都在启动装置的相应位置 2. 如果触点表示连接，这个符号将适用于所有连接触点，除非另有说明
2. 触点	
形式1  形式2 	动合（常开）触点 本符号可用作开关的一般符号
	动断（常闭）触点
	先断后合的转换触点
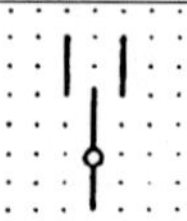	中间断开的双向转换触点
形式1  形式2 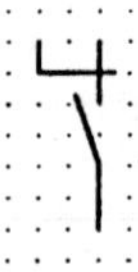	先合后断的转换触点
	双动合触点
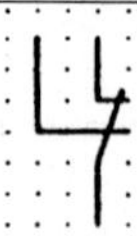	双动断触点
	当操作器件被吸合时，暂时闭合的过渡动合触点
	当操作器件被释放时，暂时闭合的过渡动合触点
	当操作器件被吸合或释放时，暂时闭合的过渡动合触点
	（多触点组中）比其他触点提前吸合的动合触点
	（多触点组中）比其他触点滞后吸合的动合触点

续表

图形符号	名称及说明
	（多触点组中）比其他触点滞后释放的动断触点
	（多触点组中）比其他触点提前释放的动断触点
	当操作器件被吸合时延时闭合的动合触点
	当操作器件被释放时延时断开的动合触点
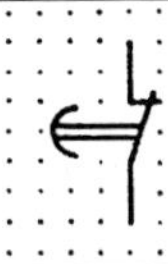	当操作器件被吸合时延时断开的动断触点
	当操作器件被释放时延时闭合的动断触点
	当操作器件吸合时延时闭合。释放时延时断开的动合触点
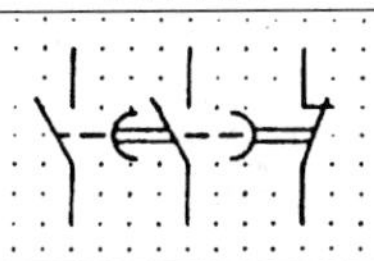	示例：由一个不延时的动合触点一个吸合时延时闭合的动合触点和一个释放时延时闭合的动断触点组成的触点组
	有自动返回的动合触点
	无自动返回的动合触点
	有自动返回的动断触点

图形符号	名称及说明
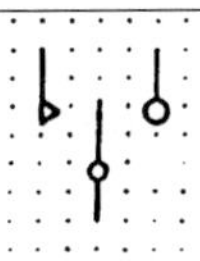	一边有自动返回（左边），另一边无自动返回的中间断开的双向触点
3. 开关、开关装置和起动器	
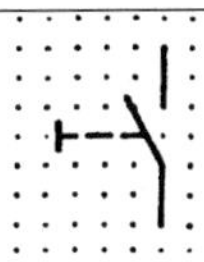	手动操作开关一般符号
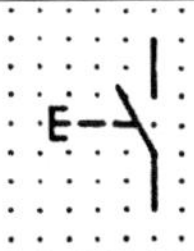	具有动合触点且自动复位的按钮开关
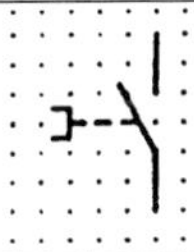	具有动合触点且自动复位的拉拔开关
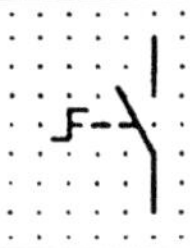	具有动合触点但无自动复位的旋转开关
	具有正向操作的动合触点的按钮开关（如报警开关）
	具有正向操作的动断触点且有保持功能的紧急停车开关（操作“蘑菇头”）
	位置开关，动合触点
	位置开关，动断触点
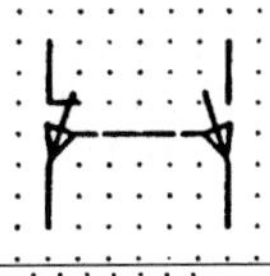	位置开关，对两个独立电路作双向机械操作
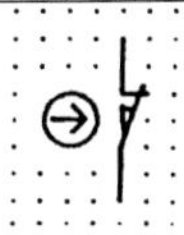	动断触点能正向断开操作的位置开关

续表

图形符号	名称及说明
	热敏开关，动合触点 θ 可用动作温度代替
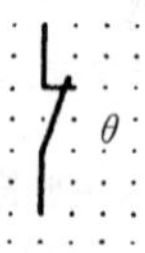	热敏开关，动断触点
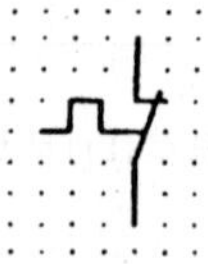	热敏自动开关（例如双金属片）的动断触点 **注意区别此触点和右图所示的热继电器触点** 
	具有热元件的气体放电管荧光灯起动器
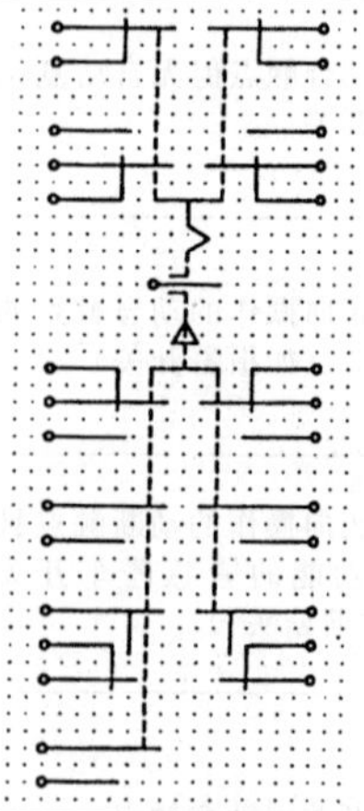	杠杆操作开关，三位置上面位置定位而下边位置自动复位到中间位置，用端子示出
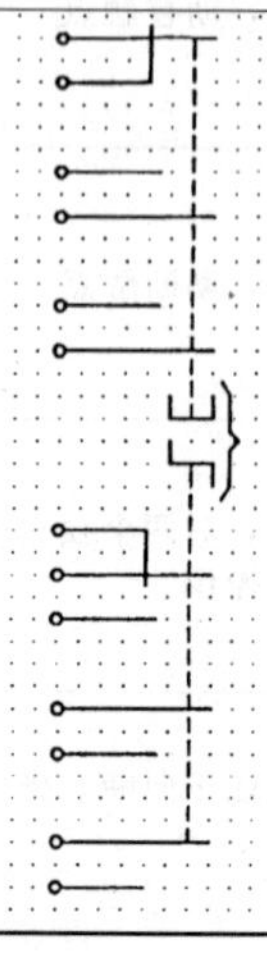	按钮操作开关，一组触点由推动按钮（自动复位）操作，另一组触点由旋转按钮（无自动复位）操作，用端子示出括号表示只有一个操作器
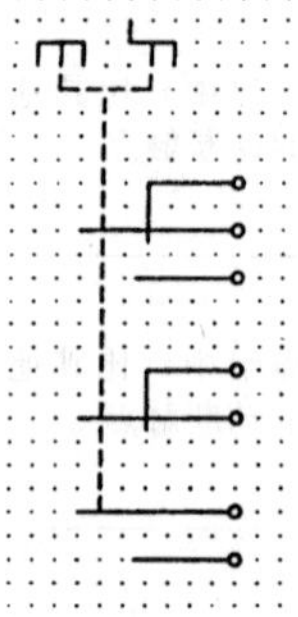	按钮操作开关 同一组触点可用两种不同方法操作，或是旋转（无自动复位），或是推动（带自动复位）用端子示出
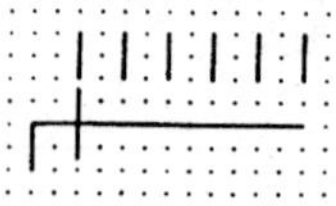	多位置开关（示出六个位置）
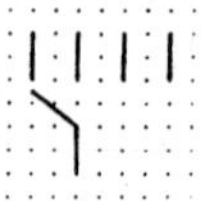	多位置开关 使用少数位置（示出四个位置）
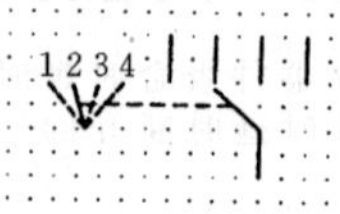	位置图示例： 有时原图与位置图同时列出便于表示每一个开关位置的作用。也可用于表示操作器件运动的极限，如下面的例子所示：  操作器件（例如手轮）仅仅能从位置1到4之间来回转动  操作器件仅能按顺时针方向转动  操作器件按顺时针方向转动时不受限制，但按逆时针方向旋转时只能从位置3到1
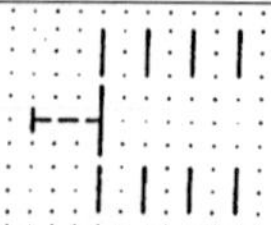	有四个独立电路的四位手动开关
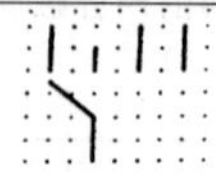	位置2不接通的单极四位开关
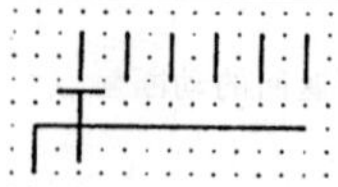	刷片从一个位置转入下一个位置时有瞬间跨接的单极六位开关

续表

图形符号	名称及说明
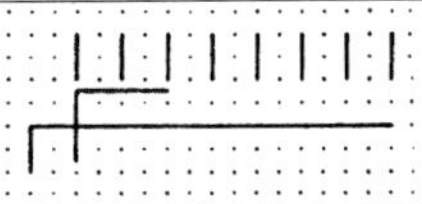	在每一个位置上，刷片跨接三个相邻端子的单极多位开关
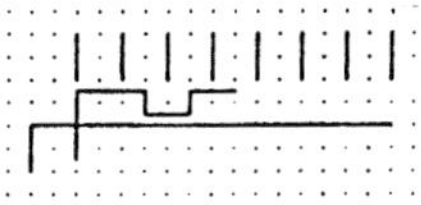	在每一个位置上刷片跨接三个不相邻的端子，但跳过中间一个端子的单极多位开关
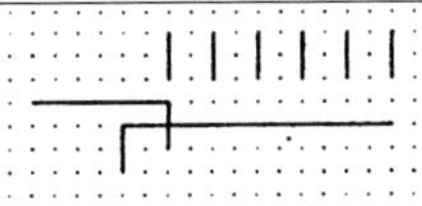	可积累并联的单极多位开关
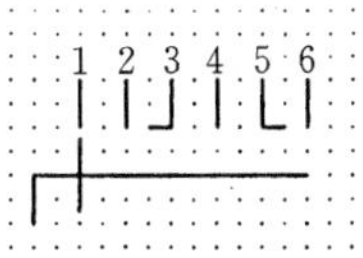	六极多位开关中的一个极 当刷片从位置 2 转入 3 时，此极较其他极提前接通。当从 5 转入 6 时，此极较其他极滞后断开。当刷片向相反方向移动时，提前接通变滞后断开，滞后断开则变成提前接通
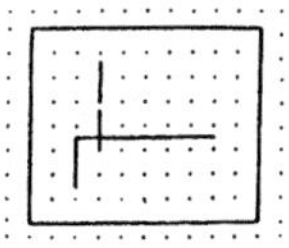	复合式开关的一般符号
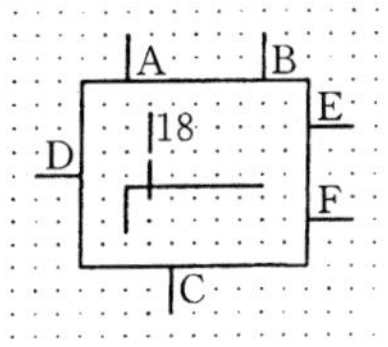 连续表 位置 / 端子的互相连接 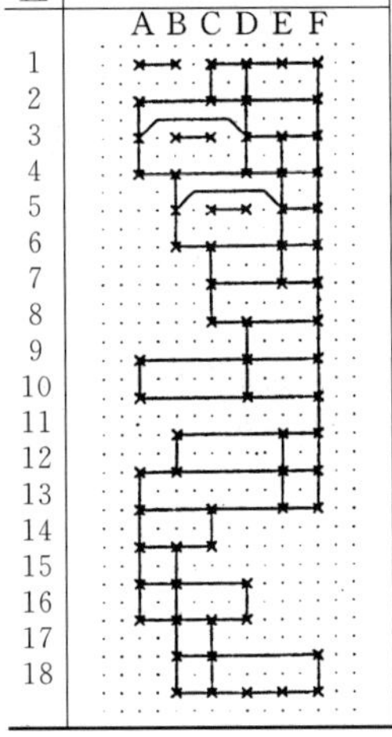	例：具有 A 到 F 六个端子的 18 位旋转薄片式开关，其结构如下图所示（开关位于位置 1）。所示字符并非符号组成部分 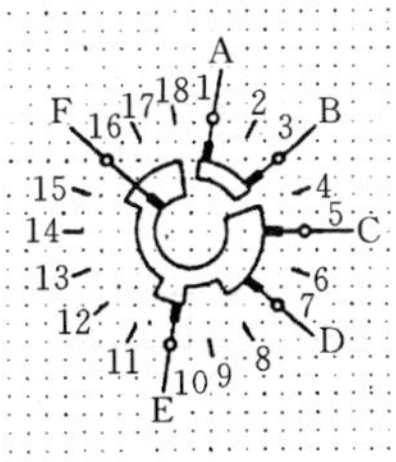 60%

图形符号	名称及说明
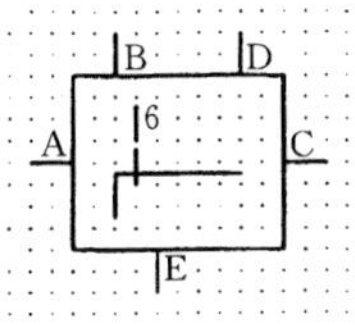 70% 连接表	具有五个端子的六位鼓形旋转开关，其结构如下图所示： 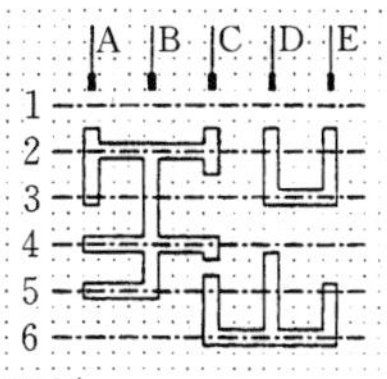 50% 符号（+，−，○） 表示在任何位置（停止位置或中间位置）互相连接的端子，即有相同符号。例如“+”的端子是互相连接的 当需要增加符号时，可用打字机上的字符。例如 X，= 所示字符并非符号组成部分

位置	端子的互相连接				
	A	B	C	D	E
1					
	+		+	○	○
2	+	+	+	○	○
	+	+	+	○	○
3	+	+		○	○
		+			
4	+	+	+		
		+	+ −	−	
5	+	+	−	−	−
			−	−	−
6			−	−	−

图形符号	名称及说明
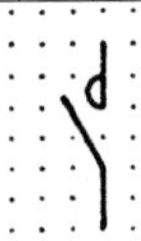	接触器 接触器的主动合触点（在非动作位置触点断开）
	具有由内装的测量继电器或脱扣器触发的自动释放功能的接触器
	接触器 接触器的主动断触点
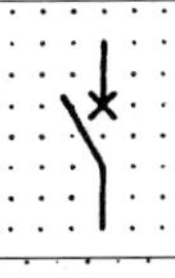	断路器
	隔离开关

续表

图形符号	名称及说明
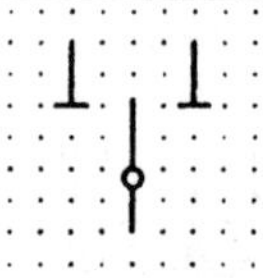	具有中间断开位置的双向隔离开关
	负荷开关（负荷隔离开关）
	具有由内装的测量继电器或脱扣器触发的自动释放功能的负荷开关
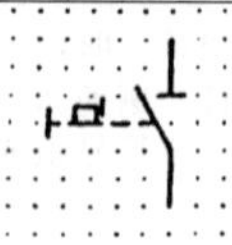	手工操作带有闭锁器件的隔离开关
	自由脱扣机构 可用虚线连接系统的各个部分。将用如下方式定位：  操作机构有一个主要的断开功能，两种可供选择的位置用“*”表示，示于上图
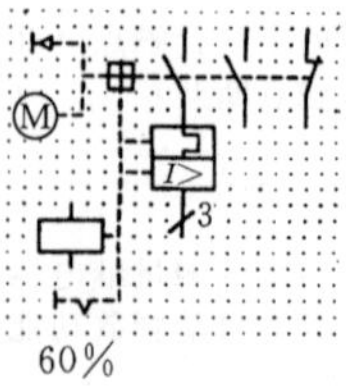 60%	示例： 三极机械式开关装置，手动式电动操作，具有自由脱扣机构和： ——热式过负荷脱扣器 ——过电流脱扣器 ——带闭锁的手动脱扣器 ——遥控脱扣器的线圈 ——一个动合和一个动断辅助触点
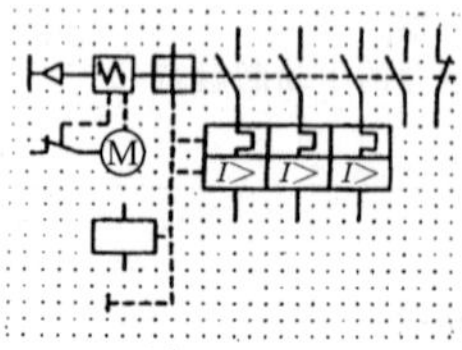 60%	具有弹簧贮能电动操作的三极机械式开关装置，且有： ——三个过负荷脱扣器 ——三个过电流脱扣器 ——手动脱扣器 ——遥控脱扣线圈 ——三个动合主触点 ——一个动合和一个动断辅助触点 ——一个限位开关用于电动机的启动和停止操作
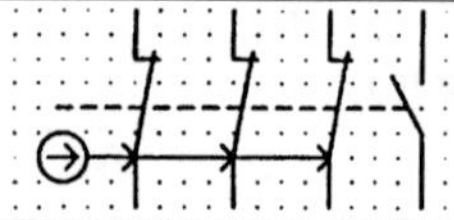	三个动断主触点，具有正向断开操作而辅助动合触点无正向操作的开关

图形符号	名称及说明
	电动机起动器一般符号，特殊类型的起动器可在一般符号内加限定符号
	步进起动器
	调节—起动器
	可逆式电动机直接在线接触器式起动器
	星—三角起动器
	自耦变压器式起动器
	带可控硅整流器的调节—起动器
4. 有或无继电器	
形式 1 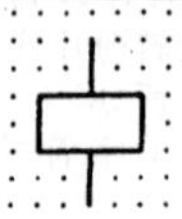 形式 2 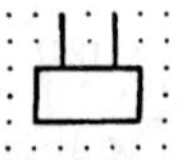	操作件一般符号 继电器线圈一般符号 具有几个绕组的操作器件，在符号内画同绕组数的斜线
形式 1 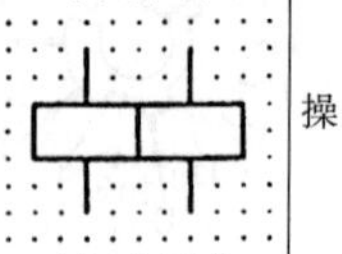 形式 2 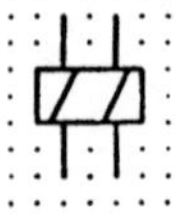	示例：具有两个独立绕组的操作器件的组合表示法
形式 1 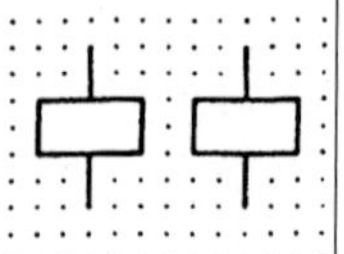 形式 2 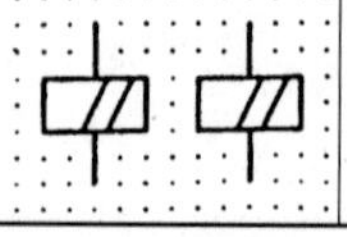	具有两个独立绕组的操作器件的分立表示法

续表

图形符号	名称及说明
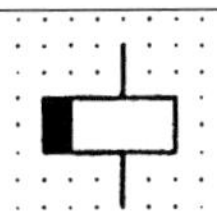	缓慢释放继电器的线圈
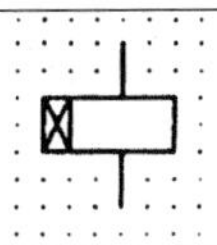	缓慢吸合继电器的线圈
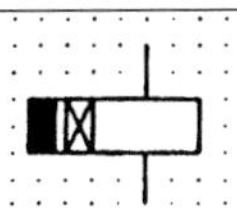	缓吸缓放继电器的线圈
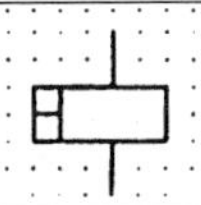	快速继电器（快吸和快放）的线圈
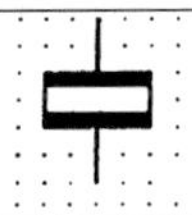	对交流不敏感继电器的线圈
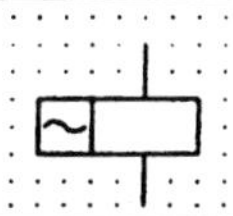	交流继电器的线圈
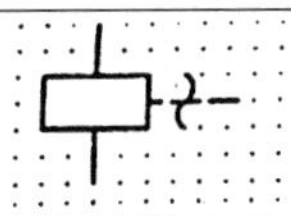	机械谐振继电器的线圈
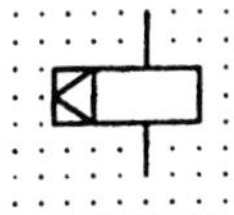	机械保持继电器的线圈
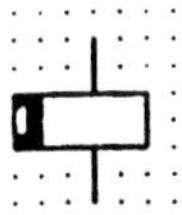	极化继电器的线圈 极性圆点（·）用以表示通过极化继电器绕组的电流方向和按如下方式连接的动触点的运动之间的关系 当标有极点的绕组端子相对于另一绕组端子是正极时，动触点朝着标有圆点的位置运动 示例：
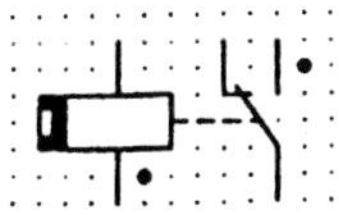	在绕组中只有一个方向的电流起作用，并能自动复位的极化继电器
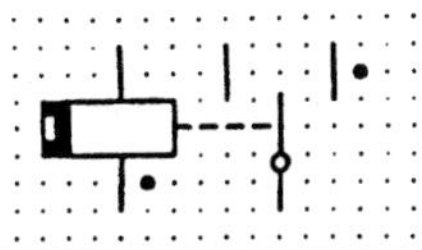	在绕组中任一方向的电流均可起作用的具有中间位置并能自动复位的极化继电器
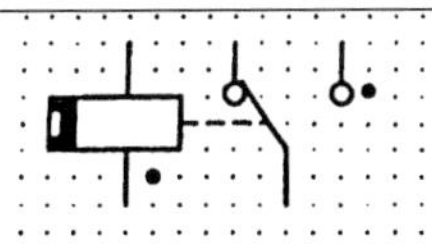	具有两个稳定位置的极化继电器

图形符号	名称及说明
形式 1 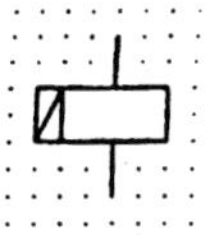 形式 2 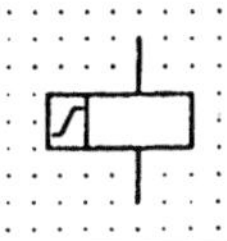	剩磁继电器的线圈
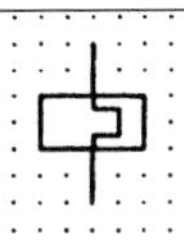	热继电器的驱动器件
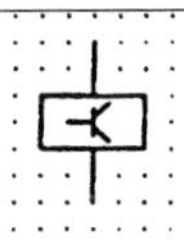	电子继电器的驱动器件
5. 测量继电器和有关器件	
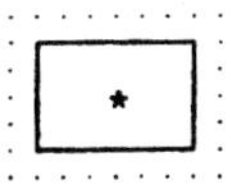	测量继电器 与测量继电器有关的器件 1. 星号 * 必须由表示这个器件参数的一个或多个字母或限定符号按下述顺序代替： ——特性量和其变化方式 ——能量流动方向 ——整定范围 ——重整定比（复位比） ——延时作用 ——延时值 2. 特性量的文字符号应该和已有标准相一致。例如 IEC27 和 GB3102 3. 类似的测量元件数量的数字可包括在此符号内。例如 07-17-05 所示 4. 此符号可作为整个器件的功能符号或仅表示器件的驱动元件
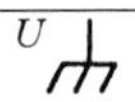	对机壳故障电压
U_{rsd}	剩余电压
I ←	反向电流
I_d	差动电流
I_d/I	差动电流百分比
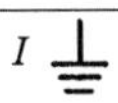	对地故障电流
I_N	中性线电流

续表

图形符号	名称及说明
I_{N-N}	两个多相系统中性线之间的电流
P_α	相角为 α 时的功率
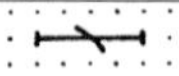	反延时特性
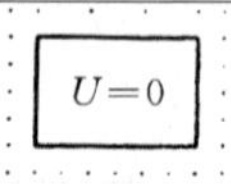	零电压继电器
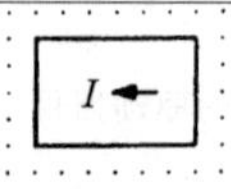	逆电流继电器
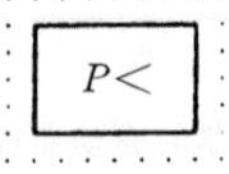	负功率继电器
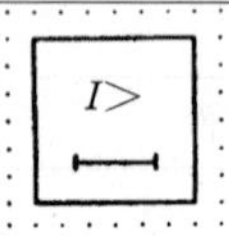	延时过流继电器
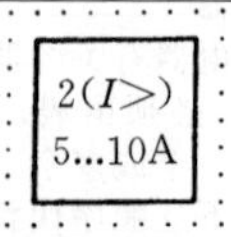	具有两个测量元件，整定范围从 5A 到 10A 的过流继电器
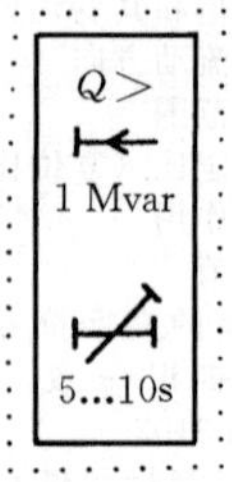	无功过功率继电器 ——能量流向母线 ——工作数值为 1Mvar ——延时调节范围从 5s 到 10s
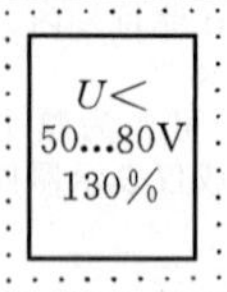	欠压继电器 整定范围从 50V 到 80V，重整定比为 130%
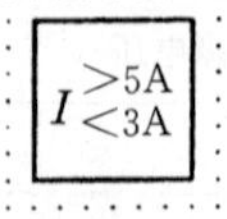	有最大和最小整定值的电流继电器 示出限值 3A 和 5A
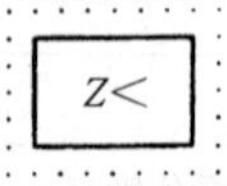	欠阻抗继电器
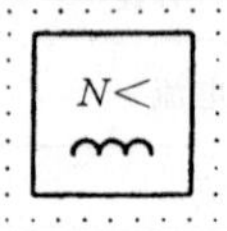	匝间短路检测继电器

图形符号	名称及说明
	断线检测继电器
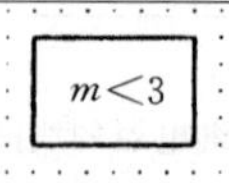	在三相系统中的断相故障检测继电器
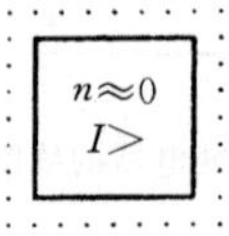	堵转电流检测继电器
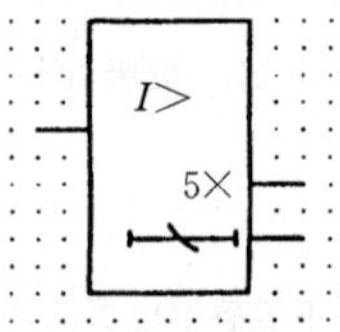	具有一路在电流大于 5 倍整定值动作，另一路为反延时特性的两路输出的过流继电器
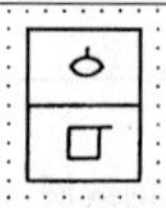	瓦斯保护器件
	自动重闭合器件 自动重合闸继电器
6. 接近和接触敏感器件	
	接近传感器
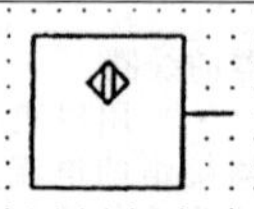	接近传感器器件方框符号 操作方法可以表示出来
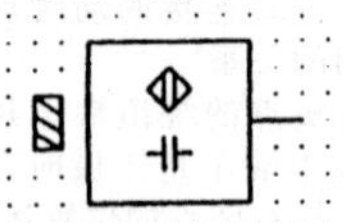	示例： 固体材料接近时操作的电容性的接近检测器
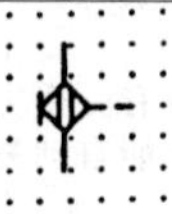	接触传感器
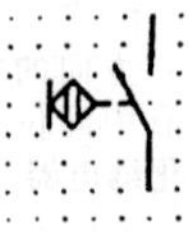	接触敏感开关动合触点
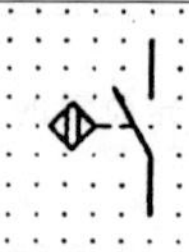	接近开关动合触点

续表

图形符号	名称及说明
	磁铁接近动作的接近开关，动合触点
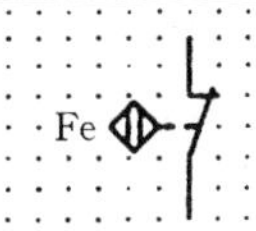	铁接近时动作的接近开关，动断触点
7. 保护器件	
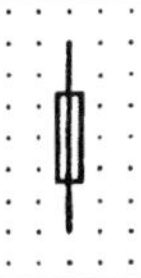	熔断器一般符号
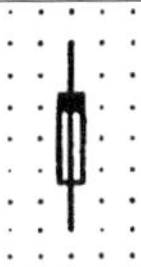	熔断器烧断后仍可使用，一端用粗线表示的熔断器
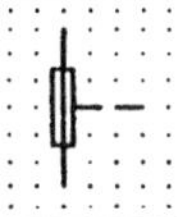	带机械连杆的熔断器（撞击式熔断器）
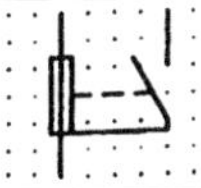	具有报警触点的三端熔断器
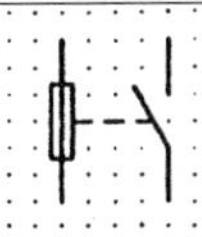	具有独立报警电路的熔断器
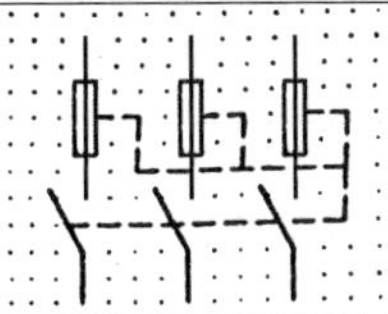	任何一个撞击式熔断器熔断而自动释放的三极开关
	熔断器式开关
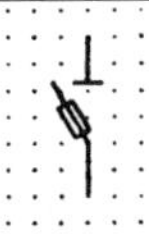	熔断器式隔离开关
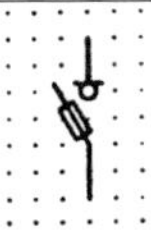	熔断器式负荷开关

图形符号	名称及说明
	火花间隙
	双火花间隙
	避雷器
	保护用充气放电管
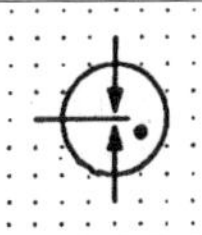	保护用对称充气放电管
8. 其他符号	
	静态开关一般符号 1. 用小圆表示的节点，不应加到本符号中 2. 可加入适当的限定符号，以表示静态开关的功能
	静态（半导体）接触器
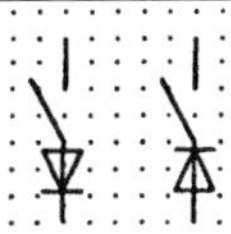	静态开关，只能通过单向电流
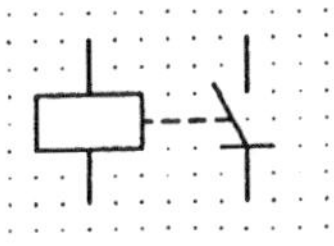	静态继电器一般符号，示出了半导体动合触点 可加入用以表示驱动元件型号的限定符号
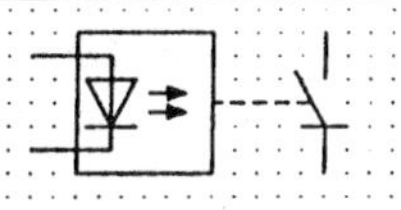	示例： 具有用作驱动元件的光敏二极管的静态继电器，并示出半导体动合触点
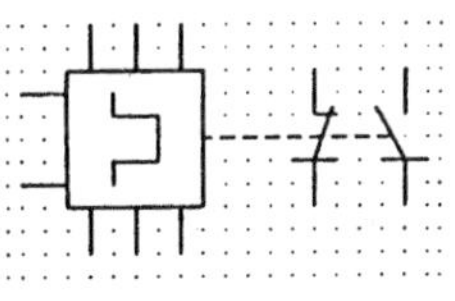	示例： 具有两个半导体触点的三极热式过负荷继电器，其中一个半导体动合触点和一个半导体动断触点；驱动器需要独立的辅助电源

续表

图形符号	名称及说明
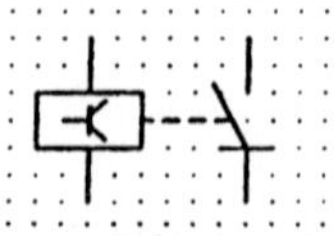	示例： 具有半导体动合触点的半导体操作器件
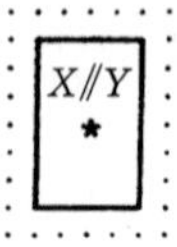	电气上独立的耦合器件 1. 星号“*”可由耦合介质的符号代替或省略 2. X 和 Y 可由有关数量的适当指示代替或省略 3. 双平行斜线可由交叉线代替
	示例： 电气上独立的光耦合器件
(9) 测量仪表、灯和信号器件	
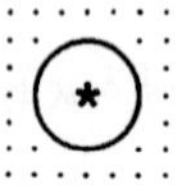	指示仪表 说明：星号应由被测量单位的文字符号、化学分子式、图形符号等代替
	记录仪表 同上说明
	积算仪表，如电能表 星号应按上述的说明被代替 从积算仪表传输重复读数的遥测仪表也可使用本符号 本符号可以和记录仪表组合来表示组合仪表 符号顶部的矩形数表示多费率表所测的不同和量的数
	电压表
	无功电流表
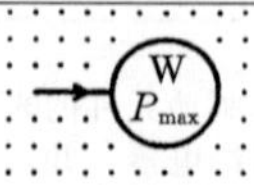	一台积算仪表最大需求量指示器
	无功功率表
	功率因数表

图形符号	名称及说明
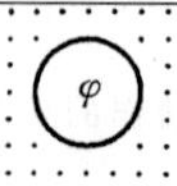	相位计
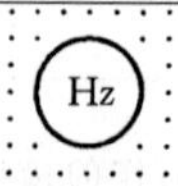	频率计
	同步指示器
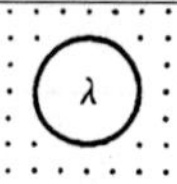	波长表
	示波器
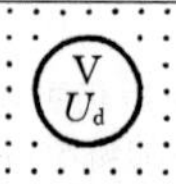	差动式电压表
	检流计
	盐度计
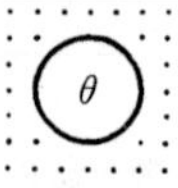	温度计 高温计
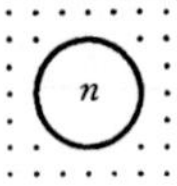	转速表
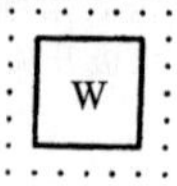	记录式功率表
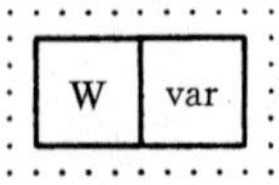	组合式记录功率表和无功功率表
	录波器
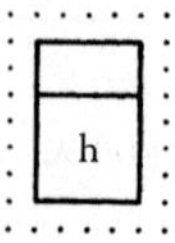	小时计 计时器

续表

图形符号	名称及说明
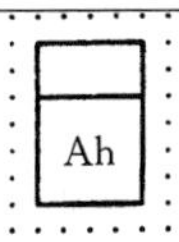	安培小时计
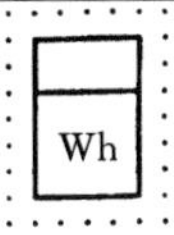	电能表（瓦时计）
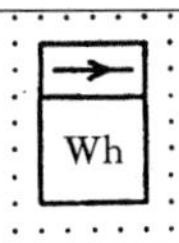	电能表，仅测量单向传输能量
	电能表，计算从母线流出的能量
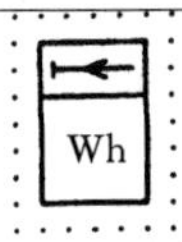	电能表，计算流向母线的能量
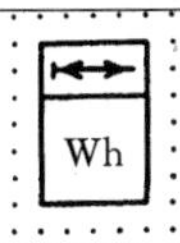	电能表，计算双向流动能量（输出或输入）
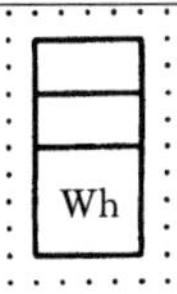	复费率电能表，示出二费率
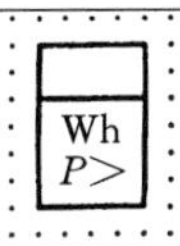	超量电能表
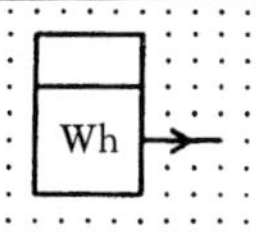	带发送器电能表
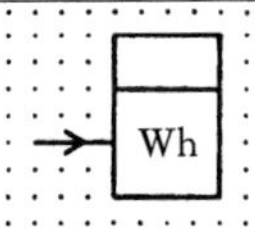	从动电能表（转发器）
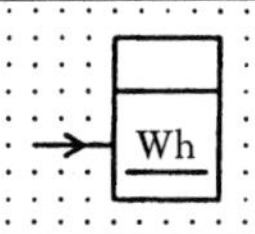	从动电能表（转发器），带有打印装置
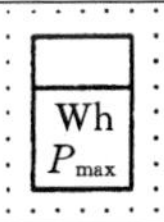	带最大需量指示器电能表
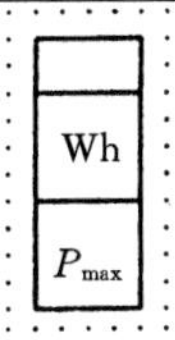	带最大需量记录器电能表
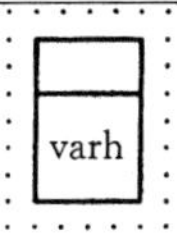	无功电能表
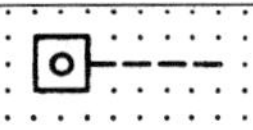	计数功能限定符号
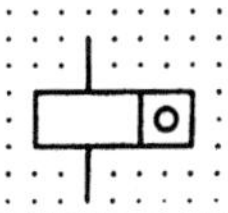	脉冲计（电动计数装置）
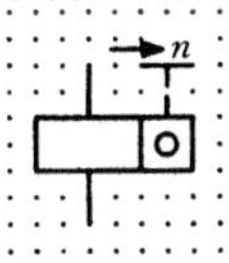	手动预调到 n 脉冲计（如 $n=0$ 则重设）
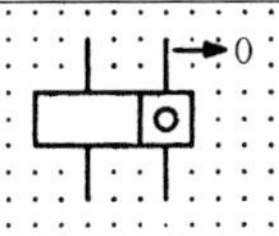	电动复零脉冲计
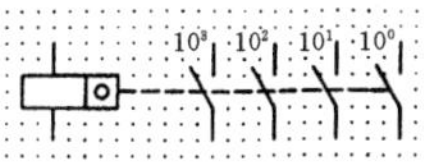 60%	带有多触点的脉冲计 计数器每记录 1 次，10 次、100 次、1000 次，相应触点闭合一次
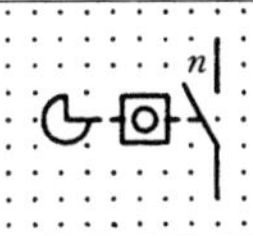	凸轮驱动的每 n 次触点闭合一次的计数器件
形式 1 	热电偶，示出极性符号
形式 2 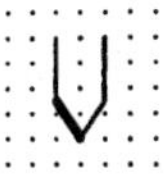	带直接指示极性的热电偶，负极用粗线表示
 简化形式 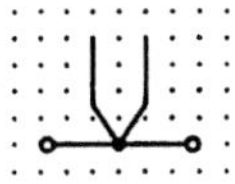	带有非绝缘加热元件的热电偶

续表

图形符号	名称及说明
简化形式 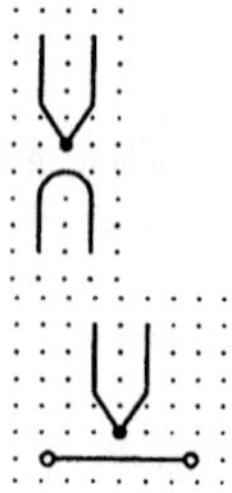	带有绝缘加热元件的热电偶
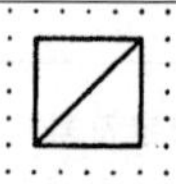	信号变换器，一般符号
	钟，一般符号 子钟
	母钟
	带有触点的钟
	同步器件一般符号 对于特定的同步器件其星号必须用适当的字母代替 根据同步器件功能使用下列字母： 第一位字母：功　能 C　控制式 T　转矩式 R　解算器 第二位字母：功　能 D　差动 R　接收机 T　变压器 X　发送机 B　旋转定子绕组 在这些符号内，内圆表示转子，外圆表示定子或在一定情况下，表示一个旋转的外绕组
	转矩发送机
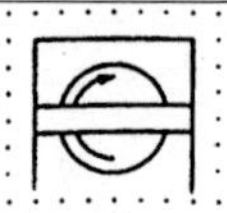	陀螺仪

图形符号	名称及说明
200% 	灯，一般符号 信号灯，一般符号 如果要求指示颜色，则在靠近符号处标出下列代码： RD—红 YE—黄 GN—绿 BU—蓝 WH—白 如果要求指示灯类型，则在靠近符号处标出下列代码： Ne—氖 Xe—氙 Na—钠气 Hg—汞 I—碘 IN—白炽 EL—电发光 ARC—弧光 FL—荧光 IR—红外线 UV—紫外线 LED—发光二极管
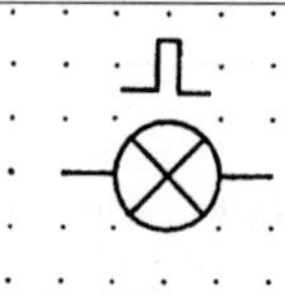	闪光型信号灯
	机电型指示器信号元件
	带有一个断开位置和两个工作位置的机电型位置指示器
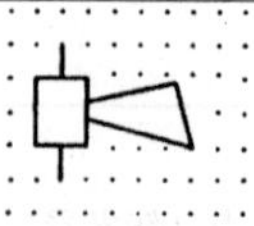	电喇叭
	电铃
	单击电铃
	报警器

续表

图形符号	名称及说明	图形符号	名称及说明
	蜂鸣器		电动气笛
		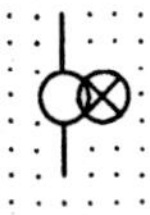	由内置变压器供电的指示灯

附录二　电气常用新旧文字符号对照表

序号	名　　称	新符号		旧符号
		单字母	多字母	
1	功能单元；组件；电路板；装置；控制（保护）屏、台	A		
1.1	保护装置		AP	
1.2	电流保护装置		APA	
1.3	电压保护装置		APV	
1.4	距离保护装置		APD	
1.5	电压抽取装置		AVS	
1.6	零序电流方向保护装置		APZ	
1.7	重合闸装置		APR	ZCH
1.8	母线保护装置		APB	
1.9	接地故障保护装置		APE	
1.10	电源自动投入装置		AAT	BZT
1.11	自动切机装置		AAC	
1.12	按频率减负载装置		AFL	ZPJH
1.13	按频率解列装置		AFD	
1.14	自动调节励磁装置		AER	ZTL
1.15	自动灭磁装置		AEA	ZM
1.16	强行励磁装置		AEI	
1.17	强行减磁装置		AED	
1.18	自动调节频率装置		AFR	
1.19	有功功率成组调节装置		APA	
1.20	无功功率成组调节装置		APR	
1.21	（线路）纵联保护装置		APP	
1.22	远方跳闸装置		ATQ	
1.23	远动装置		ATA	
1.24	遥测装置		ATM	
1.25	故障预测装置		AUP	
1.26	故障录波装置		AFO	
1.27	中央信号装置		ACS	
1.28	自动准同步装置		ASA	ZZQ
1.29	手动准同步装置			
1.30	自同步装置		AS	
1.31	巡回检测装置		AMD	
1.32	振荡闭锁装置		ABS	
1.33	收发讯机		AT	
1.34	载波机		AC	
1.35	故障距离探测装置		AUD	
1.36	硅整流装置		AUF	
1.37	失灵保护装置		APD	
2	测量变送器，传感器	B		
3	电容器：	C		
3.1	电容器（组）	C		
4	二进制元件；延时、存储器件；数字集成电路、插件	D		
4.1	数字集成电路和器件	D		
4.2	延迟线		DL	
4.3	双稳态元件		DB	
4.4	单稳态元件		DM	
4.5	磁芯存储器		DS	
4.6	寄存器		DR	
5	发热器件；热元件；发光器件；照明灯	E		
6	直接动作式保护；避雷器；放电间隙；熔断器	F		
6.1	避雷器	F		
6.2	熔断器		FU	RD
6.3	限压保护器件		FV	
7	发电机；信号发生器；振荡器；振荡晶体	G		F
7.1	交流发电机		GA	
7.2	直流发电机		GD	
7.3	同步发电机；发生器		GS	
7.4	励磁机		GE	I
7.5	蓄电池		GB	
8	信号器件；声、光指示器	H		
8.1	声响指示器		HA	
8.2	警铃		HAB	
8.3	蜂鸣器、电喇叭		HAU	
8.4	信号灯、光指示器		HL	
8.5	跳闸信号灯		HLT	
8.6	合闸信号灯		HLC	
8.7	光字牌	H		
9	程序；程序单元；模块	J		
10	继电器	K		J
10.1	电流继电器		KA	J
10.2	过电流继电器		KAO	LJ
10.3	欠电流继电器		KAU	
10.4	负序电流继电器		KAN	FLJ
10.5	零序电流继电器		KAZ	LDJ
10.6	电压继电器		KV	YJ
10.7	过电压继电器		KVO	
10.8	欠电压继电器		KVU	

续表

序号	名称	新符号		旧符号
		单字母	多字母	
10.9	负序电压继电器		KVN	FYJ
10.10	零序电压继电器		KVZ	LYJ
10.11	频率继电器		KF	ZHJ
10.12	过频率继电器		KFO	
10.13	欠频率继电器		KFU	
10.14	差频率继电器		KFD	
10.15	差动继电器		KD	CJ
10.16	阻抗继电器		KI	ZKJ
10.17	接地继电器		KE	JDJ
10.18	过励磁继电器		KEO	
10.19	欠励磁继电器		KEU	
10.20	逆流继电器		KR	
10.21	功率方向继电器		KW	GJ
10.22	负序功率方向继电器		KWX	
10.23	零序功率方向继电器		KWZ	
10.24	逆功率继电器		KWR	
10.25	同步监察继电器		KY	TJJ
10.26	失步继电器		KYO	
10.27	重合闸继电器		KRC	
10.28	重合闸后加速继电器		KCP	JSJ
10.29	母线差动继电器		KDB	
10.30	板化继电器		KP	JJ
10.31	干簧继电器		KRD	
10.32	闪光继电器		KH	
10.33	时间继电器		KT	SJ
10.34	信号继电器		KS	XJ
10.35	控制（中间）继电器		KC	ZJ
10.36	防跳继电器		KCF	TBJ
10.37	出口继电器		KCO	BCJ
10.38	跳闸位置继电器		KCT	TWJ
10.39	合闸位置继电器		KCC	HWJ
10.40	事故信号继电器		KCA	SXJ
10.41	预告信号继电器		KCR	YXJ
10.42	同步中间继电器		KCS	
10.43	固定继电器		KCX	
10.44	加速继电器		KCL	
10.45	切换继电器		KCW	
10.46	重动继电器		KCE	
10.47	脉冲继电器		KM	
10.48	绝缘监察继电器		KVI	
10.49	电源监视继电器		KVS	JJ
10.50	压力监视继电器		KVP	
10.51	保持继电器		KL	
10.52	起动继电器		KST	
10.53	停信继电器		KSS	
10.54	收信继电器		KSR	
10.55	接触器		KM	C
10.56	闭锁继电器		KCB	BSJ
11	电抗器；电感器；线圈；水磁铁	L		
12	电动机	M		
12.1	同步电动机		MS	
13	运算放大器；模拟/数字混合器件		N	
14	指示器件；测量设备；记录器件；信号发生器	P		
14.1	电流表		PA	
14.2	电压表		PV	
14.3	计数器		PC	
14.4	电能表		PJ	
14.5	有功功率表		PPA	
14.6	无功功率表		PPR	
14.7	记录仪器		PS	
14.8	时针，操作时间表		PT	
15	电力电路的开关器件	Q		
15.1	断路器		QF	DL
15.2	隔离开关		QS	G
15.3	接地刀闸		QSE	
15.4	刀开关		QK	DK
15.5	自动开关		QA	ZK
15.6	灭磁开关	Q		MK
16	电阻器；变阻器	R		R
16.1	电位器		RP	
16.2	压敏电阻		RV	
16.3	分流器		RS	
17	控制回路开关	S		

续表

序号	名称	新符号		旧符号	序号	名称	新符号		旧符号
		单字母	多字母				单字母	多字母	
17.1	控制开关（手动）；选择开关		SA	KK	22.1	连接片；切换片		XB	LP
17.2	按钮开关		SB	AN	22.2	测试插孔		XJ	
17.3	测量转换开关		SM	CK	22.3	插头		XP	
17.4	终端（限位）开关	S		XWK	22.4	插座		XS	
17.5	手动准同步开关		SSM1	ISTK	22.5	测试端子		XE	
17.6	解除手动准同步开关		SSM	STK	22.6	端子排		XT	
17.7	自动准同步开关		SSA1	DTK	23	操作线圈；闭锁器件	Y		
17.8	自同步开关		SSA2	ZTK	23.1	合闸线圈		YC	HQ
18	变压器；调压器	T		B	23.2	跳闸线圈		YT	TQ
18.1	分裂变压器		TU	B	23.3	电磁铁（锁）		YA	DS
18.2	电力变压器		TM	B	24	滤波器；滤过器	Z		
18.3	转角变压器		TR	ZB	24.1	有源滤波器		ZA	
18.4	控制回路电源用变压器		TC	KB	24.2	全通滤波器		ZP	
18.5	自耦调压器		TT	ZT	24.3	带阻滤波器		ZB	
18.6	励磁变压器		TE		24.4	高通滤波器		ZH	
18.7	电流互感器		TA	LH	24.5	低通滤波器		ZL	
18.8	电压互感器		TV	YH	24.6	无源滤波器		ZV	
19	变换器	U			25	线路			
19.1	电流变换器（变流器）		UA		25.1	交流系统电源相序			
19.2	电压变换器		UV			第一相		L1	A
19.3	电抗变换器		UR			第二相		L2	B
19.4	鉴频器		UD			第三相		L3	C
19.5	解调器、励磁变流器		UE		25.2	交流系统设备端相序			
19.6	编码器		UC			第一相	U		A
19.7	逆变器		UI	NB		第二相	V		B
19.8	整流器		UF	ZL		第三相	W		C
20	半导体器件；晶体管、二极管	V				中性线	N		N
20.1	发光二极管		VL		25.3	保护线		PE	
20.2	稳压管		VS		25.4	接地线	E		
20.3	可控硅元件		VSO		25.5	保护和中性共用线		PEN	
20.4	三极管		VT		26	直流系统电源			
21	导线；电缆；母线；信息总线；天线；光纤	W				正	+		
						负	−		
22	端子；插头；插座；接线柱	X				中间线	M		

附录三 小母线新旧文字符号及其回路标号

序号	小母线名称	原编号		新编号一		新编号二	
		文字符号	回路标号	文字符号	回路标号	文字符号	回路标号
	(一)直流控制、信号及辅助小母线						
1	控制回路电源	+KM、-KM		L+、L-		+、-	
2	信号回路电源	+XM、-XM	701、702	L+、L-		+700、-700	7001、7002
3	事故音响信号(不发遥信时)	SYM	708			M708	708
4	事故音响信号(用于直流屏)	ISYM	728			M728	728
5	事故音响信号(用于配电装置时)	2SYM·Ⅰ 2SYM·Ⅱ 2SYM·Ⅲ	727·Ⅰ 727·Ⅱ 727·Ⅲ			M7271、 M7272、 M7273	7271、7272、7273
6	事故音响信号(发遥信时)	3SYM	808			M808	808
7	预告音响信号(瞬时)	1YBM、2YBM	709、710			M709、M710	709、710
8	预告音响信号(延时)	3YBM、4YBM	711、712			M711、M712	711、712
9	预告音响信号(用于配电装置时)	YBM·Ⅰ YBM·Ⅱ YMB·Ⅲ	729·Ⅰ 729·Ⅱ 729·Ⅲ			M7291、 M7292、 M7293	7291、7292、7293
10	控制回路断线预告信号	KDM·Ⅰ KDM·Ⅱ KDM·Ⅲ					
11	灯光信号	(-)XM	726			M726	726
12	配电装置信号	XPM	701			M701	701
13	闪光信号	(+)SM	100			M100	100
14	合闸	+HM、-HM		L+、L-		+ -	
15	"信号未复归"光字牌	FM、PM	703、716			M703、M716	703、716
16	指挥装置音响	ZYM	715			M715	715
17	自动调整周波脉冲	1TZM、2TZM	717、718			M717、M718	717、718
18	自动调整电压脉冲	1TYM、2TYM	Y717、Y718			M7171、 M7181	7171、7181
19	同步装置越前时间整定	1TQM、2TQM	719、720			M719、M720	719、720
20	同步装置发送合闸脉冲	1THM、2THM、3THM	721、722、723			M721、M722、M723	721、722、723
21	隔离开关操作闭锁	GBM	880			M880	880
22	旁路闭锁	1PBM、2PBM	880、900			M881、M900	881、900
23	厂用电源辅助信号	+CFM、-CFM	701、702	L+、L-		+701、-702	7011、7012
24	母线设备辅助信号	+MFM、-MFM	701、702	L+、L-		+701、-702	7021、7022

续表

序号	小母线名称	原编号		新编号一		新编号二	
		文字符号	回路标号	文字符号	回路标号	文字符号	回路标号
（二）交流电压、同步和电源小母线							
25	同步电压（运行系统）	TQM·Ⅰ、TQM·Ⅱ					
26	同步电压（待并系统）	TQM·Ⅰ、TQM·Ⅱ					
27	同步发电机残压	TQM·Ⅰ					
28	第一组或奇数母线段的电压	1YM·a、1YM·b、1YM·c、1YM·L、1SYM·c、YM·N	A630、B630、C630、L630、SC630、N630	L1、L2、L3、N		L1—630、L2—630、L3—630	A630、B630、C630、L630、SC630、N630
29	第二组或偶数母线段的电压	2YM·a、2YM·b、2YM·c、2YM·L、2SYM·c、YM·N	A640、B640、C640、L640、SC640、N640	L1、L2、L3、N		L1—640、L2—640、L3—640、N	A640、B640、C640、L640、SC640、N640
30	6～10kV备用线段的电压	9YM·a、9YM·b、9YM·c	A690、B690、C690	L1、L2、L3		L1—690、L2—690、L3—690	A690、B690、C690
31	转角	ZM·a、ZM·b、ZM·c	A790、B790、C790	L1、L2、L3		L1—790、L2—790、L3—790	A790、B790、C790
32	低电压保护	1DYM、2DYM、3DYM	011、013、02			M011、M013、M02	011、013、02
33	电源	DYM·a、DYM·n		L1、N		L1、N	
34	旁路母线电压切换	YQM·c	C712	L3		L3—712	C712

注　1. 表中交流电压，同步电压小母线的符号和标号，适用于电压互感器二次侧中性点接地、同步设备和接线采用单相式；扩建工程小母线的符号和标号一般按原工程接线配合。

2. 母线设备控制（或继电器）屏上有几级电压小母线时，可用以下标志加以区分：
6kV或10kV系统为1YM·a-6～1YM·L-6等；
35kV系统为1YM·a-3～1YM·L-3等；
110kV系统为1YM·a-11～1YM·L-11及1SYM·c-11等；
220kV系统为1YM·a-22～1YM·L-22及1SYM·c-22等；
330kV系统为1YM·a-33～1YM·L-33及1SYM·c-33等；
500kV系统为1YM·a-50～1YM·L-50及1SYM·c-50等。

附录四　二次直流回路新旧数字标号

序号	回路名称	原数字标号				新编号一				新编号二			
		Ⅰ	Ⅱ	Ⅲ	Ⅳ	Ⅰ	Ⅱ	Ⅲ	Ⅳ	Ⅰ	Ⅱ	Ⅲ	Ⅳ
1	正源回路	1	101	201	301	101	201	301	401	101	201	301	401
2	负源回路	2	102	202	302	102	202	302	402	102	202	302	402
3	合闸回路	3～31	103～131	203～231	303～331	103	203	303	403	103	203	303	403
4	合闸监视回路	5	105	205	305					105	205	305	405

续表

序号	回路名称	原数字标号				新编号一				新编号二			
		Ⅰ	Ⅱ	Ⅲ	Ⅳ	Ⅰ	Ⅱ	Ⅲ	Ⅳ	Ⅰ	Ⅱ	Ⅲ	Ⅳ
5	跳闸回路	33～49	133～149	233～249	333～349	133 1133 2233	233 2133 2233	333 3133 3233	433 4133 4233	133 1133 2233	233 2133 2233	333 3133 3233	433 4133 4233
6	跳闸监视回路	35	135	235	335					135 1135 1235	235 2135 2235	335 3135 3235	435 4135 4235
7	备用电源自动合闸回路	50～69	150～169	250～269	350～369					150～169	250～269	350～369	450～469
8	开关设备的位置信号回路	70～89	170～189	270～289	290～289					170～189	270～289	370～389	470～789
9	事故跳闸音响信号回路	90～99	190～199	290～299	390～399					190～199	290～299	390～399	490～499
10	保护回路	01～099(或J1～J99)								01～099(或0101～0999)			
11	发电机励磁回路	601～699								601～699或6011～6999			
12	信号及其他回路	701～999 (标号不足时可递增)								701～799或7011～7999			
13	断路器位置遥信回路	801～809								801～809或8011～8999			
14	断路器合闸绕组或操动机构电动机回路	871～879								871～879或8711～8799			
15	隔离开关操作闭锁回路	881～889								881～889或8810～8899			
16	发电机调速电动机回路	T991～T999								991～999或9910～9999			
17	变压器零序保护共用电流回路	J01、J02、J03								001、002、003			
18	变送器后回路									A001～A999			
19	至微机系统数字量									D001～D999			
20	至闪光报警装置									S001～S999			

注 1. 无备用电源自动投入的安装单位，序号7的编号可用于其他回路。

2. 断路器或隔离开关为分相操动机构时，序号3、5、14、15等回路标号后应以A、B、C标志区别。

附录五　二次交流回路新旧数字标号

序号	回路名称	原回路标号组					
		用途	A相	B相	C相	中性线	零序
1	保护装置及测量仪表电流回路	LH	A4001～A4009	B4001～B4009	C4001～C4009	N4001～N4009	L4001～L4009
2		1LH	A4011～A4019	B4011～B4019	C4011～C4019	N4011～N4019	L4011～L4019
3		2LH	A4021～A4029	B4021～B4029	C4021～C4029	N4021～N4029	L4021～L4029
4		9LH	A4091～A4099	B4091～B4099	C4091～C4099	N4091～N4099	L4091～L4099
5		10LH	A4101～A4109	B4101～B4109	C4101～C4109	N4101～N4109	L4101～L4109
6		29LH	A4291～A4299	B4291～B4299	C4291～C4299	N4291～N4299	L4291～L4299
7		1LLH					LL411～LL41
8		2LLH					LL421～LL42
9	保护装置及测量仪表电压回路	YH	A601～A609	B601～B609	C601～C609	N601～N609	L601～L609
10		1YH	A611～A619	B611～B619	C611～C619	N611～N619	L611～L619
11		2YH	A621～A629	B621～B629	C621～C629	N621～N629	L621～L629
12	经隔离开关辅助触点或继电器切换后的电压回路	6～10kV	A(C、N)760～769、B600				
13		35kV	A(C、N)730～739、B600				
14		110kV	A(B、C、L、S・C)710～719、N600				
15		220kV	A(B、C、L、S・C)720～729、N600				
16		330(500)kV	A(B、C、L、S・C)730～739、N600[A(B、C、L、S・C)750～759、N600]				
17	绝缘检查电压表的公用回路		A700	B700	C700	N700	
18	母线差动保护共用电流回路	6～10kV	A360	B360	C360	N360	
19		35kV	A330	B330	C330	N330	
20		110kV	A310	B310	C310	N310	
21		220kV	A320	B320	C320	N320	
22		330(500)kV	A330(A350)	B330(B350)	C330(C350)	N330(N350)	

序号	回路名称	新回路标号组一					
		用途	A相	B相	C相	中性线	零序
1	保护装置及测量仪表电流回路	T1					
2		T1—1					
3		T1—2					
4		T1—9					
5		T2—1					
6		T2—9					
7		T11—1					
8		T11—2					
9	保护装置及测量仪表电压回路	T1					
10		T2					
11		T3					
12	经隔离开关辅助触点或继电器切换后的电压回路	6～10kV					
13		35kV					
14		110kV					
15		220kV					
16		330(500)kV					

续表

序号	回路名称	新回路标号组一					
		用途	A相	B相	C相	中性线	零序
17	绝缘检查电压表的公用回路						
18	母线差动保护共用电流回路	6～10kV					
19		35kV					
20		110kV					
21		220kV					
22		330(500)kV					
23	未经切换的电压互感器回路	TV01	A611～A619	B611～B619	C611～C619	L611～L619	N611～N619
24		TV09	A691～A699	B691～B699	C691～C699	L691～L699	N691～N699

序号	回路名称	新回路标号组二					
		用途	A相	B相	C相	中性线	零序
1	保护装置及测量仪表电流回路	T1	A11～A19	B11～B19	C11～C19	N11～N19	L11～L19
2		T1—1	A111～A119	B111～B119	C111～C119	N111～N119	L111～L119
3		T1—2	A121～A129	B121～B129	C121～C129	N121～N129	L121～L129
4		T1—9	A191～A199	B191～B199	C191～C199	N191～N199	L191～L199
5		T2—1	A211～A219	B211～B219	C211～C219	N211～N219	L211～L219
6		T2—9	A291～A299	B291～B299	C291～C299	N291～N299	L291～L4299
7		T11—1	A1111～A1119	B1111～B1119	C1111～C1119	N1111～N1119	L1111～L1119
8		T11—2	A1121～A1129	B1121～B1129	C1121～C1129	N1121～N1129	L1121～L1129
9	保护装置及测量仪表电压回路	T1	A611～A619	B611～B619	C611～C619	N611～N619	L611～L619
10		T2	A621～A629	B621～B629	C621～C629	N621～N629	L621～L629
11		T3	A631～A639	B631～B639	C631～C639	N631～N639	L631～L639
12	经隔离开关辅助触点或继电器切换后的电压回路	6～10kV	A(C、N)760～769、B600				
13		35kV	A(C、N)730～739、B600				
14		110kV	A(B、C、L、S・C)710～719、N600				
15		220kV	A(B、C、L、S・C)720～729、N600				
16		330(500)kV	A(B、C、L、S・C)730～739、N600[A(B、C、L、S・C)750～759、N600]				
17	绝缘检查电压表的公用回路		A700	B700	C700	N700	
18	母线差动保护共用电流回路	6～10kV	A360	B360	C360	N360	
19		35kV	A330	B330	C330	N330	
20		110kV	A310	B310	C310	N310	
21		220kV	A320	B320	C320	N320	
22		330(500)kV	A330(A350)	B330(B350)	C330(C350)	N330(N350)	
23	未经切换的PT回路	TV01	A611～A619	B611～B619	C611～C619	L611～L619	N611～N619
24		TV09	A691～A699	B691～B699	C691～C699	L691～L699	N691～N699

注 在设计中序号330kV系统的13、16和序号19、22的标号需要加以区分时，330kV系统的序号13和22的标号相应改为A(B、C、L)750～759和A350、B350、C350。

附录六　发电机—变压器组数据 I/O 量

1. 开关量输入量

（1）发变组高压侧断路器位置（一台半断路器接线时包括两台断路器）。

（2）主变压器进线及母线隔离开关位置。

（3）主变压器进线接地刀闸位置。

（4）主变压器中性点接地刀闸位置。

（5）AVR 交、直流侧开关位置。

（6）工频手动调整励磁装置交、直流侧开关位置。

（7）高压厂用工作电源进线断路器位置。

（8）高压厂用备用电源进线断路器位置。

（9）高压起动/备用变高压侧断路器位置。

（10）高压起动/备用变高压侧隔离开关位置。

（11）高压起动/备用变高压侧接地刀闸位置。

（12）高压起动/备用变高压侧旁路隔离开关位置。

（13）主厂房低压变压器高、低压侧断路器位置。

（14）主厂房低压厂用母线备用进线断路器位置。

（15）主厂房低压备用变压器高、低压侧断路器位置。

（16）柴油发电机断路器位置。

（17）400V 保安电源进线断路器位置。

（18）AVR 手动、自动、停用状态位置。

（19）ASS 投、切位置。

（20）主变压器、厂用高压工作变压器、起动/备用变压器的冷却装置电源切换。

（21）设备异常信号。

2. SOE 量输入

（1）发电机变压器组保护动作。

（2）主变压器高压侧断路器跳闸。

3. 开关量输出

（1）发电机变压器组高压侧断路器（一台半断路器接线时为两组开关量）的跳、合闸。

（2）远方操作隔离开关跳、合闸。

（3）合、跳 AVR 直流侧断路器。

（4）合、跳高压工作、备用电源进线断路器。

（5）AVR 升/降压。

（6）工频手动励磁装置升/降压。

（7）主变压器通风冷却装置电源自动开关跳、合闸。

（8）各种自动装置和切换装置投/退。

（9）各级电压、手动隔离开关、接地刀闸的防误闭锁。

4. 模拟量输入

（1）发电机定子三相电流、三线间电压、功率因数、频率（有功功率、无功功率可由计算机算出）。

（2）主励磁机电压、电流。

（3）永磁副励磁机电压。

（4）工频手动调整励磁装置输出电压。

（5）主变压器油温、绕组温度或铁芯温度。

（6）系统电网频率、高压母线电压。

（7）高压工作及起动/备用变压器电流、油温及绕组温度或铁芯温度。

（8）高压工作电源进线电流、母线电压。

（9）高压备用电源进线电流。

（10）高压公用段母线电压。

（11）起动/备用变压器电流、油温、绕组或铁芯温度。

（12）单元低压变压器电流。

（13）低压备用变压器电流。

（14）单元 400V 母线电压。

（15）公用 400V 母线电压。

（16）柴油发电机电流、电压、频率、有功功率。

（17）保安电源进线电流。

（18）UPS 输出电压、频率、电流。

（19）直流母线电压。

（20）充电器输出电流。

5. 脉冲量输入

（1）发电机有功、无功电能。

（2）厂高变有功、无功电能。

附录七　变电所及发电厂电网部分数据 I/O 量

1. 开关量输入

（1）所有各级高压断路器、隔离开关、接地刀闸位置。

（2）400V断路器位置：400V 所用母线分段断路器、所用变压器高、低压侧断路器、消防水泵电动机等需远方控制的 400V 电动机的断路器位置。

（3）直流系统主回路开关位置。

（4）主变压器中性点接地刀闸位置。

（5）并联电容器放电线圈处接地刀闸位置。

（6）有载调压变压器的调压开关位置。

（7）全所各安装单位本体设备异常信号、保护装置、自动装置异常信号。

（8）直流系统异常信号。

2. SOE 量

(1) 主变压器、母线设备及线路保护动作、断路器跳闸。

(2) 主变压器、通风冷却装置电源自动开关位置。

3. 开关量输出

(1) 各级高压断路器，需要远方操作的电动隔离开关跳、合闸。

(2) 400V断路器（所用变压器、分段、消防水泵和需远方控制的 400V 电动机）跳、合闸。

(3) 主变压器通风冷却装置电源自动开关跳、合闸。

(4) 有载调压主变压器的调压开关升/降。

(5) 各种自动装置和切换装置的投/退。

(6) 各级电压手动隔离开关、接地刀闸的防误闭锁。

4. 模拟量输入

(1) 330～500kV 母线和线路。其中：

1) 单侧电源线路的三相电流，单向三相有功、无功功率。

2) 双侧电源及联络线路的三相电流，双向三相有功、无功功率和三相电压。

3) 一台半断路器接线各串上的断路器单相电流。

4) 母线电压互感器的单相或三相电压、频率。

5) 并联电抗器的三相电流。

6) 外桥断路器的三相电流、双向三相有功、无功功率。

(2) 110～220kV 母线和线路。其中：

1) 单侧电源线及用户线路的三相电流，单向三相有功、无功功率。

2) 侧电源及用户线路的三相电流，双向三相有功、无功功率。

3) 旁路断路器，与所代线路的模拟量相同。

4) 母联、分段、内桥断路器的三相电流。

5) 母线电压互感器的单相或三相电压、频率。

6) 外桥断路器的三相电流，双向三相有功、无功功率。

(3) 10～63kV 母线、线路和无功补偿装置。其中：

1) 单侧电源及用户线路的单相电流，单向三相有功、无功功率。

2) 双侧电源及用户线路的单相电流，双向三相有功、无功功率。

3) 旁路断路器，与所代线路的模拟量相同。

4) 母联、分段、内桥断路器的单相电流。

5) 母线电压互感器的单相电压。

6) 外桥断路器的单相电流，双向三相有功功率。

7) 母线绝缘监测的三相相电压。

8) 并联电抗器、电容器的单相电流。

(4) 变压器和所用电。其中：

1) 双绕组变压器的高压侧单相电流，单向三相有功（如有送、受电运行时，应为双向）、无功功率；低压侧三相电流（有无功补偿装置时）。

2）三绕组变压器和自耦变压器。①高压侧单相电流，单向三相有功（如有送、受电运行时，应为双向）、无功功率；②中压侧单相电流，单向三相有功、无功功率；③低压侧单相电流（有无功补偿装置时为三相），单向三相有功、无功功率；④公共绕组单相电流。

3）三绕组或自耦联络变压器。①高压侧单相电流，双向三相有功、无功功率；②中压侧单相电流，双向三相有功、无功功率；③低压侧单相电流（有无功补偿装置时为三相），单向三相有功、无功功率；④公共绕组单相电流。

4）所用电。①工作变压器高压侧单相电流、低压侧三相电流；②备用变压器高压侧单相电流、备用分支的单相电流；③400V母线分段单相电流；④400V母线电压互感器单相线电压；⑤所用电动机单相电流。

（5）直流系统。其中：

1）蓄电池进线电压、正反向电流。

2）充电进线电流、电压。

3）浮充电进线电流、电压。

4）直流母线电压。

5）直流绝缘监视的正对地电压、负对地电压。

5. 脉冲量

（1）330～500kV线路及并联电抗器。其中：

1）单侧电源线路的正向三相有功、无功电能。

2）双侧电源及联络线路的正、反向三相有功、无功电能。

3）并联电抗器的正向三相无功电能。

（2）10～220kV线路。其中：

1）单侧电源线路的正向三相有功、无功电能。

2）双侧电源及联络线路的正、反向三相有功、无功电能。

（3）变压器。其中：

1）双绕组变压器的高压侧正向三相有功、无功电能。

2）三绕组变压器和自耦变压器。①高压侧正向三相有功、无功电能；②中压侧正向三相有功、无功电能；③低压侧正向三相有功、无功电能。

3）所用变低压侧三相有功电能。

4）所用供电线的三相有功电能。

参 考 文 献

[1] 许正亚．电力系统故障分析．北京：水利电力出版社，1993.

[2] 刘万顺．电力系统故障分析（第二版）．北京：中国电力出版社，1998.

[3] 许正亚．输电线路新型距离保护．北京：中国水利水电出版社，2002.

[4] 许正亚．变压器及中低压网络数字式保护．北京：中国水利水电出版社，2004.

[5] 许建安．继电保护整定计算．北京：中国水利水电出版社，2001.

[6] 王维俭．发电机变压器继电保护应用．北京：中国电力出版社，1998.

[7] 吴必信．电力系统继电保护．北京：中国电力出版社，2000.

[8] 王维俭．电气主设备继电保护原理与应用．北京：中国电力出版社，1996.

[9] 崔家佩，孟庆炎，陈永芳，熊炳耀．电力系统继电保护与安全自动装置整定计算．北京：水利电力出版社，1995.

[10] 贺家李，宋从矩．电力系统继电保护原理（第三版）．北京：水利电力出版社，1994.

[11] 李斌．电力系统继电保护．北京：高等教育出版社，2006.

[12] 宋继成．220～500kV 变电所二次接线设计．北京：中国电力出版社，1996.

[13] 中国标准出版社．电气制图国家标准汇编．北京：中国标准出版社，2001.

[14] 中国标准出版社．电气简图用图形符号国家标准汇编．北京：中国标准出版社，2001.

[15] 金建源．新标准二次电路图识读．北京：中国水利水电出版社，2004.

[16] 何永华．发电厂和变电所二次回路．北京：中国电力出版社，1997.

[17] 何永华，闫晓霞．新标准电气工程图．北京：中国水利水电出版社，1996.

[18] 王国君．电气制图与读图手册．北京：科学普及出版社，1995.

[19] 石方安．电气图形符号实用手册．北京：中国劳动出版社，1997.

[20] 何利民，尹全英．电气制图与读图．北京：机械工业出版社，1993.

[21] 薛定宇，陈阳泉．基于 MATLAB/Simulink 的系统仿真技术与应用．北京：清华大学出版社，2002

[22] 余啸海．Matlab 接口技术与应用．北京：国防工业出版社，2004

[23] 宗士杰．发电厂电气设备及运行．北京：中国电力出版社，1997.

[24] 白焰．分散控制系统与现场总线控制系统：基础、评选、设计和应用．北京：中国电力出版社，2001.

[25] 丁尔谋．发电厂励磁调节．北京：中国电力出版社，1998.

[26] 杨冠城．电力系统自动装置原理．北京：中国电力出版社，2000.

[27] 能源部西北电力设计院．电力工程电气设计手册（二）．北京：水利电力出版社，1990.

[28] 国家电力调度通信中心．《电力系统安全稳定导则》学习与辅导．北京：中国电力出版社，2001.

[29] 全国电力工人技术教育供电委员会．变电运行岗位技能培训教材（500kV）．北京：中国电力出版社，1997.

[30] 江苏省电力工业局．变电运行岗位技能培训教材（220kV 变电所）．北京：中国电力出版社，1995.

[31] 吴权威，慕城．实例学 Visio2000. 北京：中国铁道出版社，2001.

[32] 齐剑锋，彭岩．精通 Visio2000. 北京：机械工业出版社，2001.

参 考 文 献